智能制造系列教材

智能制造服务技术基础

FUNDAMENTALS OF INTELLIGENT MANUFACTURING SERVICE TECHNOLOGY

江平宇 主编

杨茂林 李普林 张为民 副主编

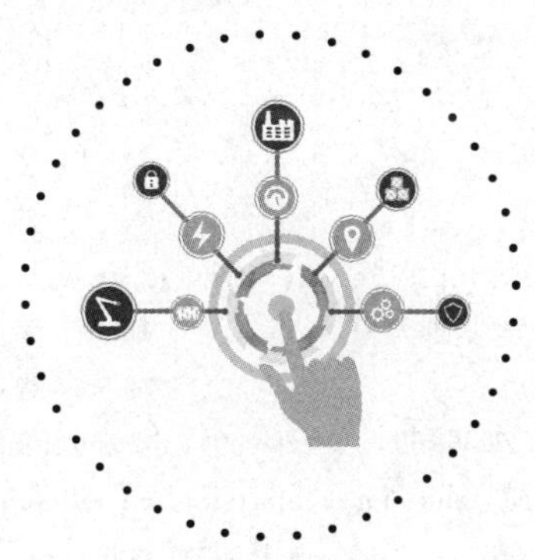

清華大學出版社

北京

图书在版编目（CIP）数据

智能制造服务技术基础 / 江平宇主编. -- 北京 ：清华大学出版社，2025. 4.
（智能制造系列教材）. -- ISBN 978-7-302-68967-6

Ⅰ. TH166

中国国家版本馆 CIP 数据核字第 2025H4F938 号

责任编辑：刘　杨
封面设计：李召霞
责任校对：欧　洋
责任印制：刘海龙

出版发行：清华大学出版社
网　　址：https://www.tup.com.cn，https://www.wqxuetang.com
地　　址：北京清华大学学研大厦 A 座　　**邮　　编**：100084
社 总 机：010-83470000　　**邮　　购**：010-62786544
投稿与读者服务：010-62776969，c-service@tup.tsinghua.edu.cn
质量反馈：010-62772015，zhiliang@tup.tsinghua.edu.cn
印 装 者：三河市春园印刷有限公司
经　　销：全国新华书店
开　　本：185mm×260mm　　**印　　张**：20　　**字　　数**：482 千字
版　　次：2025 年 5 月第 1 版　　**印　　次**：2025 年 5 月第 1 次印刷
定　　价：65.00 元

产品编号：107609-01

智能制造系列教材编审委员会

丛书序1

FOREWORD

多年前人们就感叹，人类已进入互联网时代；近些年人们又惊叹，社会步入物联网时代。牛津大学教授舍恩伯格(Schönberger)心目中大数据时代最大的转变，就是放弃对因果关系的渴求，转而关注相关关系。人工智能则像一个幽灵徘徊在各个领域，兴奋、疑惑、不安等情绪分别蔓延在不同的业界人士中间。今天，5G的出现使作为整个社会神经系统的互联网和物联网更加敏捷，使宛如社会血液的数据更富有生命力，自然也使人工智能未来能在某些局部领域扮演超级脑力的作用。于是，人们惊呼数字经济的来临，憧憬智慧城市、智慧社会的到来，人们还想象着虚拟世界与现实世界、数字世界与物理世界的融合。这真是一个令人咋舌的时代！

但如果真以为未来经济就“数字”了，以为传统工业就“夕阳”了，那可以说我们就真正迷失在“数字”里了。人类的生命及其社会活动更多地依赖物质需求，除非未来人类生命形态真的变成“数字生命”了，不用说维系生命的食物之类的物质，就连“互联”“数据”“智能”等这些满足人类高级需求的功能也得依赖物理装备。所以，人类最基本的活动便是把物质变成有用的东西——制造！无论是互联网、物联网、大数据、人工智能，还是数字经济、数字社会，都应该落脚在制造上，而且制造是其应用的最大领域。

前些年，我国把智能制造作为制造强国战略的主攻方向，即便从世界上看，也是有先见之明的。在强国战略的推动下，少数推行智能制造的企业取得了明显成效，更多企业对智能制造的需求日盛。在这样的背景下，很多学校成立了智能制造等新专业(其中有教育部的推动作用)。尽管一窝蜂地开办智能制造专业未必是一个好现象，但智能制造的相关教材对高等院校与制造关联的专业(如机械、材料、能源动力、工业工程、计算机、控制、管理……)都是刚性需求，只是侧重点不一。

教育部高等学校机械类专业教学指导委员会(以下简称“机械教指委”)不失时机地发起编著这套智能制造系列教材。在机械教指委的推动和清华大学出版社的组织下，系列教材编委会认真思考，在2020年新型冠状病毒感染疫情正盛之时进行视频讨论，其后教材的编写和出版工作有序进行。

编写本系列教材的目的是为智能制造专业以及与制造相关的专业提供有关智能制造的学习教材，当然教材也可以作为企业相关的工程师和管理人员学习和培训之用。系列教材包括主干教材和模块单元教材，可满足智能制造相关专业的基础课和专业课的需求。

主干教材，即《智能制造概论》《智能制造装备基础》《工业互联网基础》《数据技术基础》《制造智能技术基础》，可以使学生或工程师对智能制造有基本的认识。其中，《智能制造概论》给读者一个智能制造的概貌，不仅概述智能制造系统的构成，而且还详细介绍智能制造的理念、意识和思维，有利于读者领悟智能制造的真谛。其他几本教材分别论及智能制造系统的"躯干""神经""血液""大脑"。对于智能制造专业的学生而言，应该尽可能必修主干课程。如此配置的主干课程教材应该是本系列教材的特点之一。

本系列教材的特点之二是配合"微课程"设计了模块单元教材。智能制造的知识体系极为庞杂，几乎所有的数字-智能技术和制造领域的新技术都和智能制造有关，不仅涉及人工智能、大数据、物联网、5G、VR/AR、机器人、增材制造(3D打印)等热门技术，而且像区块链、边缘计算、知识工程、数字孪生等前沿技术都有相应的模块单元介绍。本系列教材中的模块单元差不多成了智能制造的知识百科。学校可以基于模块单元教材开出微课程(1学分)，供学生选修。

本系列教材的特点之三是模块单元教材可以根据各所学校或者专业的需要拼合成不同的课程教材，列举如下。

#课程例1——"智能产品开发"(3学分)，内容选自模块：

- 优化设计
- 智能工艺设计
- 绿色设计
- 可重用设计
- 多领域物理建模
- 知识工程
- 群体智能
- 工业互联网平台

#课程例2——"服务制造"(3学分)，内容选自模块：

- 传感与测量技术
- 工业物联网
- 移动通信
- 大数据基础
- 工业互联网平台
- 智能运维与健康管理

#课程例3——"智能车间与工厂"(3学分)，内容选自模块：

- 智能工艺设计
- 智能装配工艺
- 传感与测量技术
- 智能数控
- 工业机器人
- 协作机器人
- 智能调度
- 制造执行系统(MES)
- 制造质量控制

总之，模块单元教材可以组成诸多可能的课程教材，还有如"机器人及智能制造应用""大批量定制生产"等。

此外，编委会还强调应突出知识的节点及其关联，这也是此系列教材的特点。关联不仅体现在某一课程的知识节点之间，也表现在不同课程的知识节点之间。这对于读者掌握知识要点且从整体联系上把握智能制造无疑是非常重要的。

本系列教材的编著者多为中青年教授，教材内容体现了他们对前沿技术的敏感和在一线的研发实践的经验。无论在与部分作者交流讨论的过程中，还是通过对部分文稿的浏览，笔者都感受到他们较好的理论功底和工程能力。感谢他们对这套系列教材的贡献。

衷心感谢机械教指委和清华大学出版社对此系列教材编写工作的组织和指导。感谢庄红权先生和张秋玲女士，他们卓越的组织能力、在教材出版方面的经验、对智能制造的敏锐性是这套系列教材得以顺利出版的最重要因素。

希望本系列教材在推进智能制造的过程中能够发挥“系列”的作用！

2021年1月

丛书序 2

FOREWORD

制造业是立国之本,是打造国家竞争能力和竞争优势的主要支撑,历来受到各国政府的高度重视。而新一代人工智能与先进制造深度融合形成的智能制造技术,正在成为新一轮工业革命的核心驱动力。为抢占国际竞争的制高点,在全球产业链和价值链中占据有利位置,世界各国纷纷将智能制造的发展上升为国家战略,全球新一轮工业升级和竞争就此拉开序幕。

近年来,美国、德国、日本等制造强国纷纷提出新的国家制造业发展计划。无论是美国的"工业互联网"、德国的"工业 4.0",还是日本的"智能制造系统",都是根据各自国情为本国工业制定的系统性规划。作为世界制造大国,我国也把智能制造作为推进制造强国战略的主攻方向,并于 2015 年发布了《中国制造 2025》。《中国制造 2025》是我国全面推进建设制造强国的引领性文件,也是我国实施制造强国战略的第一个十年的行动纲领。推进建设制造强国,加快发展先进制造业,促进产业迈向全球价值链中高端,培育若干世界级先进制造业集群,已经成为全国上下的广泛共识。可以预见,随着智能制造在全球范围内的孕育兴起,全球产业分工格局将受到新的洗礼和重塑,中国制造业也将迎来千载难逢的历史性机遇。

无论是开拓智能制造领域的科技创新,还是推动智能制造产业的持续发展,都需要高素质人才作为保障,创新人才是支撑智能制造技术发展的第一资源。高等工程教育如何在这场技术变革乃至工业革命中履行新的使命和担当,为我国制造企业转型升级培养一大批高素质专门人才,是摆在我们面前的一项重大任务和课题。我们高兴地看到,我国智能制造工程人才培养日益受到高度重视,各高校都纷纷把智能制造工程教育作为制造工程乃至机械工程教育创新发展的突破口,全面更新教育教学观念,深化知识体系和教学内容改革,推动教学方法创新,我国智能制造工程教育正在步入一个新的发展时期。

当今世界正处于以数字化、网络化、智能化为主要特征的第四次工业革命的起点,正面临百年未有之大变局。工程教育需要适应科技、产业和社会快速发展的步伐,需要有新的思维、理解和变革。新一代智能技术的发展和全球产业分工合作的新变化,必将影响几乎所有学科领域的研究工作、技术解决方案和模式创新。人工智能与学科专业的深度融合、跨学科网络以及合作模式的扁平化,甚至可能会消除某些工程领域学科专业的划分。科学、技术、经济和社会文化的深度交融,使人们可以充分使用便捷的软件、工具、设备和系统,彻底改变或颠覆设计、制造、销售、服务和消费方式。因此,工程教育特别是机械工程教育应当更加具有前瞻性、创新性、开放性和多样性,应当更加注重与世界、社会和产业的联系,为服务我国新的"两步走"宏伟愿景做出更大贡献,为实现联合国可持续发展目标发挥关键性引领作用。

需要指出的是，关于智能制造工程人才培养模式和知识体系，社会和学界存在多种看法，许多高校都在进行积极探索，最终的共识将会在改革实践中逐步形成。我们认为，智能制造的主体是制造，赋能是靠智能，要借助数字化、网络化和智能化的力量，通过制造这一载体把物质转化成具有特定形态的产品(或服务)，关键在于智能技术与制造技术的深度融合。正如李培根院士在丛书序1中所强调的，对于智能制造而言，“无论是互联网、物联网、大数据、人工智能，还是数字经济、数字社会，都应该落脚在制造上”。

经过前期大量的准备工作，经李培根院士倡议，教育部高等学校机械类专业教学指导委员会(以下简称“机械教指委”)课程建设与师资培训工作组联合清华大学出版社，策划和组织了这套面向智能制造工程教育及其他相关领域人才培养的本科教材。由李培根院士和雒建斌院士、部分机械教指委委员及主干教材主编，组成了智能制造系列教材编审委员会，协同推进系列教材的编写。

考虑到智能制造技术的特点、学科专业特色以及不同类别高校的培养需求，本套教材开创性地构建了一个“柔性”培养框架：在顶层架构上，采用“主干教材＋模块单元教材”的方式，既强调了智能制造工程人才必须掌握的核心内容(以主干教材的形式呈现)，又给不同高校最大程度的灵活选用空间(不同模块教材可以组合)；在内容安排上，注重培养学生有关智能制造的理念、能力和思维方式，不局限于技术细节的讲述和理论知识的推导；在出版形式上，采用“纸质内容＋数字内容”的方式，“数字内容”通过纸质图书中列出的二维码予以链接，扩充和强化纸质图书中的内容，给读者提供更多的知识和选择。同时，在机械教指委课程建设与师资培训工作组的指导下，本系列书编审委员会具体实施了新工科研究与实践项目，梳理了智能制造方向的知识体系和课程设计，作为规划设计整套系列教材的基础。

本系列教材凝聚了李培根院士、雒建斌院士以及所有作者的心血和智慧，是我国智能制造工程本科教育知识体系的一次系统梳理和全面总结，我谨代表机械教指委向他们致以崇高的敬意！

赵继

2021年3月

前言

PREFACE

共享经济模式、人工智能及新一代信息技术的快速发展促进了制造与服务的深度融合。在该背景下,以数字化、网络化、智能化为核心的智能制造服务技术正成为使能高附加值产品制造与服务的强大驱动力。它不仅可以用于传统制造业的制造服务增值,还可以为包括云制造、社群化制造、共享制造等在内的新一代服务型制造模式提供技术保障,并促使价值链由以制造为中心向以服务为中心转变。

智能制造服务技术作为在智能制造背景下,企业增强服务组织与运营能力的重要技术之一,可以帮助企业增强其价值链上服务环节的生产附加值和整体利润空间,也可以为消费者提供产品全生命周期各环节上的系统化、定制化、智能化制造服务,满足其多层次、多类型的制造服务需求。因此,充分利用大数据、物联网、智能计算等新一代信息技术,大力研究智能制造服务技术,对学术发展和工业应用均具有重要意义。

当前,各高校正在大力建设智能制造工程专业,但缺乏体系化的教材,包括缺乏智能制造服务技术相关的教材。本书在查阅现阶段智能制造服务相关研究进展,以及已有的《网络化制造电子服务理论与技术》(科学出版社,2004)、《服务型制造执行系统理论与关键技术》(科学出版社,2015)、《智能制造服务技术》(清华大学出版社,2021)等专著的基础上,系统地总结了智能制造服务技术的概念、关键使能技术及工程案例,并进行了适用于教学的内容更新与重组。整体内容兼顾基础知识、工程应用和学科发展,以产品全生命周期的设计、生产、运行与维护、再循环阶段为视角,以解决工程问题的"流程""关键技术与方法"为出发点,讲解了制造服务及其智能化的概念、模型与算法、应用案例等,并结合项目驱动的学习模式设置了相应的课后思考题,旨在支持我国在智能制造服务方向的教材建设。

本书共分为 8 章。第 1 章概述了智能制造服务产生的背景、相关概念与定义、制造服务智能化的基本理论及整体研究现状与发展趋势;第 2 章介绍了以云制造、社群化制造、产品服务系统等先进制造服务模式为典型代表的制造模式概念、系统框架及其运行逻辑;第 3 章介绍了智能计算模型与算法、广义数据集构建、特征工程等制造服务智能化的关键支撑技术;第 4 章在介绍传统产品设计方法的基础上,进一步介绍了设计服务及其智能化的理念与实现技术;第 5 章介绍了产品生产服务基本理论,进而围绕产品全生命周期介绍了产品生产过程的服务化与智能化方法;第 6 章介绍了产品运行流程及其运行与维护系统的概念,进而介绍了智能化产品运维服务的实现技术;第 7 章围绕产品再循环服务的基本理论展开介绍,进而梳理了产品再循环流程、产品再循环管理及智能化再循环服务的实现方式与方法;第 8 章为典型企业的智能制造服务工业应用案例。

本书由西安交通大学江平宇教授任主编,西安交通大学杨茂林助理教授、郑州大学李普林副教授、同济大学张为民教授任副主编。具体分工为：江平宇/杨茂林团队、李普林编写第1章；长安大学张富强副教授、重庆交通大学刘超副教授、西安邮电大学史皓良博士、江平宇/杨茂林团队编写第2章；李普林、江平宇/杨茂林团队编写第3章；江平宇/杨茂林团队编写第4章；张为民、同济大学涂倩思助理教授、同济大学谢树联博士、刘超、张富强、李普林编写第5章；天津工业大学郭威副教授、浙江师范大学张卫副教授、西安交通大学李青宗助理教授编写第6章；浙江大学彭涛副教授、香港理工大学刘伟鹏博士后编写第7章；智能云科信息科技有限公司、合肥工业大学张强教授(合锻智能运维服务案例)、浙江大学杭州国际科创中心杨磊研究员(离散制造业智能工厂案例)、山东恒远智能科技有限公司董事长张永文高级工程师(恒远智能MOM案例)、山东云想技术有限公司总经理杨玉乾博士(山东云想机器人打磨产线智能运维案例)等相关人员编写第8章。

本书既可作为智能制造相关专业本科生及研究生的教材,也可供从事先进制造领域研发和工业应用的工程科技人员、高校院所的研究人员参考。希望本书能够帮助读者提升对智能制造服务相关基本理论和实现技术的理解和认识,为今后的学习和实际工作奠定基础。

本书涉及的内容较多,限于作者水平有限,不妥之处在所难免,敬请读者批评指正。

江平宇于西安交通大学

2024年8月

目录
CONTENTS

第1章

制造服务及其智能化概述

在全球化竞争和技术革新的浪潮中，制造业正在经历一场深刻的变革。生产制造模式由传统的大批量非定制化生产模式逐渐转向云制造和社群化制造(social manufacturing, SMfg)等新兴的服务型制造模式。服务型制造模式不仅推动了制造与服务的深度融合，还借助众筹众包、社交协同与群智服务等创新机制，不断孕育出新的制造服务技术。在此背景下，随着大数据分析、云计算、边缘计算及信息物理融合系统(cyber-physical system, CPS)等新一代信息与通信技术(information and communication technology, ICT)在生产制造领域的成熟与运用，制造服务过程中的数据、知识和经验不断向数字化、网络化和知识化方向发展，从而开拓了以智能制造服务技术为驱动力的制造服务工程领域。

智能制造服务理念正逐渐推广至制造业的每个环节，帮助制造型企业实现整个供应链的智能化、服务化和创新化，进而实现企业价值链的增值。从服务提供者的角度出发，智能制造服务技术能够帮助企业应用最新的ICT、增强服务组织与运营能力、延伸企业价值链，从而提高生产活动的附加值、提升企业的盈利能力；从服务用户的角度看，通过定制化和个性化的制造服务，企业能够在产品的设计研发、加工制造、生产物流、维护维修等全生命周期环节中快速响应市场需求。

1.1 智能制造服务的定义

本节探讨智能制造服务的基本概念与特点，并详细介绍其发展现状及未来趋势。本章的学习内容有助于读者全面理解智能制造服务的理念、特点和作用，为进一步的研究和实践打下坚实的基础。

1.1.1 智能制造服务产生的背景

【关键词】 制造服务；用户需求；ICT驱动

【知识点】

1. 企业生产活动价值链上的“微笑曲线”。
2. 以用户为中心的制造服务智能化需求。
3. 新一代ICT对制造服务的影响。

智能制造服务的产生主要得益于三大核心背景因素的共同作用：企业对制造服务化转

型的需求、用户对制造服务的定制化需求、新一代 ICT 计算的赋能。

1. 企业对制造服务化转型的需求

制造服务并非一个全新的概念，而是伴随着企业的成长与演变逐渐发展起来的一个领域。在传统制造业中，常见的制造服务形式包括零部件的外协外包、原始设备制造商(original equipment manufacture，OEM)和原始设计制造商(original design manufacture，ODM)等，这些模式不仅展现了制造业的灵活性和协作性，更为行业带来了显著的价值增值，帮助制造业在依赖这些高效制造服务的过程中实现可持续盈利。从 20 世纪 90 年代开始，随着加工和装配环节在产品全生命周期生产活动价值链中的比重逐渐下降，企业开始转向侧重技术开发、创意设计、个性化需求满足和运维服务等高附加值环节。这一转变导致制造业的价值分布在生产活动价值曲线两端的比重增加，价值链中的服务环节得到延长和加强，形成了明显的"微笑曲线"现象，如图 1-1 所示。随着企业向制造服务化的转型，服务环节变得更加专业化，对企业利润的贡献也逐渐提升，促使企业通过增强服务环节的业务比重寻找新的价值来源。

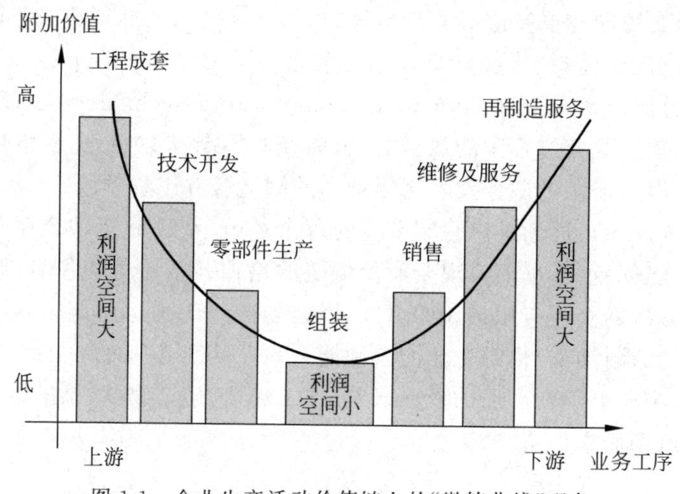

图 1-1 企业生产活动价值链上的"微笑曲线"现象

随着经济全球化和 ICT 的发展，客户对产品的要求不再局限于功能和质量，而是更加注重产品带来的综合服务体验。这种趋势推动制造企业从传统的制造模式转向以服务导向为主的制造服务模式，企业通过提供设计、定制、维护和回收等全生命周期的服务来增加客户价值。这种制造服务化不仅可以提高产品的附加值，还能通过与客户的持续互动建立长期合作关系，从而增强客户的黏性和市场竞争力。制造服务化还意味着，企业需要调整其内部结构和运营策略、加强对 ICT 的综合利用、改进供应链管理、优化产品设计和生产流程，从而更加灵活、高效地响应市场变化。在这一转变过程中，企业不仅要提升自身的技术和创新能力，还需要培养跨领域的服务团队，以提供更加专业的制造服务。

2. 用户对制造服务智能化的需求

随着全球经济的发展和市场竞争的加剧，用户对制造服务提出了更高的要求。传统制造模式因其低效率、低灵活性和高成本，难以满足现代市场的需求。用户希望制造企业提供更加灵活、高效和个性化的服务，这促使制造业向智能化转型。首先，用户对产品质量和一致性要求提高。智能制造通过传感器和数据分析技术，可以实时监控生产过程，保证产品质量的稳定性。其次，用户期望快速响应市场变化，实现小批量、多品种生产。智能制造利用柔性生产系统和制造执行系统，能够快速调整生产线，满足个性化需求。此外，用户对制造过程的透明度和可追溯性提出了更高要求。智能制造利用工业物联网(industrial internet of things，IIoT)和区块链技术，实现从原材料到成品的全过程追溯，增强产品信任度。最后，用户对交付速度和成本控制也有更高的期望。智能制造通过优化生产流程和供应链管理，缩短生产周期，降低成本，提升整体效率和竞争力。

3. 新一代 ICT 的赋能

随着 ICT 的快速发展，尤其是工业互联网技术、CPS、大数据、人工智能(artificial intelligence，AI)等的应用，制造服务的智能化和集成化得到了实质性推动。这些技术的运用不仅优化了资源配置和服务调度，还提高了生产效率和服务质量。例如，CPS 技术通过整合计算、网络和物理过程，使制造业能够实时监督并控制生产过程，而大数据和 AI 技术则能够对海量数据进行分析，帮助企业做出更加精准的决策。这些技术的集成使得制造服务不仅能够满足个性化需求，还能够通过智能化的方式提升服务的效率和质量，进而推动制造业向更高水平的智能制造服务发展。

综上所述，这三个因素共同推动了智能制造服务的产生，并为制造服务在未来的不断发展提供了最根本的方向指导或目标要求。

1.1.2　智能制造服务的相关定义

【关键词】 制造；服务；制造业服务化；服务型制造；制造服务；智能制造服务

【知识点】

1. 制造服务与服务型制造的相关概念及其区别与联系。
2. 智能制造服务的相关概念及其与智能制造的关系。

制造服务是面向制造的服务，同时也是面向服务的制造，是基于生产的产品经济和基于消费的服务经济的融合，是制造与服务结合的新产业形态，是一种新的制造模式。智能制造服务是新一代 ICT 驱动的制造服务技术智能化的具体体现，它主要解决了两个层面的问题：一个是在以云制造、产品服务系统(product service system，PSS)、SMfg 等为代表的新兴服务型制造模式下，制造与服务如何深度融合，进而形成能够解决工业问题的制造服务技术的问题；另一个是在大数据、云计算、CPS 等新一代 ICT 和 AI 方法的驱动下，制造服务技术如何实现智能化的问题。为界定本书内容的概念边界，下面介绍智能制造服务的相关概念。

1. 制造

制造是指把原材料加工成可供利用的产品的全生命周期各环节生产活动的集合，是有序的、支持产品生产和获取的一系列活动过程的总和。产品全生命周期的制造活动包括市场调研、服务用户需求分析、产品研发与设计、加工制造、装配、分销、物流运输、维修维护、回收再制造等环节。

2. 服务

服务是用户与服务提供者之间共同实现价值增值的过程，是以满足用户需求为目标，通过无形方式结合有形资源，在用户与服务提供商之间发生的一系列活动。传统制造企业的服务内容包括研发、设计、加工、制造、装配、销售、维修、物流等，这些服务内容可以分为三种基本类型：第一类是提供产品，这类服务建立在生产能力直接运用于生产产品的基础之上；第二类是提供产品支持与状态维护，它建立在将生产能力应用于产品生产和销售环节之后的产品支持上，具体内容包括物流运输、产品装配、技术支持、产品保养/维修、状况监测等；第三类是提升服务质量，它建立在对生产能力和服务管理能力综合优化的基础上，通过深度挖掘和发挥服务业务的附加价值，为客户提供超越产品本身的消费体验。

3. 制造业服务化

制造业服务化的本义是指传统制造企业通过运营模式的调整和业务重组，由出售单一的“物品”转变为出售“物品＋服务包”，由此升级为综合问题解决方案提供商。制造业服务化强调产业形态的转变。目前，制造业服务化主要包括研发环节服务化、加工生产过程服务化及组织结构服务化三个方面，制造企业通过融合基于制造的服务和面向服务的制造，逐步增大“服务包”（服务环节）在整个价值链中所占的比重，以此完成向制造业服务化方向转型。

4. 服务型制造

服务型制造是制造业服务化和服务工业化融合发展的结果，是一种具有新型产业形态的制造模式。服务型制造贯穿于产品全生命周期的每个环节，可以从面向产品制造的服务和面向产品服务的制造两个层面来阐述。面向产品制造的服务是指企业为实现自身制造资源的高效配置和核心竞争力的提升，将低附加值和低利润的生产任务外包，仅维持重要工序或核心零部件的自主生产。面向产品服务的制造是指服务提供商结合服务用户的需求，对产品全生命周期的各个环节进行改造，将服务模式引入需求调研与分析、产品设计开发、加工、制造、市场策划与运营、销售、物流配送、售后技术支持、维修维护及最后的产品报废回收等各个环节，为用户提供个性化、系统化、服务化的服务需求解决方案。

5. 制造服务

制造服务是服务型制造模式下由制造服务提供商为服务用户提供的与制造活动相关的各类服务内容的总和。制造服务的概念包括两方面，即服务企业为制造企业提供的服务和制造企业为终端服务用户提供的服务。前者是指制造企业将其不擅长或低利润附加值的业务交由服务提供商，接受其提供的围绕该业务的生产服务。在此过程中，服务提供商通常将人员、设备等资源进行重组与封装，每一个封装的服务内容都可以看作一项制造服务。而后者的服务概念则主要是指在产品全生命周期中，由制造企业为终端服务用户提供以非直接物理产品形式的服务。

6. 生产服务

制造企业为了获得竞争优势，逐渐将价值链由以制造为中心转变为以服务为中心，企业不再仅仅提供产品，而是从用户对产品的使用角度出发，提供与产品相关或与用户使用相关的各类服务。

7. 智能制造服务

智能制造服务的概念强调采用智能化的手段实现制造服务的设计、配置、决策、规划、运行、监控等活动。智能制造服务将互联网、大数据、智能计算等新一代 ICT 应用到产品全生命周期制造服务的各个环节，实现了制造服务的全方位智能化管控与优化。智能制造服务模式构建与实施的基础是建立工业互联网环境，将企业已有的制造服务资源进行虚拟化封装，然后通过诸如网络服务平台端口、智能手机等智能服务终端实现服务的运行与管控。在此过程中，通过新一代 ICT，获取与分析服务企业、制造企业和终端服务用户等服务交互主体在制造服务活动中的交互关系和业务需求，对制造服务资源进行高效、智能的描述、设计、配置、评估和管理，在合适的时间为特定的对象提供定制化服务，从而实现高度柔性、智能化的服务匹配与优化，以充分满足服务用户市场动态、多样、个性的服务需求。

智能制造服务作为智能制造系统的一个重要组成部分，强调制造业企业通过提供个性化、差异化的服务来满足用户需求，提高用户满意度和企业的市场竞争力。一方面，智能制造的高度自动化、集成化和信息化使得制造业企业能够更快速、更准确地获取用户需求和市场信息，从而为智能制造服务提供数据支持和决策依据。同时，智能制造的智能化决策能力也使得制造业企业能够更精准地预测市场需求、优化资源配置、提高生产效率，为智能制造服务提供强大的生产力保障。另一方面，智能制造服务促进了新技术、新工艺和新材料的研发和应用，推动了智能制造技术的不断创新和发展。

综上所述，智能制造的发展为智能制造服务提供了更多的基础支持和可能性；而智能制造服务的推广和应用则进一步推动了智能制造技术的发展和创新。两者相互融合、共同发展，推动了制造业的转型升级和可持续发展。

1.1.3　智能制造服务的特征

【关键词】 特征；网络化；平台化；产品全生命周期；自动化；智能化

【知识点】

理解智能制造服务的三个特征。

智能制造服务主要存在三个基本特征：网络化、平台化的制造服务资源集成与管理，面向产品全生命周期的制造服务协调协作，智能化的服务设计、管理、配置优化与决策。

1. 网络化、平台化的制造服务资源集成与管理

在技术快速发展的大背景下，制造业的服务资源管理正逐渐向网络化和平台化方向转变，这种转变主要得益于互联网、IIoT 及云计算等 ICT 的广泛应用，通过这些技术，制造资源（如机器设备、人力资源、生产数据等）可以进行有效的封装和虚拟化，进而被集成到统一的平台中进行管理。这种集成化的平台具有高度的灵活性和扩展性，可以根据需求动态调整资源分配，实现资源的最优配置。

2. 面向产品全生命周期的制造服务协调协作

传统制造业往往重视产品的生产阶段，而忽视了产品设计、销售和维护等其他环节。现代制造服务通过实现产品全生命周期的协调协作，打破了这一局限。这种全生命周期的服务涵盖了从产品概念设计、详细工程设计、制造、销售到产品维护和回收的每一个环节。

通过 ICT 的整合应用，各环节之间的信息障碍被消除，实现了数据和信息的流畅共享。例如，在产品设计阶段，设计师可以利用客户反馈和市场数据来优化产品设计。在生产阶段，通过实时监控生产数据，可以及时调整生产过程以保证产品质量。在销售和服务阶段，通过分析用户使用数据，企业不仅可以提供更加个性化的服务，还可以根据反馈来调整未来的产品设计。全周期的数据分析显著提升了资源使用效率,帮助企业减少资源浪费;同时,持续的用户服务不仅提高了用户满意度,还增强了品牌忠诚度。

3. 智能化的服务设计、管理、配置优化与决策

随着第四次工业革命的推进,智能化已成为制造服务的一个重要发展方向。在这一背景下,服务设计、管理、配置、优化与决策的智能化表现为通过集成 IIoT、大数据分析、机器学习等技术,实现服务过程中的自动化和智能化。

在服务设计方面,智能化意味着生产系统能够根据历史数据和市场趋势,自动生成或优化产品设计方案;在服务管理方面,智能化可以通过实时监控生产设备的状态,自动调整生产计划和维护周期,以优化生产效率并降低设备故障率;在服务配置和优化方面,智能化技术可以帮助企业根据当前的市场需求和资源状况,动态调整资源分配和生产策略;在服务决策方面,智能化技术提供了强大的数据支持和分析能力,帮助决策者从复杂庞大的数据中精准捕捉有价值的信息,快速做出更加科学的决策。

智能化的服务设计、管理、配置优化与决策,不仅极大地提高了制造服务的效率和质量,还能够帮助企业更好地适应市场变化,提升了企业的核心竞争力和市场适应性。在未来,随着技术的进一步发展和应用,智能化将成为制造服务领域的核心驱动力。

1.2 人工智能技术及其制造服务智能化

人工智能技术正在重塑制造服务领域,帮助其实现智能化转型。人工智能通过机器学习、深度学习和自然语言处理等方式,广泛应用于图像识别、语音识别和自动决策支持系统等领域。本节介绍了人工智能的历史与发展过程、基本特征和分类,探讨了人工智能在制造服务中的应用,包括产品设计服务、生产服务、运行与维护(简称运维)服务和再循环服务的智能化,以及智能化制造服务的主要特点和作用。

1.2.1 人工智能的定义

【关键词】 人工智能;历史与发展过程;基本特征;分类

【知识点】

1. 人工智能的历史与发展过程。
2. 人工智能的基本特征与核心能力。
3. 人工智能的不同分类和相关技术。

人工智能技术正在重塑各行各业,尤其是在制造服务领域,人工智能的应用带来了前所未有的智能化变革。在深入探讨制造服务的智能化之前,我们有必要对人工智能这一概念进行明确和阐述。人工智能是指计算机系统模拟甚至在某些方面超越人类智能行为的技术,包括学习与归纳(获取信息并根据信息对其进行规则化)、演绎与推理(使用规则推导出近似或确定的结论)、自我修正及理解自然语言。人工智能技术的引入和应用,无疑为制造服务行业带来了巨大的机遇和挑战。它不仅改变了人们的传统生产方式,还在推动着整个行业向更加智能化、高效化的方向发展。

1. 人工智能的历史与发展过程

人工智能的发展历史始于20世纪50年代，起初主要关注基于规则的推理和逻辑运算。随着时间的推移，人工智能技术经历了几次重要的发展高潮和低谷。在20世纪末，专家系统和机器学习算法的发展为这一领域注入了新的活力。进入21世纪，尤其是自2010年以来，深度学习技术的突破性进展极大地提升了人工智能的处理能力，使其能够应对更加复杂的数据分析和操作执行任务。这些技术的进步加速了人工智能在全球范围内的应用推广，尤其是在制造业领域，这些技术推动了制造业的智能化转型，改变了传统制造服务的运营模式和生产流程，使得制造过程更加高效、灵活和智能化。

2. 人工智能的基本特征

人工智能是一个多学科交叉的领域，它汲取了计算机科学、数学、心理学、神经科学、认知科学等多学科的理论和技术。如图1-2所示，人工智能的基本特征可以从以下几个方面进行阐述：

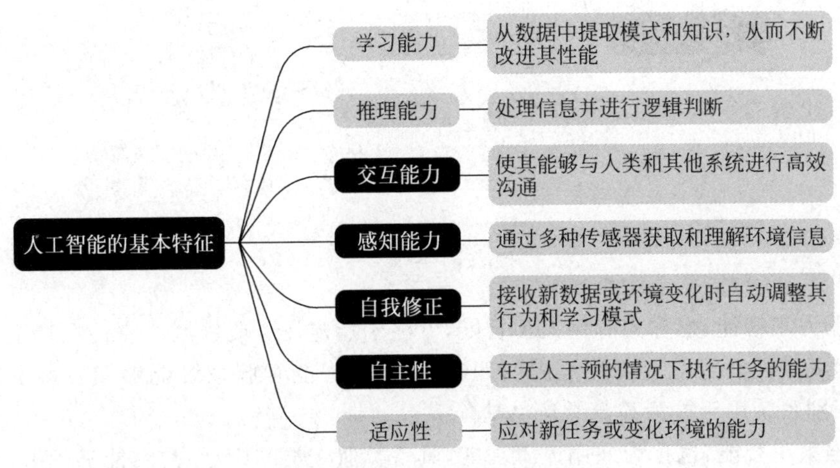

图1-2　人工智能的基本特征

(1) 学习能力。人工智能系统能够通过算法自我学习和适应，从数据中获取知识，通过不断回顾和学习过去的经验，持续优化其性能和决策能力。

(2) 推理能力。人工智能拥有处理信息并做出逻辑判断的能力，包括解决问题、推导结论及在给定的情境下做出决策。

(3) 自我修正。随着更多数据的输入和对环境变化的适应，人工智能系统能够对其学习和行为模式进行自我修正，不断优化执行任务的效果。

(4) 感知能力。许多人工智能系统具备感知周围环境的能力，可以通过视觉、听觉或其他感应方式实现，帮助人工智能识别对象、声音和文字等信息。

(5) 交互能力。人工智能能够与人类或其他机器系统进行交互，包括使用自然语言处理(natural language processing，NLP)来理解和生成人类语言，使得机器能够更加直观地与用户交流。

(6) 自主性。先进的人工智能系统拥有一定的自主性，通过预设的目标和机器自身的决策能力，人工智能系统能够在没有人类直接介入的情况下执行任务。

(7) 适应性。人工智能系统能够适应新的任务或环境变化。这种适应性是通过机器学习和深度学习技术实现的，使得人工智能在面对未知的挑战时仍能保持自身效能。

以上这些特征共同构成了人工智能的核心能力，使得人工智能能够在广泛而多样的应用场景中发挥巨大的价值。无论是执行简单的自动化任务，还是提供复杂的决策支持，甚至是解决创新性问题，人工智能都能够凭借其卓越的能力，高效、准确地完成，从而在各个领域发挥重要的作用。

3. 人工智能的分类

人工智能可以根据其功能、复杂性和应用领域分为不同的类型。如图 1-3 所示，这是人工智能的几种主要分类方式：

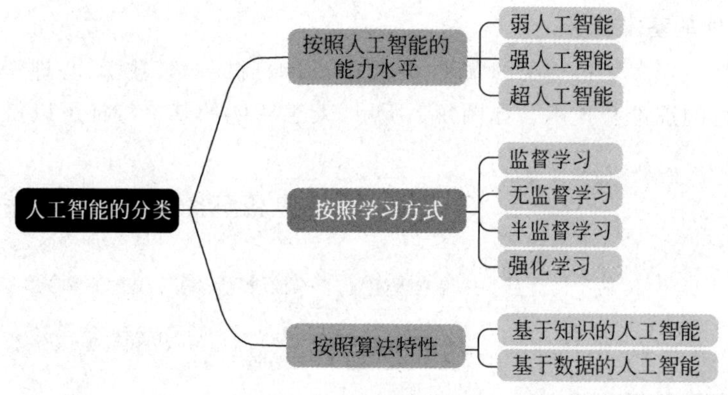

图 1-3　人工智能的分类

1）按照人工智能的能力水平分类

（1）弱人工智能，也称为专用人工智能，专注于特定任务或领域。它们在特定应用中表现出色，但无法处理超出其设计范围的问题。例如，智能客服系统能够回答特定领域的问题，图像识别系统用于检测和分类产品缺陷。

（2）强人工智能，也称为通用人工智能，具备类似人类的广泛智能，能够理解、学习和应用各种知识，处理任何复杂的任务。例如，理论上的全能机器人能够胜任从制造到设计的多种任务，但目前尚未实现。

（3）超人工智能，即超越人类智能的人工智能，能够进行独立思考、决策，并在所有方面超过人类的能力。例如，未来假设的超级智能体能够自主优化整个制造流程，并提出创新性解决方案，目前仍存在于科幻领域。

2）按照学习方式分类

（1）监督学习，通过带标签的数据进行训练，模型学习输入和输出之间的映射关系。例如，产品质量检测是通过大量标注了合格和不合格样本的数据训练分类模型。

（2）无监督学习，使用未标记的数据进行训练，模型试图发现数据中的隐藏模式或结构。例如，聚类分析用于发现生产过程中不同机器工作状态的模式。

（3）半监督学习，结合少量标签数据和大量未标记数据进行训练，提高学习效率和性能。例如，少量标记样本的制造缺陷检测利用少量标记的缺陷样本和大量未标记的样本进行训练，提高检测准确率。

（4）强化学习，通过奖励和惩罚机制进行学习，模型通过试错方式寻找最佳策略。例如，机器人路径规划通过不断尝试和调整路径，找到最优的生产线路径。

3）按照算法特性分类

(1) 基于知识的人工智能，依赖于庞大且复杂的知识库和规则系统，这类人工智能专注于使用明确的知识和逻辑推理来解决问题，如专家系统、知识图谱等。

(2) 基于数据的人工智能，主要通过分析和学习大量数据做出决策或预测。这类系统通常使用各种机器学习算法，特别是深度学习，识别数据中的复杂模式和关系。

通过以上分类，我们可以系统地理解人工智能的不同类型和技术，了解该领域的广度和深度。这种结构化的分类方法不仅有助于理解人工智能的基本概念和实际应用，还能激发我们对未来技术发展方向的思考和探索。需要指出的是，除了这些主要的分类方式外，人工智能的其他分类方法还可以根据特定的应用需求或技术特性进行细化和扩展。

1.2.2　人工智能和制造服务的结合

【关键词】 产品设计服务及其智能化；产品生产服务及其智能化；产品运行与维护服务及其智能化；产品再循环服务及其智能化

【知识点】

1. 人工智能在制造服务中的主要应用领域。
2. 人工智能在制造服务中的具体应用方式。

在现代制造业中，智能化技术的应用已成为推动产业升级和提高竞争力的关键。本小节将详细探讨人工智能在制造服务中的四个主要应用领域：产品设计服务及其智能化、产品生产服务及其智能化、产品运行与维护服务及其智能化，以及产品再循环服务及其智能化。

1. 产品设计服务及其智能化

在制造业中，产品设计是一个复杂且关键的环节，它要求高度的精确性和创新能力。人工智能的介入，尤其是各种技术（如生成性设计）的赋能，正在逐渐改变传统的设计流程。生成性设计利用人工智能算法能够根据设定的设计目标和约束条件自动生成多种设计解决方案；此外，这些算法还可以综合分析材料特性、生产方法和成本效益等，进而提供多样化改进设计方案。例如，人工智能可以帮助设计师通过模拟分析和预测产品的各项性能指标来优化产品的重量、材料使用、耐用性和生产成本等，不仅加速了设计流程，还有助于实现更高的资源利用效率和更具创新性的设计。

2. 产品生产服务及其智能化

在生产服务领域，人工智能的应用主要体现在生产流程的自动化和智能化上。通过引入智能机器人、自动化装配线和高级视觉系统等智能装备，传统制造生产的效率和产品质量都得到了显著提升。例如，人工智能系统能够实时监控生产过程，通过数据分析预测并解决生产中的潜在问题。此外，人工智能技术还能对生产调度过程进行优化，根据市场需求和资源可用性动态调整生产计划，从而最大化资源利用率和生产灵活性。这种智能化的生产服务不仅减少了资源浪费，还能快速响应市场变化。

3. 产品运行与维护服务及其智能化

产品运行与维护是保证产品长期有效运作的关键环节。人工智能在此领域的应用主要表现在预测性维护（predictive maintenance，PdM）上，通过收集和分析机器运行数据，人工智能能够预测设备故障和性能下降的趋势，从而及时提醒工人进行维护，避免因停机造成的浪费及故障带来的高昂的维修费用。进一步地，智能传感器和 IIoT 技术的应用使得设备能够实时监控自身状态并通过云平台与维护团队进行数据共享，维护人员可以远程诊断问题并制定更有效的维护策略，以提高服务效率和设备可靠性。

4. 产品再循环服务及其智能化

随着可持续发展理念的普及，产品的再循环变得日益重要。人工智能在产品再循环服务中的应用主要集中在产品材料的二次回收利用及相关回收流程的优化方面。通过高级分拣技术，如机器视觉和机器学习算法等，人工智能可以自动识别分类不同的回收材料，提高回收效率和精度。此外，人工智能还可以分析产品的使用数据和全生命周期信息，预测何时应该进行回收或更新。这种智能化的再循环服务不仅减少了产品报废对环境的影响，还促进了资源的高效利用和循环经济的发展。

人工智能和制造服务的结合共同推动着制造业的高质量发展。从设计到生产，再到运行与维护乃至最终的再循环，智能化技术的应用使得整个生产链更加高效、环保和经济。未来，随着人工智能技术的进一步发展和完善，这些服务将变得更加智能化和个性化，为制造业带来更多的可能性（智能制造服务中的再循环将在第 7 章中详细介绍）。

1.2.3 制造服务智能化的特点与作用

【关键词】 制造服务智能化的特点；制造服务智能化的作用

【知识点】

1. 制造服务智能化的主要特点。
2. 制造服务智能化的主要作用。

制造服务智能化是利用人工智能、大数据、云计算等现代 ICT 对制造服务过程进行优化和升级的实践。这种智能化转型不仅改变了产品的设计、生产、维护和再循环方式，还极大地提高了整个制造业的效率和竞争力。本小节将探讨制造服务智能化的主要特点及其作用。

1. 制造服务智能化的主要特点

1）实时数据驱动

制造服务智能化依赖于实时数据的收集和分析。通过传感器和 IIoT 设备，实时数据可以帮助企业监控生产过程、预测设备故障，从而实施更加精准的生产控制和维护策略。

2）自动化与自主决策

高度自动化的生产线和机器人技术减少了人工操作的需求，提高了生产效率。同时，AI 系统可以在分析数据后做出快速决策，如自动调整生产计划或优化供应链管理等。

3）个性化定制能力

智能化制造服务能够根据消费者的不同需求定制产品，这种灵活性是传统制造模式难以实现的。通过 AI 和 3D 打印技术，即使复杂的个性化订单也能快速、高效地完成。

4）可持续发展与环保

智能化技术能够帮助企业更有效地利用资源，减少废料和资源能耗。例如，智能分析可以优化材料使用方式及相关流程的能源管理，同时，智能化的再循环技术支持更高效的废物回收和再利用机制。

5）提高安全性和可靠性

人工智能和机器学习可以预测制造过程中潜在的安全问题和故障，为操作人员的安全和生产系统的安全提供保障。此外，智能监控系统还可以实时监控生产流程中的安全风险和隐患，确保生产环境现有的安全标准得到严格遵守和执行。

2. 制造服务智能化的主要作用

1）提高生产效率

自动化和智能化设备能够24h不间断地工作，大幅提高生产线的运作效率，缩短产品从设计到投入市场的周期。

2）降低生产成本

智能化制造通过优化资源配置以减少废料的产生，降低了生产过程中的材料和能源消耗，进而降低了生产成本。

3）提升产品质量

通过实时监控和质量控制系统，智能化制造能够确保产品质量的一致性和可靠性，降低废品率和产品缺陷。

4）增强市场竞争力

灵活智能的生产系统能够帮助企业快速响应市场变化，更好地满足用户需求，为用户提供个性化的解决方案，增强企业在同类产品市场的竞争力。

5）促进创新发展

智能化制造为研发新产品、探索新技术和新模式提供了强大的数据基础和技术支持，促进了企业的创新发展。

6）支持可持续发展

智能化制造支持环境保护和可持续发展目标，通过高效的资源使用和废物管理，减少对环境的影响。

总之，AI技术的融入正在彻底改变制造服务的面貌，这不仅提高了制造业的整体效率和质量，还推动了制造业产业的升级和社会经济结构的优化。随着技术的不断发展，我们可以预见一个更加智能、高效和可持续的制造业未来。

1.3 智能制造服务的现状与未来发展趋势

智能制造服务旨在运用新一代ICT和AI等技术和方法，对集成于制造服务资源网络平台的产品全生命周期服务进行智能化的组织、管理与运营。目前，智能制造服务在不同的制造模式中均有涉及，但其具体表现形式、应用情况及发展要求各有不同。因此，本节分别对几种典型制造模式中的智能制造服务现状进行介绍，并探讨智能制造服务的未来发展趋势。

1.3.1 制造模式与智能制造服务的发展现状

【关键词】 先进制造模式；先进制造模式中的服务

【知识点】

1. 服务型制造、云制造、社群化制造、产品服务系统等先进生产模式的运行原理。
2. 先进制造模式与制造服务的相互促进关系。

智能制造服务在主要的先进制造模式中均有涉及，其中主要包括服务型制造、云制造、SMfg 及 PSS。先进的制造模式为制造服务的发展提供了肥沃的土壤；同时，制造服务的理论、方法和技术也为先进的制造模式注入了新的活力和能量。

1. 面向服务型制造的智能制造服务

国外学者提出了服务型制造的概念和实现策略。服务型制造模式的关键目标是通过产品与服务深度融合、服务用户深度介入、业内服务企业互助协作来实现离散制造资源的整合与协同，最终实现制造业价值链上的增值目标。服务型制造模式的诞生背景是制造业和服务业的高度融合，它通过高效的网络化协作实现制造向服务的迁移及促进服务与制造的融合，最终使得企业在为服务用户创造价值的同时实现自身的可持续盈利。

在服务型制造模式下，智能制造服务突出强调了智能服务在制造业中的增值作用。它通过在产品全生命周期的各个环节融合外包、众包和 PSS 等高附加值、个性化的服务方案，重新构建、优化并智能化了“服务发包方和承包方”的生产组织形式、运营管理方式和商业发展模式。这种方式拓展和延伸了智能制造产业链的价值链，促进先进制造业与现代服务业深度融合，实现了制造服务双方的互利共赢。

2. 面向社群化制造的智能制造服务

社群化制造是指由专业化服务外包模式驱动的、构建在社会化服务资源自组织配置与共享基础上的一种新型网络化制造模式。在 SMfg 模式下，企业拥有不同类型的制造服务资源。这些资源可以自组织、自适应地形成动态、复杂、多元的拓扑资源网络。在这种网络中，分散的社会化制造和服务资源通过多种社交关系相互关联，形成面向不同类型制造服务资源的动态、自治社区。在这些社区内部，自治制造服务资源可以根据制造服务能力与服务用户需求之间的匹配关系进行自组织动态协同。同时，依托开放式、工具化的 SMfg 服务资源平台，社区内的制造服务资源可以予以标准化描述与封装，从而更好地支持服务需求能力匹配和基于服务能力的社区自治。

在 SMfg 背景下，智能制造服务模式被视为以制造服务为核心的“制造＋服务”网络的进一步发展和延伸，构建相应的制造服务网络是在 SMfg 模式背景下推动智能制造服务发展与应用的关键所在。企业需要关注如何将生产外包/众包、大企业组织形态小微化、创客模式、开源模式等与 SMfg 模式深度结合，并在此基础上，通过服务交互博弈、服务网络演化、服务价值流分析等研究手段实现智能制造服务的建模、配置、运行与实施。

3. 面向云制造的智能制造服务

云制造是一种面向服务、高效低耗和基于网络服务平台按需制造的网络化智能制造新模式。它融合了现有的网络化制造和服务、云计算、IIoT 等技术，可以实现各类制造资源（制造硬设备、计算系统、软件、模型、数据、知识等）的服务化封装和集中管理，用户可根据自己的需求购买产品设计、制造、测试、管理等产品全生命周期任意阶段的智慧服务。

通过云制造服务资源平台，可以实现对云资源的虚拟访问、生产任务的外包与承包、特定外包任务的执行过程监控等功能，并为用户提供按需定制的服务。云制造模式遵从“分散资源集成融合”与“集中资源分散使用”两条逻辑主线，对社会化制造服务资源进行统一整合与按需分配，从而提高资源利用率、节省成本，帮助仅靠自身情况下生产能力有限的企业（以中小微企业为主）获取优质、廉价的制造服务，其运行机理如图 1-4 所示。

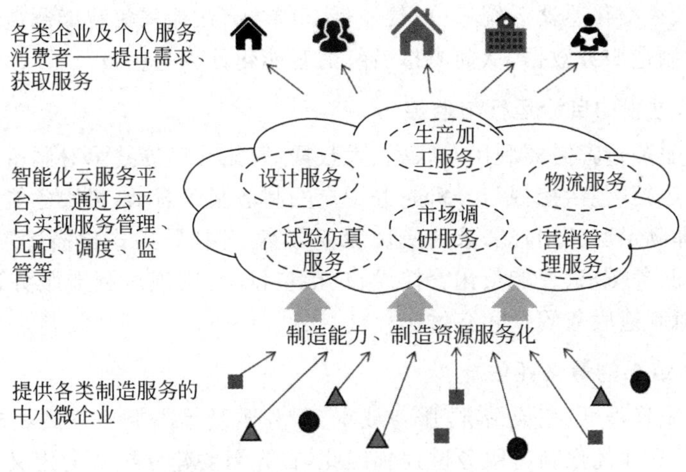

图 1-4 云制造服务运行机理

4. 面向 PSS 的智能制造服务

产品服务系统是实现服务型制造的重要内容和核心驱动力。它通过系统地集成产品和服务,为用户提供产品功能(而非产品本身)以满足服务用户的需求,从而在产品的全生命周期包括设计、制造、销售、配置、运行和维护等各个环节实现价值链的增值。产品服务系统主要分为产品导向、使用导向、结果导向三类。产品导向是指在已有的产品系统中加入诸如产品装配使用指导、维修、回收等服务内容;使用导向的核心思想是通过实物产品共享增加实物产品使用率,从而降本增效;结果导向的关键在于通过卖“服务”来代替卖产品的方式,减少用户对实物产品本身的需求。产品服务系统的范畴涉及多个方面的概念和问题,包括用户需求分析、服务设计、配置、运行及服务性能评估等。

1.3.2 智能制造服务技术的发展趋势

【关键词】智能制造服务的发展;智能制造服务技术预测

【知识点】

1. 未来智能制造服务技术的发展态势。
2. 智能制造服务技术的进化方向。

1.3.1 节内容指出了新一代 ICT 和 AI 技术推动了多种制造模式下的制造服务积极变革。从技术发展的角度看,未来智能制造服务技术的研究与应用主要集中于以下四个方面。

1. 制造服务体系架构的系统智能化

当前,制造服务尚缺乏系统智能化的体系架构。因此,需要在研究产品全生命周期各服务环节的基础上,建立系统化、层次化的智能服务模型框架。这意味着,我们需要定义智能制造服务的相关概念及其边界,借助 AI 等技术,识别产品全生命周期的制造服务源,最终构建符合当前市场和用户需求的、可充分利用新一代 ICT 的智能制造服务体系。

2. 制造服务数据的主动感知与边缘计算

智能制造服务需要服务数据的支持,通过挖掘、收集、感知、分析制造服务的相关数据,实现智能计算、决策、管理与优化等任务。因此,需要建立针对智能制造服务的 CPS、RFID

(射频识别)系统、社交传感器系统等,以便快速、可靠、高效地采集智能制造服务主体在全生命周期过程中的制造服务数据,从而支持后续的智能化计算与决策。

3. 制造服务过程的自治运行与监控

智能化制造服务过程需要利用互联网、大数据、智能计算等技术对制造服务进行合理配置、优化、管理与监控,包括挖掘与分析服务用户的制造服务需求,将服务能力与用户需求进行匹配,进而选择满足服务用户需求的最优服务方案。同时,形式化描述制造服务外包/众包过程中涉及的服务需求、智能量化管控发包/接包过程,实现对制造服务运营过程的有效监控与跟踪,保障制造服务的顺利交付。

4. 制造服务结果的量化评估

制造服务的完善程度、完成情况、服务成本、服务质量等需要一系列相应的评估体系来衡量,以期不断完善和优化制造服务过程。因此,首先需要建立统一的定义和标准来准确描述智能制造服务水平的相关概念。在此基础上,引入成熟度指标体系,结合具体的制造服务场景建立成熟度评估模型,以实现对智能制造服务水平的量化评估。

1.4 知识点小结

智能制造服务是当前制造业转型升级中的关键趋势,主要依靠新一代 ICT 和人工智能的推动,致力于提高生产效率、产品质量,并响应个性化的市场需求。本章深入讨论了智能制造服务的概念、背景、定义、特点及其在现代制造业中的应用。下面对本章内容的主要知识点进行概要总结:

智能制造服务产生的背景主要是由于竞争全球化的加剧和 ICT 的快速发展,特别是大数据、云计算和人工智能等技术的应用,使得制造业趋向于服务化和智能化。智能制造服务强调制造与服务的深度融合,通过技术支持实现更高效、个性化的生产与服务。

人工智能技术能够优化资源配置,提高生产效率,实现制造服务的智能化和集成化。人工智能技术可以模拟人类的智能行为,包括学习、推理、自我修正和理解自然语言等功能。人工智能在智能制造服务中的应用主要包括产品设计服务及其智能化、产品生产服务及其智能化、产品运行与维护服务和智能化,以及产品再循环服务及其智能化等方面。

智能制造服务不仅涉及制造过程的优化,还包括产品设计、生产、物流、维护和回收的全生命周期管理。通过智能化技术,制造服务可以更好地适应市场变化,为用户提供定制化解决方案,增强企业的市场竞争力。

未来的智能制造服务将更加侧重于系统化的服务体系建设、数据驱动的智能决策支持,以及服务过程的自动化和自主性。制造服务将进一步深入融合到 SMfg、云制造和 PSS 等新型制造模式中,以实现资源的高效配置和服务方案的最优化。

1.5 思考题

讨论在智能制造服务中,大数据和 AI 技术如何共同作用于提高制造流程的效率和产品质量。考虑实际应用场景,分析这些技术的具体作用和可能面临的挑战。

参考文献

[1] 张富强，江平宇，郭威．服务型制造学术研究与工业应用综述[J]．中国机械工程，2018，29(18)：2144-2163.

[2] MONT O K . Clarifying the concept of product-service system[J]. Journal of Cleaner Production，2002，10(3)：237-245.

[3] 李浩，纪杨建，祁国宁，等．制造与服务融合的内涵、理论与关键技术体系[J]．计算机集成制造系统，2010，16(11)：2521-2529.

[4] 张轶伦，牛艺萌，叶天竺，等．新信息技术下制造服务融合及产品服务系统研究综述[J]．中国机械工程，2018，29(18)：2164-2176.

[5] 乔立红，张毅柱．产品数据管理与企业资源计划系统间更改信息的集成与控制[J]．计算机集成制造系统，2008(5)：904-911.

[6] 孙林岩，李刚，江志斌，等．21世纪的先进制造模式——服务型制造[J]．中国机械工程，2007，18(19)：2307-2312.

[7] BAINES T S，LIGHTFOOT H W，BENEDETTINI O，et al. The servitization of manufacturing[J]. Journal of Manufacturing Technology Management，2009，20(5)：547-567.

[8] 张旭梅，郭佳荣，张乐乐，等．现代制造服务的内涵及其运营模式研究[J]．科技管理研究，2009，29(9)：227-229.

[9] 汪应洛．创新服务型制造业，优化产业结构[J]．管理工程学报，2010，24(S1)：2-5.

[10] 齐二石，石学刚，李晓梅．现代制造服务业研究综述[J]．工业工程，2010，13(5)：1-7.

[11] 顾新建，张栋，纪杨建，等．制造业服务化和信息化融合技术[J]．计算机集成制造系统，2010，16(11)：2530-2536.

[12] 陶飞，戚庆林．面向服务的智能制造[J]．机械工程学报，2018，54(16)：11-23.

[13] 周济，李培根，周艳红，等．走向新一代智能制造[J]．Engineering，2018，4(1)：28-47.

[14] TIMOTHY D F，STEELE D C，SALADIN B A. A service-oriented manufacturing strategy [J]. International Journal of Operations & Production Management，1994，14(10)：17-29.

[15] JIANG P，LENG J，DING K. Social manufacturing as a sustainable paradigm for mass individualization[J]. Proceedings of the Institution of Mechanical Engineers，Part B：Journal of Engineering Manufacture，2016，230(10)：1961-1968.

[16] 战德臣，赵曦滨，王顺强．面向制造及管理的集团企业云制造服务平台 [J]．计算机集成制造系统，2011，17(3)：487-494.

[17] TAO F，ZHANG L，VENKATESH V C. Cloud manufacturing：a computing and service-oriented manufacturing model[J]. Proceedings of the Institution of Mechanical Engineers，Part B：Journal of Engineering Manufacture，2011，225(10)：1969-1978.

[18] 张映锋，江平宇．任务驱动的零件制造电子服务平台研究 [J]．西安交通大学学报，2003，37(1)：64-68.

[19] 顾新建，李晓，祁国宁．产品服务系统理论和关键技术探讨[J]．浙江大学学报(工学版)，2009，43(12)：2237-2243.

[20] 张映锋，江平宇．面向中小型企业的制造服务平台研究[J]．西安交通大学学报，2004(7)：670-673.

第2章

制造模式与制造服务

本章以云制造、SMfg、PSS等先进制造服务模式为典型代表，介绍制造服务模式的概念、系统框架及其运行逻辑。利用新一代ICT和AI方法，对“需求与供需匹配”“资源组织与配置”“过程跟踪与质量监控”“评估与反馈”等环节的制造服务进行智能化的组织、管理与运营方法介绍。

2.1 制造模式

工业互联网是全球工业系统与高级计算、分析、感应技术及互联网连接高度融合的开放式网络平台，是智能制造的核心技术之一。本节介绍工业互联网、网络化协同制造、智能制造的相关概念、内涵、关键技术、体系架构等，旨在厘清这些制造模式的异同点，为后续的制造服务智能化提供支持。

2.1.1 工业互联网与网络化协同制造

【关键词】 工业互联网；工业App；边缘计算；网络化协同制造

【知识点】

1. 工业互联的基本概念及其与智能制造的关系。
2. 工业互联网各层次的关键技术。
3. 网络化协同制造的基本概念及其与工业互联网的关系。

1. 工业互联网

1）工业互联网的概念及内涵

工业互联网最初于2012年由美国通用电气公司提出，旨在通过开放、共享、全球化的工业级网络平台把设备、产线、工厂、供应商、原材料、产品和用户紧密连接起来，利用跨部门、跨层级、跨地域的互联信息，高效共享工业经济中的各要素资源，给出最优的资源配置方案和加工过程。

2）工业互联网的体系架构

工业互联网的层次结构通常分为4层，主要包括边缘层、云基础设施层、平台层、应用层，如图2-1所示。

(1) 边缘层，解决数据采集的问题，通过大范围、深层次的数据采集，以及异构数据的协议转换与边缘处理，构建工业互联网平台的数据基础。

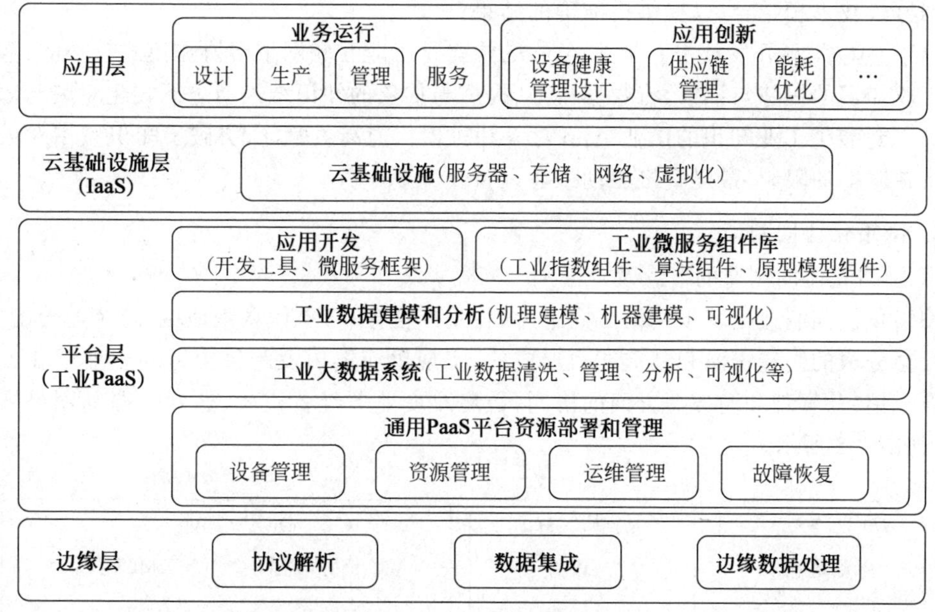

图 2-1　工业互联网体系架构

(2) 云基础设施层，基础设施即服务(infrastructure as a service，IaaS)层，通过虚拟化技术将计算、存储、网络等资源池化，向用户提供可计量、弹性化的资源服务。

(3) 平台层，平台即服务(platform as a service，PaaS)层，解决工业数据处理和知识的积累沉淀问题。通过利用大数据、AI 等方法，从海量高维、互联互通的工业数据中挖掘出隐藏的决策规则，以指导生产。

(4) 应用层，解决工业实践和创新的问题，主要面向特定的工业应用场景，激发全社会资源推动工业技术、经验、知识和最佳实践的模型化、软件化、再封装(即工业 App)，用户通过对工业 App 的调用实现对特定制造资源的优化配置。

3) 工业互联网平台的关键技术

工业互联网平台是工业互联网的载体，包括四个方面的关键技术。

(1) 信息感知技术。信息感知技术包括三个要点：设备接入，即对海量设备进行连接和管理；协议解析，即利用协议转换实现海量工业数据的互联互通和互操作；边缘数据处理，即通过运用边缘计算技术，实现错误数据剔除、数据缓存等预处理及边缘实时分析，以降低网络传输负载和云端计算压力。

(2) 信息传输技术。信息传输分为有线传输和无线传输两大类，其中无线传输是 IIoT 的主要应用。无线传输技术按传输距离可划分为两类：以 ZigBee、Wi-Fi、蓝牙等为代表的短距离传输技术，即局域网通信技术；LPWAN(low-power wide-area network，低功耗广域网)，即广域网通信技术。信息传输需要各种不同的协议，如超文本传输协议、消息队列遥测传输等将边缘层采集的信息传输到云端，以实现远程接入。

(3) 数据分析平台。工业大数据除了具有互联网大数据的“4V”(value 规模性、variety 多样性、velcocity 高速性、value 价值密度低)特征外，还具有多来源、多维度、多噪声的特征。因此，工业互联网平台的大数据分析不仅需要利用常用的大数据分析技术，还需要研究数据清洗、数据融合技术，并且要将各学科、各领域以及不同背景的知识抽象、固化，形成规则，与大数据分析技术相结合，以提供更准确的结果。

(4) 工业 App 开发技术。工业 App 的构建是工业互联网平台协作模式转换的核心，通过对工业知识的提炼与抽象，将数据模型、提炼与抽象的知识结果通过形式化封装与固化形成 App。封装了工业知识的工业 App 对人和机器快速高效赋能，突破了知识应用对人脑和人体所在时空的限制，最终直接驱动工业设备及工业业务。

2. 网络化协同制造

1) 网络化协同制造的概念及内涵

网络化协同制造是基于网络协同平台，将生产任务、订单信息跨地域、跨企业分配下去，聚集社会分散的制造资源和制造能力形成的，实现供应链内及跨供应链的企业间在产品设计、制造、销售、管理和商务等方面的协同，最终改变业务经营模式，达到资源利用最大化的目的，如图 2-2 所示。

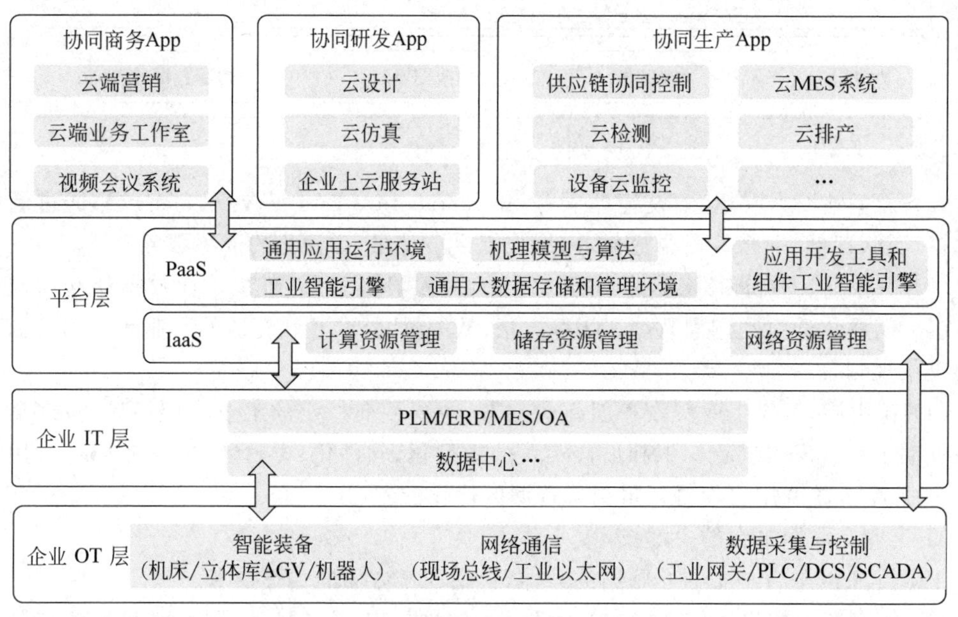

图 2-2 网络化协同制造

就生产模式而言，网络化协同模式集成了产品设计、生产制造、供应链和企业运营管理等先进制造系统，基于网络制造、全球制造和虚拟制造等生产模式，依托互联网技术、IIoT 技术及 ICT 使供应链上下游企业传统的串行工作方式转变成并行工作方式，使企业从单一的制造环节到上游设计研发环节延伸，企业的管理链从上游到下游生产制造控制环节拓展，缩短了产品研发周期和生产周期，能快速响应用户的个性化需求。

2) 网络化协同制造的应用模式

网络化协同制造的主要应用模式包括设计协同、生产协同、供应链协同、服务协同。

(1) 设计协同。设计协同是利用计算机技术、多媒体技术和网络技术，通过网络化的设计平台支持企业之间工作群体成员的分工、并行开展设计任务，可有效地缩短产品的研发设计周期。

(2) 生产协同。先进的ICT、制造技术和IIoT技术等交叉融合的产品是"制造即服务"理念的体现,生产协同通过将制造资源进行虚拟化封装,实现制造资源的高度共享,使工业设计与制造领域中的供需匹配更为合理且运作高效。

(3) 供应链协同。供应链协同是通过互联网将供应商、制造商、分销商和客户创建到供应链网络中,动态地共享用户需求、产品设计、工业文件、库存及供应链计划等信息,在组织层面上,通过协同明确各个企业的分工与责任,实现优势互补和资源共享;在业务流程层面上,通过协同重组流程,打破企业界限,更好地满足用户需求;在信息层面上,通过协同共享运营数据、市场信息等,实现信息的快速传播和用户需求的及时响应。

(4) 服务协同。服务协同是在CPS支持下,贯穿产品全生命周期的管理和服务,在产品智能化的基础上,实现产品运行状态数据采集、数据实时分析、故障诊断与PdM等功能,为客户和企业创造新的价值,实现传统制造向制造服务转型。

3) 基于工业互联网平台的网络化协同制造

在工业互联网平台的赋能下,网络化协同制造模式在技术手段、制造模式、业态、特征、内容、目标等方面进入新的发展阶段,具有以下新的内涵。

(1) 新技术手段,主要包括以泛在互联网,融合以大数据智能、人机混合增强智能、群体智能、跨媒体智能、无人自主智能为主要方向的新一代AI技术,建模与仿真/数字孪生、云计算、边缘计算、5G、区块链等新一代信息通信技术,以及先进制造技术,打造数字化、网络化、智能化技术新工具,构建以用户为中心的多层级制造资源/能力/产品的网络化协同制造平台/网络,使进入平台的各类用户角色能随时随地按需获取平台上的制造资源/能力/产品等制造服务,进而优质、高效地完成产品全生命周期的各类活动。

(2) 新制造模式指一种满足"协同化、社会化、服务化、智能化、柔性化、个性化定制、互联集成"需求的,以用户为中心、人机物融合制造的先进制造模式。其中,协同化指跨工厂、跨企业、跨供应链的资源共享与协同;社会化指在工厂、企业、供应链之间通过交互和通信共享信息、知识,相互协助完成问题的求解;服务化指借助互联网、大数据、AI、IIoT等技术推动向以服务为中心的制造方式转化;智能化指将产品生产制造的各环节和生产要素囊括在智能网络中,通过大数据、云计算、IIoT等技术实现数据的采集、集成、分析、交互,从而支撑智能化生产管理;柔性化指生产系统具有柔性能力,即在最小化无用损耗的前提下对市场需求变化做出快速适应;个性化定制指根据个性化需求直接参与生产过程的方式,解决了与传统规模化、标准化生产方式之间的矛盾;互联集成指智能制造要素之间横向、纵向及端到端的集成。

(3) 新业态,突出万物互联、智能引领、数据驱动、共享服务、跨界融合、万众创新的新形态。其中,万物互联是指人-人、人-机(物)、机(物)-机(物)之间的泛在互联;智能引领是指以新一代AI技术、信息通信技术及先进制造技术深度融合的数字化、网络化、智能化技术为手段的智能引领;数据驱动是指深化大数据等的研发应用,更好地挖掘数据的价值;共享服务是指资源/能力的整合、开放与共享;跨界融合是指突破产业边界,促进新技术与原有产业的融合;万众创新是指以新技术推动创新,汇聚众人智慧,推动智能制造的深度融合应用。

(4) 新特征指制造大系统、全生命周期活动(产业链)中的人、机、物、环境、信息进行自主感知、互联、协同、学习、分析、认知、决策、控制与执行。

(5) 新内容指促使制造大系统及全生命周期活动中的人、技术/设备、管理、数据、材料、资金等六要素，以及人流、技术流、管理流、数据流、物流、资金流等“六流”集成优化。

(6) 新目标指高效、优质、节能、绿色、柔性、安全地制造产品和服务用户，提高企业的市场竞争力。

2.1.2 智能制造

【关键词】 智能制造；人-信息-物理系统；数字孪生；参考模型

【知识点】

1. 智能制造的不同定义及其异同点。
2. 人工智能与先进制造技术的深度融合以及实现智能制造的好处。
3. 智能制造的特征。
4. 智能制造的功能系统。

1. 智能制造的概念及内涵

目前，国内外对智能制造尚无严格或统一的定义，下面列举其中的一些定义。

1991 年，日本、美国、欧洲共同发起实施的《智能制造国际合作研究计划》中定义，智能制造系统是一种在整个制造过程中贯穿智能活动，并将这种智能活动与智能机器有机融合，使整个制造过程从订货、产品设计、生产到市场销售等各个环节以柔性方式集成起来的、能发挥最大生产力的先进生产系统。

周济院士等 2019 年在 *Engineering* 上发表的论文《面向新一代智能制造的人-信息-物理系统》中提出，智能制造已历经数字化制造，数字化、网络化制造，并正在向数字化、网络化、智能化制造的新一代智能制造演进。新一代智能制造的本质特征是新一代 AI 技术(赋能技术)与先进制造技术(本体技术)的深度融合。

工业和信息化部下发的《智能制造发展规划(2016—2020 年)》中将智能制造定义为：基于新一代信息通信技术与先进制造技术的深度融合，贯穿设计、生产、管理、服务等制造活动的各个环节，具有自感知、自学习、自决策、自执行、自适应等功能的新型生产方式。

2. 智能制造的特征

智能制造具有如下特征：

1) 大系统

智能制造系统(特别是车间级以上的系统)完全符合大系统的基本特征，即大型性、复杂性、动态性、不确定性、人为因素性、等级层次性等。智能制造系统中的“系统”是一个相对的概念，如图 2-3 所示。系统可以是一个加工单元或生产线、一个车间、一个企业、一个由企业及其供应商和客户组成的企业生态系统。在智能技术的赋能下，系统能实时响应并动态适应环境的变化(如温度变化、刀具磨损、市场波动等)，达到系统的优化目标(如效率、成本、节能环保等)。

2) 大集成

大集成是指制造全系统，以及全生命周期活动(产业链)中的人、机、物、环境、信息等所进行的自主智能感知、互联、协同、学习、分析、认知、决策、控制与执行，进而促使制造全系统及全生命周期活动中的人/组织、技术/设备、管理、数据、材料、资金及人流、技术流、管理流、

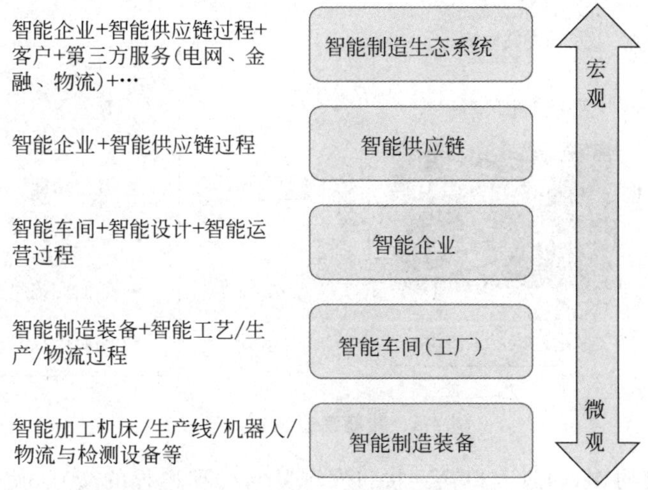

图 2-3　智能制造系统的层次

数据流、物流、资金流等集成优化。大集成的类型可概括为横向集成、纵向集成、端到端集成，如图 2-4 所示。

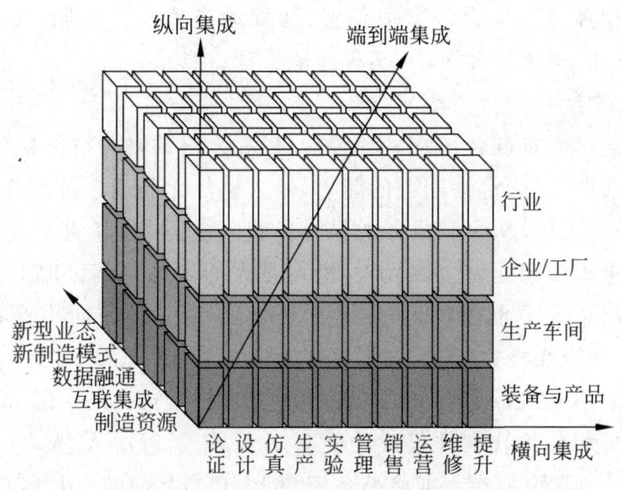

图 2-4　智能集成制造系统

3）系统进化和自学习

智能制造系统中的信息系统增加了基于新一代 AI 技术的学习认知部分，不仅具有更强大的感知、计算分析决策与控制能力，还具有了学习认知、产生知识的能力，从“授人以鱼”发展到“授人以渔”；智能制造系统通过深度融合数理建模(因果关系)和大数据智能建模(关联关系)所形成的混合建模方法，可以提高制造系统的建模能力，提高处理制造系统不确定性、非结构化、非固定模式等复杂性问题的能力，极大地改善制造系统的建模和决策效果。对于智能机床加工系统，能在感知与机床、加工、工况、环境有关信息的基础上，通过学习认知建立整个加工系统的模型，并应用于决策与控制，实现加工过程的优质、高效和低耗运行，如图 2-5 所示。

4）信息物理系统

信息物理系统是一个包含计算、网络和物理实体的复杂系统，依靠计算、通信、控制技术

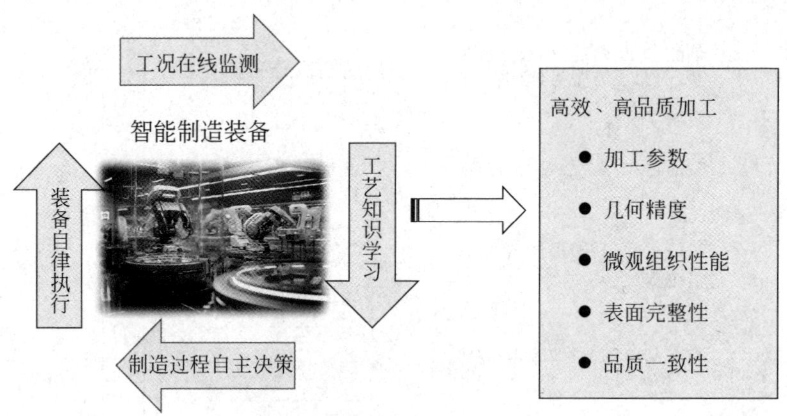

图 2-5 智能制造装备自学习

的有机融合与深度协作，通过人机交互接口实现其与物理进程的交互，使信息空间以远程、可靠、实时、安全、协作和智能化的方式操控一个物理实体。CPS 应用于智能制造中，以一种新的信息物理融合生产系统（cyber-physical production system，CPPS）形式，将智能机器、存储系统和生产设施融合，体现了动态感知、实时分析、自主决策、精准执行的闭环过程，使人、机、物等能够相互独立地自动交换信息、触发动作和自主控制，实现智能、高效、个性化、自组织的生产方式，构建智能工厂，实现智能生产。

5）人与机器的融合

智能制造系统通过人机混合增强系统智能，提高人机共融与群体协作技术，从本质上提高制造系统处理复杂性、不确定性问题的能力，极大地优化制造系统的性能。随着人机协同机器人、可穿戴设备的发展，生命和机器的融合在制造系统中会有越来越多的应用体现。智能制造系统并非要求机器智能完全取代人，机器是人的体力、感官和脑力的延伸，即使在未来高度智能化的制造系统中也需要人机共生。图 2-6 为一种面向生产社交的社交传感器（social sensor）的三种交互模式，即人-人交互（human to human，H2H）、人-机交互（human to machine/machine to human，H2M/M2H）和机-机交互（machine to machine，M2M）。此处的社交传感器定义为一种软硬件集成的交互媒介，用于解决人-人、人-机/机-人、机-机的泛在互联互通问题；通常附加在人或者装备资源上，充当其前端交互接口，进行交互数据的接收/捕获、计算、传输和响应。

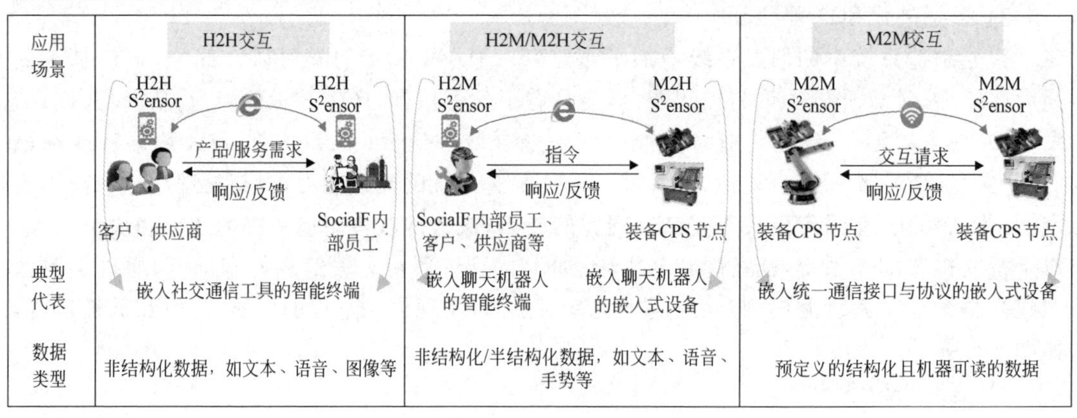

图 2-6 社交传感器的三种交互模式

6）虚拟与物理的融合

智能制造系统涵盖了两个世界：一个是由机器实体和人构成的物理世界，另一个是由数字模型、状态信息和控制信息构成的虚拟世界。数字孪生是物理实体与虚拟融合的有效手段。产品数字孪生体是指产品物理实体的工作状态和工作进展在信息空间的全要素重建及数字化映射，是一个集成的多物理、多尺度、超写实、动态概率仿真模型，可用来模拟、监控、诊断、预测、控制产品物理实体在现实环境中的形成过程、状态和行为。利用数字孪生建模技术对物理实体对象的特征、行为、形成过程和性能等进行描述和建模，通过数字孪生技术，一方面，产品的设计与工艺在实际执行之前，可以在虚拟世界中进行100%的验证；另一方面，在生产与使用过程中，真实世界的状态可以在虚拟环境中进行实时、动态、逼真的呈现，如图2-7所示。

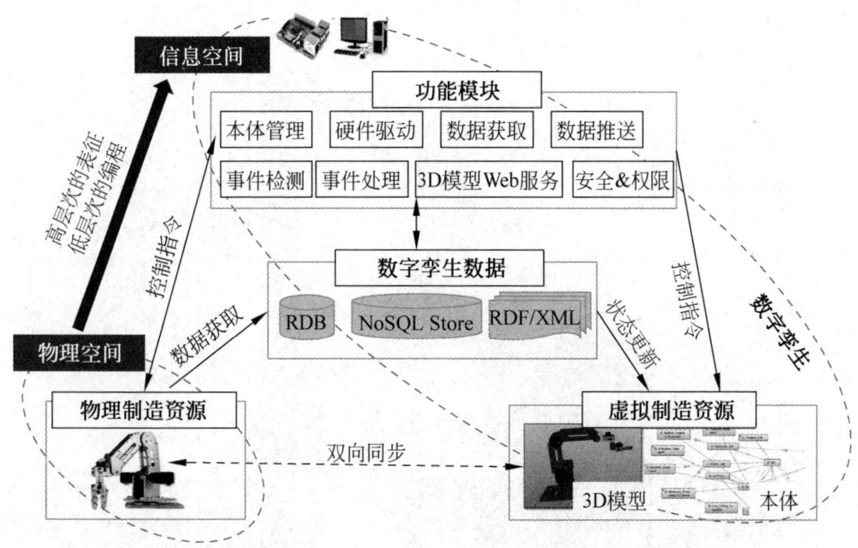

图2-7 产品的数字孪生模型

3. 智能制造的参考模型

如图2-8所示，结合工业信息安全与智能制造标准，构建出智能制造参考模型主要包括六个部分。

1）物联网与传感器

采用数字化的三维数模定义产品，采用二维码、条形码等方式数字化定义生产过程中所有生产要素，通过各种信息传感设备，实时扫码、自动上传等方式，实现工厂的数字化。建设全连接工厂，实现设备互联、工装互联、物料互联、工具互联、产品互联及人员互联，最终实现云端与终端的互联互通，打破信息孤岛。

2）信息高速公路

通过建设5G高速信息传输通路，实现工厂数字化信息的实时传递，以及生产现场信息与平台状态保持实时一致性。

3）工业互联网平台

梳理业务流程，厘清数据流向，构建工厂工业互联网平台及强大的算力，打通制造执行系统（manufacturing execution system，MES）、企业资源计划（enterprise resource planning，

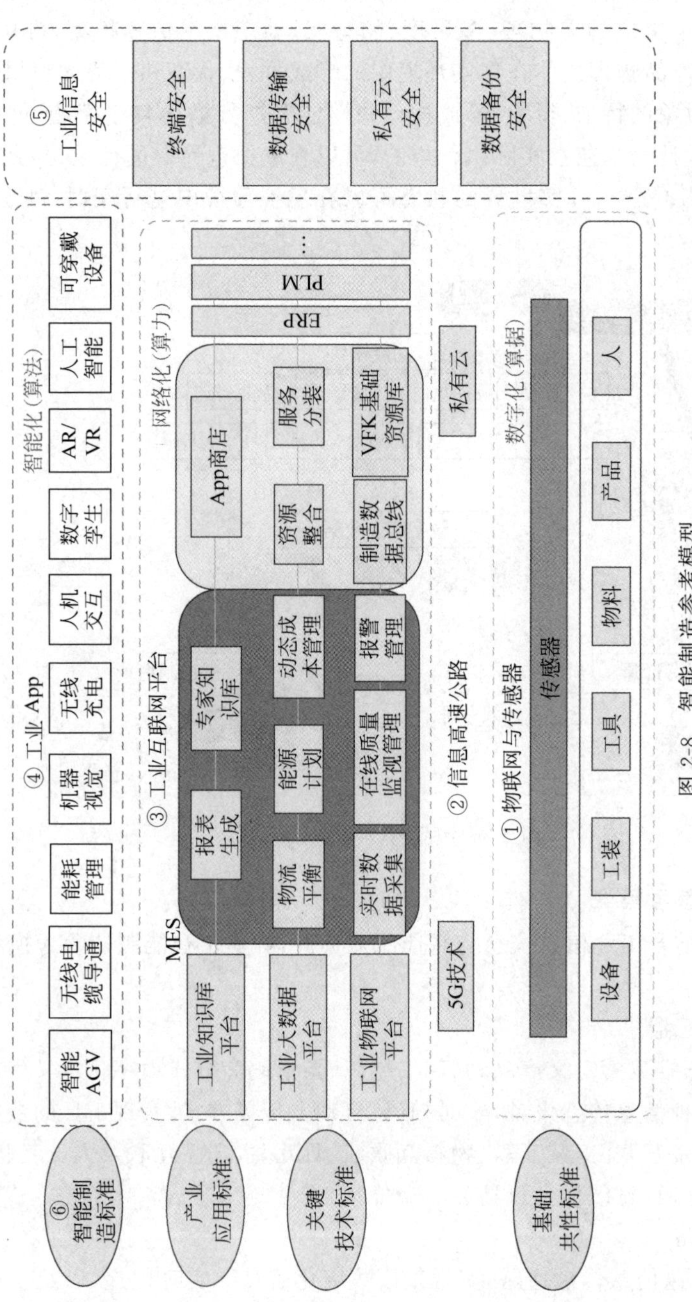

图 2-8 智能制造参考模型

ERP)、产品生命周期管理(product life-cycle management,PLM)等各项系统,实现工厂运行信息的网络化传递与运用。

4) 工业 App

在数字化和网络化的基础上,将信息汇总至私有云平台,构建"工厂大脑",实现集中处理,并通过工业 App 实时调整优化工厂运行的各个环节,大幅提升工厂运行的智能化程度。

5) 工业信息安全

构建工业信息安全体系,逐步建立并完善终端安全、数据传输安全、私有云安全、数据备份安全的工业信息安全方案。

6) 智能制造标准

构建涵盖产品全生命周期全过程的标准体系,包括基础共性标准、关键技术标准、产业应用标准。

4. 智能制造的功能系统

广义的产品制造主要包括产品设计、生产、供销、服务等环节。因此,智能制造的主要功能系统包括智能设计、智能生产、智能供应链、智能服务。

1) 智能设计

智能设计是指将智能优化方法应用到产品设计中,利用计算机模拟人的思维活动进行辅助决策,以建立支持产品设计的智能设计系统,从而使计算机能够更多、更好地承担设计过程中的各种复杂任务,成为设计人员的重要辅助工具。制造领域常见的智能设计包括衍生式设计、拓扑优化设计、仿真设计、可靠性优化设计、多学科优化设计等。

2) 智能生产

智能生产是指将大数据与 AI 技术融入产品生产过程中,使生产过程实现自感知、自决策、自执行,主要包括智能加工(如制造装备工况在线检测、工艺知识在线学习、制造过程自主决策、装备自律执行等)、智能装配[如智能装配规划、基于虚拟现实(virtual reality,VR)的虚拟装配、基于增强现实(augmented reality,AR)的装配引导、人机协同装配、装配机器人]、智能工厂运行优化(如制造系统适应性技术、智能动态调度)等。

3) 智能供应链

智能供应链是指通过泛在感知、系统集成、互联互通、信息融合等 ICT 手段将工业大数据分析和 AI 技术应用于产品的供销环节,实现科学的决策,提高运作效率,并为企业创造新的价值。与传统的供应链不同,数字化制造背景下的智能供应链更加强调信息的感知、交互与反馈,从而实现资源的最优配比。其主要功能包括自动化物流、供销过程集成与协同、供销过程管理智能决策、客户关系管理等。

4) 智能服务

智能服务是指利用先进的 AI、大数据分析及机器学习技术,对产品的运行状况进行实时监控、PdM、故障自动诊断与修复,以及优化资源配置与性能调优的全方位服务。智能服务包括云服务平台、个性化生产服务、产品增值服务等。这种服务不仅显著提高了运维效率与响应速度,还能通过精准的数据洞察帮助企业预防潜在的问题,确保产品稳定高效运行,从而增强用户体验,降低运维成本。

2.2 先进制造服务及其模式

制造与服务的深度融合使得制造价值链从以制造为中心向以服务为中心转变。深入分析制造与服务的融合所引起的制造模式的服务化演变，明晰云制造、SMfg、PSS 等不同模式下制造服务的机理，是实现制造服务智能化技术的基础。

2.2.1 一切皆服务

【关键词】 订阅式服务；按需使用；设备即服务；制造即服务；设计即服务

【知识点】

1. XaaS 模式的起源与内涵。
2. 制造服务的 XaaS 模式类型。
3. 一种 XaaS 模式的应用实例。

1. 制造服务的 XaaS 模式

制造服务的一切皆服务(X as a Service，XaaS)模式是指将制造相关的各种功能和资源虚拟化(如设计能力、制造能力、制造设备)，以服务的形式提供给用户，实现按需分配和即时使用。在这种模式下，制造商不再直接拥有和管理制造资源，而是根据生产需求，灵活地从服务提供商那里获取设计、生产、测试、维护等各种与制造相关的服务，从而实现灵活、高效、智能化的生产和运营。制造服务的 XaaS 模式特点如下：

1）订阅式服务

制造服务的 XaaS 模式是一种基于订阅的服务提供方式，用户通过订阅模式支付费用，而无须进行大规模的资本投资或长期维护，这提供了成本效益和灵活性。

2）按需使用

用户可以根据实际生产需求实时获取必要的制造服务，且根据订单需求动态调整服务的使用量，实现快速扩展或缩减服务，以适应市场变化并实现资源的最优配置。

3）专业化提升

在 XaaS 模式下，服务提供商只负责设计、生产、测试、维护等具体的制造服务活动，提供持续的技术支持和维护，确保服务的稳定性和连续性。用户可以外包非核心活动，如设备管理、生产维护等，从而聚焦于更具核心竞争力的发展和创新。

4）技术集成

XaaS 模式通常结合了云计算、IIoT、大数据和 AI 等先进技术，以提高制造过程的智能化和自动化水平。

5）增强协作

XaaS 模式通过支持不同服务和平台的集成，便于与其他企业、供应商和用户进行合作和数据共享。

2. 制造服务的 XaaS 模式类型

在实际应用中，XaaS 模式以其多样化的形式适应不同行业和企业的需求。下面是对 XaaS 模式几种具体表现形式的详细描述：

1）设备即服务(equipment as a Service,EaaS)

EaaS模式改变了传统的设备购买和维护模式,用户不再需要一次性投入大量资金购置机械设备,而是可以根据实际使用量进行付费,灵活获取所需的设备和维护服务。在EaaS模式下,设备提供商负责设备的安装、维护和升级,用户只需专注于设备的使用。这不仅降低了企业的资本支出和维护成本,还保证了设备的高效运转和最新技术的应用。例如,一家制造企业可以通过租用数控机床和加工机器人,在生产过程中根据订单需求调整设备的使用,提高生产效率和灵活性。

2）制造即服务(manufacturing as a Service,MaaS)

MaaS模式提供了灵活的按需生产能力,使得企业能够根据市场需求快速调整生产线。通过MaaS平台,企业可以租用各种生产设备和技术服务,实现从小批量定制生产到大规模制造的无缝转换。MaaS模式还允许企业在需求高峰期快速扩展产能,避免了因产能不足导致的交付延迟问题。例如,一家初创公司可以通过MaaS平台获取先进的3D打印技术,快速制造出小批量的产品原型,以测试市场反应和进行迭代优化。

3）设计即服务(design as a Service,DaaS)

这一模式为设计师提供了完整的云端设计工作室环境。通过DaaS,设计师可以接入高性能的计算机辅助设计(computer-aided design,CAD)和建模软件,以及庞大的资源库,包括部件库、模板和标准制图。这些资源无须本地安装和维护,设计师可以随时随地通过网络访问,轻松地与团队协作。DaaS模式使得产品设计更为便捷,不仅缩短了设计周期,还降低了软件和硬件的投资成本。

这些服务不仅提高了生产效率,还促进了资源的最优配置。XaaS模式的出现使得制造企业能够以更灵活、高效的方式获取所需的服务和资源,从而加速创新、降低成本,并更好地适应市场需求的变化。

3. XaaS模式的应用实例

下面以一种智能设备即服务的模式运行为例说明XaaS模式的应用。智能制造即服务(intelligent manufacturing as a Service,iMaaS)模式是指面向集成了先进传感器、工业物联网(IIoT)技术、数据分析处理和AI算法的多种类型的智能设备,通过基于设备的远程监控、PdM、性能优化和自主化运行等功能与外部服务提供商和需求商进行智能交互,以实现XaaS模式运行的方式,即用户通过订阅服务的方式访问设备的加工和服务功能,服务提供商通过远程监控、性能优化等功能负责设备的维护、升级和技术支持。

iMaaS为企业提供了灵活、成本效益高的工业设备使用方式,解决了高端设备购置费用高与加工需求不足之间的矛盾,特别适用于围绕工业园区的集中特殊加工服务。工业园区内的企业可能对高端加工设备,如数控机床、金属3D打印机等,有间歇性需求。通过iMaaS系统共享平台,这些设备可以由设备提供商拥有并维护,一并提供服务,而多个企业能够共享这些高端设备,且无需购买即可按需使用。这样,每个企业都能在需要时获得所需的加工能力,而不必承担全部购置成本。这不仅降低了单个企业的财务负担,还提高了设备的使用效率,减少了资源浪费。

图2-9所示为iMaaS在工业园区的应用场景,包含三种类型的典型设备,即用于增材制造的金属3D打印机、用于减材制造的数控机床、可同时用于增减材的加工机器人。这些类型的设备作为加工节点组成制造服务网络,既能独享生产任务,也能共享生产任务。例如,

产品半净成型和减材精加工既可以通过两种 iMaaS 节点数控机床类型和金属 3D 打印机类型共享生产任务，也可以由加工机器人直接加工独享该生产任务。建立了一体化的公共外库，作为多个服务提供方、服务需求方企业的物流、存储中心，集中管理多个企业的库存，实现资源共享和优化。

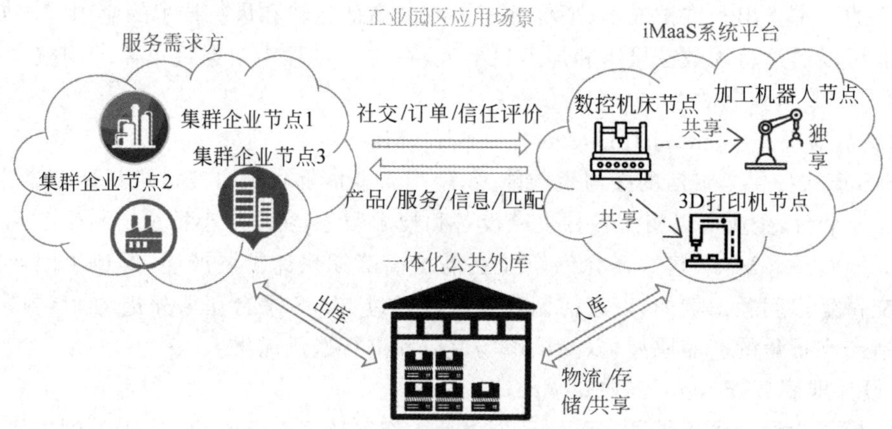

图 2-9　工业园区 iMaaS 模式应用实例

2.2.2　生产服务

【关键词】 生产服务；外包；众包

【知识点】

1. 生产服务、外包/众包模式及它们之间的关系。
2. 外包/众包模式的生产服务基本流程。

生产服务是指为满足生产者的中间需求而提供的服务，如物流、研发设计、生产前后服务等。这些服务在生产过程中扮演着重要的角色，有助于提高生产效率和降低成本。它们作为中间投入，用于进一步生产商品和服务，而非直接用于最终消费。这些服务是生产过程中不可或缺的一部分，为商品和服务的增值提供了必要的支持。生产服务包括外包和众包两大类。

1. 生产外包服务和众包服务

生产服务是指那些直接支持企业生产过程的服务活动，它们对产品的制造和优化起到关键作用。这类服务可能包括但不限于原材料采购、生产设备维护、质量控制、物流管理等。生产服务的目的是提高生产效率，降低成本，确保产品质量，从而增强企业的市场竞争力。其中：

(1) 外包服务是指企业将某些非核心业务或特定任务通过契约或交易方式交给外部专业服务提供商来完成的做法。通过外包，企业可以专注于其核心竞争力，同时利用外部资源的专业性和效率。外包可以是生产服务的一种形式，如将生产过程中的某些环节交给专业的外包公司来执行。

(2) 众包服务是一种更为开放的资源获取方式，它涉及将任务或问题发布给广大的互联网用户或特定群体，以集思广益或利用群体智慧来解决问题。众包可以用于产品的设计、研发、市场调研等多个方面，它能够迅速汇聚多方意见和创意，以促进创新。

2. 生产服务的基本流程

外包/众包模式基本流程如图2-10所示。在如云制造平台、资源共享平台等具有用户权限验证的平台上，发包企业首先注册企业信息，通过基于自然语言、知识图谱、结构化数据等方式进行制造任务的描述，然后发布该内容；承包企业以同样的方式在服务平台上进行注册，并对自己的服务能力进行描述和发布。针对某一项发布的具体制造任务，需求方采取基于相似度计算、知识图谱匹配、深度学习模型等算法根据需求信息与能力信息进行候选服务商的匹配，在此基础上，通过专家评分、机器学习、强化学习等算法进一步进行决策。通过博弈合作与博弈决策，生成一个服务订单，并对服务订单的相关信息进行补全，如批次信息等。在形成服务订单后，对制造服务的执行过程进行监控和跟踪。服务订单执行完毕，基于安全机制下的双向交互对服务质量进行相互评估。

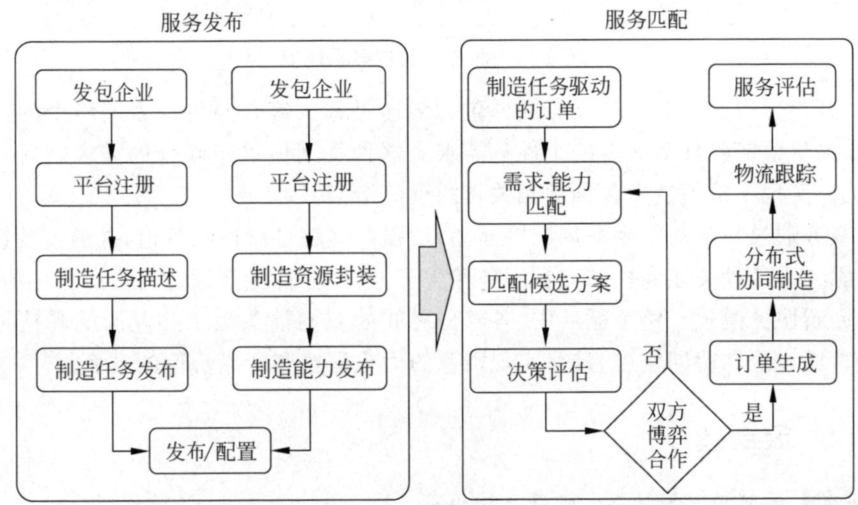

图2-10 外包/众包模式的基本流程

2.2.3 服务型制造

【关键词】 服务型制造；价值增值；顾客参与

【知识点】

1. 服务型制造的内涵及特征。
2. 一种服务型制造的概念模型。

服务型制造作为一种制造模式，旨在通过整合制造价值链中各利益相关者的利益，实现价值的增值。这种模式通过产品与服务的结合、用户的全程参与及企业间的生产服务和服务业生产的相互提供，促进了分散化制造资源的整合，并实现了各自核心竞争力的高效协同，如图2-11所示。

在服务型制造系统中，企业将产品的全生命周期进行细致的分解，以获得竞争优势。通常，企业会将非核心业务或不具备竞争优势的环节外包给专业化的企业。这样做的好处是，一方面，通过外包生产服务来支持生产，企业能够在更广泛的范围内实现产品的差异化，创造新的价值，同时扩展和延长了传统的制造价值链。另一方面，通过外包非核心的加工和制造业务，可以构建一个生产者网络，以实现低成本、高灵活性和快速响应的产品制造。在这

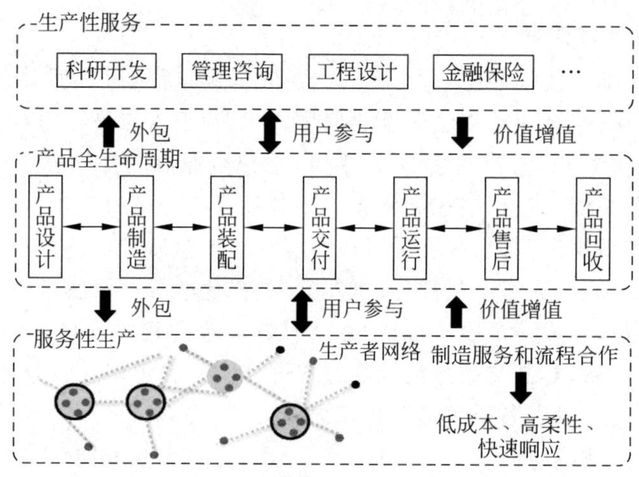

图 2-11 服务型制造概念模型

个过程中，客户全程参与制造和服务的外包和传递过程。客户与生产者网络中的成员进行互动，以满足价值链各环节顾客的个性化需求。这种互动促进了联合的需求创新和产品系统创新，从而实现了价值链中各利益相关者的价值增值。

生产服务通过与产品全生命周期的互动，增强产品在各阶段的价值，并通过反馈机制进一步优化服务。这种关系同样体现在服务性生产上，服务性生产通过与生产服务的互动，不断改进和创新服务模式。整个循环中，各部分之间的双向箭头表示相互影响和持续改进的动态过程。通过这种协同作用，最终实现资源的优化配置和产品价值的最大化。

2.2.4 云制造

【关键词】 云制造；云计算；服务系统框架

【知识点】

1. 云制造的发展历程和概念。
2. 云制造的基本体系结构和三类关键角色。
3. 云制造的服务系统框架。

云计算作为一种新的服务化计算模式，通过互联网提供动态、易扩展且虚拟化的资源，正在改变行业和企业在互联网上提供服务的方式。通过云计算平台，企业可以将大量高度虚拟化的计算资源管理起来，形成一个大的资源池，以统一的方式提供服务。这些服务通过互联网以异构、自治的形式为个人和企业用户提供按需获取的计算服务。而云制造是基于云计算理念，将“计算资源”转变为“制造资源”的网络化制造新模式。结合物联网和信息物理系统，云制造实现了终端物理设备的智能嵌入式接入，形成制造云资源，为制造业的信息化向服务化、高效低耗方向发展提供了可行的新思路。

云制造融合了现有的网络化制造和服务、云计算、物联网等技术，实现各类制造资源（制造硬设备、计算系统、软件、模型、数据、知识等）的服务化封装并以集中式的方式进行管理，客户根据自己的需求请求产品设计、制造、测试、管理和产品全生命周期所有阶段的服务。云制造体系包括制造资源、制造云服务和制造云三大部分，其运行主要有一个核心（知识）、两个过程（聚合、调用）和三种用户（制造资源提供商、制造云运营商、客户）。

1）知识

在云制造环境下，制造服务所需的相关资源均可称为知识，如工艺知识、制造知识、管理知识、决策知识等。知识是云制造运行的核心，每个阶段都需要相应的知识支持。

2）聚合

聚合是指通过智能感知和物联网技术（如射频识别技术、传感器网络、嵌入式系统），将制造资源和能力虚拟化并封装到制造云服务中，构建不同类型的制造云。

3）调用

用户根据需求访问、调用、部署和使用制造云服务，完成全生命周期过程的生产任务。

4）制造资源提供商

制造资源提供商提供制造过程中所需的资源和能力，其形式可以是个人、组织、企业或第三方。

5）制造云运营商

制造云运营商运营云制造平台，为制造资源提供商、客户和第三方提供服务和功能，处理组织、销售、许可和咨询等事务。

6）客户

客户向云制造服务平台提出需求并选择可用的云制造服务，根据需要购买制造云服务的使用权。

云制造的基本运行原则及其资源之间的逻辑关系如图2-12所示。

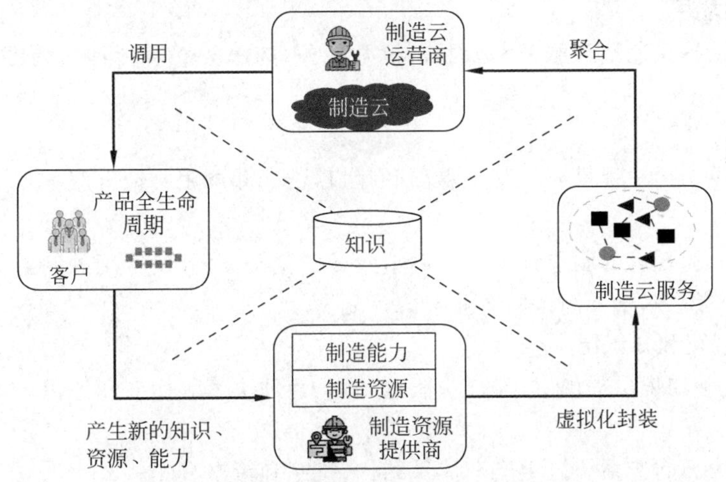

图2-12　云制造模式的逻辑关系

如图2-13所示，在云制造逻辑关系的基础上，提出了由7层组成的云制造服务系统框架，分别为：资源层，感知层，核心功能层，平台门户层，应用层，标准、规范和知识层，云安全层。

1）资源层

资源层包含物理的制造资源及其能力，包括硬件资源（如机床、加工中心、仿真设备）和软件资源（如计算模型、数据、软件）。

2）感知层

感知层负责物理制造资源及其能力的感知和网络接入，利用射频识别（radio frequency

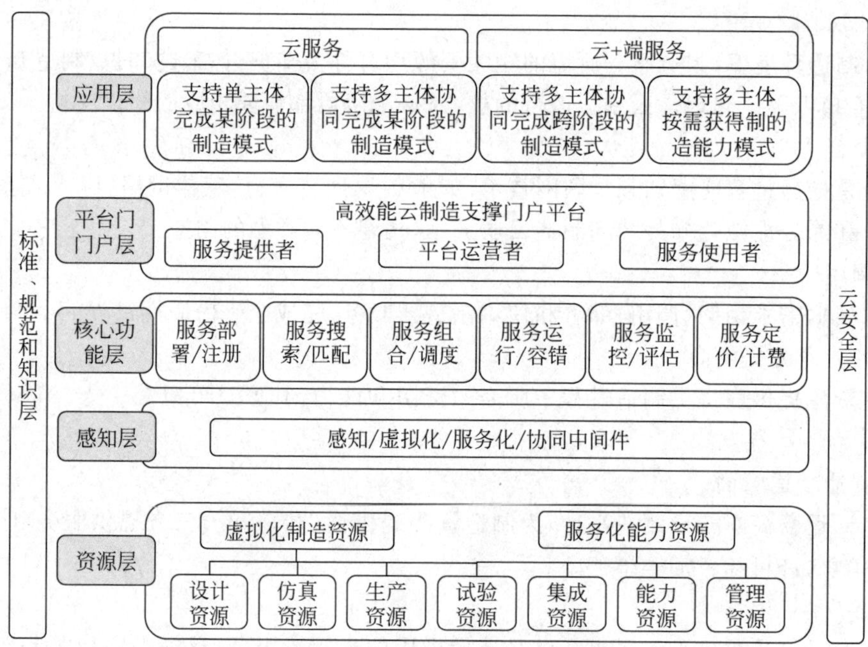

图 2-13　云制造服务系统框架

identification,RFID)、工业物联网(IIoT)等技术处理数据,实现资源和能力的全连接和虚拟化。

3）核心功能层

核心功能层提供制造云服务和云制造核心服务,如服务部署、匹配、调度、运行、监控和定价等。

4）平台门户层

平台门户层为用户提供人机交互界面和接口,访问和调用制造云服务。

5）应用层

应用层在企业现有的制造系统与云制造集成的基础上,开发专用的制造应用系统,如协同供应链管理系统、基于云制造的企业资源计划。

6）标准、规范和知识层

标准、规范和知识层提供生产规范、制造知识、管理决策等标准和知识。

7）云安全层

云安全层为云制造系统提供安全体系结构、机制和策略。

2.2.5　社群化制造

【关键词】 社群化制造模式；产消者；社会化制造资源；社群化制造网络

【知识点】

1. 社群化制造相关的定义及内涵。

2. 社群化制造系统架构。

社群化制造作为一种典型的分布式网络化服务型制造模式,定义为:一种由网络社交传播、制造社交行为及其情境驱动,以实现小微化的社会化资源泛在互联来形成社群化资源,且以社群化资源的交互协同与群体作动为目的,涵盖产品制造全生命周期过程并面向未来的服务型制造新模式。在该模式下，分散的社会化制造资源(socialized manufacturing resources,SMRs)在商务社交及其情境的驱动下自组织聚类形成各类社群化制造社群(social manufacturing groups, SMGs)和社群化制造社区(social manufacturing communities, SMCs),并在订单驱动的利益均衡和管控机制下，通过结合信息-物理-社交融合系统、社交传感器、射频识别装置、知识图谱、自然语言处理、群体智能等技术来实现 SMfg 运行过程中的资源配置与自组织、商务社交情境分析、数据/信息/知识共享、资源能力-需求匹配、生产智能规划、自治生产运行与控制及动态资源调度等复杂资源协同交互问题。这种模式能够有效地应对个性化和定制化生产的需求，同时提高生产的灵活性和响应速度。

图 2-14 所示为 SMfg 模式的输入/输出模型示意图。在该模式下，分散的 SMRs 在网络社交传播、制造社交行为及其情境的驱动下自组织聚类形成各类 SMGs、SMCs,并在订单驱动的利益均衡和管控机制下，以 SMCs 为主体自主参与个性化产品的制造活动。

SMfg 集聚海量分散的 SMGs、SMCs、SMRs,通过订单驱动的利益均衡与管控机制整合资源服务能力来为个性化产品的生产制造提供服务。图 2-15 所示为 SMfg 系统构建与运行六层体系架构。

1）社会化资源层

社会化资源层主要包括分散的“人-机-物”SMRs,特定的产消者(即参与生产活动的消费者)拥有各类有形和无形的制造资源。如订单、能力、生产加工设备资源、仓储物流资源、网络通信资源、物料与传感器环境资源等。通过采用统一的信息模型对资源进行形式化描述，并借助统一的信息接口实现资源的虚拟化封装、互联交互与信息共享。

2）节点配置层

节点配置层借助 CPS、社交传感器等技术，对多层级的制造资源主体(设备层、产线/车间层、企业层)中的“人-机-物”资源进行智能化配置和封装，形成具备自感知、自交互与自运行能力的 CPS 节点。以实现多制造资源主体间的信息-物理-社交互联，为社群化生产运行过程中的协同交互与资源信息共享提供支撑。

3）社区层

通过对虚拟化封装和 CPS 配置后的多层级社会化制造资源 SMRs 主体间的生产上下线进行生产关系挖掘，结合资源服务能力和生产喜好构建基于生产喜好的强社群关系资源网络，并通过聚类算法对强社群关系网络进行聚类，进一步创成基于生产喜好和服务能力的社区集合。

4）社群层

根据订单驱动的制造历史、制造兴趣、弱社群关系与模糊社群关系等构建包含 SMRs、社区集合、SMGs 的弱社群关系网络，无限可拓展的弱社群关系网络构成了 SMfg 网络。其中，产消者作为资源节点协作交互的代理角色，在不同的制造社群中扮演不同的服务角色。

5）社群化生产系统层

依托资源服务或产品订单，通过组合不同 SMCs 及其 SMRs 构成了 SMfg 网络。其中，社区内与社区间的 SMRs 竞争、合作与利益博弈可完成 SMfg 的节点选择。在订单任务和工作流的驱动下，SMfg 在人与人/人与机器/机器与人/机器与机器交互下借助数据知识共享等技术实现资源节点的自治与协同运行。

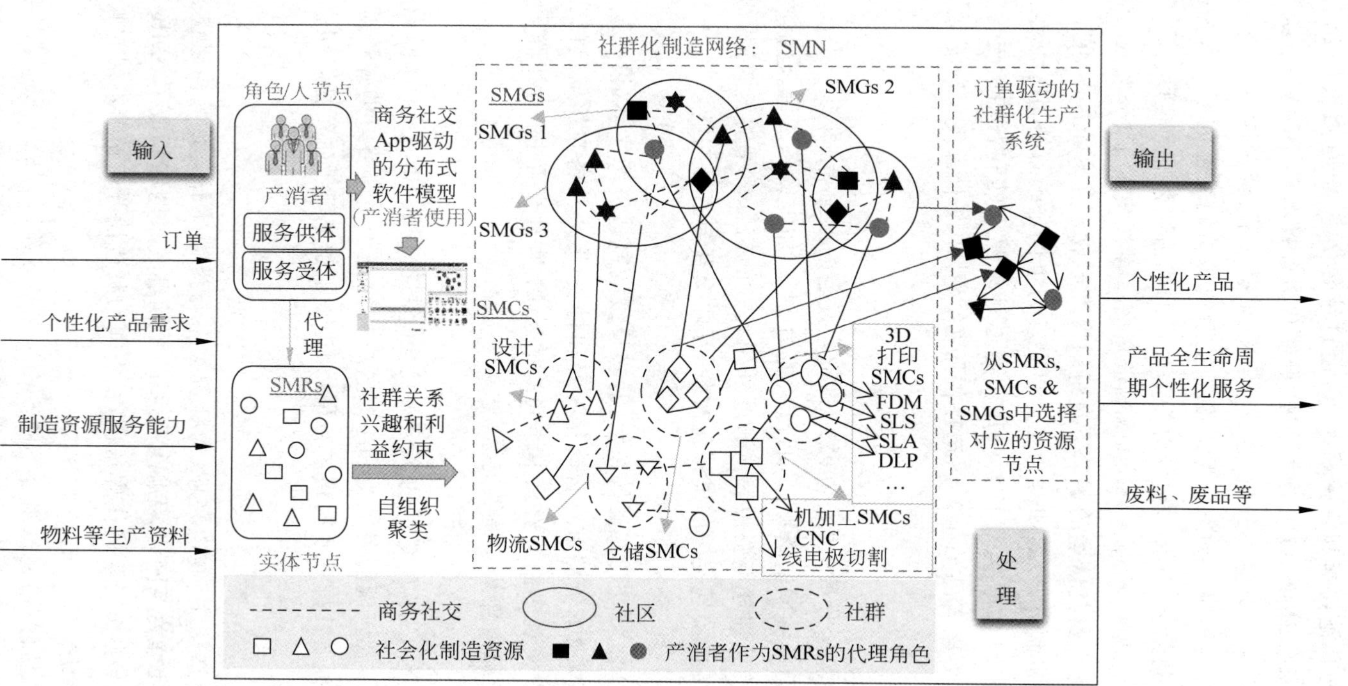

图 2-14 SMfg 模式的相关概念及系统模型示意图

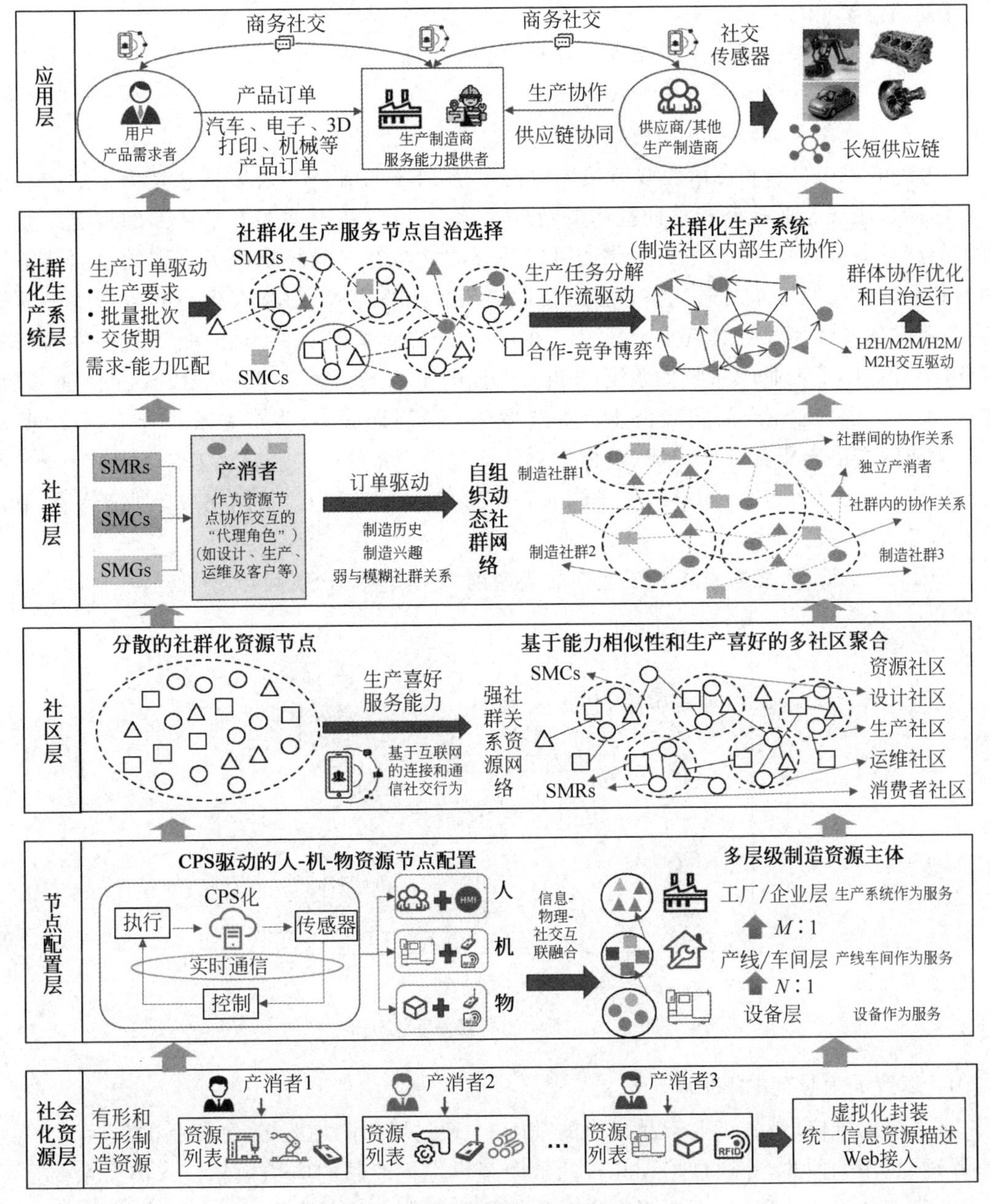

图 2-15　SMfg 构建与运行体系架构

6）应用层

客户、制造商、供应商等资源节点依托订单驱动的 SMfg 系统，借助 SMfg 服务软件完成 SMfg 下的产品全生命周期过程的业务活动，包括商务社交、"需求-能力"匹配、资源自组织、生产协同运行及信息共享等。

2.2.6　产品服务系统

【关键词】产品服务系统；工业产品服务系统；分类；系统框架

【知识点】

1. 产品服务系统与工业产品服务系统的产生背景。

2. 产品服务系统的相关概念及内涵。

3. 产品服务系统的分类及构建框架。

1999年,Goedkoop在荷兰政府报告中提出了PSS的雏形。这一概念是为了适应制造企业向制造服务企业战略转移而提出的新理念,客户可以在不购买有形产品的情况下获得所需的产品服务,而企业或服务提供商可以通过建立与客户的长期服务合作关系而获得持续的利润。产品服务系统通过整合各方资源来满足用户需求,对社会生产和生活水平的提高、企业增值及环境保护具有重要意义。在广义PSS的基础上,针对工业产品提供的相关服务,学者提出了工业产品服务系统(industrial product service system,IPSS)。例如,顾新建认为PSS是一种在产品制造企业负责产品全生命周期服务(生产者责任延伸制度)模式下所形成的产品与服务高度集成、整体优化的新型生产系统;江平宇将IPSS定义为一个系统的集成包,在这个包内,无形的服务附着在有形的工业产品上,共同完成工业产品生命周期内的各项工业活动。

如图2-16所示,根据服务对工业产品生产能力的贡献,IPSS可以分为三类。

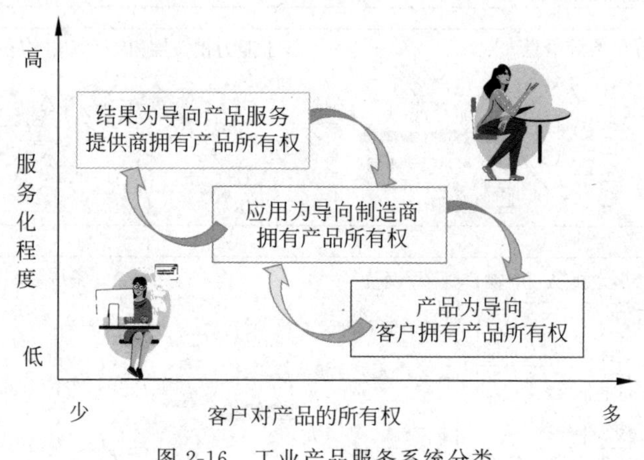

图2-16 工业产品服务系统分类

1. 以产品为导向的IPSS

在传统的推广/销售工业产品行为的基础上,通过增加附加服务,如产品的售后服务、维护、修理、重用和回收,并通过培训和咨询帮助客户优化产品的应用效果。该类型主要是保证工业产品的正常使用,从而保障客户高效持久地获取工业产品的生产能力,最大限度地降低长期使用成本,并在设计工业产品时考虑到产品的寿命(可重复使用/容易更换/可回收的部件)。

2. 以应用为导向的IPSS

通过租赁、共享等形式为客户提供产品的使用权或可用性,同时提供工业产品应用过程中相关的产品服务,如机床制造商将数控机床租赁给顾客,并为其提供数控机床的编程、工艺和维护等服务。此时,工业产品的所有权不发生变化,只是将生产能力通过服务形式提供给客户。该类型主要是最大限度地满足客户的使用需求,并延长工业产品的使用寿命和可靠性。

3. 以结果为导向的 IPSS

通过销售结果或能力而不是产品来满足客户需求，如销售刀具加工后的产品而不是销售刀具，销售发动机的运转时间而不是发动机本身。该类型为客户提供产品全生命周期内各阶段的生产服务，其中产品服务提供商保持产品的所有权，而客户仅为提供商定的结果付费。

2.3 制造服务的核心要素

制造业和服务业的深度融合，促使制造企业更加专注于自身的核心竞争力，通过外包合作等形式围绕着产品的全生命周期提供制造服务。本节介绍制造服务的核心要素，包括需求与供需匹配、资源组织与配置、服务过程跟踪与质量管控及服务评估与反馈，旨在为制造业实现智能化、高效化服务提供理论支持和实践指导。

2.3.1 制造服务需求与供需匹配

【关键词】 制造服务需求；服务能力评估；供需匹配

【知识点】

1. 与制造活动相关的服务需求。
2. 制造服务能力评估模型。
3. 供需服务匹配的运作流程。

1. 制造服务的需求分析

制造服务需求是指在产品的全生命周期中，对与制造活动相关的服务性需求的总称。这些服务需求不仅涵盖了传统的制造过程，如原材料采购、生产、质量控制等，还扩展到了产品设计、产品运行与维护、产品再循环及相关的增值服务等多个环节。根据产品的服务类型，制造服务需求包括以下几个方面。

1）产品设计服务

在产品设计阶段，服务需求包括市场调研、用户需求分析、产品概念设计、详细设计、仿真分析、原型制作及测试验证等。这些服务旨在确保产品能够满足预定的功能要求、性能标准及用户体验。

2）产品生产服务

在生产阶段，服务需求涉及供应链管理、生产计划与控制、工艺规划、设备维护与保养、产品质量检测与控制、库存管理及物流配送等。这些服务确保产品能够按照预定的时间、质量和成本要求被制造出来。

3）产品运行与维护服务

在产品交付用户后，服务需求包括产品安装与调试、用户培训、故障诊断与排除、定周期预防性维护、不定期 PdM、性能优化升级及远程监控等。这些服务旨在确保产品能够稳定运行、减少故障率、延长使用寿命，并提高用户满意度。

4）产品再循环服务

在产品报废后，服务需求涉及产品回收、拆解、分类处理、材料回收再利用及废弃物处理等。这些服务旨在实现资源的循环利用、减少环境污染和降低环境风险。

此外，制造服务需求还包括一些增值服务，如定制化服务、咨询服务、金融服务等，这些服务能够满足客户的个性化需求，提高客户满意度和品牌忠诚度。这些服务需求有助于制造业企业提高生产效率、降低成本和增强市场竞争力。

2. 制造服务能力评估

制造服务能力评估是动态预测企业的制造能力和状态，以使决策者能够明晰制造资源可以完成的制造任务需求。制造服务能力评估可分为：单制造资源能力评估和多制造资源能力评估；采用基于 Web 的本体语言或语义规则语言从加工服务能力和生产服务能力两个方面进行评估，制造服务能力的评估逻辑模型如图 2-17 所示。

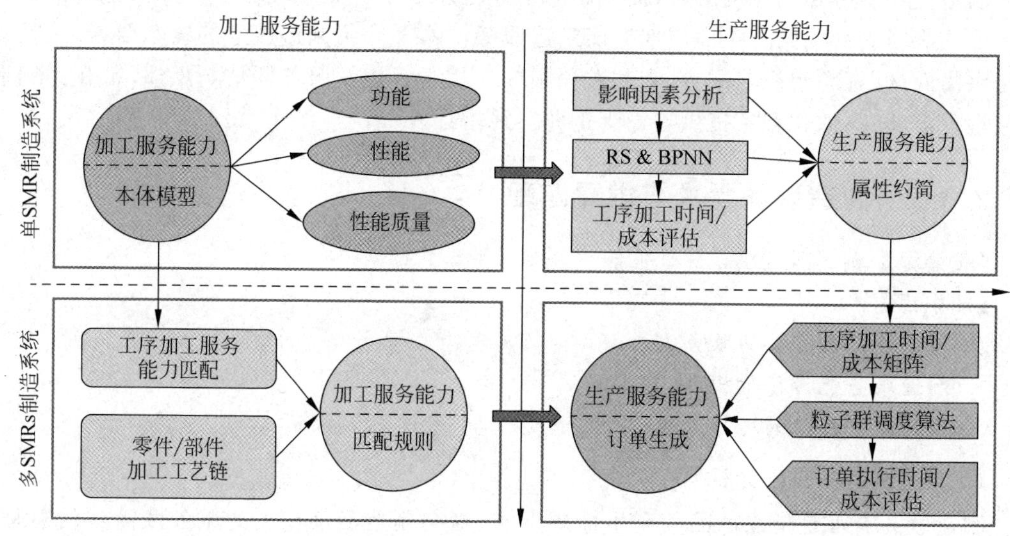

图 2-17 制造服务能力评估逻辑模型

3. 制造服务的供需匹配

制造服务的供需匹配包括制造服务需求与能力的匹配和制造服务订单的分配。该步骤是识别潜在的制造资源以匹配制造需求，并创成一个按需服务。制造服务强调如何建立个性化的需求和社会化资源能力之间的匹配，并保持一种动态或暂态的供需关系。用户提出制造服务需求，制造资源提供制造服务能力，根据需求挖掘和制造服务能力评估的结果，进行智能制造服务的“需求-能力”匹配，如图 2-18 所示。依据产品的加工类型、制造特征及质量信息，通过相似度计算和约束推理的方法与制造服务能力进行匹配，最终选择最优的制造社区承接订单。

2.3.2 制造服务资源组织与配置

【关键词】制造资源；社会化和服务化；资源组织；资源配置

【知识点】

1. 制造资源社会化和服务化的描述。
2. 制造资源感知与封装的方法。
3. 制造服务资源配置优化。

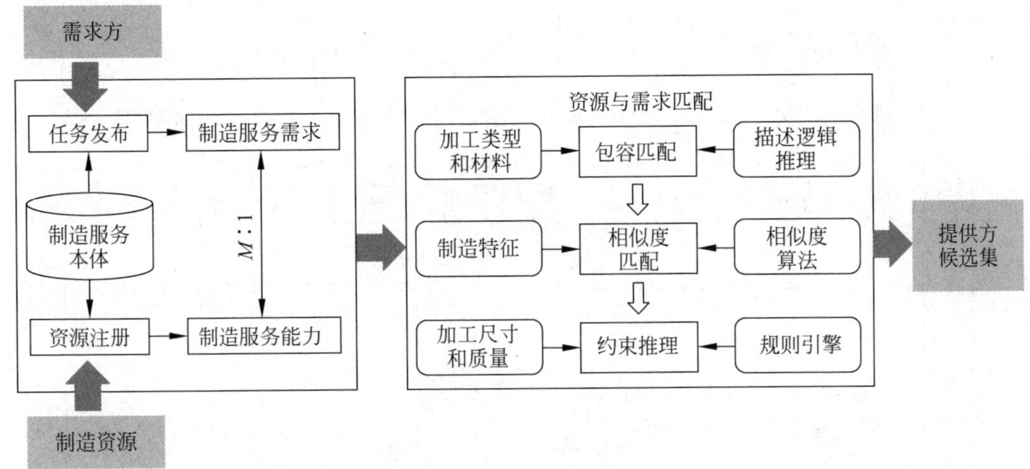

图 2-18　"需求-能力"匹配流程图

1. 制造资源的社会化和服务化

制造资源是指能够实施生产活动的各种物质和非物质资产，包括设备设施（如数控机床、机器人、3D 打印设备等各种智能设备和机器）、技术工艺（如产品设计、工艺规划、生产计划、制造执行和质量管理等制造环节所需的技术及工艺）、人力资源和信息系统等。

制造资源的社会化和服务化是指为制造过程提供支持和相关服务的各种资源，包括研发服务（如产品设计、工艺规划、仿真验证等研发阶段的服务）、生产服务（如生产计划、物料管理、设备维护等生产阶段的服务）、售后服务等（如产品安装、调试、维修等售后服务阶段的服务）。

制造资源的社会化和服务化可以从不同的角度进行分析。从社会化的程度看，制造服务资源由企业内部的资源共享、企业之间的资源共享到产业及跨产业之间的共享；从价值创造和增值的方式看，价值创造的载体由产品向服务转变，价值创造的评判标准由利润向用户满意度转变，价值创造的形式由企业独立完成向企业合作联盟转变；从用户参与的角度看，用户从只购买产品到参与产品的设计、制造和服务。

2. 制造资源的感知与封装

在云制造等网络协同制造环境下，制造资源不仅包含硬件制造资源，还包含软件制造资源和计算资源。制造资源虚拟化是将上述资源数字化并封装到制造服务中。图 2-19 所示是制造资源虚拟化的框架示意图，共分为五个层次：制造资源、IIoT/CPS 基础设施、物理资源池、虚拟资源池及虚拟资源管理。

3. 制造资源的配置

制造服务的目标是满足用户需求，通过优化资源配置提高制造业的生产效率，降低生产成本，提升产品质量，从而增强企业的市场竞争力。配置过程涉及以下几个方面：

1）需求分析

对制造过程中的服务需求进行深入分析，明确各类资源的具体需求量和需求时间。

2）资源评估

对现有的服务资源进行全面评估，包括数量、质量、性能等方面，以确定其是否能够满足制造需求。

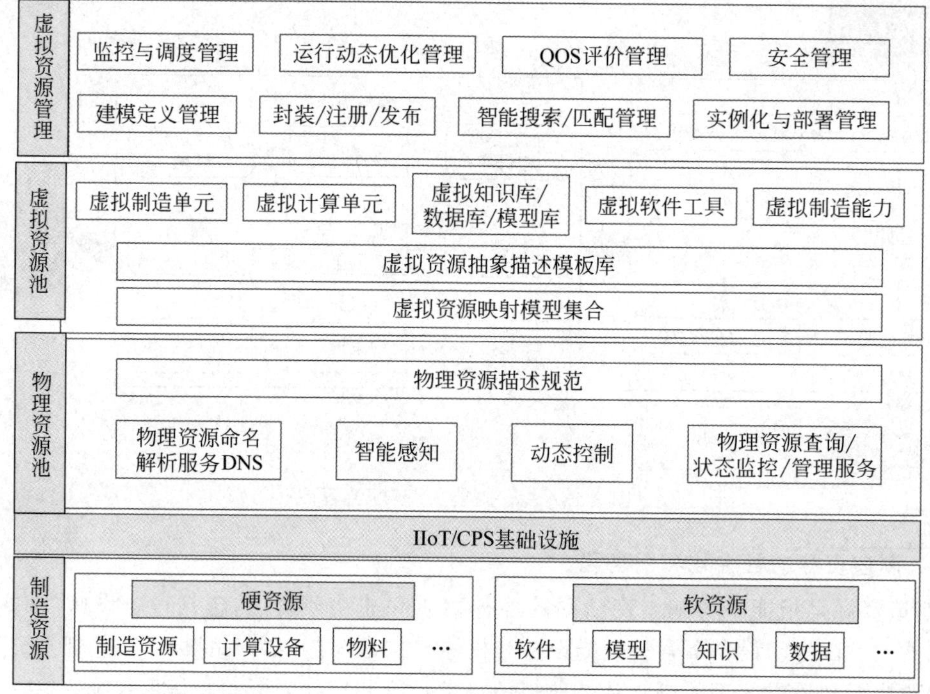

图 2-19　制造资源的虚拟化

3）优化配置

基于需求分析和资源评估的结果，制定科学的资源配置方案，以实现资源利用的最大化。

4）动态调整

在制造过程中，根据实际情况对资源配置进行动态调整，以适应制造需求的变化。

2.3.3　制造服务过程跟踪与质量管控

【关键词】 运行过程跟踪；运行过程协同

【知识点】

1. 制造服务过程跟踪与质量管控的概念及意义。
2. 制造服务运行跟踪过程。
3. 制造服务运行过程协同。

1. 制造服务过程管控需求

制造服务过程跟踪与质量管控，一方面是企业自身业务过程管控的需要，另一方面也是客户对其制造服务订单进行可视化监控、降低外包/众包风险的手段。从技术手段看，二维码技术、RFID/IIoT 技术等已被用于车间 MES 系统应用（如制品跟踪、生产过程控制、生产排程与调度决策、质量控制等）、供应链管理、库存管理、物流管理、门禁管理等方面。

2. 制造服务运行过程跟踪

制造服务运行过程跟踪的对象是围绕个性化产品生产的跨企业制造工序流，依据是 RFID 采集的实时制造数据。通过实时制造数据在纵向（企业内部各环节）和横向（企业间协作）两个层面上的有效共享、业务流程在纵向和横向两个层面上的有效集成，为用户、制造服务提供商的运作与质量管控提供支持。制造服务运行过程管控涉及对制造与物流执行过程正确与否的判断、跟踪与监控、对执行质量的反馈与制造资源的动态调度，其逻辑思路如图 2-20 所示。

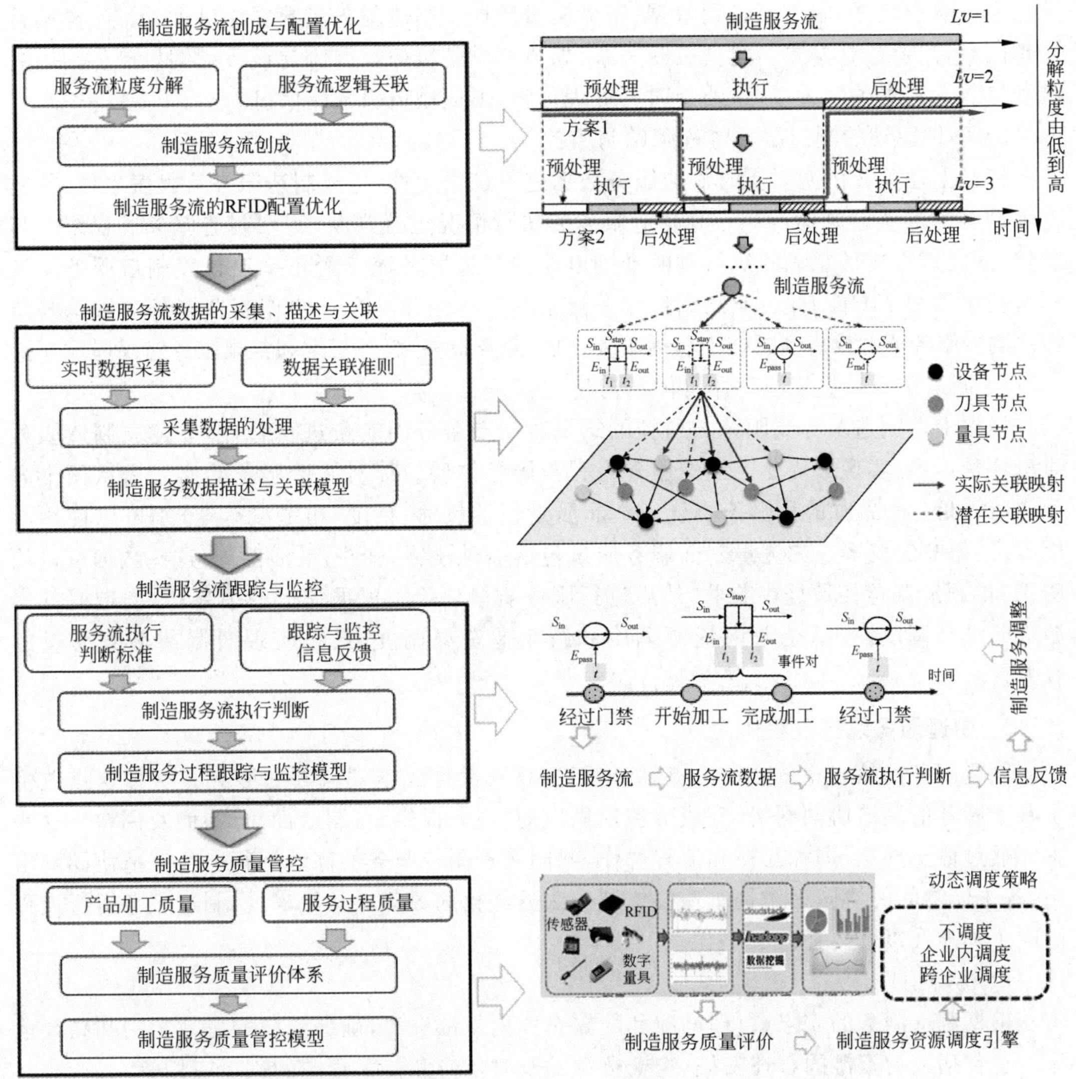

图 2-20　制造服务过程跟踪与质量管控框架图

1）制造服务流程的粒度分解与 RFID 动态配置优化

根据跟踪与监控粒度的需求，首先，对制造服务过程进行粒度分解，并结合服务之间的逻辑关联，建立制造服务流；其次，依据制造服务触发事件自动生成机制，建立了与制造服务流对应的服务触发事件序列流；再次，建立其与 RFID 状态块的映射关系，生成 RFID 状态块流模型，实现 RFID 动态配置优化和制造服务流数据的实时获取；最后，通过与已有的 RFID 静态配置方案对比，实现制造服务流驱动的 RFID 动态配置优化。RFID 配置需依据制造服务流的具体跟踪与监控需求来进行，RFID 配置不足会存在跟踪和监控漏洞，RFID 配置过量会增加跟踪与监控成本。

2）制造服务数据的实时采集与关联建模

采集制造服务运行过程中的实时制造服务流数据，并对其进行分类、形式化描述和关联，建立制造服务数据描述与关联模型。制造服务数据的类型不同，其采集的方法亦不同，如连续式采集、阶段性采集、触发式采集等。采集的数据类型主要包括节点设备状态数据、节点服务状态数据、服务流过程数据、服务质量数据。制造服务流数据体量大、繁杂、异构且处理困难，需要在数据之间建立关联关系，如节点设备服务数据应与该节点的机床、刀具、夹具和操作者建立关联关系，以便于对其处理分析，形成制造服务流信息。

3）事件驱动的制造服务过程跟踪与监控

依据上述关联模型对实时制造服务数据进行逻辑运算，生成制造服务流触发事件，并建立事件驱动的执行判断准则；对制造服务的执行情况进行判断，实现制造服务过程跟踪与监控，据此建立事件驱动的执行判断准则以监控制造服务流是否正确执行。制造服务流过程监控包含两个方面，即企业内制造服务流跟踪与监控和跨企业协作制造服务流跟踪与监控。制造服务流的执行判断准则包括服务延迟、服务提前、服务正常和常规服务错误提示等。

4）制造服务质量管控与评价体系构建

根据上述制造服务流跟踪与监控的结果对制造服务的质量进行管控，并建立制造服务质量评价体系，实现最优化的制造服务过程与服务体验。针对制造服务的质量需从两个方面进行评价：产品质量和服务质量。产品质量包括尺寸、精度、粗糙度等，分别可以使用游标卡尺、粗糙度仪等工具测量。而服务质量包括准时性、可靠性、灵活性等，这些数据可以从RFID的跟踪与监控数据中获取，然后进行服务质量评价。根据评价的结果，对制造服务资源进行动态调度，包括企业内资源调度和跨企业资源调度，最终实现对制造服务质量的管控。

3. 制造服务运行过程协同

制造服务的核心竞争力在于提供个性化、高质量且成本效益高的服务。这种合作催生了基于服务的制造协同网络，其成员包括供应商、服务提供商、制造商、分销商及用户。这些主体通过信息共享、资源互补和流程协作，共同实现制造服务的高效运行。在制造协同网络中，各主体之间的协同工作是实现整体制造服务优化的关键。具体来说，制造服务运行过程协同主要涉及以下要素。

1）资源协同

根据制造服务的需求，合理调配和配置企业内外部资源，确保资源的有效利用和高效运作。这包括人力资源的合理安排、物资资源的及时供应和技术资源的创新应用等。

2）流程协同

优化生产流程，确保各环节之间的顺畅衔接。通过引入先进的生产管理系统和ICT，实现制造服务流程的自动化、智能化和可视化，提高生产效率和产品质量。

3）质量协同

将质量管理贯穿于整个制造服务过程中，从原材料采购、生产加工、成品检验到售后服务等各个环节都要进行严格的质量控制。通过建立完善的质量管理体系和质量检测手段，确保产品质量符合标准和客户要求。

4）信息协同

充分利用ICT手段，实现制造服务过程中的信息共享和协同处理。通过建立企业信息化平台,实现各部门之间的信息互通和协同工作,提高决策效率和响应速度。

2.3.4　制造服务评估与反馈

【关键词】制造服务分析;服务成本建模;风险评估;服务反馈

【知识点】

1. 制造服务分析的核心要素。
2. 制造服务的成本建模和风险评估方法。
3. 制造服务反馈及其意义。

1. 制造服务分析

制造服务的本质就是为了改变用户对产品的认可状态,制造服务分析与改进保证用户的这一状态朝着对产品质量等方向改变,如图2-21所示。首先,要确定从哪些方面对制造服务展开分析,选择最能体现制造服务性能的参数作为评价指标。

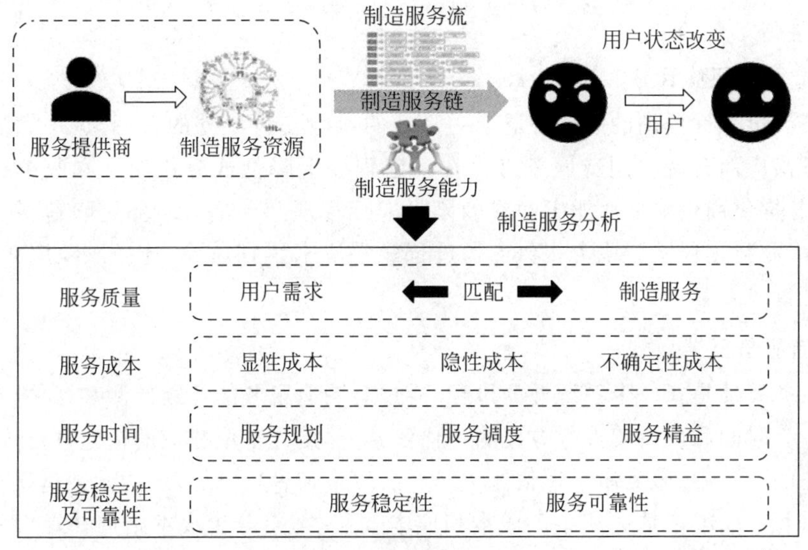

图2-21　制造服务分析

2. 制造服务成本建模

制造服务是服务驱动的制造模式,用户按照所调用的制造服务来付费。制造服务的成本构成可以从三个角度进行考虑:产品全生命周期的角度、制造服务参与者的角度及云制造服务平台的角度,如图2-22所示。从不同角度对服务成本构成进行分析,得出的服务成本往往也不相同。

在制造服务中,服务提供商最关心的是使用产品和服务的组合交付满足客户需求的服务结果的成本,该成本直接决定了服务提供商的定价和服务策略。服务成本的评估方法主要有两种,即确定性服务成本智能评估方法和不确定性服务成本评估方法。确定性服务成本智能评估方法主要有基于活动的成本评估和全生命周期成本评估;不确定性服务成本评估方法主要有蒙特卡罗方法等。

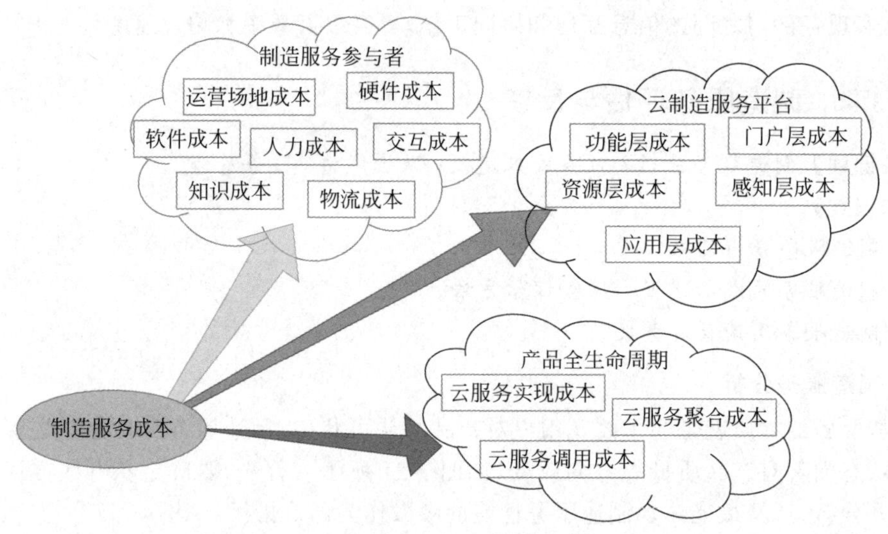

图 2-22　制造服务成本分析的三个角度

3. 制造服务风险评估

用户想要可靠性更高的服务并愿意为降低的风险支付额外的费用，这一做法促使传统企业向服务供应商转变。制造服务可以在一定程度上降低或分担用户和服务提供商的风险，但是服务提供商仍需要对服务存在的风险进行管理和评估。服务风险包括交付能力风险、技术风险和行为风险。服务提供商通过智能手段来识别风险、选择风险应对策略，通过监控结果进行风险管理。

4. 制造服务反馈

制造服务反馈是指一个系统性的过程，通过对制造服务的持续监测和评估，获取关于服务质量、成本、时间和可持续性等方面的评估信息，并据此采取相应的措施进行改进和优化。在制造服务的评估中，服务质量评估侧重于产品质量和客户满意度，通常通过质量审计和客户调查来进行；成本评估关注生产成本和成本效益，需要分析成本结构并提出降低成本的策略；时间评估则着眼于生产效率和交付时间的控制，以减少生产周期并提高生产效率；可持续性评估考虑生产过程中的环境影响和社会责任，以实现可持续发展的目标。制造服务反馈的目的在于提高制造服务的质量和效率，降低成本，缩短生产周期，并促进生产过程的可持续性发展。

在制造服务领域，评估与反馈是关键的管理实践，可以帮助组织不断提高其运营效率和产品质量，增强竞争力。评估可以通过各种方式进行，以全面了解组织的整体表现；反馈则需要及时准确地传达评估结果，并提供可操作的建议和解决方案，以实现改进和持续发展。制造服务评估与反馈是一个循环过程，通过不断地收集和分析数据、收集反馈意见、制定改进措施并付诸实践，可以持续提升制造服务的质量和客户满意度。在评估与反馈过程中，需要注重数据的准确性和可靠性，确保评估结果和反馈意见能够真实地反映制造服务的实际情况。同时，也需要注重评估与反馈的及时性，以便及时发现问题并采取相应的改进措施。通过系统且全面的评估，以及基于评估结果的反馈与调整，可以不断提高制造服务的质量和效率，为企业赢得市场竞争优势提供有力的支持。

2.4 制造服务智能化

市场需求快速变化，传统的制造模式不能集成化提供制造服务，难以满足用户和企业间的深度协同，因而制造服务智能化成为制造业发展的趋势。本节从制造服务需求分析与供需匹配的智能化、服务资源组织与配置的智能化、服务过程跟踪与质量管控的智能化、服务评估与反馈的智能化四个角度阐述制造服务与AI技术的结合点，构建了多层级制造服务智能化体系结构，并介绍了其实现方法。结合工业和信息化部装备工业一司发布的智能制造典型场景参考指引，将制造服务智能化的应用场景划分为产品设计服务、产品生产服务、产品运行与维护服务和产品再循环服务，并分析场景中适用的智能方法与技术。

2.4.1 制造服务与AI的结合点

【关键词】 制造服务；机器学习；自然语言处理；射频识别

【知识点】

1. 制造服务需求分析与供需匹配的内容及其智能化。
2. 制造服务资源组织、配置和管理方式及其智能化。
3. 制造服务运行过程跟踪与协同及其智能化。
4. 制造服务评估及其智能化。

1. 制造服务需求分析与供需匹配的智能化

制造服务需求分析与供需匹配的主要内容包括制造服务需求获取与分析、制造服务能力评估和制造服务供需匹配。通过AI技术分析制造服务的需求，对服务供应商的能力进行评估，根据制造服务的需求和能力进行资源的合理分配。

1）制造服务需求获取与分析

需求获取是从用户处收集信息以识别和记录他们对制造活动的需求和期望的过程，需求分析是审查和提炼项目需求以确保它们完整、准确和可行的过程。制造服务的需求分析需要综合考虑多个方面的数据，包括市场数据、客户数据、生产数据等，因客户、地域等因素可能需要进行个性化的分析和处理。人工智能可以通过分析各种来源的数据，使用机器学习算法识别大型数据集中的特征和趋势来帮助实现自动化需求获取与需求分析这一过程。

2）制造服务能力评估

制造服务的能力是指制造企业或制造服务提供商在提供制造服务时所展现的综合能力和水平。制造服务能力的评估需要考虑覆盖设计、生产、物流、销售、资源要素、互联互通、系统集成、信息融合、新兴业态等多个方面，从技术、质量、灵活性、成本、协作、创新等维度进行评估。使用智能化技术可以对海量相关数据进行收集和清洗处理，获取制造服务的绩效指标，如生产效率、质量合格率、交付时间等；通过机器学习算法可以对能力评估涉及的多指标与变量间的复杂关系进行识别和建模；通过关联规则挖掘技术分析评估对象的制造服务历史案例，动态预测其能力与状态。

3）制造服务供需匹配

制造服务的供需匹配包括制造服务需求和能力的匹配及制造服务订单的分配。人工智能可以基于历史制造服务需求和能力，分析出个性化的制造服务需求和偏好，匹配出制造服务能力能够满足需求的服务提供商。在网络化协同制造模式中，常通过建立服务需求方与制造资源智能匹配模型，运用智能算法模型处理加工类型和材料、加工尺寸和质量等制造特征数据，基于推理机或专家系统等技术获取匹配方案，使个性化需求和社会化资源之间保持动态或暂态的供需平衡。

2. 服务资源组织与配置的智能化

制造服务资源组织与配置是指针对制造服务过程中所需的各种资源(包括人力资源、物料资源、设备资源等)进行有效组织和合理配置，这涉及对生产过程中所需资源的规划、调度、分配和监控等各种管理活动。智能化技术的应用使得服务资源的组织、配置及管理方式向着更加自动化和高效化的方向发展。

1）服务资源的组织

服务资源的组织形式不再与传统制造资源的组织形式相同，其需要考虑对资源的描述、聚类、分类等。采用智能技术，如采用本体网页语言和语义网页规则语言能对制造服务资源的制造服务能力进行结构化描述。采用各种聚类算法、支持向量机识别算法等方法可对具有相同或者相似制造服务能力的资源进行聚类/分类操作。

2）制造服务资源的配置

制造服务资源的配置是根据制造服务订单不同制造属性的不同特点与权重采用不同的智能技术。例如，针对表征加工能力的最重要属性可以采用三步混合匹配策略，针对材料和尺寸属性中相同或相等的概念采取包容匹配方法，针对加工类型和制造特征相似的概念采取相似的匹配算法，针对精度和粗糙度两类属性的匹配采用约束推理方法。

3）服务资源管理

由于制造模式的转变，服务资源的管理方式也逐渐向虚拟化、结构化和信息化方向发展。在基于网络的制造资源管理方式中，涉及知识管理、协同服务、数据分析等大量智能化技术。例如，在当前先进的云制造、SMfg 等模式中，为了将服务能力相同或相似的制造资源聚类到一起，形成可以对外提供特定制造服务能力、满足用户需求的制造资源群，模糊 K 均值聚类算法（K-means clustering algorithm，K-means）、自组织聚类等技术被大量应用。

3. 服务过程跟踪与质量管控的智能化

企业内和跨企业两个层次均存在对制造服务过程跟踪与质量管控的需求。其中，企业内层次是指对外协加工工序流转过程进行跟踪与监控，跨企业层次是指对供应链级的物流运输和仓储过程进行跟踪与监控。通过贴有 RFID 标签的产品与 RFID 读写器/天线的通信实现物体的自动识别、定位和流转过程跟踪；同时，通过对采集的 RFID 实时数据分析，可实现企业内层次和跨企业层次的辅助决策，如生产调度、物流路径规划等。

1）制造服务运行过程跟踪

制造服务运行过程跟踪的智能化是围绕个性化产品生产的跨企业制造工序流，运用智能技术对整个过程的数据进行挖掘、收集、感知和分析。通过建立针对智能制造服务的 CPS、RFID 系统、传感器系统，高效便捷地采集各环节的服务数据，并将数据通过可视化技术反馈至企业内部和各服务主体，确保制造服务运行过程的精确执行。

2）制造服务运行过程协同

制造服务运行过程协同的核心是不同主体间资源共享和信息交互的高效协同管理。通过搭建不同主体共用的制造服务平台，利用 Elasticsearch 云搜索技术、匹配管理（推荐系统）、云合成工具（云图像合成、云视频合成等）、算法工具、调度工具等智能技术，可以实现运行过程中各服务主体的高效协同与最优调度。

4. 制造服务评估与反馈的智能化

与传统的产品制造不同，制造服务是以最终的服务能力提供和服务结果为导向，而不是以产品销售为导向。因此，制造服务的内容要根据用户需求进行动态适应，通过对制造服务进行分析和改进可以更好地满足用户需求。对制造服务进行分析可以从服务质量、服务时间、服务成本、服务稳定性及可靠性四个方面进行分析。针对服务质量进行分析，常用的智能方法有质量功能展开、网络分析法等；对于服务成本的分析可以采用活动成本分析和按绩效付费等方法，不确定性成本可以使用蒙特卡罗法等统计模拟方法；对于服务时间可以对服务响应时间、服务完成时间进行评估；对于服务稳定性及可靠性，可以采用可持续服务效率和模糊德尔斐法等进行分析。

2.4.2 制造服务智能化的架构与实现方法

【关键词】 制造服务智能化架构；制造服务智能化

【知识点】

1. 制造服务智能化的架构及其各层次结构的基本功能。
2. 实现制造服务智能化的技术和方法。

1. 制造服务智能化的架构

制造服务智能化体系架构包括五个层次，即资源能力层、数据层、交互层、智能/技术层及应用层，如图 2-23 所示。

1）资源能力层

资源能力层实现制造服务智能化所需的所有资源，如人力资源（包括设计者、制造工人、企业管理者、物流运输员等）、制造加工资源（包括硬件设备，如机床、机器人、加工中心、仿真测试设备等，以及软件工具，如计算机辅助软件、各类应用系统等）、辅助资源（包括服务器、传感器、交换机、数据采集设备等）。

2）数据层

数据层是对制造服务数据的采集、存储、管理与操作的层次。负责从资源能力层中的各种来源处采集数据（包括实时数据、历史数据、生产指标、人员设备状态等），将各种类型的原始数据通过预处理和清洗，存储在合适的存储介质中。合理、充分地利用大量预处理后的制造服务数据，可以实现智能制造服务的各项功能与活动。

3）交互层

交互层以实现服务的交付为目的，为制造服务提供商与用户之间提供双向交互接口。交互层支持实时通信和协作功能，使各方可以进行实时交流和合作。同时，通过智能化技术分析用户的行为和偏好，向用户提供智能推荐和建议。具体实现方式可以为文本、图像、语音、视频等。

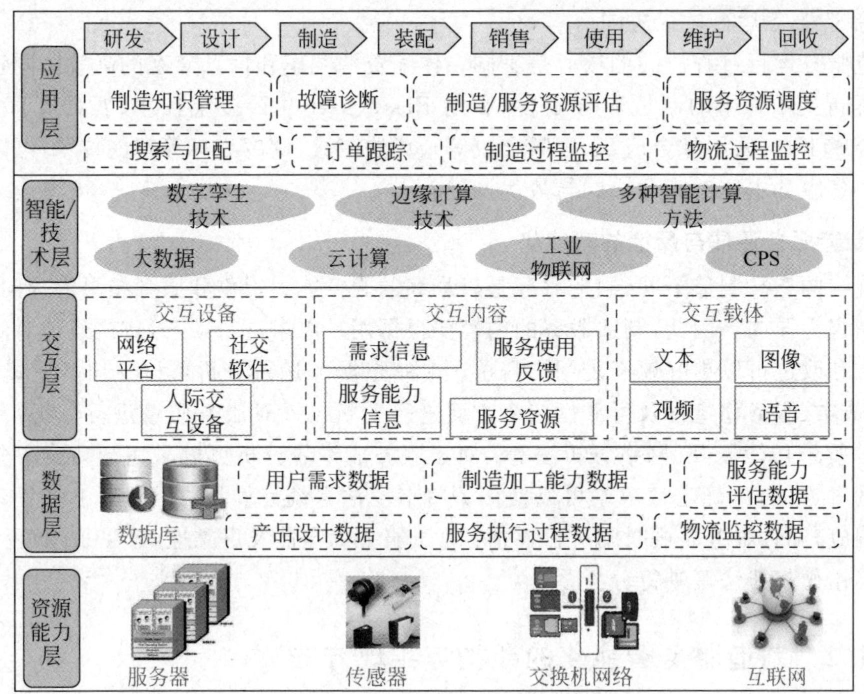

图 2-23 智能制造服务体系架构

4）智能/技术层

智能/技术层是整个制造服务智能化系统的核心，其主要目的是需求解析和智能反馈。其中，需求解析包括服务相关信息数据采集，服务用户特征库创建，服务用户的显性和隐性需求挖掘与识别，服务需求库创建、构建等；智能反馈功能在获取到的服务需求信息基础上发出指令，实现具体的服务管理、调度、匹配与决策。应包含的相关功能有数据分析与挖掘、预测与优化、自主决策与执行、知识管理与学习、智能推荐与协同等。

5）应用层

在产品设计、生产、运行与维护和再循环环节，利用智能化技术实现制造服务需求分析与供需匹配、服务资源组织与配置、服务过程跟踪与质量管控、服务评估与反馈的实际应用。

2. 制造服务智能化的实现方法

制造服务智能化的实现需要多层级之间高效的信息交互、反馈与协作。各层级之间交互基本数据信息，通过需求判断、协调协作来实现智能化的服务联动。制造服务的智能化可以通过以下方法实现。

1）数据驱动的决策

利用大数据和数据分析技术，收集、处理和分析生产过程中的数据，为决策提供支持。通过对生产数据、质量数据、设备状态数据等的分析，可以发现潜在的问题，优化生产流程，并提高生产效率和产品质量。

2）智能制造技术的应用

运用 IIoT、AI、机器学习、自动化和机器人等先进技术，实现生产过程的智能化和自动化。例如，通过 IIoT 技术监测设备运行状态，预测设备故障；通过 AI 技术优化生产调度，提高生产效率。

3）智能设备和传感器的应用

配备智能设备和传感器，实现对生产环境和设备的实时监测和控制。这些智能设备和传感器可以收集大量数据，并通过云端平台进行分析和处理，从而实现生产过程的实时监控和智能化管理。

4）自动化和机器人技术的应用

引入自动化生产线和机器人技术，实现生产过程的自动化和高度灵活性。自动化生产线可以根据产品需求进行快速切换和调整，提高生产效率和灵活性；机器人技术可以实现对重复性工作的自动化，减少人力成本和避免生产错误。

5）智能供应链管理

利用AI和大数据技术优化供应链管理，实现供需匹配、库存优化和供应链风险管理。通过预测需求、优化库存和供应商选择，可以降低成本、提高供应链的灵活性和响应速度。

6）智能客户服务和售后支持

利用AI技术实现客户服务和售后支持的智能化。例如，通过智能客服系统实现自动化回复和解决问题，提高客户的满意度和服务效率；通过远程监测和诊断技术实现产品的远程维护和故障排除，缩短维修时间，降低成本。

2.4.3 制造服务智能化的应用场景分析

【关键词】 制造服务；应用场景；智能方法；智能技术

【知识点】

1. 产品设计服务场景中适用的智能方法与技术。
2. 产品生产服务场景中适用的智能方法与技术。
3. 产品运行与维护服务场景中适用的智能方法与技术。
4. 产品再循环服务场景中适用的智能方法与技术。

1. 产品设计服务

产品设计服务是指专业的团队或组织为客户提供的将概念转化为实际产品的过程。这种服务涵盖了从概念开发、概念设计、详细设计到产品原型制造的各个阶段。产品设计服务提供商通常与客户合作，通过市场调研、创意发展、技术评估和原型制作等活动，帮助客户实现其产品目标。例如，在SMfg和云制造模式中，所有用户将产品设计服务通过智能化技术匹配给符合能力的设计服务提供商，可以最大化地利用具有设计能力的所有资源，实现总体成本最低的产品设计服务。

在整个产品设计环节的服务中，可采用模块化开发思路，对概念开发模块、概念设计模块和原型制造模块等进行构建和调整，实现灵活定制，缩短设计周期。同时，可采用智能技术对设计项目进行特征建模，提取设计知识和创新点，进行仿真优化与虚拟验证，实现数据和模型驱动的产品设计，缩短产品研制周期，提高新产品产值贡献率。不同于传统产品设计模式，制造服务智能化将设计服务理念融入产品设计环节，能提高企业在设计环节的创新能力，并有效地降低设计成本。在设计环节主要有以下三种形式：

(1) 通过对具体设计任务的外包/众包等方式，支持构建产品设计环节的维护、维修和检修(maintenance,repair and overhaul,MRO)/PSS。

(2) 将已有的设计知识资源、方法(如针对 3D 打印模型设计的拓扑优化设计方法)以知识服务的形式提供给服务用户。

(3) 设计者自身兴趣驱动的开源设计、创客设计。

2. 产品生产服务

产品生产服务是指企业或个人提供的将产品设计转化为实际产品的制造过程,涵盖从原材料采购到成品检测的各个环节。产品生产服务提供商通常拥有生产设备、工厂资源和制造技术,能够按照客户的要求和设计规格,批量生产出高质量的产品。这种服务可以是各种类型的生产加工服务,如注塑成形、铸造、车削、冲压等,适用于多种行业和产品类型。根据工业和信息化部装备工业一司的典型场景参考,产品生产服务包含供应链采购、工艺设计、作业生产、质量管控、仓储物流和设备管理等服务。

1) 供应链采购服务

供应链采购服务涉及供应商交付、采购成本等多方面,智能化的典型应用场景包含采购动态优化和智能配送与动态优化。通过智能技术,实现采购订单的精准跟踪、可视化监控和采购方案动态优化。依托运输管理系统,实现运输配送全程跟踪和异常预警、装载能力和配送路径优化。

2) 工艺设计服务

工艺设计服务可以通过智能化技术对工艺建模与虚拟制造进行验证,实现基于数字模型的工艺快速创新与验证,缩短工艺开发周期,降低生产成本。工艺设计环节的服务包含工艺规划、流程设计、工艺参数确定、设备配置、生产线布局、工艺验证等服务。

采用智能化技术解决工艺设计问题的典型代表就是计算机辅助工艺规划(computer-aided process planning,CAPP)系统,借助计算机软/硬件技术和支撑环境,利用计算机进行数值计算、逻辑判断和推理等制定零件机械加工工艺过程。随着智能化技术的发展,智能工艺设计系统快速发展,形成了基于人工神经网络的 CAPP 系统、基于实例推理的 CAPP 系统、基于知识的智能工艺系统和基于分布式 AI 的工艺设计系统等。通过相应的原理实现工艺设计的数字化、生产柔性化、过程可视化、信息集成化和决策自主化。

3) 作业生产服务

作业生产服务涉及生产调度的各个方面,包括生产计划优化、车间智能排产和资源动态配置等。应用约束理论、寻优算法和专家系统等技术可实现基于采购提前期、安全库存和市场需求的生产计划优化。利用集成调度机理模型、多目标优化算法等技术可实现基于多约束和动态扰动条件下的车间排产优化。依托制造执行系统,开展基于资源匹配、绩效优化的精准派工,可实现人力、设备、物料等制造资源的动态配置;还可以通过部署智能制造装备,使产线柔性配置、精益化生产管理、工艺动态优化、先进过程控制、智能协同作业、人机协同制造和网络协同制造的服务实现智能化,从而完成加工信息服务、制造知识服务、现场管理服务、设备管理服务、数字化制造服务、生产状态/过程信息监控服务、物流配送服务、库存管理/调度/规划服务、绩效考核与管理服务等。

4) 质量管控服务

质量管控服务的内容包括过程控制与在线检测、质量精准追溯、产品质量优化等服务。通过部署智能检测装备,融合 5G、机器视觉、缺陷机理分析、物性和成分分析等技术,开展产品质量在线检测、分析、评估和预测服务；建设质量管理系统，集成5G、区块链、标识解析等技术，采集并关联产品原料、设计、生产、使用等全流程质量数据，实现全生命周期质量精准追溯服务；依托质量管理系统和质量知识库，集成质量机理分析、质量数据分析等技术，进行产品质量影响因素识别、缺陷分析预测和质量优化决策等服务。

5）仓储物流服务

仓储物流服务包含产品接收、存储、运输和交付等。通过自动搬运小车、机械臂、拣选机器人、传感器与物联网技术、RFID技术等实现智能仓储系统的建设，完成物料的自动入库、盘库与出库；通过大数据与AI技术和搭建的智能仓储管理系统，实现原材料、在制品、产成品流转全程跟踪，以及物流动态调度、自动配送和路径优化。

6）设备管理服务

设备管理服务包含生产加工设备的维护、保养、故障修理和运行监控等。通过集成智能传感、5G、物联网等，运用大数据分析、机器学习、故障机理分析等技术，实现自动巡检、在线运行监测、故障诊断和预测服务；通过搭建设备健康管理系统，对设备运行状态、工作环境等进行综合分析后管理，在实现较高运行效率的同时，延长设备的使用寿命。

3. 产品运行与维护服务

产品运行与维护服务是指在产品交付客户后，为确保产品正常使用或运行和持续发挥效能而提供的一系列服务。这种服务通常包括产品部署与安装、运行监控与优化、故障诊断与维修和定期保养与优化等。利用智能化技术能够确保产品正常使用或长期稳定运行，并通过及时的技术支持与维护保障获取长期的服务收益。

通过运行数据在线采集，利用5G、大数据分析等技术，开展产品健康智能监控，能够实现基于运行数据的自动巡检、在线远程运行监测，提高用户的服务满意率。通过集成物联网、机器学习、故障机理分析等技术，建立产品远程运维管理平台可以实现故障诊断和预测服务。采用大数据、知识图谱和自然语言处理等技术，能实现客户需求分析、服务策略决策和主动式服务响应。依托产品配备的感知装置和安全生产管理系统，基于智能传感、机器视觉、特征分析、专家系统等技术，可实现动态感知、精准识别危化品、危险环节等各类风险，实现安全事件的快速响应和智能处置。

4. 产品再循环服务

产品再循环服务是指产品在使用寿命结束后，通过回收和再利用的方式，将其重新投入生产和消费循环的过程，旨在减少资源浪费和环境污染，促进可持续发展和循环经济。产品再循环通常包含产品回收、分拣处理、再制造与再加工、推广与销售和循环反馈优化等环节。产品再循环服务的核心是减少资源消耗、降低环境负荷与推动可持续发展，通过数据驱动的决策、自动化处理技术、实时监控和管理、个性化服务推荐及持续改进和优化等智能化手段，能够降低整个服务过程的能耗，提高服务效率与竞争力，获取循环经济的长久效益。

在产品再循环中，利用智能技术可以牢牢控制环保问题，实现监测与收集环境数据、自动化节能控制、废物管理与资源收回等。运用智能传感与大数据技术，可以开展排放实时监测和污染源管理，实现全过程环保数据的采集、监控与分析优化；还可以开发碳资产管理平台，实现全流程的碳排放追踪、分析、核算和交易及废物处置和循环再利用的全过程监控、追溯。能源管理也是再循环服务中的重点，通过部署智能能耗采集装置，可以实现再循环各环节的能耗实时采集、监测，能耗数据分析与调度优化。通过智能化的能源管理系统，可以实现能耗数据监测服务。结合智能化ICT，可以实现优化设备运行参数或工艺参数，达到关键设备、关键环节等的能源综合平衡与优化。

2.5 知识点小结

本章阐述了制造模式与制造服务的相关概念、系统框架及其运行逻辑。对制造服务的核心要素"需求与供需匹配""资源组织与配置""过程跟踪与质量监控""评估与反馈"等环节的智能化组织、管理与运营进行了介绍。

工业互联网为网络化协同制造和智能制造提供了基础平台和技术支持，网络化协同制造是工业互联网在制造领域的具体应用，而智能制造是工业互联网和网络化协同制造发展的高级阶段，三者共同推动了制造业向数字化、网络化和智能化方向发展。

云制造、PSS、SMfg等先进制造服务及模式不仅提高了制造业的竞争力，还促进了产业结构的优化升级。云制造通过云计算技术整合和共享制造资源，提升生产效率；PSS则聚焦用户需求，提供全方位的产品与服务解决方案；SMfg强调通过社群力量实现个性化、定制化生产。

制造服务的核心要素构成了其整体框架和运作流程。首先是需求与供需匹配，即准确捕捉并理解客户的需求，然后将其与可提供的服务资源进行有效对接；其次是资源组织与配置，这涉及对设备等资源的合理分配和优化配置，以确保服务过程的高效运行；再次是服务过程跟踪与质量管控，即在服务提供过程中进行持续的监控和管理；最后是服务评估与反馈，通过收集和分析客户对服务的评价，不断改进和提高服务质量。

本章构建了一个多层次的制造服务智能化架构，阐述了智能化的具体实现途径。对制造服务智能化的应用场景进行了分类，包括产品设计服务、产品生产服务、产品运行与维护服务及产品再循环服务，并对这些场景中适用的智能化方法与技术进行了深入剖析。

2.6 思考题

1. 什么是工业互联网？描述工业互联网在智能制造中扮演的角色。
2. 分析制造即服务这种模式的优势与劣势。
3. 工业产品服务系统有哪些分类？各有何异同？
4. 制造服务的核心要素有哪些？举例说明实现智能化的过程。

参考文献

[1] 江平宇，张富强，郭威. 智能制造服务技术[M]. 北京：清华大学出版社，2021.

[2] 李伯虎，张霖，王时龙，等. 云制造-面向服务的网络化制造新模式[J]. 计算机集成制造系统，2010，16(1)：1-7.

[3] 刘永奎，王力翚，王曦，等. 云制造再探讨[J]. 中国机械工程，2018，29(18)：2226-2237.

[4] 何哲，孙林岩，朱春燕. 服务型制造的概念、问题和前瞻[J]. 科学学研究，2010(1)：53-60.
[5] 江平宇，朱琦琦，张定红. 工业产品服务系统及其研究现状[J]. 计算机集成制造系统，2011，17(9)：2071-2078.
[6] 江平宇，史皓良，杨茂林，等. 面向工业互联网的社群化制造模式及3D打印测试床研发[J]. 中国科学：技术科学，2022，52(1)：88-103.
[7] XUN X. From cloud computing to cloud manufacturing[J]. Robotics & Computer Integrated Manufacturing，2012，28(1)：75-86.
[8] ZHANG L，LUO Y，TAO F，et al. Cloud manufacturing：a new manufacturing paradigm[J]. Enterprise Information Systems，2014，8(2)：167-187.
[9] JIANG P，DING K，LENG J. Towards a cyber-physical-social-connected and service-oriented manufacturing paradigm：social manufacturing[J]. Manufacturing Letters，2016(7)：15-21.
[10] MEIER H，ROY R，SELIGER G. Industrial product-service systems-ips2[J]. CIRP Annals，2010，59(2)：607-627.
[11] FRY T D，STEELE D C，SALADIN B A. A service-oriented manufacturing strategy[J]. International Journal of Operations & Production Management，1994，14(10)：17-29.
[12] LI B H，ZHANG L，WANG S L，et al. Cloud manufacturing：a new service-oriented networked manufacturing model[J]. Computer Integrated Manufacturing Systems，2010，16(1)：1-7.
[13] REN L，ZHANG L，WANG L，et al. Cloud manufacturing：key characteristics and applications[J]. International Journal of Computer Integrated Manufacturing，2017，30(6)：501-515.
[14] ZHONG R Y，LAN S，XU C，et al. Visualization of rfid-enabled shopfloor logistics big data in cloud manufacturing[J]. The International Journal of Advanced Manufacturing Technology，2016，84(1-4)：5-16.
[15] XIONG G，TAMIR T S，SHEN Z，et al. A survey on social manufacturing：a paradigm shift for smart prosumers[J]. IEEE Transactions on Computational Social Systems，2023，10(5)：2504-2522.
[16] GU X，KOREN Y. Mass-individualisation-the twenty first century manufacturing paradigm[J]. International Journal of Production Research，2022，60(24)：7572-7587.
[17] ZANELLA R M，FRAZZON E M，UHLMANN I R. Social manufacturing：from the theory to the practice[J]. Brazilian Journal of Operations & Production Management，2022，19(3)：1-21.
[18] MONT O，TUKKER A. Product-service systems：reviewing achievements and refining the research agenda[J]. Journal of Cleaner Production，2006，14(17)：1451-1454.
[19] ANNARELLI A，BATTISTELLA C，NONINO F. Product service system：a conceptual framework from a systematic review[J]. Journal of Cleaner Production，2016(139)：1011-1032.
[20] BAINES T S，LIGHTFOOT H W，EVANS S，et al. State-of-the-art in product-service systems[J]. Proceedings of the Institution of Mechanical Engineers，Part B：Journal of Engineering Manufacture，2007，221(10)：1543-1552.
[21] KERLEY W，WYNN D C，ECKERT C，et al. Redesigning the design process through interactive simulation：a case study of life-cycle engineering in jet engine conceptual design[J]. International Journal of Services and Operations Management，2011，10(1)：30-51.
[22] ROY R，CHERUVU K S. A competitive framework for industrial product-service systems[J]. International Journal of Internet Manufacturing and Services，2009，2(1)：4-29.

第3章

智能制造服务中的特征工程

特征工程的有效实施可为智能制造服务的优化和改进提供有力支持，因而它是智能制造服务的关键支撑技术之一。本章首先介绍智能计算模型与算法；进而探讨制造服务的广义数据采集方法，通过收集多样化的数据支持智能计算模型与算法的使用；最后讨论特征工程与广义数据集的构造，体现其在智能制造中的重要性，以及如何构建广义数据集以支持特征工程的实施。

3.1　智能计算模型与算法

智能计算是支撑万物互联的数字文明时代新的计算理论方法、架构体系和技术能力的总称。智能计算根据具体的实际需求，以最小的代价完成计算任务，匹配足够的计算能力，调用最优的算法，获得最优的结果以满足工程制造的需求。智能计算以人为本，追求高计算能力、高能效、智能化和安全性，其目标是提供通用、高效、安全、自主、可靠、透明的计算服务，支持大规模、复杂的计算任务。下面以符号智能计算与计算智能计算这两类智能计算方法为例，详细介绍智能计算的模型与算法。

3.1.1　符号智能计算

【关键词】 智能计算；符号智能计算

【知识点】

1. 理解符号智能计算的含义、分类和应用。
2. 借助案例学习符号智能与决策在智能制造服务中的应用。

符号智能计算是指采用计算技术获取用类自然语言或结构化符号等描述的陈述性知识，并以此类陈述性知识为处理对象，进行推理计算的方法主要有基于规则、基于框架、基于实例推理方法(case-based reasoning，CBR)等的推理或聚合计算等。本节首先介绍符号智能的分类与应用，然后借助案例，阐释符号智能与决策在智能制造服务中的应用。

符号智能的推理与计算是建立在符号化知识的基础上的，符号化知识是指用特定的逻辑和物理数据结构进行描述与存储的陈述性知识。例如，产生式规则、框架、本体、基于实例的推理方法、知识 Blog 等均属于符号化知识。而以符号化知识为处理对象的推理算法或基于符号匹配的、生成新符号化知识的计算方法被定义为符号智能的推理计算方法，主要包括规则的正向推理、框架匹配、本体推理、实例提取、Blog聚合搜寻算法等。符号化知识与符号智能计算之间的关系如图3-1所示。符号化知识的获取过程一般是从大量的数据、信息、经验中加工产生二次可复用信息,并存储到特定的数据结构,形成符号化知识的过程。其中,符号化知识描述模型占据重要地位。

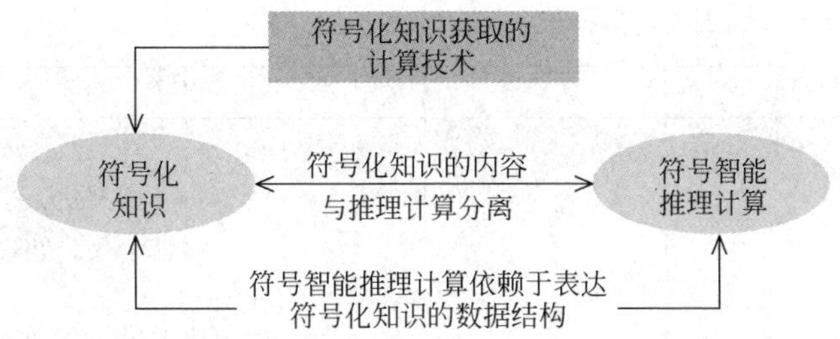

图3-1 符号化知识与符号智能推理计算之间的关系

符号化知识可根据所采用的符号不同,分为产生式规则、框架、本体、实例等不同类型。每类符号化类型都有独立的符号化知识表示模型和常用的数据结构,即符号知识物理模型。且其之间有“1∶m”的映射关系,如图3-2所示。现将常用符号智能算法介绍如下:

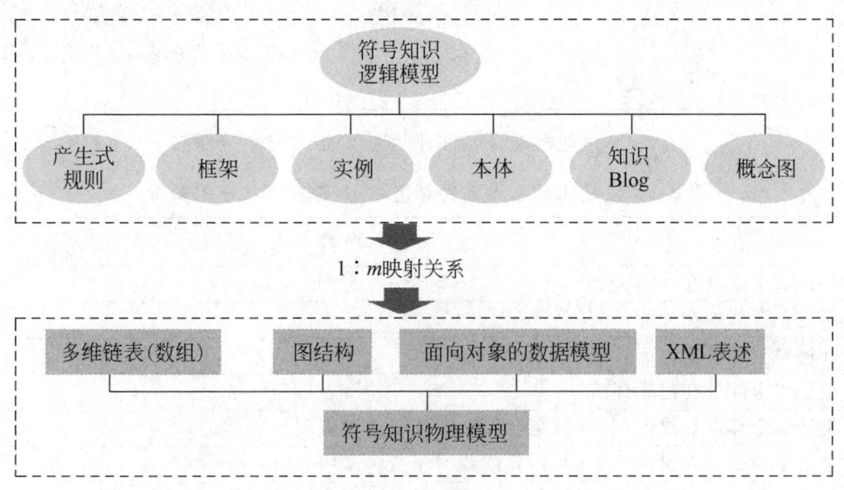

图3-2 符号化知识的特定逻辑与物理数据结构模型之间的映射关系

1. 产生式规则推理

产生式一词最早由P. Post(博斯特)于1943年提出,用于构造Post机计算模型。产生式系统最基本的三要素为规则库、动态数据库、推理机。其中,规则库的作用是存放领域专家提供的求解问题的规则和静态事实;动态数据库用于存放问题求解过程中反映当前求解状态下动态产生的符号化事实的集合(包括问题求解的有关初始事实、来自规则库的所有静态事实、求解期间由所有被触发的规则产生的新事实序列等);推理机是指使用特定的控制策略,用上下文中的状态事实序列与规则匹配,通过触发可用规则产生新的事实,以修改上下文,并进行循环直至获得结果。产生式系统通过匹配规则库中的条件与动态数据库中的信息,推理机执行相应的动作,实现推理和决策过程。

这里以一个基于产生式规则的供料智能出库决策服务为例进行说明。某汽轮机组的制造过程实现了供料智能出库决策服务,其服务过程是依该汽轮机组的生产计划,查询其对应制造单下所有配套零部件的生产状态，并对该制造单能否出库做出判断。对因部分零部件生产暂未完成而导致整体不能出库的制造单进行标识，并自动从其他制造单中匹配筛选，挑选出可借用出库的相同零部件。这里主要采用基于产生式规则的表示和推理来实现。某一制造单能否出库，取决于基于其生产状态的判断。某汽轮机配套零部件制造单的生产状态共有 18 种，如图 3-3 所示，其解释见表 3-1。

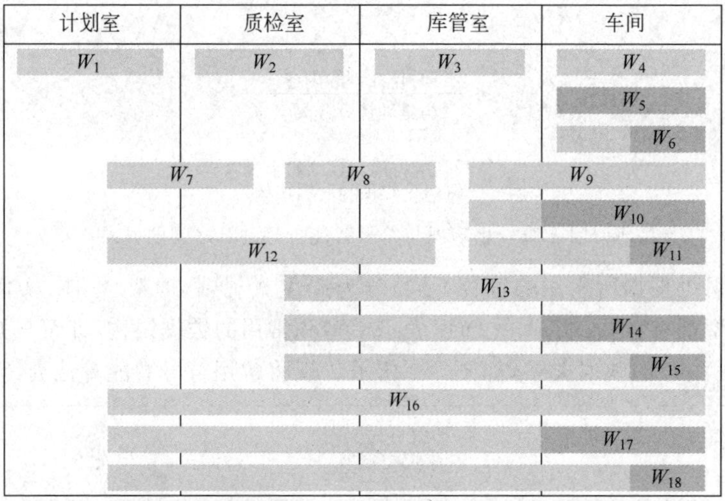

图 3-3　汽轮机配套零部件制造单的 18 种生产状态

表 3-1　汽轮机配套零部件制造单 18 种生产状态的解释

状态名称	状 态 解 释
W_1	制造单全部处在计划环节
W_2	制造单全部处在检验环节
W_3	制造单全部处在入库环节
W_4	制造单全部处在出库环节
W_5	制造单全部处在出库环节，但是全部被其他制造单借用
W_6	制造单全部处在出库环节，但部分被其他制造单借用
W_7	制造单部分处在计划环节，部分处在检验环节
W_8	制造单部分处在检验环节，部分处在入库环节
W_9	制造单部分处在入库环节，部分处在出库环节，且没有被其他制造单借用
W_{10}	制造单部分处在入库环节，部分处在出库环节，且全部被其他制造单借用
W_{11}	制造单部分处在入库环节，部分处在出库环节，且部分被其他制造单借用
W_{12}	制造单部分处在计划环节，部分处在检验环节，部分处在入库环节
W_{13}	制造单部分处在检验环节，部分处在入库环节，部分处在出库环节，且没有被其他制造单借用
W_{14}	制造单部分处在检验环节，部分处在入库环节，部分处在出库环节，且全部被其他制造单借用
W_{15}	制造单部分处在检验环节，部分处在入库环节，部分处在出库环节，且部分被其他制造单借用
W_{16}	制造单部分处在计划环节，部分处在检验环节，部分处在入库环节，部分处在出库环节，且没有被其他制造单借用
W_{17}	制造单部分处在计划环节，部分处在检验环节，部分处在入库环节，部分处在出库环节，且全部被其他制造单借用
W_{18}	制造单部分处在计划环节，部分处在检验环节，部分处在入库环节，部分处在出库环节，且部分被其他制造单借用

通过与相关专家的交流及分析相关资料，建立了如图 3-4 所示的制造单生产状态判断的产生式规则“与或树”。其中，“全部处于计划环节”“全部处于检验环节”“已入库”“已出库”等为根据制造单下各零部件所处的生产环节情况分析出的基本条件，P_1 表示制造单为 W_7、W_{12}、W_{16}、W_{17}、W_{18} 状态中的一种，P_2 表示制造单为 W_8、W_{12}、W_{13}、W_{14}、W_{15}、W_{16}、W_{17}、W_{18} 状态中的一种，P_3 表示制造单为 W_9、W_{10}、W_{11}、W_{13}、W_{14}、W_{15}、W_{16}、W_{17}、W_{18} 状态中的一种，P_4 表示制造单为 W_4、W_5、W_6 状态中的一种，P_5 表示制造单为 W_{12}、W_{16}、W_{17}、W_{18} 状态中的一种，P_6 表示制造单为 W_8、W_{13}、W_{14}、W_{15} 状态中的一种，P_7 表示制造单为 W_9、W_{10}、W_{11}、W_{13}、W_{14}、W_{15} 状态中的一种，P_8 表示制造单为 W_{16}、W_{17}、W_{18} 状态中的一种，P_9 表示制造单为 W_{13}、W_{14}、W_{15} 状态中的一种，P_{10} 表示制造单为 W_9、W_{10}、W_{11} 状态中的一种。

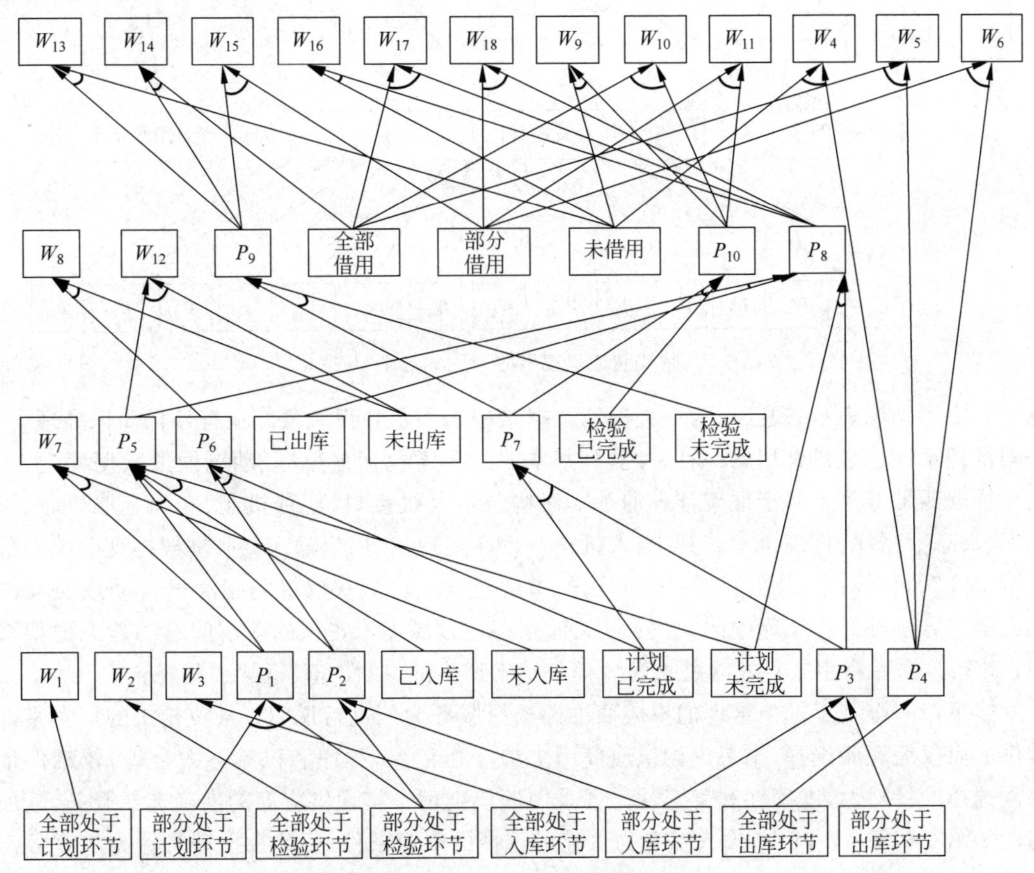

图 3-4 制造单生产状态判断的产生式规则“与或树”

制造单的生产状态判断完成后，就可以对制造单能否整体出库进行决策了。前面已经介绍过，汽轮机配套零部件生产过程中制造单的生产状态共有 18 种，其中 W_3、W_4 和 W_9 三种状态下制造单已全部完成计划和检验，且没有被其他制造单借用，可正常出库，除此以外，所有状态都必须先检索其他制造单，判断是否存在可用于借代出库的相同零部件，进而判断能否借代出库。因此，可建立图 3-5 所示的替代制造单搜索的产生式规则“与或树”。

2. 框架推理

知识的框架表示法于 1975 年由 Minsky 提出，最早用作视觉感知、自然语言处理等问

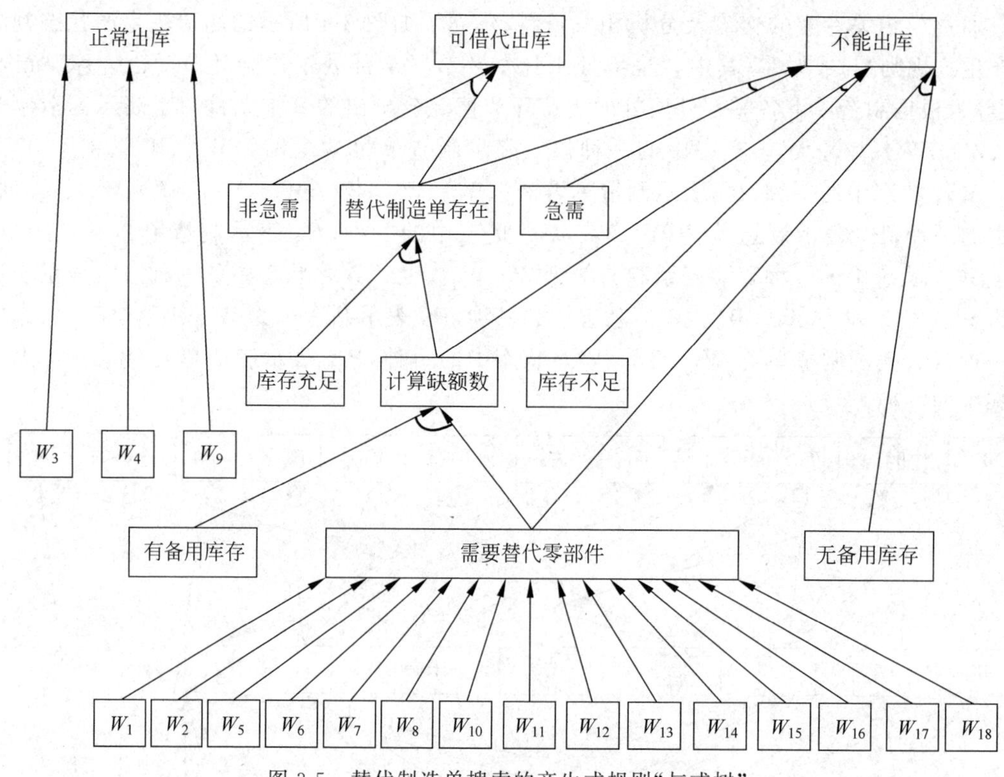

图 3-5　替代制造单搜索的产生式规则“与或树”

题求解中的知识表示，现已作为一种通用数据结构来表示知识对象。在符号化知识推理中，框架推理系统也是最常用的一种系统，其基本的三要素包括框架库、动态框架数据库（上下文）、框架匹配器等。基于框架推理的基本架构包括人机接口、解释机制、知识获取机制、框架库、动态数据库、推理机等。其中，人机接口旨在实现从“用户输入”到“框架推理系统内部表示形式”的转换；解释机制指回溯问题的求解过程；知识获取机制指通过自动或交互的规则学习方法补充框架库中的知识；框架库指存放领域专家提供的求解问题的静态框架知识；动态数据库指用来存放问题求解过程中动态产生的“属性-值”框架或其集合。

这里以一个基于框架推理的供应商准确选择服务为例进行说明。某汽轮机的配套零部件供应商仅凭经验选择，未考虑到供应商历史的合作信息，程序和机制不太合理，较难保证每次选择的针对性、准确性和稳定性。现采用框架推理来实现供应商的准确选择服务，其示意图如图 3-6 所示。其中，输入信息为供应商选择的限定条件，系统在推理时首先将该限定条件转化为初始描述框架，然后在由供应商基本信息框架、外包合作框架和历史统计框架组成的三层框架系统中进行匹配推理。推理过程中先在顶层框架中找到满足条件的供应商基本信息框架集，接着在这些基本信息框架集的子框架中寻找满足其他条件的外包合作框架集，最后在筛选出的外包合作框架集的子框架中匹配满足剩余条件的历史统计框架集。经过不断的递归和回溯过程，最终找到满足全部限定条件的框架链，并输出该供应商的信息。

采用如图 3-7 所示的推理机，推理结束后，输出相应的供应商信息，从而完成供应商选择服务。

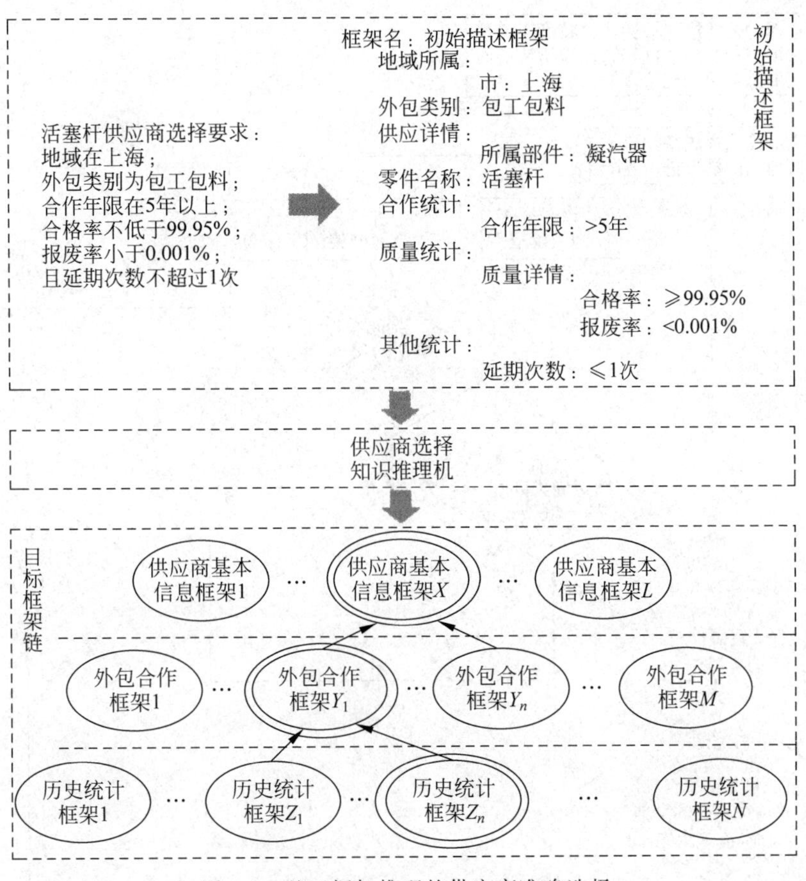

图 3-6 基于框架推理的供应商准确选择

3. 本体推理

本体论原本是一个哲学上的概念，它表示对客观存在的一个系统的解释或者说明，关心的是客观现实的抽象本质，后来被演绎成一种研究事物本质的普遍方法。在知识工程领域中，本体论的定义有 4 层含义，即概念模型、明确化、形式化和共享。概念模型是指用于描述特定领域中概念和它们之间关系的框架；明确化是将这些概念和关系清晰地表达出来；形式化是将明确化的内容转化为计算机可理解的形式；共享是指分享形式化的知识，使不同的系统能够更好地交流、整合和利用知识，从而推动知识的共享和发展。

本体就是通过对概念、属性及其相互关系的规范化描述，勾画出某一领域的基本知识体系和描述语言，是一个已经得到公认的形式化知识表示体系。

这里以一个基于本体知识库的汽轮机装配知识推理为例进行说明。某汽轮机流转装配阶段，零部件的质量信息追溯服务必须快速、高效，以避免造成难以估计的损失。当存在质量问题时，系统需及时发现并自动预警。这就需要在智能制造服务的计算与决策信息本体的基础上，构建相关语义网络规则（semantic web rule language，SWRL），并结合 Jess 推理引擎，通过挖掘隐含关系，定位出存在质量问题的环节和因素。

质量信息追溯服务的知识推理机如图 3-8 所示。其中，本体初始化部分主要是为了构建质量信息本体的网络本体语言模型（ontology web language，OWL）及建立对应的 SWRL 规则集合。本体实例化部分通过提取智能制造服务的过程数据构建 OWL 本体模型中相应

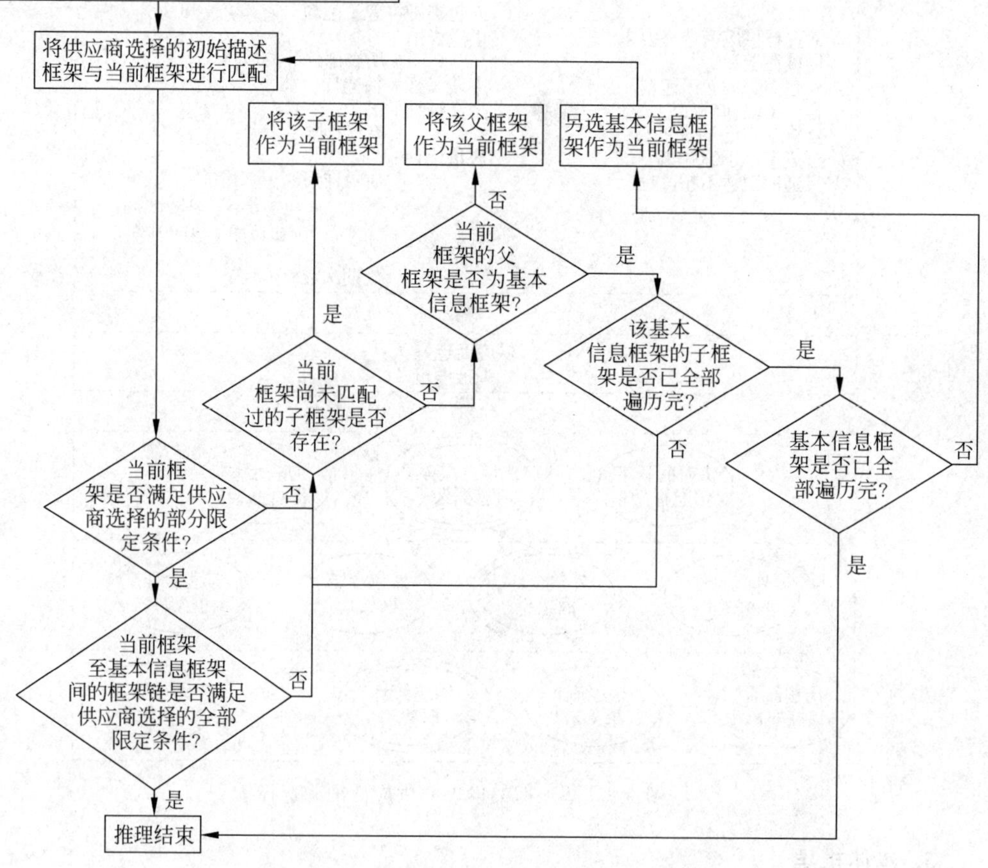

图 3-7　基于框架算法的供应商选择知识推理机

类的实例，并对实例属性值进行填充。本体推理部分首先创建 Jess 推理机，然后将 OWL 本体和 SWRL 规则转换为 Jess 的事实库和规则库，接着调用 Jess 推理引擎进行推理，最后对质量信息追溯服务推理的结果进行翻译和输出。由此可见，整个过程的关键在于 SWRL 规则集合的建立以及 OWL 本体和 SWRL 规则向 Jess 事实库和规则库的转换。

4. 基于实例推理

基于实例推理方法是一种类比推理方法，就是用目标实例与源实例的匹配结果来指导目标实例求解的一种策略。基于实例的推理在人类生活中普遍存在。例如，医生给病人看病时，总是在回忆以往有类似症状的案例，参考原有的病例对新病人做出相应的诊断。如今，CBR 成为 AI 领域中一项重要的解决方法与技术。CBR 本质上是一种基于记忆的推理，符合人的认知过程。当面临新问题时，系统首先对新问题进行描述，得到一个目标实例；然后利用目标实例的关键特征属性，从实例库中检索找出最佳相似实例，必要时进行适当的调整与修改以适应新问题，从而得到目标实例的最终解方案。基于实例推理的关键技术有实例的表示、实例的检索和实例的复用。

这里以一个基于 CBR 的装配顺序规划服务为例进行说明。装配顺序规划解决的问题

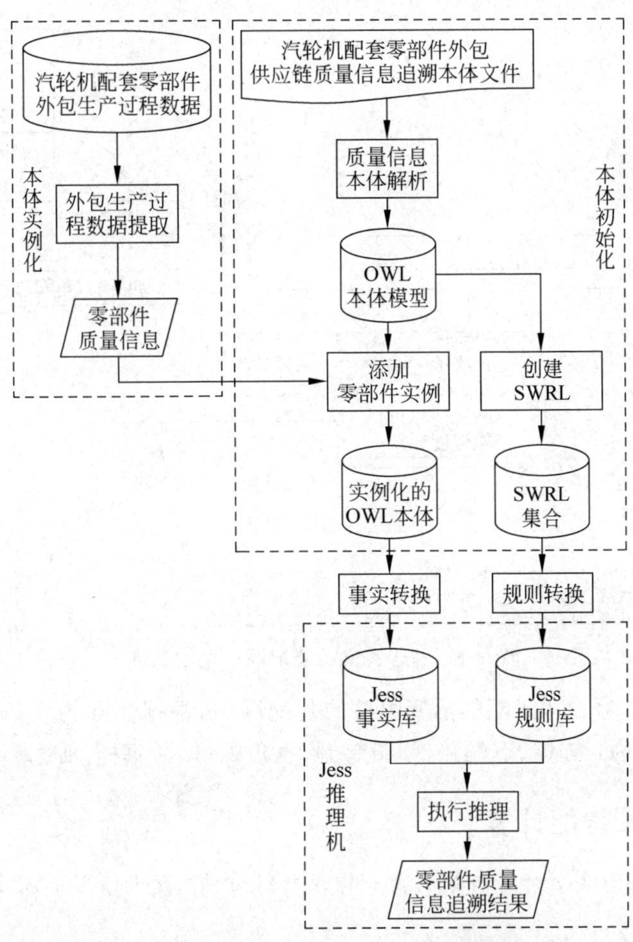

图 3-8　质量信息追溯服务的知识推理机

是对于给定的产品，以什么样的次序来装配产品零部件。产品的装配顺序直接影响产品的可装配性、装配质量及装配成本。在实际生产中，装配工艺师根据相关知识和已有的经验规划产品装配顺序，这种手工方法十分费时且容易出错。而基于实例的装配顺序规划方法可以使用以往相似的装配结构和装配方案来解决当前装配顺序规划问题，提高了问题的求解效率。下面以油动机中油缸的装配顺序规划服务为例进行说明，具体过程如图 3-9 所示。

首先，将典型部件的装配方案以一种结构化的形式进行有效地组织，形成装配工艺实例库。实例由两部分组成：一部分是实例的内容，即装配顺序；另一部分是实例的索引，即实例的特征项，不同的特征将影响实例的匹配结果，进而影响问题最终的求解精度。这里选取组件的装配语义及其包含的零件数目作为实例的特征项。一个装配顺序实例可以用四元组的形式表示为 A Case=(I,S,N,AO)。其中，I 代表实例的名称，S 为装配语义列表，N 为装配零件的数目，AO 代表解方案即装配顺序。

其次，将油缸的装配物料清单(bill of material，BOM)转化为装配模型，然后从中提取到装配语义(过盈连接、密封连接、螺纹连接等)和零件数目，并在装配工艺实例中进行特征相似度计算。若与某发动机活塞组件的相似度最高为 89.87%，则找到最佳匹配实例为活塞组件。

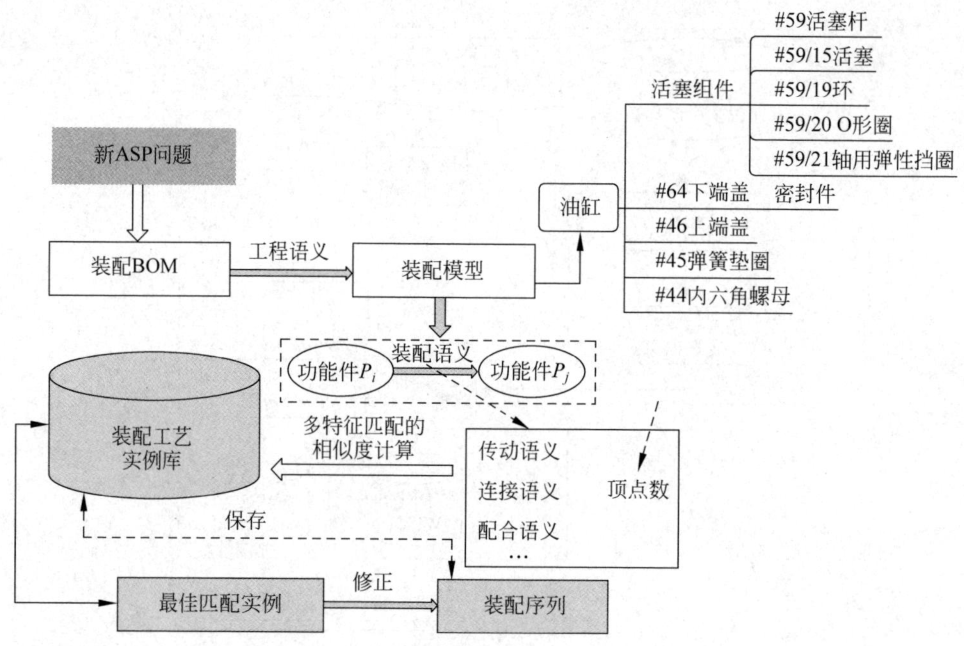

图 3-9　基于实例的装配顺序规划案例

最后，装配工艺师参考匹配的活塞组件的装配顺序，根据实际约束条件修正后，得到油缸的装配顺序依次为：缸体、下端盖、弹簧垫圈、六角螺母、活塞杆、活塞环、O形圈、上端盖。

3.1.2 计算智能计算

【关键词】智能计算；计算智能计算；神经网络方法；遗传算法；深度学习算法

【知识点】

1. 计算智能计算的含义、种类和应用。
2. 神经网络、遗传算法、深度学习等计算智能与决策方法。

计算智能计算是指利用自然规律的启迪，根据其所蕴含的原理，模仿而求解问题的算法，如神经网络算法、遗传算法、蚁群算法、免疫算法、深度神经网络方法等。计算智能计算方法主要包括神经网络方法、遗传算法、蚁群算法、免疫算法和深度学习算法等，其核心是仿生的计算思想，下面以常用的神经网络方法、遗传算法和近几年较为流行的深度学习算法为例，介绍计算智能与决策方法。

1. 神经网络方法

人工神经网络是在对人脑神经元结构与运行机制认识理解的基础之上，模拟其结构和智能行为的一种工程系统方法。神经系统的基本构造是神经元，它是处理人体内各部分之间相互信息传递的基本单元。根据神经元的结构可以构建神经元数理模型，如图 3-10 所示。作为神经网络基本处理单元的神经元(数理)是一个“多输入-单输出”的非线性器件，可表示为

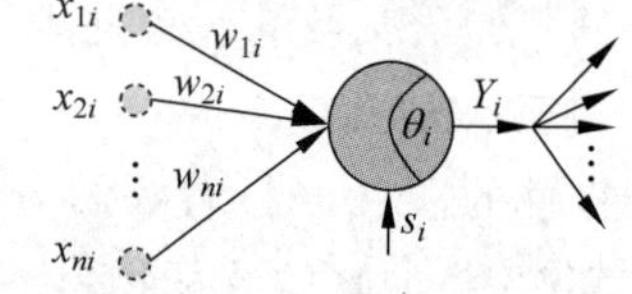

图 3-10　有 n 个输入 i 的神经元

$$\sigma_i = \sum_{j=1}^{n} w_{ji} x_{ji} + s_i - \theta_i, \quad Y_i = f(\sigma_i) \tag{3-1}$$

式中 s_i 为偏置项；θ_i 为神经元 i 的阈值；$x_{1i}, x_{2i}, \cdots, x_{ni}$ 分别为从神经单元 j 到神经单元 i 的 n 个输入；w_{ji} 为从神经单元 j 到神经单元 i 的权值(输入信号 x_{ji} 对应的权重)，单元 j 为输入单元，单元 i 为接收输入的单元；$f(\sigma_i)$为非线性激活函数。$\sigma_i > 0$ 时，神经元 i 被激活。

将神经元按一定结构的网络连接规则相连，即构成了神经网络模型的"拓扑结构"。各相互连接的神经单元之间的权重由对网络的训练(学习)获得。对网络的训练取决于"输入-输出""输入"样本集及相应的学习算法。经训练后的神经网络模型的应用：计算功能(优化等)和推理功能(分类、预测等)。拓扑结构、权值训练(学习算法)、训练样本、应用(计算、推理等)是神经网络模型的四大功能要素。

下面以一个基于神经网络的加工设备的工时预测为例进行说明。加工工时是指在某一加工设备上完成零件的某一道工序的加工服务所需的时间。反向传播(back propagation, BP)神经网络具有强大的非线性映射能力和泛化能力，非常适用于工时预测问题。神经网络将以工时的影响因素作为输入，利用现有的历史工时样本对数据进行训练，实现对新工时的预测。神经网络在工时预测服务过程主要分为三个阶段，即工时预测网络的训练存储阶段、工时预测阶段和工时进化阶段。

在某加工过程中，以同一型号的切削加工设备为预测神经网络的最小承载单位，根据其加工类型和加工特征的不同，创建工时预测网络；训练样本则先从该台设备的历史工时数据中提取，再根据加工类型和加工特征进行分类，最终获取可用于训练的加工工时样本对数据。在进行 BP 神经网络的训练前，参照公式确定隐藏层节点数目，选择合适的学习率和动量系数，建立神经网络训练模型，设置允许的误差值和最大训练次数后开始训练；根据算法的收敛情况，调整隐藏层节点数、学习率和动量系数后再次训练，直到形成较好的预测网络。

之后，将预测网络的关键信息保存到数据库中，包括输入层节点数、隐藏层节点数、输入层-隐藏层权值矩阵、隐藏层-输出层权值矩阵、归一化最值、学习率、动量系数等，形成工时预测网络库，可在新工时预测服务场景中使用。具体的工时预测网络库的创建逻辑如图 3-11 所示。

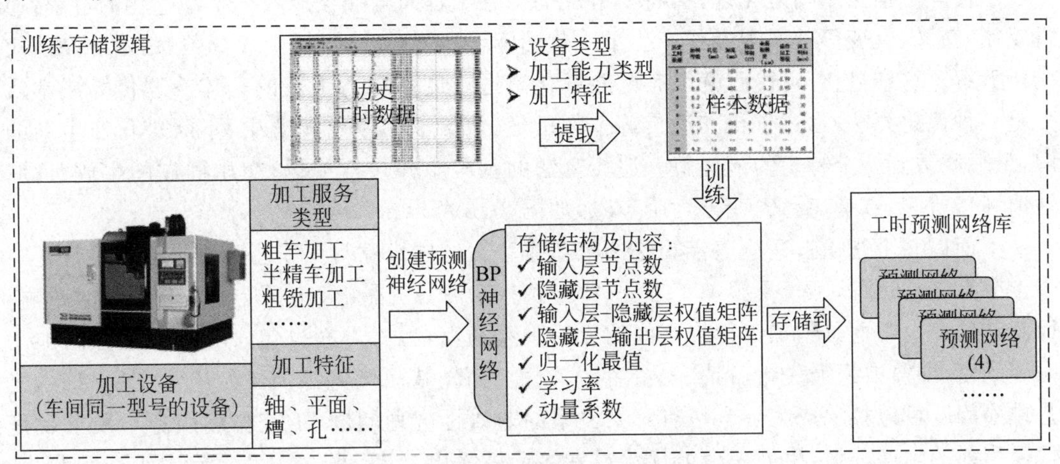

图 3-11　工时预测网络库的创建逻辑

若要进行工时预测，则根据要预测的设备类型编号、加工类型和加工特征名从工时预测网络数据库中提取预测网络的关键信息，复建工时预测网络，将参数(加工特征的几何尺寸参数、表面粗糙度值、加工精度等级、操作员技术等级、材料）输入，便获得预测的工时数值。图 3-12 所示为工时预测服务流程逻辑图。

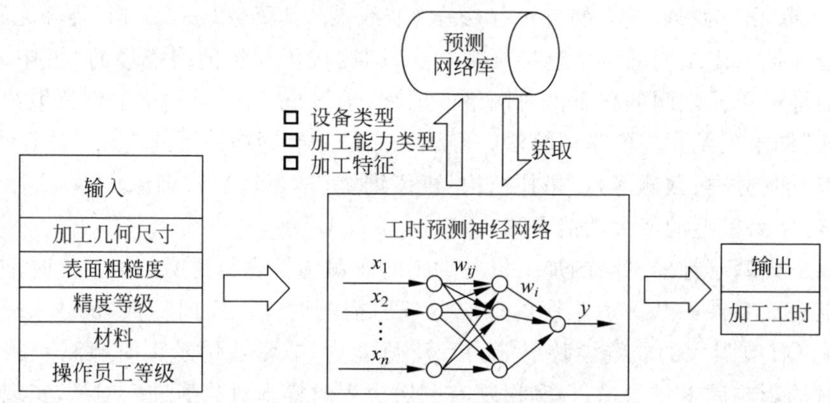

图 3-12 工时预测服务流程逻辑图

由于训练样本的限制和环境因素的影响，训练后得到的神经网络难以持续性地保持高准确性，所以，随着实际制造服务过程的进行，需要不断对已有的预测网络进行优化调整，使其能够始终保持较高的预测准确性，以真实地反映实际工时情况。

2. 遗传算法

遗传算法（genetic algorithm，GA）也称作基因算法，是一类借鉴生物界的进化规律（适者生存、优胜劣汰的遗传机制）演化而来的随机搜索方法。遗传算法中涉及的生物学概念有种群、个体、基因、染色体、适者生存、遗传与变异等概念。其中，种群指生物进化的群体形式；个体指组成种群的单个生物；基因指一个遗传因子；染色体指包含一组的基因；适者生存指对环境适应度较高的个体参与繁殖的机会比较多，其后代就会越来越多；遗传与变异指新个体会遗传父母双方的部分基因且同时有一定的概率发生基因变异。

遗传算法借鉴生物进化理论，将要解决的服务工程问题抽象成一个生物进化的过程，通过复制、交叉、突变等一系列操作产生下一代的解，并逐步淘汰低适应度函数解，增加高适应度函数解。这样进化 N 代后就很有可能进化出适应度函数值很高的个体。遗传算法本质上是一种优化算法，通过进化和遗传等生物机理，从给出的原始解群中，不断进化产生新的解，最后收敛到一个特定的最优解。遗传算法的基本步骤包括编码、初始群体的生成、适应性值评估检测、选择、交叉、变异六个步骤，如图 3-13 所示。

下面以一个基于自适应遗传算法的工艺排序为例进行说明。工艺路线排序和决策是一个十分复杂的过程，不仅受到加工方法、机床选择和刀具的影响，还要受到工艺约束的影响，而工艺约束一方面是指加工特征之间的先后关系约束，另一方面也包含具有普适性的加工顺序约束，即需要遵循先粗后精、先主后次、先面后孔、基面优先等加工制造准则。因此，工艺排序问题可以抽象成为一个带有约束关系的非线性规划问题，工艺排序服务本质上就是根据当前的生产环境，生成一个最优化或者接近最优化工艺路线的过程。针对上述问题，采用了自适应遗传算法进行工序间的优化排序，得到满足给定约束关系的最优工艺路线。自适应遗传算法驱动的工艺排序的流程如图 3-14 所示，主要包括工艺路线的交叉、工艺路线的变异和工艺路线的适应度函数确定等核心问题。

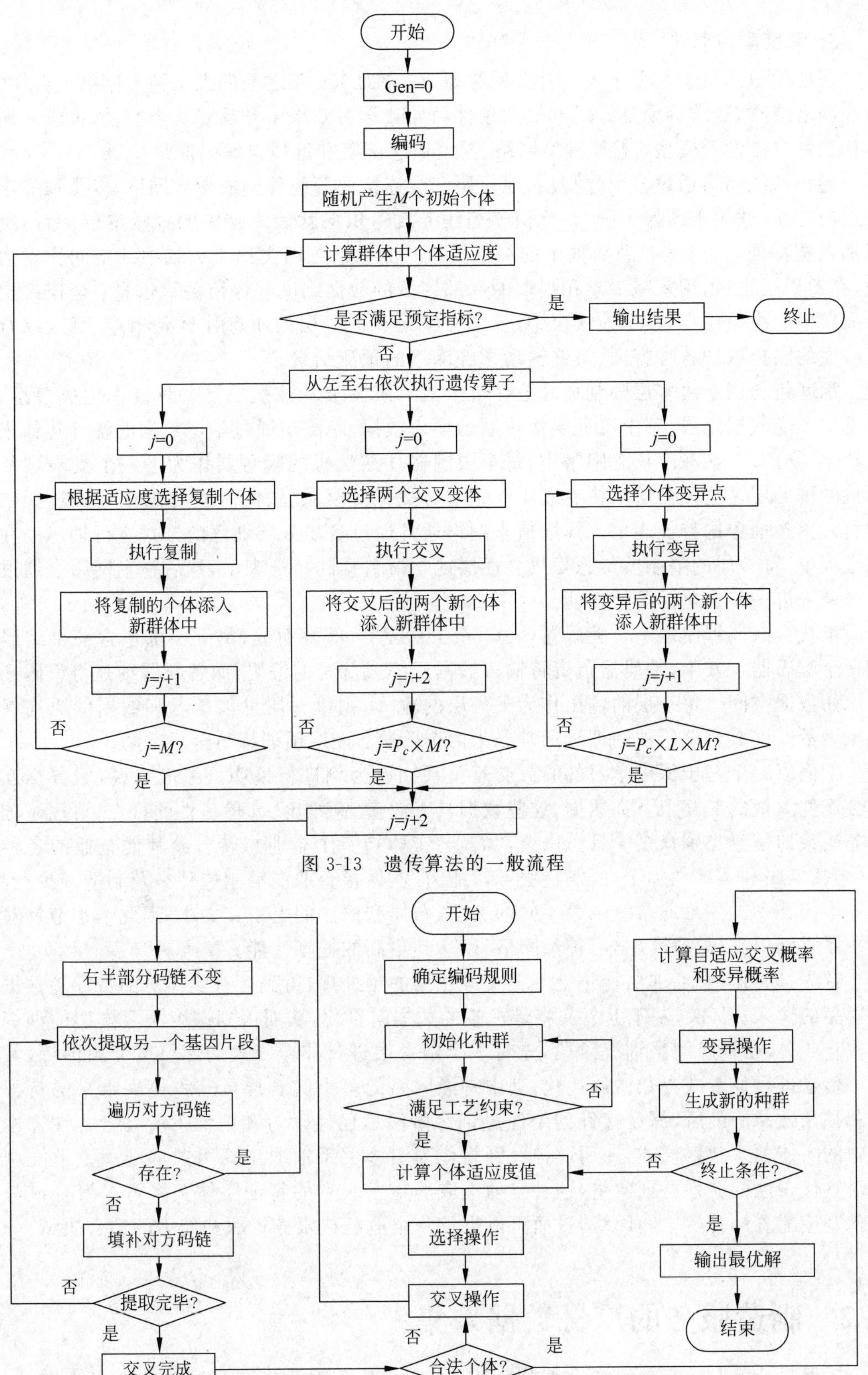

图 3-13　遗传算法的一般流程

图 3-14　基于自适应遗传算法的工艺排序流程

3. 深度学习算法

深度学习的概念起源于人工神经网络研究。在2006年之前的人工神经网络研究中，当增加网络层时，通常容易落入局部最适条件而导致学习效果不升反降。当前，深度学习研究包括三种主流学习模型：卷积神经网络、深度信念网络和堆栈自编码器。

卷积神经网络通过多个卷积层、池化层和全连接层等组件构成深层网络，以提取和学习数据的特征，适用于图像识别、目标检测等任务。卷积层就像大脑中的视觉皮层，专门负责识别视觉特征，可以学习到数据中的局部模式；池化层可以类比于大脑中的空间注意力机制，在卷积层之后，用来减少卷积提取的局部区域的数据维度并保留关键信息；全连接层就像大脑中的决策中枢，在全连接层中，每个神经元与前一层的所有神经元相连，可以综合考虑前面的层提取的各种特征，最终输出神经网络的预测结果。

深度信念网络由多层限制玻耳兹曼机组成。限制玻耳兹曼机是一种概率生成模型，由可见层和隐藏层组成，其中可见层接收原始输入数据，隐藏层通过学习数据的统计特征来建模数据的分布。在深度信念网络中，每个限制玻耳兹曼机的隐藏层作为下一个受限玻耳兹曼机的可见层。这种分层结构有助于模型学习数据的复杂特征，并且可以在训练过程中逐层引入更多抽象的特征表示。深度信念网络通常通过贪婪逐层训练的方式进行训练。在训练过程中，每一层的限制玻尔兹曼机会逐层地学习数据的特征表示，然后整个网络会通过反向微调来进一步优化模型的性能。

堆栈自编码器由多个自编码器(autoencoder，AE)堆叠而成，每一层都包含一个编码器和一个解码器。其中，编码器负责将输入数据压缩成低维的编码，而解码器则是将编码还原成原始数据空间。每一层的输出作为下一层的输入，则每一层可以学习到数据的更高级的抽象表示。堆叠自编码器的训练通常分为两个阶段：逐层预训练与全局微调。

下面以一个基于深度学习的服务交互关系抽取为例进行说明。一般来说，服务交互过程会产生大量的交互上下文数据，这些数据具有海量、高维度、高稀疏性的特点，可用于辅助服务决策的信息类别众多。具体来说，“需求”实体指一个企业想转包给其他企业的各种级别(包括工序和零部件加工)的制造服务，“能力”实体指企业能够制造什么及制造多少产品。由于不同类别的关系通常意味着不同的文法、布局和语法的上下文文本，因此本小节针对每个关系类别单独建立深度学习神经网络，以达到更高的挖掘性能。

首先，通过对初始非结构化上下文文本数据的预处理，得到含有实体对的带标签数据作为模型的输入；其次，基于上下文将带标签的数据向量化，从而得到深度学习模型的训练样本集；再次，在神经网络训练阶段，先对多个隐含层进行非监督式的逐层贪婪预训练，然后向后传播进行监督式参数微调优化，其中神经网络的多个隐含层可获得更高水平的特征提取和抽象效果；最后，深度神经网络经过训练阶段后已经学习和记忆下所有隐含在样本数据中的实体关系映射模式，使用此神经网络作为实体关系抽取工具可以从同一上下文中提取最具代表性的关系特征向量，这种自动提取的句子级别的特征实体关系可以聚合成为社群化制造配置的初始空间网络，进而可以支持跨企业制造服务资源和能力的整合决策。

3.2 制造服务的广义数据采集

数据驱动的制造服务智能化体现为以制造价值网络和端到端的数字化集成为纽带，以实现包括外包、众包、PSS、群智服务等在内的服务机理驱动的网络化、智能化、服务化及企业内和企业间制造系统的纵向和横向集成，而数据采集正是实现上述愿景的关键技术。在制造服务的范畴内，广义数据包括狭义传感数据、过程信息与领域知识等。广义数据采集是推动智能制造服务和决策优化的核心环节之一。本节将深入探讨广义数据采集的机理模型、经验收集、仿真与工程试验、工业数据采集等。

3.2.1 广义数据采集的机理模型

【关键词】 广义数据集；广义服务数据采集模型；数据采集机理模型

【知识点】

1. 广义数据集的含义和来源。
2. 广义的服务数据采集模型。
3. 数据采集机理模型。

在现代制造服务中，数据的显著特点是来源的多样化和广泛性。广义的数据来源包括传感器设备、智能设备和 IIoT 及外部服务信息源等。这些数据来源共同构成了一个复杂且全面的数据采集体系，支持制造过程的优化和决策。

1. 广义的服务数据采集模型物理组件

具体来讲，广义的服务数据采集模型主要包括六个部分，分别是装备资源模块、传感器模块、控制器/执行器模块、人机交互（human machine interface，HMI）模块、网络网关模块和功能应用模块，如图 3-15 所示。

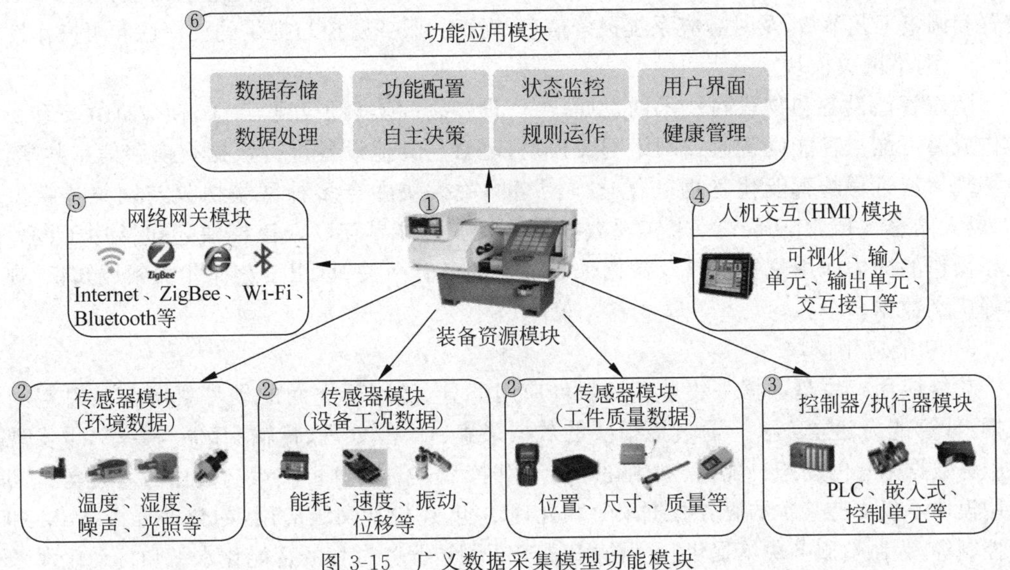

图 3-15 广义数据采集模型功能模块

1）装备资源模块

装备资源模块是构建服务数据采集模型的基体，其他物理部件的配置及软件功能模块的开发均围绕装备资源的技术规格、能力和状态来实施，以形成一个具有完整智能体功能的广义服务数据采集节点。根据装备资源可提供的制造服务的种类不同，广义服务数据采集可以划分为机床加工服务数据采集、机械手服务数据采集、传送带服务数据采集等。装备资源的类型决定了服务数据采集节点所提供的能力类型和大小。例如，机床加工服务数据采集的重点在于精度、速度和工艺参数，而机械手服务数据采集则关注运动轨迹、姿态和操作指令等。

2）传感器模块

传感器模块由绑定或依附于装备资源的一系列物理传感器组成。这些传感器用于采集制造环境数据(如温度、湿度、噪声、光照等)、设备工况数据(如能耗、速度、位移、振动等)及工件质量参数数据(如数显卡尺、粗糙度等的测量数据)。这些数据反映了生产过程的实时状态,为制造过程的监控和调整提供了重要依据。此外,外部信息源也是传感器模块的重要组成部分。这些信息源可能包括供应链信息、市场需求、环境因素等,可通过网络和社交传感器等渠道获取,为制造服务过程提供重要的参考和决策支持,以帮助企业及时调整服务过程和应对市场变化。

3）控制器/执行器模块

控制器/执行器模块由绑定或依附于装备资源的一系列控制与执行单元组成,用于执行生产指令或动作,并对执行过程进行控制。例如,可编程逻辑控制器(programmable logic controller,PLC)从上层信息系统或在数据采集节点交互过程中接收指令,驱动控制器或装备资源执行相应的动作。嵌入式设备则依据指令汇总特定物理传感器采集的实时数据并对其进行预处理,确保执行过程的准确性和可靠性。

4）人机交互(HMI)模块

人机交互(HMI)模块是操作者(用户)与装备资源、传感器、执行件等物理资源(系统)进行交互的技术模块。通过RS232、CAN和RJ45等接口与物理资源进行数据通信,并通过中间件实现传感器数据的处理与可视化。该模块还提供操作者输入参数/指令的触摸屏,实现人为干预的服务数据采集节点控制与管理。HMI模块使得操作者能够实时监控生产状态,设置和调整工艺参数,及时响应系统报警信息,提高了服务监控与提供的便捷性和可操作性。

5）网络网关模块

随着智能设备和物联网技术的发展,工厂设备之间实现了互联互通,使数据共享和协同操作成为可能。智能设备通过网络网关模块,能够与其他设备进行数据交换和信息共享,从而实现生产过程的智能化管理和优化。网络网关模块融合多种网络协议与网络连接方式(如以太网、Wi-Fi、ZigBee等)来实现数据采集节点与外界互联。该模块还包括用于设备间互相操作的即插即用配置接口及数据采集节点的私有网关,可用于存储相关领域知识/规则库等广义数据。

6）功能应用模块

功能应用模块是数据采集节点的软件应用部分,使物理空间的硬件资源与信息空间的数据/计算能力建立关联。通过该模块的数据采集、计算/处理、传输、存储与共享,可实现广义服务数据采集的动态自配置、规则化运行、实时状态监控、自主决策与健康自管理等。功能应用模块不仅支持基本的服务数据采集和处理功能,还包括高级应用,如数据分析、PdM和质量控制等,为制造服务决策提供科学依据,提升了制造服务过程的智能化水平和自动化水平。

2. 广义数据采集机理模型要素

数据采集机理模型涵盖了数据来源、处理和存储等多个方面,是实现制造服务智能化和决策优化的重要基础。对数据采集机理模型的深入理解有助于制造企业更好地利用数据资源,提升生产效率和产品质量,实现可持续发展。

1）数据来源

针对不同的数据来源,制造服务数据采用多种采集方法。

(1) 实时采集是一种常见的方式,通过传感器和设备实时监测生产过程中的数据变化。

这种方式可以及时发现生产过程中的异常情况，为及时调整和优化提供依据。

(2) 手动录入也是一种常用的采集方法，以人工输入或扫描条码等方式记录生产过程中的关键信息。虽然这种方法相对较为烦琐，但在某些情况下仍然不可或缺，尤其是对于一些特定的数据，如人工判断类数据。

(3) 自动化采集则是随着自动化技术的发展而逐渐流行起来的一种方式，利用自动化系统对数据进行自动采集、处理和存储，减少了人为干预，提高了数据采集的效率和准确性。

2) 数据处理

数据处理是至关重要的环节，一般包括数据清洗、数据转换和特征提取等步骤。

(1) 数据清洗是指清除数据中的噪声、处理异常值和填补缺失数据，以确保数据的质量和准确性。

(2) 数据转换是将原始数据转换为可分析的格式，如时间序列、结构化数据等，为后续的数据分析和建模提供便利。

3) 数据存储

数据存储也是数据采集过程中不可忽视的一环，其方式多种多样，包括数据库系统和云存储等。

(1) 数据库系统采用关系型数据库或非关系型数据库进行数据的存储和管理，能够满足数据存储和查询的需求。

(2) 云存储则是利用云计算平台提供的存储服务，实现数据的弹性扩展和灵活管理，能够有效地应对数据规模不断增大的挑战。

3.2.2　经验与领域知识收集

【关键词】 领域知识；多源异构性

【知识点】

1. 制造领域常识性知识和过程性知识。
2. 从多源异构性角度分类领域知识并理解数据的来源与收集。

收集难题领域知识和经验是解决企业制造效率与质量难题的重要基础，有效地利用领域知识与经验是进行协同决策的保障。根据制造知识在企业产品制造效率与质量决策过程中的决策功能分析，收集的制造知识分为领域常识性知识和过程性知识，涵盖了企业生产过程及其信息化过程中的相关数据与信息，如3-16所示是以金属切削过程为例的基于决策功能的制造知识分类示例。

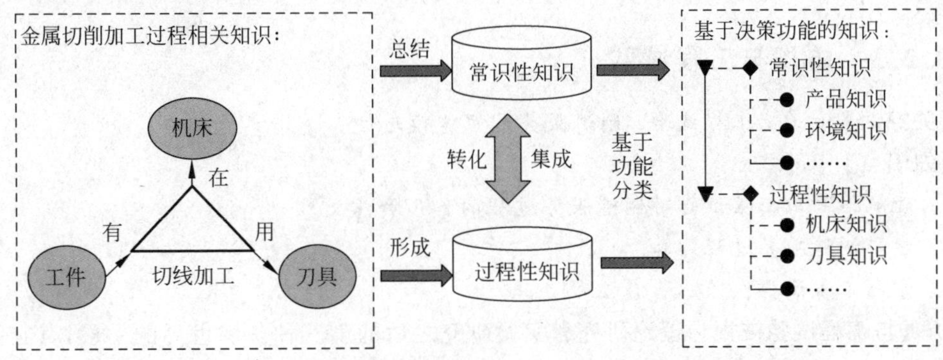

图3-16　基于决策功能的制造知识分类示例

1. 领域常识性知识

领域常识性知识定义为一种客观理性描述制造过程中物理现象与变化规律的事实性知识，旨在帮助决策者理解、评估制造效率与质量工程问题的领域背景及本质因果等信息。制造企业根据生产过程中的上下文情境及数据特征监控，如 RFID 监控数据、能耗监控数据等信息，总结形成了描述与产品生产相关的客观物理现象、基本变化规律等知识要点，客观描述企业生产过程中的基础事实，对保证产品加工质量、提高生产效率、降低生产成本和指导企业生产实践具有重要意义。通常情况下，常识性知识是指基于具体产品的相关材料、加工工艺以及标准等方面的知识。例如，在机加工过程中，当进给速度固定时，切削速度越快，则工件表面的粗糙度就越小，这便是工艺知识的体现。

2. 领域过程性知识

领域过程性知识定义为一种客观描述制造过程中生产指导与决策的过程性知识，旨在提供面向具体制造效率与质量工程难题解决的具体实施步骤、策略方法等。例如图 3-16，在机加工过程中，为解决金属切削参数的最优组合问题，采用基于实验设计的相关决策过程验证知识。在制造企业信息化建设过程中，以 MES、ERP、CAPP、产品数据管理（product data management，PDM）、专家系统、案例库等为代表的一系列信息知识系统在企业中得到广泛应用，积累了大量以产品全生命周期为中心的过程数据知识，如工艺规划数据、加工工序数据、设备信息数据、产品质量数据、产品维修数据等，同样对指导企业提高制造效率与解决质量难题具有重要意义。

制造企业生产过程中的数据来源与特征多种多样，制造企业的数据及知识具有海量多源异构特性，根据其数据结构化的程度可分为结构化数据、半结构化数据和非结构化数据。具体地，结构化数据主要包括企业信息化 MES、ERP、CAPP、PDM、专家系统等关系型数据库系统中的数据，可通过传感器自动或人工录入方式存储，且通常针对该类型数据存在数据缺失、冗余、错误等现象，可采用增删改查的原则进行数据清洗；半结构化数据主要包括产品树状结构 BOM 数据、工艺表格数据、数控程序代码数据、案例改善潜在的失效模式与后果分析（failure mode and effects analysis，FMEA）表格数据等信息，一般可采用 Json、可扩展标记语言（extensible markup language，XML）等格式进行形式化的描述表达；非结构化数据主要包括产品零件二维图纸、三维模型、生产过程描述纯文本、监控视频等数据，且根据其时效性及复杂性，可通过设置文件存储数据库路径作为标识属性的方式进行数据管理。

3.2.3 仿真与工程试验

【关键词】 仿真；工程试验；制造服务过程建模与仿真

【知识点】

1. 理解仿真与工程试验对制造服务过程的作用和意义。
2. 学习制造服务过程仿真。
3. 学习工程试验。

仿真与工程试验被视为理论研究和实验研究之后的第三种认识世界的手段，其在拓展和提高人类对世界的认识和改造能力方面发挥着重要作用。通过仿真与工程试验，人们可以深入探索一般生产活动难以到达的宏观或微观世界，从而进行更加深入的研究和探索。它不仅为研究人员提供了一个理想的实验平台，用于探索和理解制造服务过程中的复杂现象，还为制造企业提供了宝贵的数据和建议，帮助其优化生产流程，提高竞争力和效益。因此，对于制造服务的发展和应用，仿真与工程试验的重要性不容忽视。

对于制造服务过程而言，仿真与工程试验具有独特的作用和意义。首先，通过仿真与工程试验，可以创建一个模拟环境，以观察和模拟不同的制造服务场景，了解可能发生的各种情况和变化。这种虚拟环境可以快速调整和修改，而不受现实世界中成本和时间的限制，从而能够更加灵活地进行实验和观察。其次，仿真与工程试验还能够帮助研究人员在实验室环境中进行针对性的研究和测试。通过在仿真环境中设置各种参数和条件，研究人员可以模拟不同的制造服务过程，并观察其对生产效率、产品质量和资源利用等方面的影响。这种针对性的实验可以帮助研究人员确定最佳的制造服务方案，并为实际生产提供指导和建议。最后，仿真与工程试验还可以用于评估和优化现有的制造服务流程和系统。通过收集和分析仿真与实验数据，研究人员可以发现潜在的问题和瓶颈，并提出改进方案和优化策略。这种数据驱动的方法可以帮助制造企业更好地了解其生产过程，并采取相应的措施来提高生产效率和产品质量。

1. 制造服务过程仿真

制造服务过程建模与仿真的目的包括多个方面，这些目的使得建模与仿真成为广义数据采集的一部分，并作为数据基础设施为服务提供了全面的支持和保障。具体如下：

1）表达要求与可视化需求

仿真能够帮助服务提供商与客户通过系统的虚拟模型实现需求的可视化，为制造服务参与者提供一个宝贵的对话工具，有助于对预期系统形成深入理解。

2）建立虚拟原型

虚拟模型在系统开发过程中不断丰富和完善，最终形成服务系统的虚拟原型，即虚拟服务流程建模。

3）验证制造服务技术方案

在系统的概念论证阶段，仿真可用于验证不同的技术方案，避免后续阶段遇到无法解决的服务技术难题。

4）减少后期工程试验次数

在工程试验阶段，前期开发的仿真系统可以减少所需的试验次数，并且拓展系统验证的范围。

5）业务人员培训

当服务系统投入运行时，仿真可用于训练系统操作人员提高其熟练程度和应对突发情况的能力。

6）性能影响分析

对系统开发进行规划时，已有的仿真可方便地开展对新系统性能的影响分析，为系统的优化提供依据和指导。

2. 工程试验

工程试验是通过对被试验对象在实际运行情况下进行观察和测量，获取其质量和性能指标数据的过程。这一过程涵盖了两个核心概念，即被试验对象的实际运行及数据的获取和记录，这正是工程试验的基本原则之一。试验所获得的数据通常需要经过必要的加工和处理。对于那些以研究质量和性能指标规律为目的的试验，还需要进行结果分析，以便更深入地理解实验结果。

试验对象处于实际工作状态时称为运行。试验对象的运行情况可分为两种，即在实际条件下运行和在人为条件下运行。运行的本质在于再现试验对象的实际工作情况。在实际使用条件下进行试验，能够产生真实可靠的结果，比如汽车道路拉力试验就是一个典型的例子。然而，实际条件非常复杂，整个试验过程无法保持不变，各种影响因素基本上不可控，试验结果难以复现，因此很难体现汽车及其零部件的性能和质量规律。为了控制运行条件和影响因素，使试验结果能够重现，需要将试验对象置于人为条件下运行，这种情况称为模拟试验，也称为模拟试验对象的工作条件或模拟运行。

大多数试验装置是根据试验目的再现被试验对象的主要工作条件，而不是全部条件。以汽车试验为例，汽车底盘测功机通过滚筒或皮带接受汽车驱动轮的动力，并利用测功机产生所需的阻力，以模拟汽车行驶的阻力。然而，滚筒或皮带的阻力并非完全等同于汽车行驶的阻力，而是将坡道阻力和风阻等转换为滚动阻力。另外，发电机式发动机试验台采用发电机代替汽车等工作机械，模拟发动机的负载，产生阻力，并将发动机产生的机械能转换为电能进行消耗。尽管从转速和转矩的角度来看，这种方式再现了发动机的工作条件，但从环境和汽车等工作变化过程来看，发电机的工作过程与汽车完全不同。

3.2.4 工业数据采集

【关键词】工业数据；物联网；工业数据采集技术

【知识点】

1. 工业现场设备的数据采集和工厂外智能产品/装备的数据采集。
2. 工业数据采集技术架构。
3. 工业数据采集技术特征。

工业数据采集是指利用泛在感知技术对多源设备、异构系统、运营环境、人为设置等要素信息进行实时高效采集和云端汇集。工业数据采集范围主要指工业现场设备的数据采集和工厂外智能产品/装备的数据采集。具体如下：

1. 工业数据类型和工业数据采集技术是整合生产装备的实时状态感知

生产装备的数据可分为静态数据与动态数据两大类。静态数据是指不变化或者变化程度很小的数据，如设备编号、工艺参数等。此类数据一般采用 RFID、条形码技术等进行采集，或者直接从现有的静态数据库（如设备清单）中获取。动态数据是指在生产过程中经常发生变化的数据。动态数据又可以分为内部数据与外部数据。内部数据一般由生产装备的控制系统进行存储与管理，可通过物理通信接口获取，通常为比较直观的数据，如数控机床的通电状态、主轴的启停或加工程序的启停。不同的控制系统有不同的通信接口，可细分为不同的数据采集方式。而外部数据并不由生产装备自身提供，如普通机床的振动、温度、切削力等信息，需通过外加传感器进行采集。

2. 工业数据采集技术

1）基于传感器的可靠性数据采集

生产装备的不同运行状态将导致动态运行数据表现出不同的特征，常用于表征生产装备健康状态的运行数据有振动、温度、电流等。传感器是获取被测信息的检测装置，根据其感知信息的对象可分为振动传感器、温度传感器、电流传感器、力传感器等。完整的动态数据采集系统通常由以下几部分组成：传感器、数据传输线缆、数据采集模块与上位机。对于呈周期性变化的数据需根据采样定理设置采样频率。信号采集后通常需要进行适当的信号处理，以便于后续的应用。其中，傅里叶变换在信号处理中应用十分广泛。在实际中，由于噪声、杂波等的存在，传感器采集到的信号往往是混叠的，目标信号只是其中的一部分。因此需消除其中的干扰性信号。常用的数据处理方法有各类滤波算法、盲源分离算法等。

目前已有一些较为成熟的数据采集系统，如盖勒普公司的生产数据及设备状态信息采集分析管理系统、美国国家仪器有限公司的各类数据采集设备及其配套驱动与管理软件等。

2）基于工业互联网的数据上云

（1）工业通信网络的相关技术及标准化。为了便于向制造企业提供服务，常依托工业互联网平台实现数据的集成、管理及进行服务扩展，从而形成云制造等智能制造模式。工业通信网络是实现这一目标的基础。工业通信网络国际标准及相关的功能安全、信息安全、高可用性等要求的国际标准如图3-17所示。最常见的工业以太网有PROFINET、CC-Link、IE、POWERLINK、EtherCAT、Ethernet/IP等。

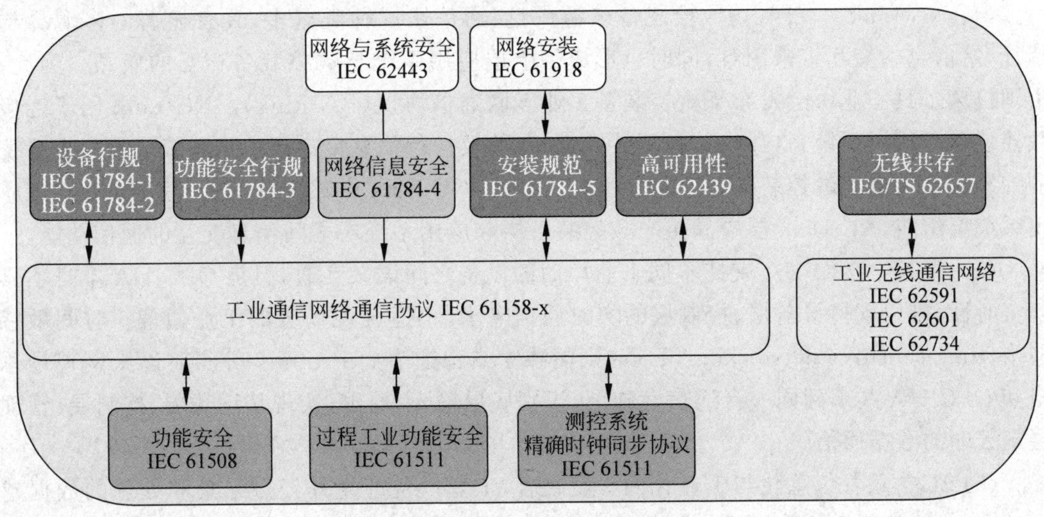

图3-17　工业通信网络的相关国际标准

（2）OPC UA。虽然各类现场总线及工业以太网已实现标准化，但不同的工业以太网协议通常不兼容，导致跨网络之间无法进行交互。OPC UA是OPC基金会提供的用于工业自动化数据交换的规范，是一个独立于平台的面向服务的架构，基于IEC 62714标准，它将各个OPC Classic规范的所有功能整合到一个可扩展的框架中。OPC UA作为一个基础的标准，其关键意义在于为整个生产系统中的传感器提供接口，可以支持从现场设备层到企业资源层的各类实体的信息建模和集成。

（3）UMATI。通用机床技术接口标准（universal machine technology interface，UMATI）作

为一个 OPC UA 联合工作组，由德国机床制造商协会和 OPC 基金会共同建立，其目的是更好地实现数控装备的数据采集，并且与 MES、ERP、工业云、自动化系统等机床的“外部”通信伙伴进行数据交换。图 3-18 为 UMATI 的通信模式。UMATI 接口的核心在于为 OPC UA 的信息模型提供一种标准化的语义，即 UMATI 数据格式。

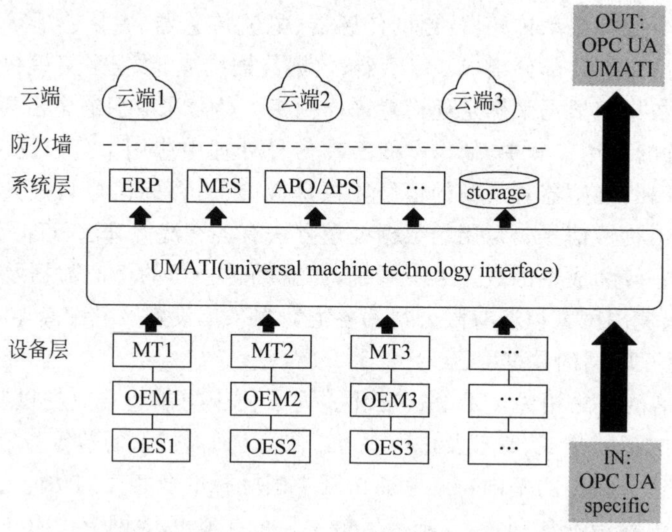

图 3-18 UMATI 通信层次图

(4) NC-Link。在国内，数控装备来源广泛、通信协议种类繁多，具有显著的多源异构特征，给信息的交互带来困难，同时也形成了上层应用系统与数控装备交互的瓶颈。为此，中国机床工具工业协会发布了数控装备工业互联通信协议(NC-Link)。NC-Link 用于连接数控装备与应用系统，将数控装备属性数据、参数及运行信息传递至应用系统或将应用系统的控制信息传递至数控装备，从而实现信息交互。NC-Link 由数控装备层、NC-Link 层和应用系统层组成，NC-Link 层应满足与数控装备层和应用系统层之间信息交互的通信功能。

(5) TSN。OPC UA 支持不同工业厂商的设备之间语义互通，但是 OPC UA 本身不具备实时性，难以支持设备层、控制层的实时通信需求，不适合现场级的工业通信。时间敏感网络(time-sensitive networking，TSN)则能独立或者把诸如 Profinet 等实时以太网现场总线和 OPC UA 共享到同一台通信设施上，识别底层输入/输出，实现从现场层、控制层、管理层到云端的数据通信。

(6) 5G。随着信息化与工业化的深度融合，工业设备产生并经过采集和处理的数据越来越多，对通信网络的数据处理与传输能力要求也越来越高。5G 技术凭借其包含的增强型移动宽带、超可靠低时延通信及海量机器通信，适用于处理大数据量、传输速度要求高的场景，且 5G 蜂窝的服务质量(quality of service，QoS)被认为是物联网应用增长的主要驱动力。

此外，数据上云也面临着数据安全和隐私保护等挑战和风险，目前一些学者研究利用区块链等技术解决数据安全共享的问题。

3. 工业数据采集场景

工业数据采集主要包括在工业现场设备的数据采集和工厂外智能产品/装备的数据采集。具体如下：

1）工业现场设备的数据采集

工业现场设备的数据采集主要通过工业通信网络（如现场总线、工业以太网、工业光纤网络）实现对工厂设备的连接和数据采集。这个过程可分为三类：第一类是针对专用采集设备（如传感器、变送器、采集器）的数据采集；第二类是针对通用控制设备[如 PLC、远程处理单元（remote processing unit，RPU）、嵌入式系统、工业个人电脑（industrial personal computer，IPC）]的数据采集；第三类是针对专用智能设备/装备[如机器人、数控机床、自动引导车（automated guided vehicle，AGV）]的数据采集。

工业现场设备的数据采集可以通过智能设备本身或者添加传感器来实现，收集的数据包括设备数据（如机床、机器人的状态）、产品数据（如原材料、在制品、成品信息）、过程数据（如工艺参数、质量参数数据）、环境数据（如温度、湿度）及作业数据（如操作时间）。这些数据用来实现工业现场生产过程的可视化和持续优化，并帮助实现智能化的决策与控制。

2）工厂外智能产品/装备的数据采集

工厂外智能产品/装备的数据采集主要利用 IIoT 技术，包括 5G 技术和其他物联网解决方案，对位于工厂之外的智能产品或设备进行远程接入和数据采集。在这个系统中，主要收集的数据涵盖了智能设备在运行期间的关键性能指标，如工作电流、电压、功耗、电池电量、资源消耗、通信状态和通信流量等。这些数据的采集和分析对于实现智能设备的远程监控、健康状况检测和远程维护至关重要，提高了设备的运行效率和维护的便捷性。

工业数据采集通过各类通信手段接入不同的设备、系统和产品生产线，采集大范围、深层次的工业数据及进行异构数据的协议转换与边缘处理，构建工业互联网平台的数据基础。工业数据采集技术架构包括设备接入、协议转换、边缘数据处理三层，向下接入设备或智能产品，向上与工业互联网平台/工业应用系统对接，如图 3-19 所示。

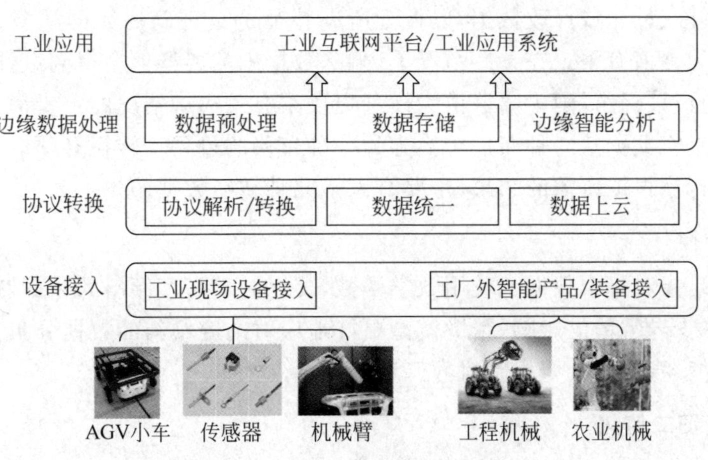

图 3-19　工业数据采集技术架构

(1) 设备接入。通过工业以太网、工业光纤网络、工业总线、4G/5G、物联网等各类有线和无线通信技术，接入各种工业现场设备、智能产品/装备，采集工业数据。

(2) 协议转换。一方面，运用协议解析与转换、中间件等技术兼容 ModBus、CAN、Profinet 等各类工业通信协议，实现数据格式转换和统一；另一方面，利用 HTTP、MQTT 等传输协议将采集到的数据传输到云端数据应用分析系统或数据汇集平台。

(3) 边缘数据处理。基于高性能计算、实时操作系统、边缘分析算法等技术支撑，在靠近设备或数据源头的网络边缘侧进行数据预处理、存储及智能分析应用，提升操作响应灵敏度、消除网络堵塞，并与云端数据分析形成协同。

3.3 特征工程与广义数据集的构造

特征工程通常包括数据预处理、特征选择和特征提取。其中，数据预处理包括数据变换、定量特征二值化、定性特征编码及无量纲化；特征选择包括特征过滤、特征包裹及特征嵌入；特征提取主要包括主成分分析(principal component analysis，PCA)法、独立成分分析(independent component analysis，ICA)法和线性判别分析(linear discriminant analysis，LDA)法。面向智能制造服务的特征工程处于多个领域的交叉点，下面从数据预处理、特征工程的一般方法、面向智能制造服务的特征工程、支持智能计算的广义数据集构造几方面进行介绍。

3.3.1 数据预处理

【关键词】 预处理；数据清洗；数据转换

【知识点】

1. 数据预处理包括数据清洗和数据转换。
2. 转换数据的技术，如数据变换、定量特征二值化、无量纲化等。

数据预处理主要包括数据清洗和数据转换。数据清洗为模型读取数据做好了准备，是处理数据中的错误或不一致的过程。数据清洗首先识别错误数据、缺失数据、重复数据和不相关数据，再删除、补充或修改数据，以保证所有特征都是正确的数据类型。典型的数据清理决策可能与异常值有关。在某些情况下，删除数据中的离群值会得到最佳模型，而在其他情况下，离群值应该保留，因为离群值为模型提供了有关边缘情况的宝贵信息。

数据转换是将数据从一种布局转换为另一种布局的过程。转换必须以不改变原始数据含义的方式进行。根据所需的结果，主要有以下几种转换数据的技术。

1. 数据变换

数据变换是指对每个数据点应用数学函数，可以处理高度倾斜的数据，提高数据的信息利用率，同时减少异常值的影响，帮助模型更好地应对高度倾斜的数据分布。常见的数据变换有多项式变换、指数函数变换和对数函数变换。

2. 定量特征二值化

数据二值化解决了信息冗余问题，对于某些定量特征，其包含的有效信息为区间划分。例如学习成绩，若只关心“及格”或“不及格”，那么就需要将定量的考分换成“1”和“0”，分别表示“及格”和“不及格”。

定量特征二值化的核心在于设定一个阈值(threshold)，大于阈值的赋值为1，小于等于阈值的赋值为0，用公式表示为

$$x' = \begin{cases} 1, & x > \text{threshold} \\ 0, & x \leqslant \text{threshold} \end{cases} \tag{3-2}$$

3. 定性特征编码

编码是指将不能直接使用的定性特征转换为定量特征的过程，最简单的方式是为每一种定性值指定一个定量值，但是这种方式过于灵活，增加了调参的工作。通常使用哑编码的方式将定性特征转换为定量特征：假设有 N 种定性值，则将这个特征扩展为 N 种特征，当原始特征值为第 i 种定性值时，第 i 个扩展特征赋值为 1，其他扩展特征赋值为 0。哑编码的方式相比直接指定的方式，不用增加调参的工作，对于线性模型来说，使用哑编码后的特征可达到非线性的效果。

4. 无量纲化

无量纲化使不同规格的数据转换到同一规格。常见的无量纲化方法有标准化和区间缩放法。标准化的前提是特征值服从正态分布，标准化后，其转换成标准正态分布。区间缩放法利用了边界值信息，将特征的取值区间缩放到某个特点的范围，如[0,1]等。

标准化需要计算特征的均值和标准差，则公式表示为

$$x' = \frac{x - \overline{X}}{S} \tag{3-3}$$

式中，$\overline{X}$ 为数据均值；S 为数值标准差。

区间缩放法的方案有多种，常见的一种为利用两个最值进行缩放，用公式表示为

$$x' = \frac{x - \min}{\max - \min} \tag{3-4}$$

式中，min 为数据最小值；max 为数据最大值。

5. 过滤

过滤是指在数据预处理阶段，根据某些标准移除不需要的数据，常见的过滤有阈值过滤和条件过滤。例如，在信号处理中，过滤通常用去除噪声或者提取对分析有用的信号部分；在数据分析中，过滤可能涉及去除异常值或删除不满足特定条件的数据记录。

6. 降采样

降采样是减少数据点数量的过程，通常用于减少数据集的大小，使其更易于处理，如随机降采样和系统降采样。在时间序列数据中，降采样可以通过减少采样频率来实现，如将每分钟的记录改为每小时的记录。这样有助于减轻计算负担并改善模型的泛化能力。

7. 插值

插值是一种估算未知数据点的方法，基于已知数据点。线性插值在两个已知点之间用直线段估计中间点的值。多项式插值使用高于一次的多项式（如二次、三次）来估计中间点的值，适用于更复杂的数据模式。当数据不完整或需要更高分辨率的数据时，插值非常有用。例如，在时间序列分析中，如果数据中存在缺失值，则可以使用插值方法（如线性插值、多项式插值等）来填充这些缺失值。

8. 预聚合

预聚合是在数据存储或查询之前进行的聚合操作，可以分为两种：时间窗口聚合表示在数据存储之前，按照时间窗口（如每天、每周）计算聚合值，如销售总额、平均交易量等。空间聚合表示在地理信息系统中，根据地理位置预先聚合数据，如按区域计算人口密度或平均

收入。预聚合通常用于大数据应用,可以显著提高查询响应时间和数据处理速度。例如,在一个大型电商网站中,可以预先计算每日的销售总额和用户访问量,以便快速响应管理层的查询需求。

9. 降精度

降精度是降低数据的准确度或分辨率的过程,通常用于降低存储需求或计算的复杂性。在图像处理中,降精度可能涉及降低图像的分辨率;在数据存储中,降精度可能涉及将浮点数转换为整数或减少数值的有效数字。

3.3.2 特征工程的一般方法

【关键词】特征工程;特征选择;特征提取

【知识点】

1. 特征选择的三种方法:特征过滤、特征包裹及特征嵌入。
2. 特征提取的方法:PCA、ICA 和 LDA。

数据预处理后,还需要进行特征选择与特征提取。

1. 特征选择

当数据预处理完成后,需要选择有意义的特征输入机器学习的算法和模型进行训练。通常来说,从两个方面考虑选择特征。

(1) 特征是否发散。如果一个特征不发散,如方差接近于零,也就是说,样本在这个特征上基本上没有差异,这个特征对于样本的区分并没有什么用。

(2) 特征与目标的相关性。这一点比较明显,与目标相关性高的特征,应当优先选择。

特征选择的主要方法有:

(1) 特征过滤。独立于机器学习的算法,不受模型的影响,只与数据本身有关,通过设置阈值或需要提取的特征个数来筛选原有特征而不形成新的特征。特征过滤法的指标除方差分析法与皮尔逊相关系数分析法外,还包括卡方(χ^2)检验法中的概率密度函数 P 值或互信息法的最大信息系数。特征过滤仅考虑单个变量与目标变量间的相关性,不考虑特征之间的相关性。

① 方差分析法。使用方差分析法,先要计算各个特征的方差,然后根据阈值,选择方差大于阈值的特征。

② 皮尔逊相关系数分析法。使用皮尔逊相关系数分析法,先要计算各个特征对目标值的相关系数及相关系数的 P 值。

③ 卡方检验法。经典的卡方检验是检验定性自变量对定性因变量的相关性。先计算卡方值,根据自由度查表得显著性水平 P,根据卡方值或 P 值对特征进行排序,选择与目标变量最相关的特征子集。

④ 互信息法。经典的互信息法也是评价定性自变量对定性因变量的相关性的。为了处理定量数据,最大信息系数法(maximal information coefficient,MIC)被提出,MIC 相较于互信息法具有更高的准确度,是一种优秀的数据关联性的计算方式。

(2) 特征包裹。特征包裹是一种搜索寻优的方法,通过生成不同的特征子集,将子集代入指定算法进行性能评价和比较,最终找出使模型性能最佳的特征。特征包裹考虑了各特征间的关联性，但当数据维度较小时，容易出现过拟合现象，而特征数量过大时，会占用更多的计算资源。特征包裹通常采用的方法有前向搜索、后向搜索和递归剔除方法。

① 前向搜索。在开始时，按照特征数来划分子集，每个子集只有一个特征，对每个子集进行评价；然后在最优的子集上逐步增加特征，使模型性能提高最大，直到增加特征并不能使模型性能提高为止。

② 后向搜索。在开始时，将特征集合分别减去一个特征作为子集，每个子集有 $N-1$ 个特征，对每个子集进行评价；然后在最优的子集上逐步减少特征，使得模型性能提高最大，直到减少特征并不能使模型性能提高为止。

③ 递归剔除。反复训练模型，并剔除每次最优或者最差的特征，使剔除完毕的特征集进入下一轮训练，直到所有的特征被剔除，而被剔除的顺序度量了特征的重要程度。

(3) 特征嵌入。特征嵌入是指将特征选择与模型训练结合使用的特征选择方法。在使用特征嵌入时，首先使用机器学习算法训练模型，随后使用特征嵌入方法得到各个特征的权值系数来表征特征对模型的重要性，权值的绝对值越大，表明其对模型的影响越大。相比于特征过滤，特征嵌入更加注重特征与模型综合作用的效果，无关和区分度不大的特征会因缺乏模型贡献度而被剔除；相比于特征包裹，特征嵌入不需要特征子集搜索策略，占用的计算资源少，模型计算速度更快、效率更高。以下是一些常见的特征嵌入方法。

① Lasso 回归(L1 正则化)。通过在线性模型中引入 L1 正则化，可以使得部分特征的系数变为零，从而实现特征选择的效果。

② 决策树算法。在决策树算法中，模型会根据数据集中的特征构建一个树形结构，以便对数据进行分类或预测。在构建决策树的过程中，特征选择的过程涵盖了特征的嵌入过程，通过选择最优的特征来构建决策树的节点，实际上是将最具分类能力的特征嵌入模型中(每个子节点中的数据尽可能地属于同一类别)，从而达到对数据进行有效分类的目的。

③ 随机森林算法。随机森林算法可以通过基于重要性或者平均减少不纯度等指标来评估特征的重要性，从而实现特征选择。

2. 特征提取

特征提取也被认为是降维，通过提取原有数据的特征形成新的特征矩阵，在尽量保留数据原有信息的基础上压缩特征维度，提高模型的训练速度，减少冗余信息。常用的特征提取方法主要有 PCA、ICA 和 LDA。

1) PCA

PCA 是一种无监督降维方法，可以将庞大的数据集简化为几个主成分(principal components，PCs)，主成分可以通过成分矩阵和数据库中的所有特征使用线性回归表达。在进行 PCA 前，通常要进行数据标准化，将数据的最大值和最小值缩放到相同的尺度下。

2) ICA

ICA 是一种源分离方法，用于解决多个独立信号源经过线性混合的数据分离问题，分离出的信号源可以小于或等于原信号源的个数，以实现高维数据降维。PCA 降维提取出的是不相关成分，而 ICA 提取出的是相互独立的成分。相互独立和不相关的区别是：两个随机变量如果独立，则它们一定不相关，但是两个随机变量不相关不能保证它们不独立，独立是指没有任何关系，而不相关只能表明没有线性关系。在进行 ICA 之前，通常要对数据进行白化处理，白化处理可以去除各个信号之间的相关性，使各个特征具有相同的方差，从而简化后续独立变量的提取过程,有助于算法收敛。

3) LDA

LDA 是一种有监督降维方法,数据集内的每个样本都有类别标签,这与 PCA 不同。LDA 可以简单概括为向低维的超平面投影,使类内各样本的距离(方差)尽可能小,而各类别中心的距离(方差)尽可能大。LDA 选择的投影方向是使分类性能最好的方向,而 PCA 的投影方向是样本方差最大时的投影方向,因此 LDA 在分类方面的效果更显著。LDA 假设各类别的样本数据均满足高斯分布,利用最大似然估计计算各投影方向上的平均值和方差,得到各类别的高斯分布概率密度函数。当输入新样本时,可将样本特征代入上述各类别的密度函数,最大似然估计计算得出的样本观测值出现概率最大者即为预测类别结果。

3.3.3 面向智能制造服务的特征工程

【关键词】 特征工程;智能制造

【知识点】

1. 智能制造数据类型及数据准备。
2. 各类特征工程方法。

面向智能制造服务的特征工程处于多个领域的交叉点,如信号处理、计算机视觉、三维或几何机器学习、信息学、统计学、AI。对面向智能制造服务的特征工程提出一个统一的观点是很有挑战性的,下面围绕智能制造数据类型及数据准备和任务相关的特定特征工程技术进行介绍。

1. 智能制造数据类型

智能制造流程的每一步都会产生新的数据,这些数据可以添加到现有的数字线程中。这条信息丰富的线程管理着数据驱动型解决方案。用于机器学习应用的四种主要智能制造数据类型包括表格、图形、三维和序列,其中序列数据主要包括电磁波和超声波频谱。

2. 通用数据准备

特征工程的目的是通过改进可用特征,提高数据驱动解决方案的质量或学习过程的效率。在这方面,一些常见的技术有时被称为特征工程、数据处理、数据清理。常见的数据预处理技术如下:

(1) 处理缺失值的方法通常是估算,其中分类值按最常见的实体估算,数值按平均值估算。

(2) 现有的特征值有时可以通过将其编码为专门的格式以得到更好的处理,最常见的方法是独热编码,即将每个值编码为 0(不存在)和 1(存在)。

(3) 可以将一个特征拆分成有意义的部分或与另一个特征合并,以提高学习任务的准确性。

(4) 具有极端值或离群值的数据实例可以通过估算等技术去除或更新。

(5) 偏斜特征可以通过不同的变换,如对数变换、幂变换、二次方根变换和盒式考克斯变换,转换成偏斜程度较低的形式;还可以通过缩放处理不同特征值之间的显著差异。

(6) 归一化(最小-最大)和标准化(Z-分数)是数据预处理的两种重要技术。

(7) 连续数据值有时会被离散化,以提高机器学习性能。离散化技术在许多智能制造数据类型中很流行，如表格数据的分选、信号的时间分选、图像的分割（像素分组）及三维数据的体素化。

（8）有些预处理技术专门针对图像，这些技术可能包括裁剪、调整大小、旋转、二值化、去噪、平滑、模糊/不模糊、简单分割或翻转图像。

3. 智能制造专用数据准备

在智能制造中，存在一些特有的数据处理活动，这些活动不能被视为典型的特征工程方法。这些技术处理数据并提升其语义水平，使其更适合下游数据驱动任务。更重要的是，这些技术突出了采用数据驱动调准技术需要解决的关键研究问题。

在这些技术中，智能制造数据对齐很常见，通常根据当前应用，以跨阶段（结构-设计、结构-工艺）或阶段内（工艺-工艺）的方式进行。这有助于在各流程阶段捕获或生成的数据之间建立关联。这种关联有助于将数据排列成可用于机器学习的格式（如准确的输入、输出对），或为比较和后续特征描述提供基础。

另一个重要的专用数据准备需要解决原始数据太过庞大、杂乱的问题。在智能制造过程中，由硬件或软件引起的制约因素限制了智能制造大数据的使用，从业人员可能随意丢弃可能对学习任务有用的数据。根据应保留的特征，可以对原始智能制造数据进行一个到多个数量级的压缩，以减小数据体积。另一种特征准备方法是传感器本体论，通过产生的物理现象将特征源、特征表示及其相关的关注特征联系起来。

除了考虑时空因素的系统数据对齐外，还考虑了数据采集、融合、存储和管理，以支持数据驱动模型。目前专注于智能制造专用数据准备的研究相对较少。随着数据驱动的智能制造技术日趋成熟，研发活动产生了确保大批量智能制造的可靠方法，这些解决方案有望被中小企业采用。

4. 智能制造的特征工程技术

在特征工程层面，转换、选择、学习、集成和基于知识的技术是智能制造中特征工程技术的主要类别。所使用的特定特征工程技术可能来自上述任一类别，并取决于正在处理的数据和当前的任务。现有的智能制造特征工程技术分为五类，即子集选择、通过转换生成特征、通过学习生成特征、知识驱动特征工程和综合特征工程。

1）子集选择

通过选择进行特征工程的目的是发现现有特征的子集，从而提高学习任务的性能或降低计算成本，或同时完成这两项任务。

2）通过转换生成特征

基于变换的特征工程涉及通过数学或领域启发函数（或映射）创建新特征。特征提取、特征构建和特征设计通常用来指代这类特征工程。特征转换和特征学习之间的一个重要区别是，前者不需要学习转换，而且映射通常是数据规格化的。与选择现有特征子集的特征选择方法不同，基于转换的技术从原始数据中生成新特征，因此依赖于数据格式。

在智能制造中，最常用的特征提取方法是 PCA。PCA 的工作原理是降低维度，同时创建捕捉原始特征空间中最大方差的特征（或主成分）。多线性、函数式或矢量化 PCA 等 PCA 的变体在智能制造中也很常见。PCA 常用于表格和图形表示法，但也可以用于时间序列和基于三维的智能制造表示法。

3）通过学习生成特征

前面讨论的特征工程方法在为数据驱动任务提取表现性特征时可能存在一定限制。例如，针对特定三维表征（如多边形网格）设计的转换，往往难以有效提取其他表征（如点云）中的判别特征。同时，定制化的图形转换还需要投入大量的设计和开发精力，因此这些特征选择和特征转换通常被称为手工工程技术。

相较之下，通过学习生成的特征工程可以自动生成有代表性的特征，减少手工设计的依赖。特征的自动学习可以通过有监督或无监督方式实现。特别是在智能制造领域，特征学习大多在没有标签的情况下进行，属于无监督学习的范畴。常见的无监督特征学习方法包括 AE、受限玻尔兹曼机、独立成分分析（ICA）以及迁移学习等。

通过学习生成特征具有显著优势。利用深度网络学习表征时，可以设定特定条件以获得理想特性的特征。例如，条件变分自编码器（conditional variational autoencoder，CVAE）可以根据约束条件来学习特征。此外，表征学习还能利用大量未标记数据来生成特征，并将其用于标记数据部分的任务中，这种方法被称为半监督学习。

4）知识驱动特征工程

在 AI 的母领域，知识工程一直是机器学习的一个古老且强大的竞争对手。20 世纪 80 年代，当机器学习受制于低计算能力时，知识工程学似乎即将占领世界。然而，大数据与高效处理器的结合使机器学习的趋势发生了逆转，知识工程随之崛起。由人类专家对知识进行编程以推动特定应用在智能制造中也很普遍。除了应用于改进原始数据，还有一些操作侧重于智能制造知识的表示（如设计、流程或规划）、管理、组成和转移。在另一种应用中，知识被用于确定智能制造中数据驱动的机会。在知识挖掘等应用中，智能制造知识成为数据驱动工具的输入，为其特征化提供了可能。

5）综合特征工程

智能制造中的特征工程并不局限于选择某一种特定技术，也可以采用混合方式。流水线也不是按顺序排列的，可以采用反复的方法进行特征工程，直到机器学习模型达到可接受的性能，这一类通常被称为综合特征工程或集成特征工程。

3.3.4 支持智能计算的广义数据集构造

【关键词】 广义数据集；数据集构造方法

【知识点】

1. 数据集的基础概念。
2. 广义数据集的含义。
3. 数据集的构造过程，包括数据采集、数据标注、数据集迭代闭环、数据集划分。

构建数据集是机器学习中至关重要的一步。由于计算机不擅长理解自然语言，规范化的输入便于学习到规律，而且在现实中数据是散落的、不均衡的，数据集中可以更高效地处理。从人的视角来看，靠人去量化机器学习的效果很难，数据集便于在一定范围内评估机器学习的效果。

1. 支持智能计算的广义数据集基础概念

（1）数据集：一组样本的集合。

(2) 样本：数据集的一行。一个样本包含一个或多个特征，还可能包含一个标签。

(3) 标准数据集：符合一定规范要求的数据集。

(4) 标签：在监督式学习中，标签指样本的“答案”或“结果”部分。

(5) 特征：在进行预测时使用的输入变量。

(6) 预测：模型在收到输入样本后的输出。

2. 数据集的数学描述

机器学习世界也需要统一度量衡，比如统一数学符号、数学公式，以方便沟通交流。否则，不同的书、不同的论文、不同的数学符号表现形式会增加机器学习的困难。下面定义了数据集的数学符号表示。

假设数据集共有 m 条样本、i 个特征，则其数学符号表示见表 3-2。

表 3-2　数据集的数学符号表示

术　语	数学符号	举　例
数据集	D	$\{(x^{(1)},y^{(1)}),(x^{(2)},y^{(2)}),\cdots,(x^{(i)},y^{(i)})\}$
样本	(x,y)	$(x_1,x_2,\cdots,x_i,y)$
特征	x	$(x_1,x_2,\cdots,x_i)$
标签	y	$y^{(m)}$
预测	$\hat{y}$	$\hat{y}^{(m)}$

3. 支持智能计算的数据集构造

在构造数据集前，首先要明确需要解决的具体问题。如果是项目实践中未解决的实际问题，可以从项目产生的日志中分析其中的不足和系统处理不佳的部分，考虑能否用数据驱动的方法加以改进，然后再着手制作数据集。若目的是进行科学研究，则需要对现有数据集进行深入分析。当发现现有数据集无法充分模拟领域的关键痛点、不能挖掘数学工具的潜力，或已经能够很好地解决当前问题时，就可以考虑构建新的数据集，来解决下一步的关键挑战。

在明确要解决的问题后，数据集的质量也就保障了一半，剩下的一半取决于这个数据集的具体构造。构建数据集流程为：数据采集—数据集标注—数据集迭代闭环—数据集划分。

1) 数据采集

数据采集主要是利用已有数据集二次加工，还可以通过人工收集数据。

(1) 利用已有的数据集并进行合适的预处理。目前机器学习的数据集种类包含图像数据、时序数据、离散数据等，而不同数据集对应的任务可以分类、回归或者两者兼顾。那么，我们在研究过程中选择数据集除了一些如 MNIST 等经典数据集外，还需要根据自身模型的特点选择具有相应特征的数据。另外，数据集的大小也是需要考虑的一个因素。一般来讲，一些经典的早期数据集包含的数据量比较少，更适合小规模的模型。而近年来，随着算力的增强和大数据技术的普及，数据集普遍包含更多的数据，大规模数据集所包含的数据加全面，模型训练的效果会更好，但是同样在训练中也相对更加耗时。因此，选择数据集还需要根据自己的需要来选择，比较经典的数据集网站可以参考 UCI 数据集，或者从 Kaggle 上找一些需要的数据集。

(2) 人工收集数据。人工收集数据可以通过互联网爬取并修改、人工采样、人工构造等方法，还可以利用深度学习生成。

① 互联网爬取,即使用网络爬虫程序自动从互联网上获取数据,可以包括爬取网页内容、提取结构化数据、下载文件等。爬取的数据可以根据需求进行修改和整理,如去除噪声、清洗数据、转换格式等。

② 人工采样,即通过实地调查、调查问卷、观察等方式手动选择和采集数据,可能需要直接与受访者交流或观察特定环境。人工采样可以用于获取特定群体的信息或了解某些现象的细节。

③ 人工构造,即通过人工设计实验、制作模拟数据等方式生成所需的数据。这种方法可以控制变量、重复实验,并且在研究中引入特定的条件。人工构造的数据可以用于验证假设、测试模型或评估算法性能。

④ 利用深度学习生成,即使用深度学习模型生成各种类型的数据。例如,使用生成对抗网络(generative adversarial network,GAN)生成逼真的图像,使用循环神经网络(recurrent neural network,RNN)生成连续的文本,或使用声音合成模型生成语音。这些生成的数据可以用于增强数据集、扩展数据规模或进行模型训练。

2) 数据集标注

数据集标注是一个广泛的领域,涉及各种类型的数据和任务。例如,图像标注可能涉及标记图像中的物体、场景或人物,而文本标注可能涉及标记文本中的情感、主题或实体。数据标注可以通过人工标注、自动标注或者混合方式进行。人工标注通常需要人工标注员对数据进行标注,这可能需要大量的时间和精力。自动标注则依赖于机器学习模型自动完成标注任务,这种方法通常更快速,但可能需要大量的训练数据和计算资源。混合标注则是将人工标注和自动标注相结合的方法,这种方法通常能够实现较好的标注效果和效率。

3) 数据集迭代闭环

需要注意的是,数据集标注时要验证可用性,尽早构造数据集迭代闭环。在数据集标注过程中,确保验证可用性是至关重要的。早期构建数据集迭代闭环是必要的实践。无论是人工标注还是远程监督标注,数据集的质量并非仅凭外表看似完善就能确保有效性。若标注存在严重的噪声或标签边界模糊,即使使用复杂模型也难于收敛。相反,若数据集中存在标签泄露或标签与内容直接映射,简单模型亦可轻易取得高分,但所得知识或许缺乏实际意义。因此,应避免一次性完成数据集构建,而应建立起“生成数据集—运行基准模型—分析糟糕案例—更新策略—重新生成数据集”的循环闭环。选择基准模型时,应优先考虑易于上手、已验证有效性、开源且无须烦琐调参的模型,如自然语言处理数据集可以选择 BERT 系列。在迭代过程中,重点在于确保基准模型在数据集上正常收敛,关注其在开发集上的表现,并警惕标签或数据泄露。最终阶段则需更多关注糟糕案例,以确定是样本问题(标注噪声)还是模型能力不足。

4) 数据集划分

在机器学习算法中,我们通常将原始数据集划分为训练集、验证集和测试集。首先将数据集划分为训练集和验证集,由于模型的构建过程中也需要检验模型的配置,以及训练程度是过拟合还是欠拟合,所以会将训练数据再划分为两部分:一部分是用于训练的训练集,另一部分是进行检验的验证集。训练集用于训练得到神经网络模型,然后用验证集验证模型的有效性,挑选获得最佳效果的模型。验证集可以重复使用,主要是用来辅助我们构建模型。其次,当模型“通过”验证集之后,我们再使用测试集测试模型的最终效果,评估模型的准确率及误差等。注意：我们不能用测试集中的数据进行训练，因为随着训练的进行，网络会慢慢过拟合测试集，导致最后的测试集没有参考意义。

3.4 知识点小结

智能计算是支撑数字文明时代的新计算范式，旨在以最小代价完成计算任务，追求高能力、高能效、智能与安全。它分为符号智能与计算智能两类，目标是提供通用、高效、安全、自主、可靠、透明的计算服务。

在制造服务领域，数据驱动的智能化通过制造价值网络和数字化集成实现网络化、智能化服务，其中广义数据采集是关键。

特征工程涉及数据预处理(如变换、二值化、编码、无量纲化)、特征选择(过滤、包裹、嵌入)和特征提取(如 PCA、ICA、LDA)，适应多样制造场景和任务，包含数据采集、标注、迭代闭环及划分等过程。

3.5 思考题

1. 符号智能计算和计算智能计算有什么不同？试举例说明。

2. 智能制造的特征工程技术有哪些？请任选一种进行分析。

3. 什么是支持智能计算的广义数据集？请结合实际应用场景，讨论如何构造该类型数据集。

参考文献

[1] 史忠植，师昌绪. 高级人工智能[M]. 北京：科学出版社，1998.

[2] CHEN Y J. Development of a method for ontology-based empirical knowledge representation and reasoning[J]. Decision Support Systems，2010，50(1)：1-20.

[3] BALAKIRSKY S. Ontology based action planning and verification for agile manufacturing[J]. Robotics and Computer-Integrated Manufacturing，2015(33)：21-28.

[4] 周帆. 基于实例推理的废旧零部件再制造工艺规划关键技术研究[D]. 武汉：武汉科技大学，2015.

[5] GUO Y，HU J，PENG Y. A CBR system for injection mould design based on ontology：A case study[J]. Computer-Aided Design，2012，44(6)：496-508.

[6] 王永庆. 人工智能原理与方法[M]. 西安：西安交通大学出版社，1998.

[7] 赵卫东，李旗号，盛昭瀚. 基于案例推理的决策问题求解研究[J]. 管理科学学报，2000(4)：29-36.

[8] YANG B S，HAN T，KIM Y S. Integration of ART-Kohonen neural network and case-based reasoning for intelligent fault diagnosis[J]. Expert Systems with Applications，2004，26(3)：387-395.

[9] KANNAN G，SASIKUMAR P，DEVIKA K. A genetic algorithm approach for solving a closed loop supply chain model：A case of battery recycling[J]. Applied Mathematical Modelling，2010，34(3)：655-670.

[10] NADERI B，AZAB A. Production scheduling for reconfigurable assembly systems：Mathematical modeling and algorithms[J]. Computers & Industrial Engineering，2021(162)：107741.

[11] LUO S,ZHANG L,FAN Y. Real-time scheduling for dynamic partial-no-wait multiobjective flexible job shop by deep reinforcement learning[J]. IEEE transactions on automation science and engineering, 2022,19(4): 3020-3038.

[12] LI S,XU L D,ZHAO S. 5G Internet of things: A survey[J]. Journal of Industrial Information Integration,2018(10): 1-9.

[13] NORDRUM A,CLARK K. Everything you need to know about 5G[EB/OL]. (2017-01-27)[2024-07-08]. IEEE SPECTRUM,2017. https://spectrum.ieee.org/everything-you-need-to-know-about-5g.

[14] 张建雄,吴晓丽,杨震,等. 基于工业物联网的工业数据采集技术研究与应用[J]. 电信科学,2018,34(10): 124-129.

[15] 刘谕霖. 基于机器学习及特征工程的激光诱导击穿光谱技术用于煤质的研究[D]. 济南: 山东大学,2024.

[16] SAFDAR M,LAMOUCHE G,PAUL P P,et al. Feature engineering in additive manufacturing[M]//SAFDAR M,LAMOUCHE G,PAUL P P,et al. Engineering of Additive Manufacturing Features for Data-Driven Solutions: Sources, Techniques, Pipelines, and Applications. Cham: Springer Nature Switzerland,2023: 17-43.

[17] SHAH D,WANG J,HE Q P. Feature engineering in big data analytics for IoT-enabled smart manufacturing-Comparison between deep learning and statistical learning[J]. Computers & Chemical Engineering,2020(141): 106970.

第4章 产品设计服务及其智能化

智能化的产品设计服务是智能制造服务的重要环节之一。将AI技术融入传统的产品设计流程中，可提升设计的效率和创新性。智能化的产品设计服务不仅改变了产品的设计方法，还影响了产品从概念到市场的全生命周期活动，实现从传统的、线性的、以设计师为中心的流程转变为更加动态的、互联的、以用户和数据为中心的过程。

4.1 产品设计流程与产品设计方法学的概念

在产品设计与开发中，理解产品设计流程和采用有效的产品设计方法是至关重要的。产品设计流程涵盖了从产品概念生成到成品市场推广的全部阶段，包括需求分析、概念设计、详细设计、原型制作、测试评估及生产准备等关键步骤。这个流程确保了产品能够系统地开发，并最终满足市场和用户的需求。而产品设计方法学提供了一系列理论和实践策略，用以引导整个设计过程，确保设计活动的系统性和效率。这些方法如经典设计、设计思维、计算设计等，不仅帮助设计师更好地响应用户和市场的变化，还促进了跨团队的有效协作。通过这些方法的应用，设计团队能够更加灵活和创新性地解决设计问题，同时加速产品从概念到市场的转化过程。

4.1.1 产品设计流程

【关键词】 设计流程；需求分析；概念设计；原型制作；测试评估；生产准备

【知识点】

1. 掌握产品设计流程多个阶段的主要任务。
2. 了解产品设计流程对于设计任务的主要作用。

产品设计流程是智能制造产品设计服务的重要组成部分，是以用户需求为中心的创新设计。产品设计流程是产品设计师用来解决产品设计过程中产生问题的重要体系，一般可以分为串行设计流程和并行设计流程。对于功能简单、结构清晰的简易产品设计可采用串行设计流程，而对于结构和功能复杂的产品设计，由于面临很大的难度和强度，以及设计过程中各子流程的复杂性和相对隔离，缺乏整体的集成和协作，故应选择并行设计流程。

1. 产品设计的多阶段流程

产品设计是一个复杂且多阶段的流程，涉及从需求分析到生产准备的一系列关键步骤。

每个步骤都对最终产品的成功至关重要,需要设计团队的紧密合作和多学科的知识应用。产品设计的各个阶段如图 4-1 所示。

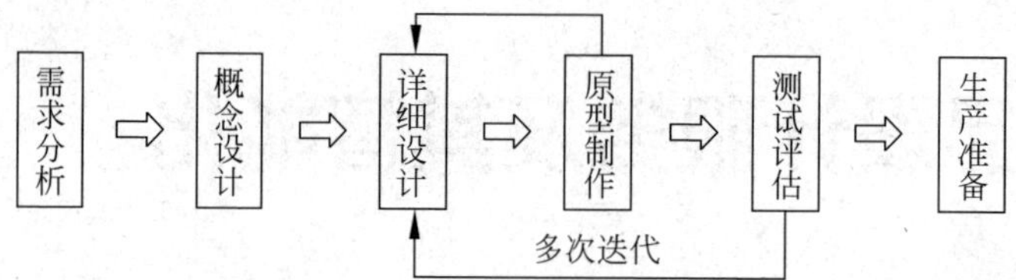

图 4-1　产品设计的多阶段流程

1）需求分析

需求分析是产品设计流程中的首要步骤,其目的是识别并理解用户对于产品功能和结构的需求。这一阶段通常包括市场调研、用户访谈、竞争对手分析和技术评估。通过多方面需求分析,设计团队可以获得产品应具备的功能、性能、外观和成本的初步信息,其分析结果也将直接影响到产品设计的后续阶段。

2）概念设计

概念设计阶段是基于需求分析的结果。在这一阶段,设计师将针对需求分析涉及的具体问题思考不同的设计方案,这通常涉及绘制草图、创建 3D 模型和制作概念原型等内容。概念设计的目的是探索不同的设计可能性,评估各种解决方案的可行性,并逐步细化最有可能的设计方案。这个阶段也常常涉及技术和功能的创新,试图通过创新性的方法满足需求分析。

3）详细设计

在概念设计的基础上,设计流程进入详细设计阶段。这一阶段的任务是将概念设计转化为可以生产的详细规格。详细设计内容包括精确的工程图纸、材料选择、加工工艺选择、组件设计和界面设计等。此阶段需要精确计算和高度关注细节,以确保产品的功能、性能和外观满足市场和用户的需求。

4）原型制作

详细设计完成后,便是制作产品原型。原型是产品设计流程中的关键部分,因为它允许设计团队在投入大规模生产前测试所设计产品的实际表现。原型可以是仿真模型、实验室级模型或者是全尺寸的工作模型,通过原型测试,团队可以发现设计中的缺陷,评估制造工艺,并进一步优化产品。通常会制作多个原型,根据每次的测试结果进行调整。

5）测试评估

测试评估是评估产品原型功能、性能和可靠性的阶段,确保产品符合所有规定的工业标准和用户需求。这一阶段包括功能测试、耐久性测试、用户体验测试等。测试结果将被用来决定是否需要回到设计阶段进行更改或是进行下一流程。这是一个迭代的过程,可能需要多轮测试以达到最终产品的标准。

6）生产准备

一旦原型测试评估被验证没有问题,项目便进入生产准备阶段。这个阶段的重点是准备批量生产,包括确定供应链、设立生产线、制定质量控制流程和准备市场推广策略。生产准备必须确保生产过程的效率、成本控制和产品质量。

综上所述,产品设计是一个需求驱动和迭代的多阶段过程,每个阶段都需要详细的计划和严格执行。产品设计流程不仅需要创新和技术知识,还需要有效的、标准化的设计流程管理。通过这些阶段的紧密合作和细致执行,最终可以创造出满足用户需求的产品。

2. 串行设计流程

1) 串行设计流程概述

串行设计流程,也称为瀑布模型,包含一系列按时间先后顺序排列的、相对独立的步骤,由设计阶段不同的角色执行,如图4-2所示。

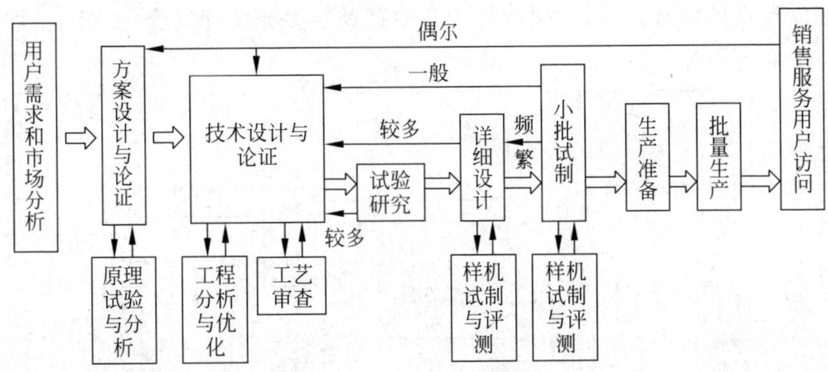

图4-2　串行设计流程

串行设计流程包括用户需求分析、方案设计、技术设计和详细设计直至销售服务用户访问等阶段,其中包括进行产品原理试验与分析、工程分析与优化、工艺审查、产品试验研究、样机试制与评测、小批试制评测改进。

2) 串行设计流程的核心原则

串行设计流程是一种传统的产品设计方法,其中各个阶段的设计活动是依次进行的。这种设计流程的核心原则包括清晰的项目阶段、严格的阶段审查、前后阶段的依赖性及高度组织性。下面是四个串行设计流程的核心原则。

(1) 清晰的项目阶段。串行设计流程最显著的特点是其分阶段的结构,通常包括概念设计、方案设计、技术设计、详细设计、测试与验证和评估等阶段。每个阶段都有明确的开始和结束,目标是在进入下一阶段之前完成特定的任务。

(2) 严格的阶段审查。在每个阶段结束时进行的阶段审查是串行设计流程的另一个关键特征。这些审查会评估设计过程是否满足设定的阶段性目标,并决定是否可以进入下一阶段。这种审查机制强调了质量控制和风险管理,有助于确保产品在设计流程中达到预定的标准。通过这种方式,可以有效避免产品样机测试时可能存在的大规模修改,以节省成本和时间。

(3) 前后阶段的依赖性。在串行设计流程中,每个后续阶段的开始通常都依赖于前一阶段的成功完成。例如,详细设计阶段的开始必须建立在技术设计阶段设计方案的基础上。这种强依赖关系确保了设计流程的连贯性和完整性。

(4) 高度组织性。串行设计流程要求设计团队成员之间高度协调与合作。通常,每个阶段都有一个负责人和一个团队,他们负责完成该阶段的工作并准备下一阶段的过渡。这种高度组织性有助于确保每个阶段都能够按计划工作,但也可能导致创新受限,因为团队成员可能更倾向于遵循既定的路径,而不是探索新的解决方案。

3. 并行设计流程

1）并行设计流程概述

并行设计流程，也常被称为“并行工程”或“同时工程”，通过增加空间复杂性来增加每一阶段可容纳的设计进程，从而使整个设计流程尽可能同时进行。这样可以缩短新产品设计开发周期，降低产品成本，改善产品可制造性，缩短产品上市时间，提高产品竞争力。在并行设计中，传统的单一循环的产品设计开发流程被细分为多个小循环。这些小循环通过快速原型制作和周期性的设计评审，确保设计团队能够及早参与设计过程，如图 4-3 所示。

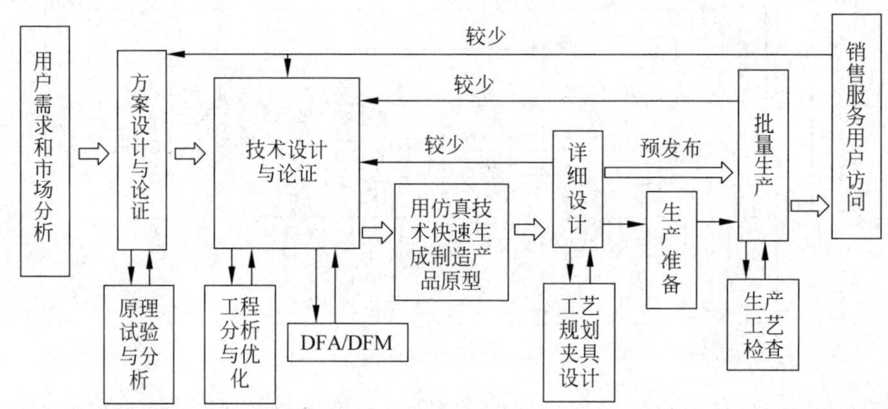

图 4-3 并行设计流程

2）并行设计流程的核心原则

并行设计流程是一种多个产品设计阶段同时存在的设计流程，其核心在于多个任务或项目阶段同时进行，而不是传统的串行方式。这种方法可以显著提高效率，缩短产品开发周期，并促进创新。下面是并行设计流程的几个核心原则。

(1) 整体系统思维。并行设计流程要求设计团队从一开始就采用整体系统思维。这意味着，在设计过程中，团队成员需要考虑产品的所有组件和阶段如何相互作用和相互依赖。这种方法有助于识别潜在的设计冲突和协同效应，确保不同组件的设计者可以预见到其他组件对自己工作的影响，从而在设计过程中做出相应的调整。

(2) 跨团队合作。并行设计的成功极大地依赖于跨团队的密切合作。这些团队通常包括设计师、工程师、市场分析师、生产人员和供应链管理者等。不同专业背景的团队成员在设计过程中密切合作，可以确保从概念设计阶段一开始就将各种专业知识和视角整合到产品开发中，提高决策的质量和速度。

(3) 快速迭代。并行设计流程允许设计团队通过快速生成原型，进行测试，并根据反馈不断调整设计。这种迭代过程有助于团队更快地找到设计中的不足，迅速集成新的创意和技术。

4.1.2 产品设计方法

【关键词】 经典设计；设计思维；计算设计；经验驱动；模型驱动；数据驱动

【知识点】

1. 经典设计、设计思维、计算设计为三种基本的产品设计方法。
2. 经验驱动、模型驱动、数据驱动计算设计方法的优、缺点及应用场景。

产品设计服务除设计流程外，还有一个重要的理论模型，即产品设计方法。通过掌握产品的设计方法，依据上述产品设计流程，可以有效地对产品进行设计，包括草图、外形、结构和性能等多方面。实际上，产品设计已经经过多次迭代，形成了一套丰富的科研理论。

从解决产品设计问题所采用的方法、工具角度，可将产品设计方法大体分为经典设计、设计思维、计算设计三类。经典设计旨在用系统化、标准化的方法寻找物理世界的最优设计方案，其典型代表为"功能-行为-结构"(function-behavior-structure，FBS)映射分析法。设计思维则是通过总结过往的设计经验，提出规律性的、支持创新设计的思维方式或工具，其典型代表为 TRIZ 创新思维方法。而计算设计按实现机理不同又可大体分为经验驱动、模型驱动、数据驱动三类。经验驱动的计算设计常采用案例推理、本体推理、产生式规则推理等实现对显式设计经验与知识的重用。模型驱动的计算设计通常在构建针对目标产品的几何/函数/机理等模型的基础上进行产品设计求解计算或仿真优化。而数据驱动的计算设计通常采用机器学习算法自动挖掘历史设计数据中隐藏的设计信息，以此支持产品设计方案的生成、优化、评估、决策等。上述设计方法之间的关系及其示例如图 4-4 所示。

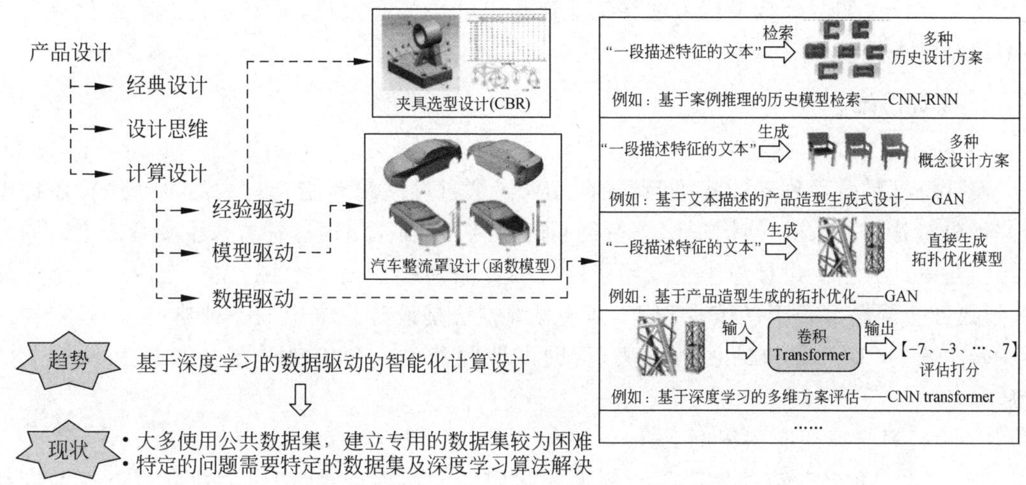

图 4-4 产品设计方法分类及数据驱动智能计算设计研究现状

1. 经典设计

1）经典设计方法概述

经典设计方法是指通过系统化、标准化设计流程，寻找物理设计的最优设计方案，它侧重于从问题的定义开始，通过逐步分析设计问题的需求和解决问题的标准来形成设计的解决方案。这种方法强调结构化的流程、明确的步骤和基于标准的决策设计。这种设计理念在许多技术和工程领域都有应用，尤其是在产品设计中。例如，通过采用"功能-行为-结构"映射分析法，设计师可以实现由产品功能到产品行为，再到产品具体结构的映射，从而更精确地分析和优化设计方案。

2）经典设计方法应用案例

福特 T 型车是 20 世纪初的一款设计革命性汽车，由亨利·福特及其团队设计。该车型的设计目标是创造一款价格低廉、可靠，且易于操作和维护的汽车，使普通百姓也能够买得起。这一目标定义是经典设计方法中以设计问题为导向的具体体现，即从明确的市场需求出发，定义产品设计的基本方向和核心需求。福特团队进行了广泛的市场调查，收集潜在用户的反馈，对目标市场进行了深入分析。他们确定了几个关键需求：可靠性、低成本和简易操作。这些需求也直接影响了设计解决方案的一些决策，如选择耐用且成本低的材料（可靠性和低成本），简化汽车的机械结构（易操作）。

在概念设计阶段，福特采用了创新的流水线生产概念，这是一种工业工程的突破，虽然它是生产过程的一部分，但深刻影响了产品设计。设计团队设计了模块化的汽车组件，使得各部分可以在流水线上快速、标准化地组装。在系统开发阶段，福特及其设计团队设计了详细的汽车零件技术图纸，并制定了严格的工程标准，以便多批次汽车统一生产。在产品的选材方面，他们选择了经济实用的钢材，设计了便于大规模生产的活塞式发动机。福特的设计团队还测试了多种原型车，以确保最终产品的性能符合设计预期。

福特 T 型车在正式生产前，经过了多轮测试，包括耐久性测试和性能测试。设计团队根据测试结果反复地优化设计，以提高车辆的可靠性和用户体验。1913 年，福特 T 型车正式投入生产，很快就因其可靠性、经济性和实用性成为市场上的热门产品。福特公司的这一成功案例充分说明了经典设计方法在工业产品设计中的有效性，尤其是其对系统化流程和细节控制的重视。

2. 设计思维

1）设计思维方法概述

设计思维是一种创新的解决问题的方法，它是通过系统地结合过去的设计经验而提出的一种应对各种复杂的设计挑战、支持创新的思维方式或工具，这种方法主要基于丰富的设计经验与设计方法。设计思维不仅用于传统的产品和服务设计领域，还广泛应用于企业战略、解决社会问题等多个领域。TRIZ 创新思维方法是设计思维中的一种典型工具，它提供了一套明确的、基于规律的创新方法，帮助设计师和创新者有效地解决技术和设计上的矛盾。

2）设计思维方法应用案例

TRIZ 是一种基于以往发明经验的系统化创新方法理论，它通过对数以百万计的专利文献进行研究，提炼出一套解决复杂技术问题的系统方法，提供了一套解决技术或工程问题的策略和工具。TRIZ 的核心在于通过一系列定义良好的原则和过程，将创造性问题解决转化为一个可以通过逻辑和数据驱动的过程。本案例研究将详细介绍 TRIZ 在复杂产品设计中的应用，展示设计思维如何与 TRIZ 结合，以实现创新和改善。

本案例为一家大型汽车制造公司面临的设计挑战：如何改进汽车的燃油效率又不增加生产成本。该公司在市场上面临激烈的竞争，需要通过技术创新来提升产品的市场竞争力。

在项目启动阶段，设计团队利用 TRIZ 的问题定义工具，如功能分析，来识别和定义核心问题。设计团队进行了详细的市场分析、用户反馈收集和技术评估，以确定提升燃油效率的关键因素。通过分析，设计团队确定了主要的技术矛盾：提高发动机效率通常需要使用更昂贵的材料或增加复杂的控制系统，这将导致成本增加。

接下来，团队使用 TRIZ 的矛盾矩阵和 40 个发明原则来寻找可能的解决方案。这些原则如“分割”原则（将问题分割成可管理的部分）和“反向操作”原则（考虑反向过程来解决问题）被用来生成创新的设计想法。一个关键的创新点是重新设计发动机的热管理系统，利用 TRIZ 的“能量转换”原则，将发动机的废热转化为有用的能量，以提高燃油效率。

基于TRIZ提出的解决方案，设计团队制作了几种原型，包括改进的热管理系统和其他几种燃油效率改进措施。这些原型通过实车测试和模拟软件进行评估，以量化其对燃油效率的影响。测试结果显示，改进的热管理系统能显著提升燃油效率，而不显著增加成本。然而，一些原型显示出制造复杂性增加的问题。团队再次利用TRIZ的"自服务"原则，对设计进行优化，以减少额外的复杂性和成本。经过多轮迭代，最终的设计被整合到新的汽车模型中，并在市场上推出。新车型的市场反馈非常好，特别是在燃油效率上的改进受到了消费者的高度评价。

通过本案例研究，我们可以看到TRIZ在解决复杂工程问题中的实际应用和价值。它不仅提供了一种系统的方法来识别和解决技术矛盾，还帮助设计团队通过创新思维开发出实际可行的解决方案。此外，设计思维的迭代过程和多学科协作为TRIZ的实施提供了必要的环境和支持。这种结合了设计思维和TRIZ的系统化理论可以显著提升产品创新的效率和效果，帮助企业在激烈的市场竞争中获得优势。

3. 计算设计

计算设计是一种利用深度学习算法来辅助或驱动设计过程的方法，它广泛应用于工业、建筑、工程、产品设计和数字艺术等领域。这种设计方法特别强调通过计算机程序生成设计方案，从而实现设计任务的自动化、优化和创新。计算设计根据实现机理不同可分为经验驱动、模型驱动和数据驱动三类，分别代表了不同的设计方法和理论基础。这三种计算设计方法各有其独特优势和应用领域，它们使得设计过程更加精确、高效，更具创新性，同时也推动了跨学科技术和知识的融合，为解决复杂的设计问题提供了更多可能性。

1）经验驱动计算设计

经验驱动计算设计是一种基于设计者的经验和行业的专业知识指导设计过程的方法。它通常涉及使用传统的设计原则和经验法则，结合计算工具来辅助设计决策过程。在经验驱动计算设计中，设计师将其个人或行业内的专业知识及丰富的设计经验转化为可操作的参数或规则，通过计算机程序模拟和生成设计方案。这种方法特别适用于那些标准化程度高且历史数据丰富的设计领域。此外，经验驱动的计算设计通过各种推理技术来实现对显式设计经验与知识的重用，使设计过程更加高效和系统化。下面给出几种主要的实现技术：

（1）基于案例推理的计算设计。案例推理是一种通过分析历史案例来解决新的设计问题的方法。在经验驱动的计算设计中，案例推理涉及收集过去成功的设计案例，并在面对新的设计挑战时，检索与当前问题最相似的历史案例作为参考。这个过程包括以下四个主要步骤：案例检索，从案例库中检索与新问题相似的历史案例；案例重用，将检索到的历史案例应用到新问题的具体情境中；案例修订，根据新问题的特定需求对案例进行修改和优化；案例保留，将新的解决方案加入案例库不断扩大历史案例。

通过这种方式，设计师可以利用案例库中过去的设计方案，快速生成解决方案，并针对新的设计方案需求进行相应的调整。整个设计过程涉及多维度的设计方案检索与经验调用，其复杂度和耗时通常较大，且受限于设计师的经验，难以提升设计方案的创新性。

（2）基于本体推理的计算设计。本体推理是在本体框架下进行的一种逻辑推理方法，本体在这里被用作表达领域知识的一种方式。在经验驱动的计算设计中，本体用于定义和组织设计相关的概念、属性和它们之间的关系。设计师通过构建本体来捕捉和表达设计领域的知识结构，本体推理支持复杂的查询和推断，以帮助设计师发现设计方案之间的隐含关系，自动检测设计规范的一致性。

(3) 基于产生式规则推理的计算设计。产生式规则推理是基于一组规则来进行推理的方法，这些规则的形式为“如果-那么”。在经验驱动的计算设计中，设计知识被编码为一系列的产生式规则，这些规则描述了在特定条件下应采取的设计行动。在设计过程中，推理引擎会不断匹配当前设计状态与规则的条件部分，一旦匹配成功，就会推荐相应的规则，从而修改设计状态或提出设计建议。该方法非常适合处理那些明确且结构化良好的设计知识，可以自动执行复杂的设计决策过程。

经验驱动的计算设计在多个领域都有广泛应用，特别是在那些设计决策高度依赖于经验和传统知识的行业，如机械零部件产品设计、工业设计和软件工程行业。例如，在机械行业的零部件设计中，经验驱动的方法可以用来选择合适的材料和加工工艺，确保设计既符合结构刚性要求也符合功能性需求。在工业设计中，利用历史设计案例可以加速新产品的开发流程，确保设计方案的实用性和市场竞争力。通过各种推理技术有效地重用显式设计经验和专业知识，不仅提高了设计效率，还增加了设计过程的系统性和可靠性。通过这些方法，设计师能够将他们的专业知识和历史数据转化为有用的设计资源，进一步推动设计方案的创新和优化。这种方法的应用展现了计算设计在产品设计中的潜力。

2) 模型驱动计算设计

模型驱动计算设计是一种基于建立精确数学或物理模型的设计方法，用于指导整个产品的设计过程。这种设计方法利用各种数学或物理模型来描述和预测产品的几何形状、功能特性或工作机理，从而实现设计求解计算或仿真优化。在模型驱动的计算设计中，模型不仅仅是设计的起点，更是整个设计优化过程的核心。模型驱动的计算设计按模型类型与应用可分为几何模型、功能模型和机理模型三类。

(1) 几何模型。几何模型是模型驱动设计中最基本的类型，它用几何概念详细定义物理或数学物体的形状和尺寸。通过参数化设计工具，如计算机图形学、CAD 等软件，设计师可以轻松修改几何参数来探索不同的设计方案。几何模型不仅用于产品的外形设计，还是进行结构分析和仿真的基础。

(2) 功能模型。功能模型关注产品的操作和性能，如力学性能、热性能、电性能等。这类模型通过物理方程、经验公式等描述产品在特定条件下的行为。功能模型的建立允许设计师在实际制造前，通过软件工具模拟产品的实际工作状态，评估其性能是否达到预期标准。

(3) 机理模型。机理模型更加深入地探索产品工作的内在机制，比如机械运动机制、流体运动机制等。这种模型往往涉及复杂的数学描述和高级仿真技术，是理解产品核心功能和优化设计的关键。

此外，模型驱动的计算设计依赖强大的计算机辅助工具和技术，例如，CAD 软件可提供强大的几何建模功能，是设计的基础；有限元分析和计算流体动力学用于结构和流体分析，帮助设计师评估和优化产品的物理性能。

模型驱动的计算设计广泛应用于多个行业，如汽车工业设计中的新能源汽车车身外轮廓设计、航空航天领域中的飞行器设计及机械工程中的高精度设备制造。在这些应用中，模型驱动的方法不仅提高了设计的精确性和可靠性，还显著缩短了产品从设计草图到完善的设计方案的周期。例如，在汽车行业，通过模型驱动的设计，工程师可以在车辆设计阶段就预测和优化汽车的气动性能与燃油效率，从而在多种设计方案中选择性能更优的设计方案。

模型驱动的计算设计通过精确的几何模型、功能模型、机理模型等的计算设计，借助高效的计算工具使设计过程更加科学和系统化。这种方法的应用不仅优化了产品性能，还极大地提高了设计效率和创新能力，是现代设计和工程领域中不可或缺的设计手段。

3）数据驱动计算设计

数据驱动计算设计代表了现代设计方法中的一种重要转变，即从传统的基于直觉和经验的设计方法向基于数据和算法的科学决策模式转变。该设计方法利用深度学习等算法来分析和挖掘大量的历史设计数据，从而揭示其中隐藏的有价值的设计信息和模式，探索历史设计数据的产品形状分布空间，从而支持整个设计流程的各个阶段，包括设计方案的生成、优化、评估和决策。

在数据驱动计算设计中，需要依靠大量的历史数据，因此历史设计数据的质量和数量是至关重要的。这些数据可能包括以往的设计草图、三维模型、产品规格、性能测试结果和仿真结果等数据。通过对这些数据的深入分析，深度学习算法可以学习过去设计中的成功因素和失败教训，从而在未来的设计中加以应用或避免。

近年来，随着深度学习模型在多层级/多模态数据特征解析与模式学习方面的能力日益增强，以及 GPU（图形处理器）算力的不断提升，基于深度学习的数据驱动智能计算设计正发展为新的研究前沿。例如，谷歌 DeepMind 从云 CAD 软件 Onshape 收集的百万级设计草图样本中抽取训练数据，用 Transformer 模型训练出支持 CAD 草图智能化生成的计算设计模型。Open AI 发布的 Point-E 去噪扩散模型，可在分钟级时间内基于给定的自然语言文本描述生成相应的含局部结构细节的高解析度/高边缘清晰度 3D 模型。斯坦福大学采用联合嵌入条件生成对抗网络实现了由产品特征描述文本到产品造型设计方案（形状＋色彩）的生成式设计。卡内基梅隆大学采用变分自编码器构建了飞机 3D 形状生成式设计模型。华中科技大学结合感性工学和深度卷积生成对抗网络构建了社交机器人造型生成式设计模型。北京大学智能学院和清华大学智能产业研究院合作研发了基于去噪扩散模型的抗体设计模型，可根据给定的抗原信息，自动生成与之相应的抗体序列和结构。

从数据科学的角度看，产品设计需求通常以工程语义文本进行描述，其数据空间的维度相对较低，而设计方案则可为包涵尺寸/精度/约束等设计特征的平面/立体结构描述，其数据空间的维度相对较高。因此，设计方案生成过程的本质是从包含较少信息量的低维空间点向包含较多信息量的高维空间点的跨模态映射过程。当采用非数据驱动设计方法实现该过程时，每个设计方案的生成过程与生成结果分别对应从设计需求空间到设计方案空间的一条映射路径及设计方案空间中的一个设计方案点，而该过程的实现需借助专家经验、包含领域知识的设计解算模型、仿真/真实实验等完成从少信息量到多信息量的演化，其复杂度和耗时通常较大。当采用数据驱动设计方法实现该过程时，面向智能计算设计的深度学习模型可从大量历史设计数据中习得上述映射路径的模式及设计方案点在设计方案空间中的分布，从而可根据给定的设计需求快速/充分地搜索设计方案空间，据此可以较低成本为给定设计需求快速生成大量的参考设计方案。

可以看出，数据驱动计算设计的优势突出体现在可学习和重用历史设计方案数据中的经验、知识、实验结果等，从而可以实现从功能/性能设计需求描述工程语义特征空间到设计方案结构特征空间的高效跨模态映射与充分探索。

4.1.3 产品 BOM

【关键词】产品 BOM；智能制造服务；制造过程；产品内容；服务内容

【知识点】

1. 智能制造服务的产品 BOM 基本概念。
2. 制造过程的任务分解。
3. 智能制造服务的产品内容及服务内容。

在产品设计过程中，产品的 BOM(物料清单)起着至关重要的作用。产品设计负责确定产品的结构、功能、外观及必须达到的性能标准。一旦这些设计细节确定下来，就会创建一个详细的 BOM，它列出了制造该产品所需的所有材料、零件和部件。BOM 确保在生产过程中所有必要的材料都能被准确地采购和使用，并且帮助管理生产成本和供应链。因此，BOM 是产品设计和生产实施之间的桥梁，是确保产品按设计意图正确构建的关键文档。

智能制造服务可以构建自己的 BOM 体系，广义上的 BOM 体系主要是产品 BOM、服务 BOM、制造服务 BOM 等，本小节主要介绍智能制造服务的产品 BOM。模块化思想可被用于研究产品 BOM 驱动的设计过程任务分解。因此，在建立产品 BOM 的基础上，确定服务企业与制造企业在设计过程中的任务模块化分解，进而设计产品内容。

1. 面向智能制造服务的产品 BOM

产品 BOM 是实现智能制造服务的基础，它融合了模块化思想和过程链网络分析方法，将内容设计和流程设计结合起来，确定智能制造服务的基本模式。在服务企业、制造企业、终端用户之间形成的服务框架下，可以设计不同粒度的智能制造服务，比如，服务企业向制造企业提供的生产服务，制造企业向终端用户提供的制造服务，还有服务企业与制造企业组合向终端用户提供的 PSS，进一步也可以进行不同层次的智能制造服务组合。下面以产品设计服务系统为例，说明智能制造服务的产品 BOM，如图 4-5 所示。

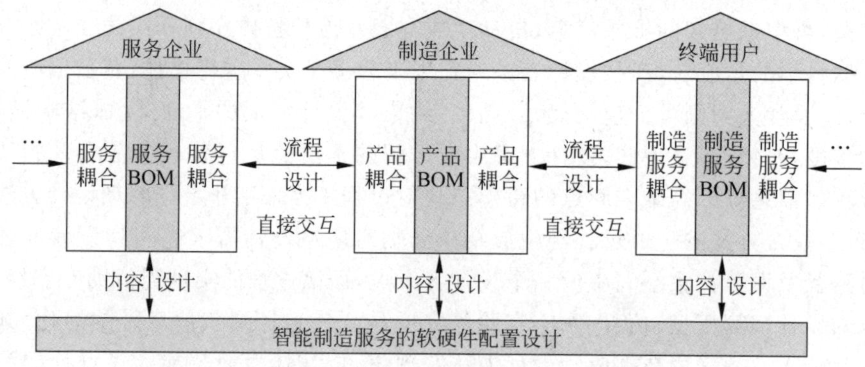

图 4-5 智能制造服务的产品 BOM

产品 BOM 以云计算、物联网、大数据等构成的智能制造服务平台为基础，支持智能制造服务的运作，可以进行产品设计流程的各项服务，在服务企业、制造企业、终端用户之间形成智能制造服务网络。其中，配置设计是根据具体的制造服务需求生成服务优化方案，然后将服务方案分解为制造服务 BOM，在完成产品与服务设计之后，将产品与服务耦合为制造服务的过程；内容设计是将制造服务 BOM 分解为产品 BOM 和服务 BOM，然后设计产品内容和服务内容，并确定制造服务内容的过程；流程设计是将产品 BOM 耦合、服务 BOM 耦合，最终实现制造服务 BOM 耦合的过程。

2. 智能制造服务的产品内容与服务内容

智能制造服务是产品和服务智能化融合的结果，考虑产品的实体性和服务的虚拟性，首先需要确定产品内容和服务内容。其中，产品内容是制造企业产品 BOM 驱动的产品模块化分解，是实现智能制造服务的物质基础；服务内容是服务企业服务 BOM 驱动的服务模块化分解，用以实现智能制造服务的价值增值。产品内容与服务内容相辅相成、密切相关，不断耦合，最终形成智能制造服务的核心内容。

1）智能制造服务的产品内容

具体来讲，智能制造服务的产品内容以产品模块化为基础，从功能的角度描述其产品结构、零部件细节、加工装配等，与传统制造企业的生产相吻合，限于篇幅，这里不做赘述。在智能制造环境下，产品的模块化过程成为产品内容的关键问题，就是基于产品 BOM 将产品的基本结构划分为适当的部件、零件层次，为产品的加工和装配自动化奠定基础。一般用产品结构树来设计智能制造服务的产品内容，如图 4-6 所示。

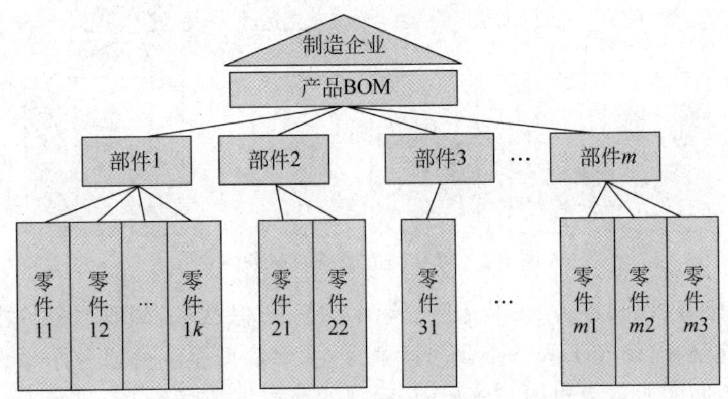

图 4-6 智能制造服务的产品内容

下面以数控机床制造服务为例来说明智能制造服务的内容设计。某数控机床制造公司针对具体的数控机床产品 BOM，将数控机床先划分为工作本体、控制介质、数控装置、伺服驱动系统、测量反馈装置、辅助控制装置等内容，这些产品内容的划分灵活多变，体现了制造企业的竞争力，主要依据企业的生产能力来设计，不同型号的产品会生成不同的产品结构树。例如，某型号的数控机床工作本体可进一步分为床身、底座、立柱、横梁、滑座、工作台、主轴箱、进给机构、刀架、自动换刀装置等内容，数控机床制造服务的产品内容如图 4-7 所示。

2）智能制造的服务内容

智能制造服务的服务内容以服务模块化为基础，从功能的角度描述服务逻辑、子服务细节、服务提供与实施等，与传统服务企业的运作相吻合，限于篇幅，这里不再赘述。在智能制造环境下，服务的模块化过程成为服务内容的关键问题，就是基于服务 BOM 将服务的基本逻辑划分为适当的服务、子服务层次，为服务的提供和实施智能化奠定基础。一般用服务逻辑树来设计智能制造服务的服务内容，如图 4-8 所示。

这里同样以数控机床制造服务为例来说明智能制造服务的内容设计。某数控机床服务公司针对具体的数控机床服务 BOM，将数控机床服务先划分为维修服务、数据分析服务、

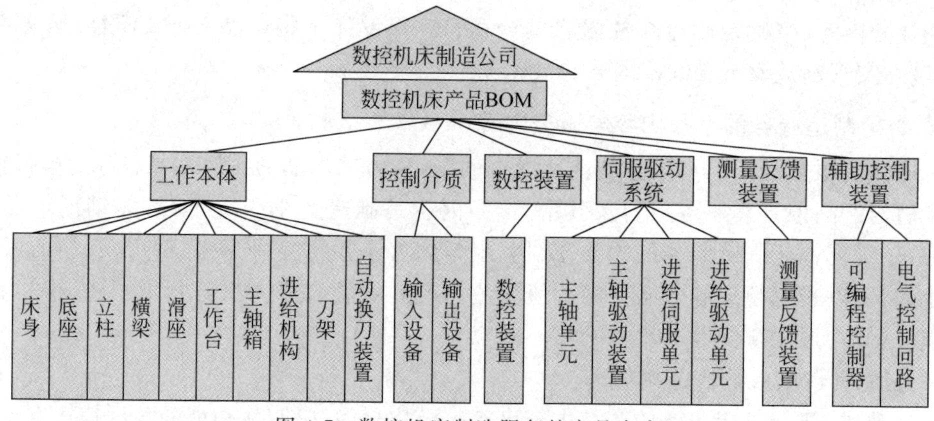

图 4-7 数控机床制造服务的产品内容

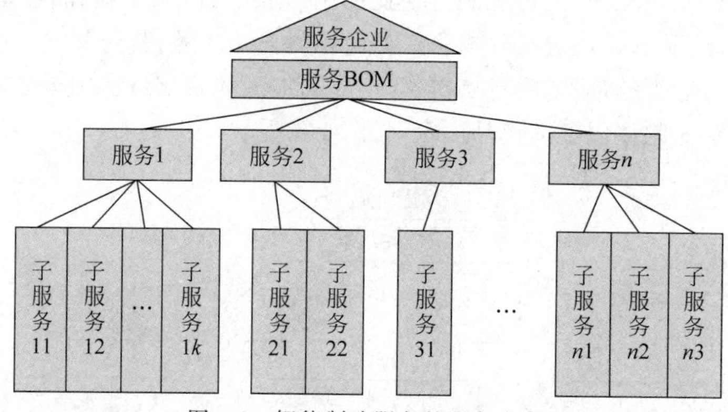

图 4-8 智能制造服务的服务内容

远程服务、培训服务、销售服务、安装服务、检测服务、质保服务、回收服务等内容，这些服务内容的划分因地制宜，体现了服务企业的竞争力，主要依据企业的服务水平设计，不同类型的服务会生成不同的服务逻辑树。例如，某种类的数控机床服务进一步细分，维修服务可分为定期维修服务、备件包供应服务等内容，安装服务可分为零部件供应服务、紧急维修服务、全面支持安装等内容，回收服务可分为部件回收、产品回收等内容。数控机床制造服务的服务内容如图 4-9 所示。

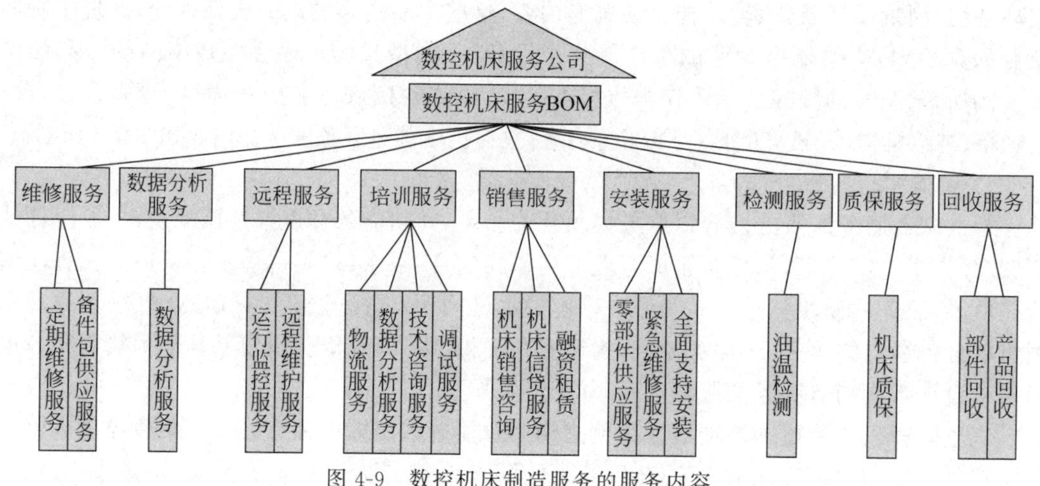

图 4-9 数控机床制造服务的服务内容

智能制造服务的产品内容和服务内容是将复杂的制造服务先简化为产品部分和服务部分,再利用成熟的产品设计和服务设计方法确定制造服务的核心内容,最后采用智能化技术手段实现产品智能化和服务智能化。

4.1.4　产品设计服务的机会识别

【关键词】 产品设计服务；机会识别；智能化识别

【知识点】

1. 产品设计服务机会识别的内容及耦合过程。
2. 产品设计服务的机会智能化识别。

产品生产是服务创新的载体,服务创新是产品生产价值的延伸,二者相辅相成,共同实现智能制造产品设计服务。智能制造服务的产品内容耦合是基于产品价值需求,通过产品性能和产品内容的交互映射,获得产品方案的过程。

1. 产品设计服务机会识别的基本方法

在当前激烈竞争的市场环境中,产品设计服务的成功很大程度上取决于能否有效识别并抓住新的服务机会。机会识别是指通过市场研究、用户需求分析和技术趋势评估来发现潜在的产品开发机会。这一过程是产品设计和开发流程的初步阶段,对于确保产品能够成功满足市场和用户的需求至关重要。

1）市场研究

市场研究是机会识别中的重要组成部分,它涉及对现有市场环境的系统分析,包括竞争对手分析、市场趋势预测、市场细分及消费者行为研究。通过市场研究,企业可以了解哪些产品领域饱和,哪些领域尚存产品设计服务机会,以及消费者对现有产品的满意度和未被满足的需求。例如,通过识别一个增长迅速的消费类别或用户对某个产品功能的普遍不满,企业可以找到设计新产品或改进现有产品的机会。

2）用户需求分析

用户需求分析侧重于深入了解终端用户的具体需求和偏好,通常通过用户访谈、观察研究和用户调研等方法完成。有效的用户需求分析不仅能帮助设计师理解用户的基本需求,还能揭示用户的隐性需求和未来需求。了解这些需求可以帮助设计团队开发出真正有创新性和满足用户期望的产品。

3）技术趋势评估

技术的发展为产品设计提供了新的可能性。评估新兴技术和预测技术趋势是机会识别的另一个关键方面。设计团队需要持续监控相关技术领域的最新发展,如AI、IIoT、可持续材料和制造技术等,将这些技术应用于新产品或现有产品的改进中,可以发挥显著的竞争优势。

4）综合分析和机会定位

在收集了市场数据、用户输入和技术信息之后,下一步是进行综合分析,以确定潜在的设计机会,这包括评估不同机会的市场潜力、技术可行性及与企业战略的契合度。选择最有前景的机会进一步开发,需要平衡创新潜力和商业风险。

5）持续监控和学习

机会识别是一个持续的过程,需要设计服务提供者不断地学习和适应变化。市场动态、用户需求和技术都在不断变化,有效的机会识别系统应能够灵活应对这些变化,及时调整策略。

通过这些系统性的步骤,产品设计服务可以识别并抓住那些能够带来商业成功的新机会。这不仅需要深刻的市场洞察力和对用户需求的理解,还需要对新兴技术趋势有敏锐的觉察力。正确的机会识别可以极大地增强产品的市场竞争力,推动企业的长足发展。

2. 产品设计服务机会智能化的识别方法

产品设计服务包括多个方面的内容,具体取决于行业、市场和具体项目的需求。例如,可采用 AI 算法,从海量社会化设计者发布的设计交互文本中识别出设计需求、设计资源、设计评价、设计创意等,如图 4-10 所示。

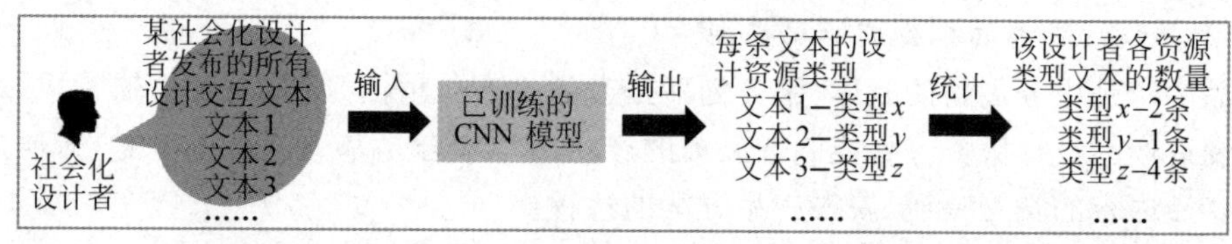

图 4-10 基于卷积神经网络技术识别产品设计服务机会框架

机器学习算法中可用于文本分类的方法有决策树、支持向量机、贝叶斯网络和深度学习等。针对设计交互文本数据量大、不平衡、噪声大、价值信息稀疏、分类特征复杂等特点,使用深度学习方法能更有效地完成设计交互文本分类任务。卷积神经网络是目前主流的文本分类深度学习模型之一,其在文本分类中有着成熟的应用,故可以采用卷积神经网络进行设计交互文本分类,以识别设计交互文本中的产品设计服务需求。

通过卷积神经网络(convolutional neural network,CNN)对设计交互文本进行分类,能够自动提取文本中的重要特征,识别出潜在的设计需求和机会。例如,在处理产品评价时,模型可以识别出用户反馈中的具体问题和改进建议;在分析创新想法时,模型可以捕捉到具有潜力的新概念和创意方向;在设计方案评审中,模型可以找出设计中的亮点和不足之处。通过这种方式,智能化的 AI 算法不仅能够加快产品设计服务的响应速度,还能够提高设计方案的质量和用户满意度。最终,这种基于深度学习的智能分类方法将成为产品设计服务的重要工具,帮助企业更好地理解和满足市场需求,从而实现创新和竞争优势。

4.2 产品设计服务及其智能化

在现代产品设计服务中,智能化已成为主流,它利用最新的深度学习等技术来优化设计流程,创新设计内容,提高设计过程的效率和设计结果的质量。本节将探讨智能化如何融入产品设计服务,特别是在设计资源与知识服务、设计外包服务及设计众包服务等方面的应用。

4.2.1 设计资源与知识服务

【关键词】 设计资源;知识服务;设计资源类型;知识服务社区建模

【知识点】

1. 设计资源的基本概念及设计资源的类型。
2. 产品设计资源的知识服务社区建模。

设计资源与知识服务是为设计师提供必要的数据、工具和专业知识的系统，通过网络等平台实现资源的集成和智能化分发，旨在优化设计流程，提高设计效率和质量，为设计过程积累丰富的设计经验。

1. 设计资源建模

设计资源服务通过智能化建模和技术支持为设计师在设计过程中提供多方面的帮助。设计资源服务的核心在于通过系统化和智能化的方式，优化资源的配置和利用，从而提升设计工作的效率和效果。下面将探讨设计资源服务的建模方法及其在设计过程中的应用。

设计资源建模是指将各种设计资源通过系统化和智能化的方式进行组织和管理，以便在设计过程中高效利用。

1）建模方法

本体和知识图谱是两个重要的设计资源建模工具。利用本体和知识图谱进行设计资源建模，可以显著提高资源检索的效率和准确性。通过智能搜索和推理的方式进行资源检索，可以实现设计资源的高效调用。

（1）本体建模。在设计资源建模中，可以用本体来描述设计资源的种类、属性及其相互关系。例如，设计资源本体可以包括设计工具、设计材料、设计知识、设计人员等各种资源类型，以及它们之间的层次结构和关联关系。本体建模流程包括：定义概念，即在本体中定义设计资源的各个概念，如设计软件、3D打印机、材料库、设计模板等；描述属性，即为每个概念定义属性，如设计软件的功能、3D打印机的型号、材料库的种类等；建立关系，即描述各概念之间的关系，如设计软件与设计模板的兼容性、3D打印机与材料库的适配性等。

（2）知识图谱建模。在设计资源建模中，知识图谱通过将设计资源与相关知识点连接起来，形成一个系统化、结构化的知识网络。知识图谱建模流程包括：节点表示，即在知识图谱中，节点表示设计资源和相关知识点，如设计工具、设计案例、设计标准等；边表示，即在知识图谱中，边表示节点之间的关系，如“使用”“包含”“兼容”等，可以直观地展示设计资源的关联性；数据融合，即通过数据融合技术，将不同来源的数据整合到知识图谱中，确保图谱的完整性和一致性。

2）应用方法

通过系统化和智能化的设计资源建模，设计资源服务在设计过程中发挥了重要作用，具体应用如下：

（1）智能搜索。基于本体和知识图谱的智能搜索能够提供比传统关键字搜索更为精准和高效的资源检索方式。通过语义理解技术，系统可以理解设计师的搜索意图，并根据知识图谱中的语义关联，提供相关性更高的搜索结果。其中，语义搜索是指利用自然语言处理技术，理解设计师的搜索意图。例如，当设计师搜索“适用于塑料材料的3D打印机”时，系统能够根据知识图谱中的语义关系，检索到所有符合条件的3D打印机。上下文检索是指基于设计师当前工作的上下文，提供个性化的资源推荐。例如，设计师在进行某项设计任务时，系统能够根据当前使用的设计工具和材料，推荐相关的设计案例和模板。

（2）智能推理。利用知识图谱中的语义关联和推理规则，系统可以进行智能推理，提供更深入的资源建议和决策支持。通过推理，系统可以发现设计资源之间的潜在关系和知识点的隐藏关联，帮助设计师更好地利用资源。具体的推理方法包括：①规则推理，即根据预定义的推理规则对知识图谱进行推理。例如，通过推理规则，可以发现某种材料适用于哪些设计工具，或者某种设计方法适用于哪些设计场景。②关系推理，即通过推理知识图谱中的关系，发现资源之间的潜在关联。例如，通过关系推理，可以发现某种设计软件与某种设计模板的兼容性，帮助设计师选择合适的设计工具和模板。③决策支持，即通过综合分析知识图谱中的数据，为设计师提供科学的决策支持。例如，通过分析设计师的操作历史和设计偏好，系统可以智能推荐最适合的设计资源和方法。

(3) 设计创意与概念生成。利用深度学习和推荐算法，为设计师提供个性化的设计灵感和素材推荐。例如，根据设计师的创意方向和风格，自动推荐相关的设计案例和素材，激发设计师的创作灵感；通过 GAN 模型，自动生成产品的多种设计草图和效果图。

(4) 设计开发与验证。利用 VR 和 AR 技术，在虚拟环境中进行设计验证和测试，提高设计的直观性和可操作性。例如，通过 VR 技术，设计师可以在虚拟场景中测试产品的使用效果和用户体验。

(5) 设计评审与改进。可以利用深度学习和自然语言处理技术，对设计方案进行智能评审和分析，提供科学的评审意见和建议。例如，通过智能评审系统，自动分析设计方案的优缺点，提出改进建议。

综上所述，设计资源服务通过智能化建模和技术支持，为设计过程提供了大量的帮助。通过系统化和智能化的资源管理和利用，设计师能够更高效地完成设计任务，提高设计的质量和效果，推动设计行业的发展。

2. 智能化的设计知识服务

设计知识服务是指基于 ICT，通过专业化的服务手段，帮助设计师获取、管理和利用知识资源，以提高其设计相关的知识水平和决策能力。设计知识服务不仅包括传统的信息服务，还涵盖了设计知识的生成、传递、共享和应用等各个环节。随着大数据、云计算和 AI 技术的应用，设计知识服务从智能化实现的角度得到了极大的丰富和扩展，其典型场景可从以下几个方面体现：

1) 设计需求智能挖掘

用户需求分析是指通过 NLP 等技术可从用户反馈、市场大数据中自动提取用户需求和市场趋势，据此指导设计目标定制。需求预测：利用机器学习算法，基于市场数据预测未来的用户喜好和市场变化，据此帮助设计师提前规划产品更新设计方向。

2) 设计知识智能推荐

个性化推荐是指基于设计师的历史操作和设计风格，利用推荐系统技术，提供个性化的设计素材、工具和方法。知识图谱导航是指通过构建设计知识图谱，提供智能导航和关联推荐，帮助设计师快速找到相关的设计知识和案例。

3) 设计方案智能生成

自动化设计工具是指利用 GAN 等技术，自动生成多种设计方案和草图，供设计师参考和选择。参数化设计是指通过参数化设计工具，根据设计需求自动生成不同的设计变体，提高设计效率。

4) 设计方案智能评估

性能评估是指利用仿真和优化算法，对设计方案进行性能评估和优化，确保设计方案满足功能和性能要求。用户体验评估是指通过 VR 和 AR 技术，在虚拟环境中进行用户体验测试，收集用户反馈并进行改进。

5）设计知识智能检索

语义搜索是指利用自然语言处理和知识图谱技术，提供基于语义理解的智能搜索功能，帮助设计师快速检索相关设计知识和资源。智能问答系统是指构建设计领域的智能问答系统，提供即时的知识咨询和问题解答服务，支持设计师在设计过程中的决策和创新。

6）设计流程智能优化

流程挖掘是指通过数据挖掘技术，分析设计过程中的数据，识别流程中的瓶颈和优化点，提供流程改进建议。智能协作是指利用协作平台和 AI 技术，支持团队成员之间的高效协作和沟通，提高设计项目的整体效率。

7）设计知识库管理

知识自动分类是指利用机器学习和文本分类技术，对设计文档和资源进行自动分类和标签化，以便于管理和检索。动态更新是指通过定期更新和维护知识库，确保设计师始终能够访问最新的设计知识和资源。

8）设计灵感智能推荐

创意灵感库是指建立设计灵感库，利用 AI 算法根据设计师的当前任务和偏好，智能推荐相关的创意灵感和设计案例。跨领域借鉴是指通过跨领域知识推荐，帮助设计师借鉴其他领域的优秀设计思路，激发创新灵感。

4.2.2　设计外包服务及其智能化

【关键词】 外包服务；设计外包服务；设计外包服务流程；智能化应用

【知识点】

1. 产品设计外包服务的基本概念及流程。
2. 产品外包服务的智能化应用。
3. 产品外包服务的优缺点。

设计外包服务是指企业或个人将设计工作非核心业务委托给专业设计公司或外部的设计师完成的一种服务模式。随着全球化和 ICT 的发展，设计外包服务已经成为许多企业获取高质量设计资源的重要途径。智能化技术的发展为设计外包服务带来了新的机遇和挑战，使其更加高效、精准和个性化。

外包流程一般包括需求分析、方案设计、设计执行和项目交付等步骤。首先是设计公司或设计师与客户进行沟通，明确设计需求和目标；其次是根据需求进行初步设计，提供设计方案和草图供客户选择；再次是与客户确认设计方案后，进行详细设计和制作；最后，待完成设计后，将最终设计成果交付客户，并提供后续支持和服务。

1. 设计外包服务的概念

设计外包就是客户将全部或部分平面设计工作按年交给专业性公司完成的服务模式。企业将设计工作委托给外部的专业设计公司或自由设计师，并通过合同或交易的形式确定双方的权利和义务。设计外包服务已经成为许多企业提升设计质量、节约成本和缩短设计周期的重要手段。设计外包作为一种灵活高效的设计解决方案，可以帮助企业提升设计质量、降低成本和缩短周期。

2. 设计外包服务流程

外包设计的一般工作流程从项目启动和供应商选择开始，到项目交付和后续支持结束。具体步骤包括：

(1) 项目启动，即基于客户需求启动项目；供应商选择，即进行市场调研和供应商评估，选择合适的供应商。

(2) 合同签订，即起草并签署详细合同，明确项目范围、时间进度、费用和质量标准；项目启动会议，即召开启动会议，明确项目计划和沟通渠道。

(3) 设计实施，即供应商进行初步设计，企业审核并提供反馈，进行多次迭代；质量控制，即在设计过程中进行定期评审和检查，确保设计符合要求。

(4) 项目交付，即完成最终设计并进行验收，供应商提交所有设计成果；后续支持，即供应商提供必要的技术支持和维护服务，确保设计成果的持续有效性。

3. 设计外包服务 AI 应用

智能化技术的应用已经改变了设计外包的面貌，提供了更高效、更灵活的服务交付方式。智能化使得设计外包服务更加高效和精准，通过大数据分析和机器学习算法，自动匹配客户需求与设计师技能，推荐最合适的设计师或设计公司，提高匹配效率。通过智能项目管理系统实时监控设计项目的进展，自动提醒关键节点和任务，确保项目按时完成。利用自然语言处理技术，自动分析客户反馈，快速迭代和优化设计方案，提高客户满意度。此外，利用深度学习算法[如 GAN、变分自编码器(variational autoencoder，VAE)等]自动生成设计草图和方案，并通过算法优化设计，提高设计效率和质量。设计外包服务智能化的主要应用领域包括：

1) 智能化设计服务匹配平台

智能化设计服务匹配平台使用算法来分析项目需求与外包供应商的专长和可用性，确保每个项目能够匹配到最合适的设计服务提供者。这种匹配考虑了多个因素，包括服务提供者的技能水平、过往经验、客户评价及价格。这些平台通常依赖机器学习技术，能够从过去的匹配结果中学习，并逐渐优化匹配算法，以提高匹配的准确性和满意度。自动化匹配减少了人力资源的投入，加速了项目启动的速度，同时也增加了匹配成功的可能性，从而降低了项目失败的风险。

2) 智能化设计追踪和管理工具

智能化设计追踪和管理工具能够实时监控外包项目的进度，自动生成性能报告，并及时发现潜在的问题。这些工具通常集成了项目管理软件，提供一块可视化的仪表板，使项目经理能够轻松地跟踪关键性能指标，包括项目进度跟踪、资源分配、成本管理及风险评估等。通过提供实时数据和深入分析，这些工具可以帮助项目经理作出基于数据的决策，优化资源分配，及时调整项目策略，从而确保项目按期按质完成。

3) 通信和协作工具

在外包设计项目中，通信和协作工具的作用非常重要。智能化的通信工具能够提供实时的信息交换和文件共享功能，确保所有项目成员，无论身处何地，都能够有效沟通和协作。其功能包括视频会议、实时聊天、文件共享和版本控制等。这些工具增强了团队的协作效率，减少了因沟通不畅对项目造成的误解和延误。智能化工具还可以通过自动翻译功能打破语言障碍，进一步加强全球团队成员之间的协作。

4. 设计外包服务案例

智能化设计外包服务在多个领域得到了广泛应用，如电商平台的商品设计、机器人公司的控制和全生命周期运行与维护设计、建筑公司的建筑外观和室内设计等。下面通过两个例子加以说明。

1）汽车制造公司

汽车制造公司将汽车内部结构设计和生产工艺优化外包给专业的设计团队。这些团队利用智能算法和虚拟仿真技术，优化汽车内部结构设计，提高了生产工艺的效率和精度。例如，某知名汽车制造公司将部分内部结构设计和生产工艺优化任务外包给一家专业公司，该公司利用AI技术，优化了汽车的内部结构设计，并通过虚拟仿真技术进行生产工艺的验证和优化，大幅提升了生产效率和产品质量。

2）机械零部件制造公司

机械零部件制造公司将零部件设计和制造工艺流程优化外包给专业的设计机构。这些机构通过CAD和计算机辅助制造(computer-aided manufacturing，CAM)技术，智能生成零部件设计方案和制造工艺流程，提高了零部件设计精度和生产效率。例如，一家机械制造公司与一家设计机构合作，通过CAD和CAM技术，快速生成了多个复杂零部件的设计方案，并在短时间内完成了制造工艺流程的优化，大幅提高了生产效率和产品质量。

5. 挑战与解决方案

尽管智能化为设计外包服务带来了许多好处，但也面临一些挑战。

1）数据安全和隐私

在使用自动化工具和云服务时，数据安全和用户隐私成为关注点。解决这一问题的方法包括采用高标准的安全协议，加强数据加密，并实施严格的隐私保护政策。

2）依赖度高

过分依赖自动化和智能工具会降低人员的应变能力。为了缓解这一风险，应当结合定期的技能培训和手动干预，保持团队的应急处理能力。

3）质量保障

由于外包设计过程中，设计方案的具体设计过程对项目发布者而言并不直接接触，因此外包得到的设计方案的质量需要经过严格检查才能进入应用环节。

4.2.3 设计众包服务及其智能化

【关键词】 众包服务；设计众包服务；社会化设计资源；智能化应用

【知识点】

1. 产品设计众包服务的基本概念及流程。
2. 产品众包服务的智能化应用。

在所有产品设计方法中，众包是发展最为成熟的一种。因此，本小节以众包产品设计方法为例，展示概念架构、通用工作流程和关键使能技术。

设计众包服务利用网络平台，将设计任务发布到全球范围的设计师社区，从广泛的参与者中征集设计方案。这种模式利用众多设计师的集体智慧和创意，为企业带来多样化的设计选项。随着智能技术的发展,众包服务的效率和效果得到了显著提升。

1. 设计众包服务的概念

在引入众包设计之前,需要了解以下几个概念。

1) 众包

众包是一种分布式问题解决模式,通过互联网将问题或任务公开分发给大众,以寻求解决方案。众包主要有四种类型:众智、众创、众选和众筹。

(1) 众智:利用社会群体的知识预测未来事件和解决问题,如 Quora。

(2) 众创:社会群体自愿利用创造力生成新闻、娱乐和各种创意内容,如 Facebook。

(3) 众选:利用大量社会群体过滤和选择信息,如 Amazon。

(4) 众筹:社会群体为实现共同目标募资,如 Kickstarter。

2) 社会化设计资源

在本书中,社会化设计资源特指由愿意并有能力完成特定产品设计任务的社会化设计资源提供的资源。这些资源提供者出于自我满足和经济报酬的动机,参与众包任务。

3) 设计师社区

在建立众包任务后,专业设计师和业余爱好者便聚集形成一个动态的虚拟开放设计师社区。该社区具有自组织、自驱动和主要分布式的特点。由于其开放、社交、自驱动和自组织的特性,设计师社区通常拥有大量的设计资源,并随着时间不断演变,但在执行协作设计任务时也存在不可靠性。

2. 众包设计系统框架

众包设计系统主要包括物理层、技术支持层、应用层三层,如图 4-11 所示。

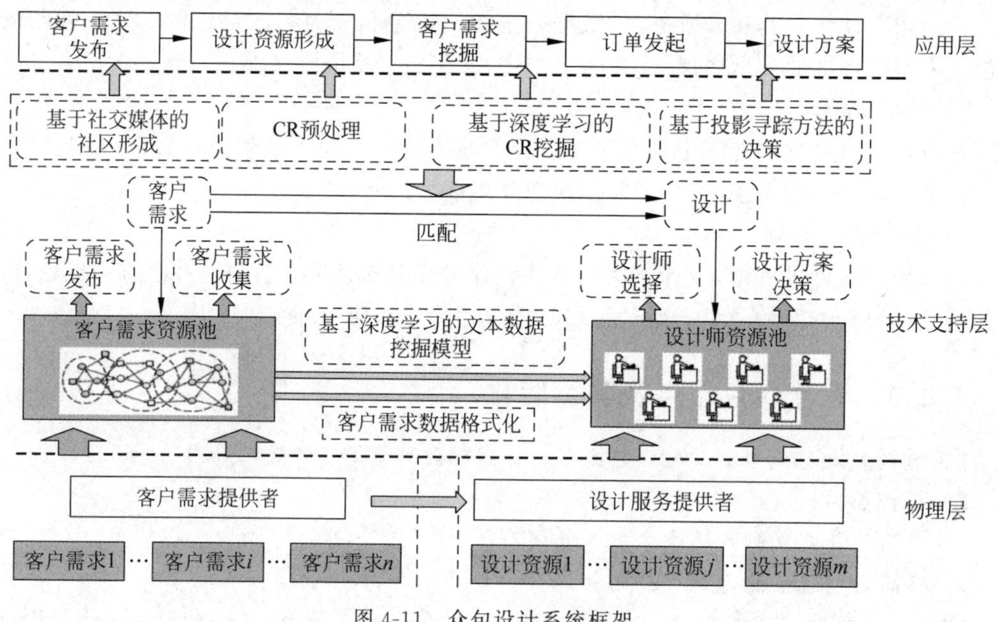

图 4-11　众包设计系统框架

1) 物理层

物理层指的是社会化设计资源,包括所有设备,主要体现从客户需求到产品设计过程的资源流动。如图 4-11 所示,在社群化制造背景下,产品众包系统的物理层主要有两种社会化设计资源，即产品消费者提供的客户需求(customer requirement，CR)资源和设计师提供的设计资源。需要指出的是，在社群化制造背景下，消费者和设计师可能会重叠。物理层为众包设计提供了除设计过程以外的所有支持。

2) 技术支持层

技术支持层连接物理层和应用层，为众包设计系统中所有活动的顺利运行提供必要的技术支持。这些技术可分为三个大类，围绕 CR 资源的 CR 发布、CR 收集等，围绕设计师资源的设计师选择、设计方案生成与决策等，以及 CR 资源与设计师资源之间的各种协同与交互技术。

3) 应用层

应用层的关键在于将支撑技术层中的各种技术单独或合并为众包设计流程上的具体应用，例如 CR 发布、设计资源标准化表征、CR 挖掘、众包设计订单发起、设计方案生成、设计评估决策等。

3. 设计众包服务流程

众包设计的一般工作流程从项目发起和设计师社区的建立开始，到产品上市和设计师离开/社区解散结束，如图 4-12 所示。具体流程包括：①项目发起，基于产品创意发起一个新项目，并在类似社交媒体的平台上发布；②建立设计师社区，围绕产品 BOM 形成设计师社区；③动态调整与迭代，设计师社区根据产品 BOM 和 CR 动态调整和增长，从而推动产品的迭代；④产品上市，由设计师社区设计的产品流入市场；⑤报酬分发，设计师获得报酬；社区解散，如果设计师社区解散，设计师将离开社区；⑥加入新社区，设计师可能会自驱动地加入另一个设计师社区。

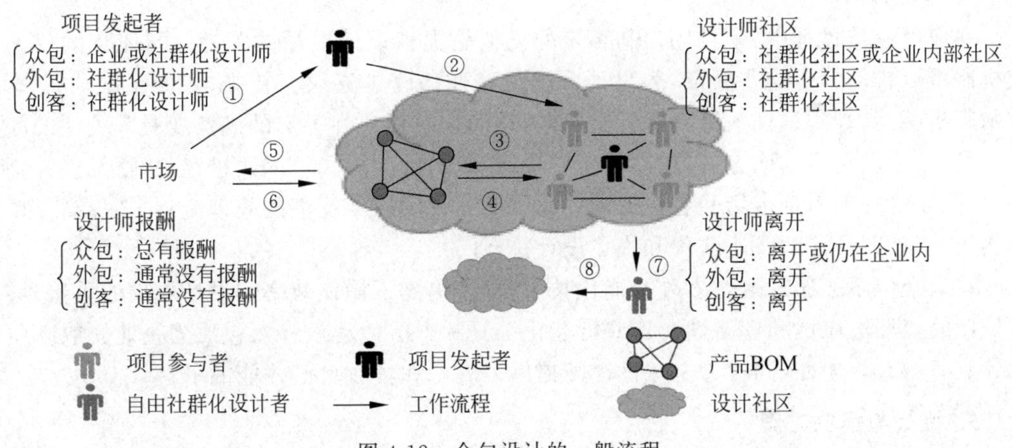

图 4-12　众包设计的一般流程

4. 设计众包服务的支撑技术与工具

设计众包服务应用通过整合社交媒体技术、深度学习等，为用户提供从项目启动、需求分析到设计方案选择的全流程服务。用户可以在平台上发布设计需求，系统自动分类和匹配合适的设计师社区，进行动态调整和产品迭代。最终，用户获得高质量的设计方案，而设计师通过贡献创意获得相应的报酬。该应用有效地提高了设计效率和质量，推动了创新和协作。下面详细探讨智能化在设计众包服务中的应用。

1）众包设计协同管控

设计众包实施的首要环节是收集众包任务，然后以合适的方式进行众包设计协同。为了应对社群化产品设计系统中参与者数量大、背景差异大、设计过程自驱动、自组织、设计交互关系松散、异地异时交互等特点造成的设计过程和设计结果不可靠、不可控的问题，可采用基于黑板模型的设计任务求解控制模型。该模型支持社会化设计者与企业研发人员之间高效、可控的异步/异地协同设计方案生成与设计过程记录。

黑板模型是一种结构化的问题解决过程模型，其输入为目标问题的说明和要求，输出为多知识源协同完成的问题解决方案。一个黑板模型通常包含三类组件：知识源、黑板和控制模块。其中，知识源负责提供问题解决所需的知识资源，可为人类专家、计算机程序或AI体，彼此独立且无法直接交互；黑板为公共数据库，展示问题输入、局部解决方案和问题解决进程，所有知识源和控制模块均可访问；控制模块由预设的约束和规则组成，引导知识源有序地完成问题的求解。

2）设计方案智能筛选

设计众包平台通常会收到大量的设计提案，其中质量参差不齐。智能筛选系统通过集成先进的机器学习算法来自动评估每个提交的设计方案的质量，确保按照预定的标准筛选出最有潜力的提案。智能筛选系统首先分析设计提案的各种参数，如创意性、美观性、实用性及客户指定的特定需求兼容性。其次利用历史数据训练分类模型，这些数据包括过往成功的设计提案和客户反馈。这些模型帮助系统学习如何识别高质量的设计。最终通过自动化筛选，众包平台能够迅速减少大量低质量的设计提案，允许项目团队集中资源进行更深入的评估和优化高潜力的设计。

3）客户反馈挖掘

在设计众包过程中，来自用户和客户的反馈是提高设计质量的关键。智能化的反馈生成机制可以自动分析这些反馈，为设计师提供具体的改进建议。首先，智能系统通过NLP技术解析反馈内容，识别关键词和情感倾向，从而理解用户和客户的满意度及其关注的问题点。其次，提供建议生成方案，根据分析结果，系统自动生成具体的改进建议，帮助设计师调整设计，以更好地满足市场和客户需求。此机制不仅加速了反馈的处理流程，还提高了反馈的实用性，帮助设计师快速迭代和优化设计。

设计众包服务通过融合多种智能化技术，显著提高了操作效率和设计成果的质量，增强了设计的市场适应性和创新性。这些智能化工具和方法使得设计众包成为企业获取高质量设计资源的有效途径，同时为全球设计师提供了展示和实践自己才能的平台。

5. 挑战与解决方案

众包设计面临的一些挑战：

1）沟通障碍

众包团队与客户之间可能会存在语言、文化和时差问题，从而导致沟通不畅。通过使用协同设计平台，定期召开视频会议，建立明确的沟通渠道和反馈机制，可以有效地解决该问题。

2）质量保证

众包设计的质量可能难以保证，存在不符合客户期望的风险。通过设立严格的质量评审流程，定期进行设计评审和测试，确保每个设计阶段的输出符合标准，可以有效地实现质量的控制。

4.3 知识点小结

本章结合产品设计流程的基本概念，介绍了从需求分析到市场推广的整个产品设计流程，包括概念设计、详细设计、原型制作、测试评估和生产准备等关键步骤。强调了系统性和协作性，通过科学的方法指导设计活动，确保产品满足用户需求。结合一系列设计方法理论，如经典设计、设计思维和计算设计，介绍了设计师如何通过方法理论应对复杂多变的设计问题。将设计方法分为经验驱动、模型驱动和数据驱动，通过案例推理、仿真优化和数据挖掘等手段提升设计效率和创新性。

介绍了利用工具、平台提供必要的数据和专业知识及设计师优化设计流程，提高设计效率和质量。研究了设计资源和知识服务社群建模方法，为设计师提供了设计依据。介绍了通过智能化技术，如深度学习在设计外包中的应用，提升了设计外包的高效性和精准性。研究了设计外包需求分析、方案设计、项目交付等流程，以提高设计资源的利用效率等。探讨了众包设计利用网络平台将设计任务发布到全球设计师社区，利用集体智慧和创意，提高设计多样性和创新性的方法。以智能化工具帮助筛选和评估众包设计方案，提升众包服务的效率和效果。

4.4 思考题

1. 请解释产品设计流程的主要阶段及其重要性。
2. 如何通过设计方法学的应用提高产品设计的系统性和效率？请举例说明。
3. 解释产品 BOM 的作用及其在产品设计和制造过程中的重要性。
4. 如何通过 BOM 的管理确保产品设计的准确性和生产的顺利进行？
5. 如何通过产品设计服务识别市场机会和用户需求？请结合实际案例说明。
6. 在智能制造服务中，如何实现产品内容与服务内容的有机结合，以满足用户需求和市场变化？
7. 什么是设计资源？设计资源对产品设计过程有何重要影响？
8. 如何利用知识服务支持设计师在设计过程中的决策和创新？请举例说明。
9. 设计外包服务的主要流程是什么？各个步骤如何确保设计外包成功？
10. 智能化技术在设计外包中的应用有哪些优势？请结合具体案例予以说明。
11. 设计众包的概念是什么？其主要特点和优势有哪些？
12. 智能化技术如何提高设计众包的效率和效果？请举例说明。

参考文献

[1] 王知刚. 产品设计流程比较和创新[J]. 包装工程，2004，25(2)：154-159.

[2] LIU H Q，LV M. Process control method of complex product multidisciplinary collaborative design system[J]. Advanced Materials Research. 2013(712)：2888-2893.

[3] MAEDA J. Design in tech report [EB/OL]. 2019, https://design.co/design-in-tech-report-2019-no-track/#1.

[4] 代荣，何玉林，杨显刚，等. 摩托车智能设计的实例推理与规则推理集成应用研究[J]. 中国机械工程，2008，19(11)：1363-1368.

[5] 陈力铭，邱浩波，高亮. 基于梯度增强 Kriging 方法的水下航行器结构优化设计[J]. 中国舰船研究，2021，16(4)：79-85.

[6] 刘月林，王习羽，王剑. 基于三角模糊和 BP 神经网络的产品意象造型设计[J]. 包装工程，2021，42(14)：185-193.

[7] 魏峰，王宗彦，吴淑芳，等. 基于实例推理的机械产品智能设计平台[J]. 机械设计与制造，2010(11)：253-255.

[8] 张向军，桂长林. 智能设计中的基因模型[J]. 机械工程学报，2001，37(2)：8-11.

[9] 肖人彬，林文广. 数据驱动的产品创新设计研究[J]. 机械设计，2019，36(12)：1-9.

[10] ALIZON F, SHOOTER S, SIMPSON T. Henry ford and the model T: Lessons for product platforming and mass customization[J]. Design Studies, 2009, 30(5): 588-605.

[11] 王勇，黄伟，刘锋，等. 一种智能 TRIZ 发明原理查询方法[P]. CN202011018613.X. 2020-12-18.

[12] WATON I, MARIR F. Case-based reasoning-a review[J]. Knowledge Engineering Review. 1994, 9(4): 327-354.

[13] 李海燕，李冠宇，韩国栓. 粗糙本体支持的知识推理框架[J]. 计算机工程与应用，2013(10)：40-44.

[14] 黄务兰. 一种新的基于产生式规则的推理树结构[J]. 微电子学与计算机，2007，24(4)：76-81.

[15] 胡洁. 人工智能驱动的创新设计是未来的趋势：胡洁谈设计与科技[J]. 设计，2020，33(8)：31-35.

[16] GANIN Y, BARTUNOV S, LI Y, et al. Computer-aided design as language[EB/OL]. 2021, https://arxiv.org/abs/2105.02769.

[17] NICHOL A, JUN H, DHARIWAL P, et al. Point-E: A system for generating 3D point clouds from complex prompts[EB/OL]. 2022, https://arxiv.org/abs/2212.08751v1.

[18] CHEN K, CHOY C, SAVVA M, et al. Text2Shape: Generating shapes from natural language by learning joint embeddings[EB/OL]. 2018, https://arxiv.org/abs/1803.08495.

[19] ZHANG W, YANG Z, JIANG H, et al. 3D shape synthesis for conceptual design and optimization using variational autoencoders [C]. Proceedings of the ASME 2019 International Design Engineering Technical Conferences and Computers and Information in Engineering Conference, August 18-21, 2019. California USA.

[20] GAN Y, JI Y, JIANG S, et al. Integrating aesthetic and emotional preferences in social robot design: An affective design approach with Kansei engineering and deep convolutional generative adversarial network[J]. International Journal of Industrial Ergonomics, 2021(83): 103128.

[21] LUO S, SU Y, PENG X, et al. Antigen-specific antibody design and optimization with diffusion-based generative models for protein structures[EB/OL]. 2022, https://www.biorxiv.org/content/10.1101/2022-07-10.499510v5.

[22] ZHAO L, ZHANG H, WU W. Knowledge service decision making in business incubators based on the supernetwork model[J]. Physica A: Statistical Mechanics and Its Applications, 2017(479): 249-264.

[23] 高娜，赵嵩正. 基于本体的产品服务知识模型研究[J]. 计算机工程与应用，2012，48(35)：25-30.

第5章

产品生产服务及其智能化

产品生产服务是指围绕实物产品制造过程的一系列服务工作，支持工艺过程的顺利实现，以及生产过程各环节的有效运营与管理，涵盖工艺设计、生产运作管理、供应链管理、质量管控和仓储物流等服务。随着制造业向智能化、绿色化与服务化的转型升级，原先相互隔离封闭集中的生产组织及过程也逐渐向分散、协作、绿色的自治过程转变，相应的生产服务也需适应这一变化趋势。本章在产品生产要素与生产供应链的概念介绍的基础上，从产品全生命周期视角重点介绍处于产品生产服务核心位置的产品生产过程服务、绿色生产管控服务、生产外包服务、供应链管理服务等的基础知识、应用示例及其智能化的最新进展，以帮助读者了解并掌握产品生产服务的基本内容及其智能使能技术与实施方法。

5.1 产品生产要素与生产供应链的概念

企业内“人、机、料、法、环、测”各生产要素的有机组合，以及跨企业供应链节点间的生产协同是产品生产系统高效率、高质量、低成本完成产品生产的前提。本节对产品生产系统所涉及的产品 BOM 演化、产品生产要素、产品生产供应链进行了分析，为后续的各类产品生产服务提供支持。

5.1.1 产品 BOM 的演化与甘特图

【关键词】 产品物料清单；多视图 BOM；BOM 重构；生产甘特图

【知识点】

1. 产品 BOM 的发展历程。
2. 服务型制造模式下产品 BOM 的新特征。
3. 多视图 BOM 的演化与重构。
4. 产品生产甘特图。

1. 产品 BOM 的发展历程

在制造企业中，需求工程师、机械和电气设计人员、软件开发人员、测试工程师、工厂规划人员、质量检查员、管理人员、技术服务人员、产业链上下游合作企业都有不同的数据需求。这些数据不但丰富多样，而且随着时间的推移不断演化。为确保生产的高效高质量，每个利益相关者都需要访问当前的产品信息，即产品 BOM。BOM 是企业产品数据管理的核心，其贯穿于产品概念设计、计算分析、详细设计、工艺规划、样机试制、加工制造、销售维护，直至产品消亡的各个阶段，是产品数据在整个生命周期中传递和共享的载体。

不同阶段的产品结构管理要求不同，也会产生多种类型的 BOM，如工程 BOM(engineering BOM，EBOM)、工艺 BOM(process planning BOM，PBOM)、制造 BOM(manufacturing BOM，MBOM)、服务 BOM 等，它们从不同侧面表示产品的结构关系及相关属性。产品 BOM 的演化大致经历了三个发展阶段，即单一 BOM 阶段、多 BOM 阶段、多视图 BOM 阶段，如图 5-1 所示。

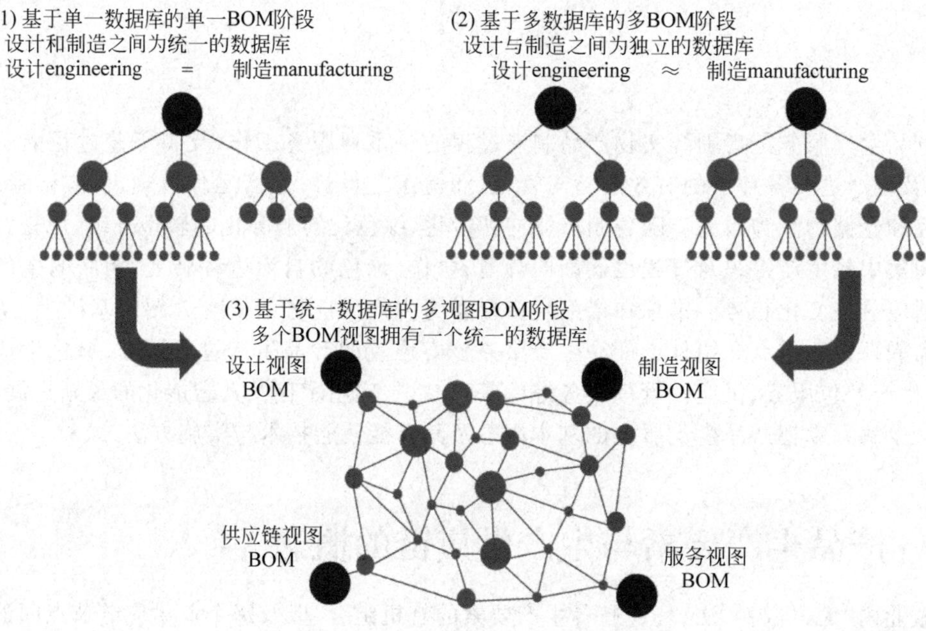

图 5-1 产品 BOM 的三个发展阶段

1) 基于单一数据库的单一 BOM 阶段

单一 BOM 是将产品设计完成后获得的工程 BOM 直接用于产品生产。在单一 BOM 阶段，设计部门和生产部门需要就产品结构的分解达成共识，在产品的整个生命周期中不能轻易偏离。单一 BOM 的数据源为单一数据库，即设计与制造部门或者跨企业之间使用单一数据库，具有相同的数据结构与术语体系，因此产品的一致性和可追溯性很容易得到保障，各相关主体沟通协同也很方便。然而，单一 BOM 方法存在僵化死板的缺点。在实际生产中，要实现一个统一的数据组织结构，就必须在每次程序启动或每次数据重组时对 BOM 进行更新。例如，在制造阶段的任何变更都必须及时更新到产品设计，反之亦然。

2) 基于多数据库的多 BOM 阶段

多 BOM 指针对产品全生命周期的不同阶段，将工程 BOM 按照一定的规则进行重构与转化，形成满足产品加工、装配、采购、服务等环节的工艺 BOM、制造 BOM、采购 BOM、服务 BOM 等相互独立的 BOM。在多 BOM 阶段，设计、工艺、生产等企业内或企业间等不同部门/组织分别对这些独立的 BOM 进行管理，各自关注的侧重点不同。例如，设计部门组织数据主要是为了促进设计重用，制造部门则关注工厂优化。与单一 BOM 方法正好相反，多 BOM 方法具有柔性高的优点。然而，在多 BOM 方法中，BOM 的配置管理与协调十分复杂。每种 BOM 重构都需要大量的流程和工具开发，以确保后续的其他 BOM 与工程 BOM 相符合。

3）基于统一数据库的多视图 BOM 阶段

为适应服务型制造模式下产品 BOM 呈现出的新特征，基于统一数据库的多视图 BOM 方法被提出。多视图 BOM 是在产品单一数据源的基础上，以零部件为核心，以产品结构树为主线组织多种产品结构视图，将产品全生命周期中各种业务相关的产品数据与零部件关联起来，形成对产品结构的完整描述。也就是说，基于 BOM 的方式将相关产品数据逻辑地组织在一起，为相关应用提供一致的、最新的、完整的、无冗余的和可靠的产品数据，并通过预先设定的筛选条件，从众多配置选项（参数）中进行选择，每种配置信息与具体的零部件进行关联，再将配置好的产品结构保存于一个后台数据表中，最后按照不同的条件选择各自的数据，最终形成差异化的、不同产品结构视角的 BOM 视图呈现给不同的用户。

2. BOM 驱动的产品生产服务层次模型

作为产品结构的技术性描述文件，BOM 表明了产品的总装件、分装件、组件、部件、零件直到原材料之间的结构关系。围绕产品 BOM 结构的层次隶属关系，可以推演出产品生产过程服务的层次结构模型，如图 5-2 所示。

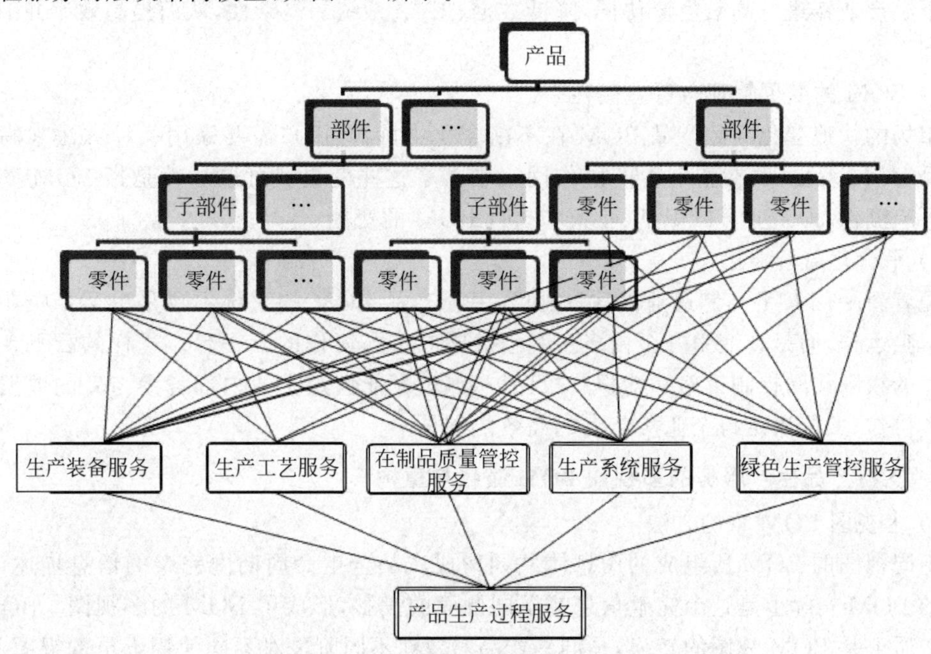

图 5-2　产品生产过程服务的层次结构模型

3. 服务型制造模式下产品 BOM 的新特征

产品的个性化及对市场的快速响应需求，导致产品生产呈现多品种变批量混流生产模式的特征，产品 BOM 管理的复杂性、数据一致性、实时性需求急剧上升。在以云制造、PSS、社群化制造等为代表的新型服务型制造模式下，产品 BOM 形态呈现出新特征、新要求和新趋势。

1）多方参与者的可访问性

随着跨部门、跨企业生产协作的广度与深度不断增加，企业与供应商、承包商、客户、销售和服务机构等多方参与者组成一个复杂的生产协作网络。这就要求产品 BOM 具备提供多方参与者快速、高效、准确地访问产品信息的能力。

2）模块化与可配置性

为满足用户的个性化需求，需要构建一个模块化、可配置的产品 BOM。通过对产品 BOM 的逻辑结构和特性进行管理，在产品族内部和跨产品族重用零件和子系统。

3）多视图 BOM

在产品开发过程中，由于企业内及企业间参与者关心的产品信息侧重点不同，因此需要为特定角色提供特定的 BOM 视图。例如，设计视角的 BOM 专注于为最终客户设计符合外形、适合度和功能要求的产品；生产视角的 BOM 专注于规划企业将如何加工、组装物理产品。可见，不同视角的 BOM 通常以不同的方式组织产品数据。

4）BOM 数据的实时性与一致性

多视图 BOM 要求产品信息具有单一数据源。然而，传统的产品 BOM 数据分散在诸如生产执行系统、企业资源计划、产品数据管理、客户关系管理等众多系统中，数据的实时性与一致性很难得到保障，常常导致生产、采购、库存等环节出现错误的决策。通过一个统一的、准确的、最新的、以产品/零部件为中心的 BOM，可以高效组织企业内各部门间及企业间上下游产业链进行高效生产协同，降低数据、工艺、系统的复杂性，从而提高效率并缩短交货时间。

5）BOM 的变更管理与可追溯性

市场的快速变化导致产品 BOM 在不断变化中，因此用户需要采用一种方法来高效管理产品 BOM 变更，并在整个生产协作网络中共享这些变更。可追溯性是指 BOM 变更过程的可追溯性，即企业可以识别、收集和执行 BOM 的变更。

6）平台化与云端化

随着新一代 ICT 与制造业的深度融合，基于产品 BOM 的系统不再是由某个企业进行内部单独运作，而是转变为一个由多个利益共同方参与协作的云平台。这样的云平台需制定合理的权限访问控制策略和知识产权保护策略，既能满足企业内部各参与者的数据访问与业务协作，又能满足跨企业参与者的高效协作。

4. 支持产品生产服务的多视图 BOM 演化与重构

1）多视图 BOM 重构方法

不同视图的 BOM 所组成的信息体共同构成产品全生命周期内完整的信息描述，因此不同的 BOM 实际上是这个完整信息在不同侧面的投影，形成了 BOM 的多视图。BOM 的演化本质上是 BOM 视图的转换，是同一产品对象在不同阶段对不同使用人员的视图关系。BOM 视图的转换在数学模型上就是对原有的父子层次关系进行重新分配和建立的结果，是利用组合、删除、调整和分解等 BOM 重构方法（图 5-3）对已有的 BOM 视图版本进行转换，最终生成新的 BOM 视图版本的过程。

2）几种主要 BOM 的演化与重构

前述 EBOM、PBOM、MBOM 的演化与重构过程如图 5-4 所示。

首先是 EBOM 的生成。EBOM 在各类型 BOM 中，属于最原始的 BOM，体现了产品设计工程师的创造性，其他 BOM 都是在 EBOM 的基础上结合其应用领域的信息转换而来的。根据产品订单，设计人员搭建产品结构 EBOM，定义自制件、外购件、外协件等，添加物

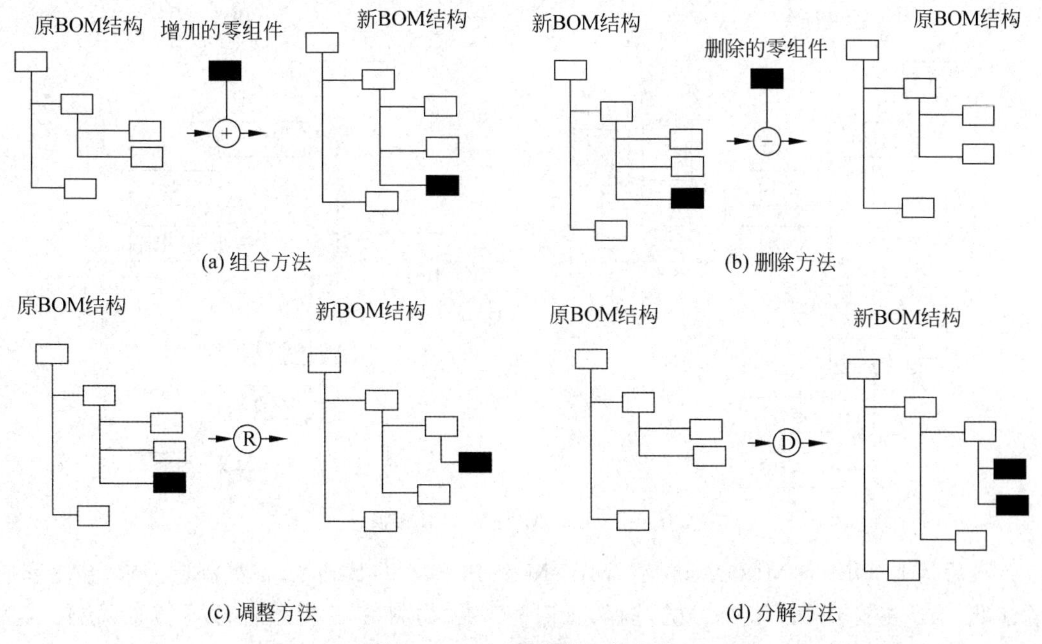

图 5-3　BOM 重构的四种方法

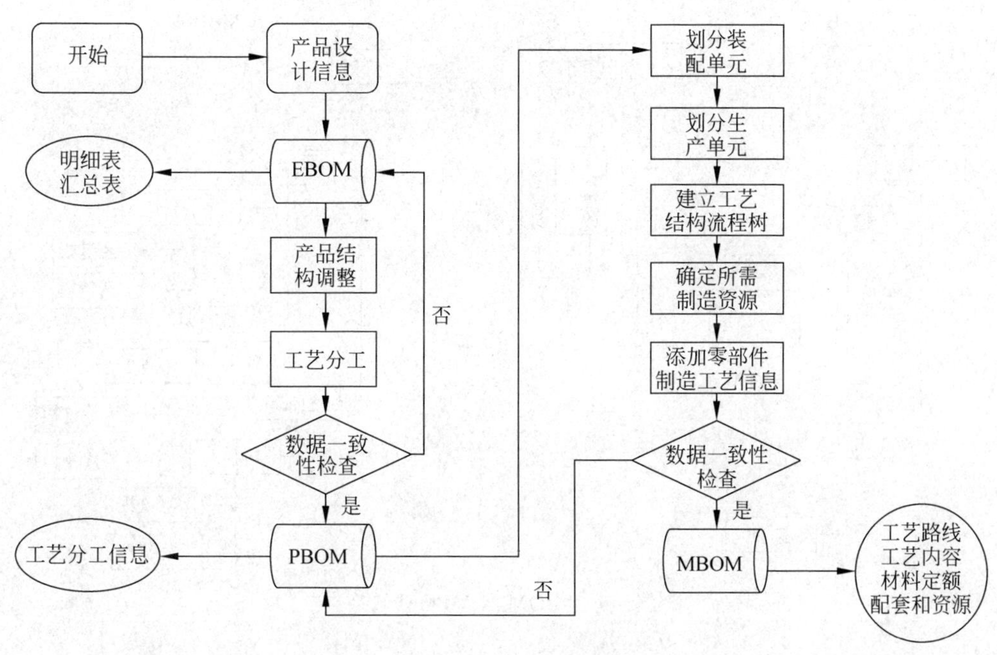

图 5-4　EBOM、PBOM 和 MBOM 的演化与重构过程

料主文件(图号、名称、材质、数量、单位、类别、是否为关键件等),完善产品结构(层级关系、时效段、替代件、可选件等)。

其次是 EBOM 向 PBOM 转换。工艺管理部门在 EBOM 的基础上,根据工艺技术标准规范、质量管理体系及设计部门对工艺的需求、工厂的实际加工能力、加工与装配约束及零组件交付要求,对产品零组件进行工艺分工,对 EBOM 进行一定的修改,以构建产品的 PBOM,如图 5-5 所示。

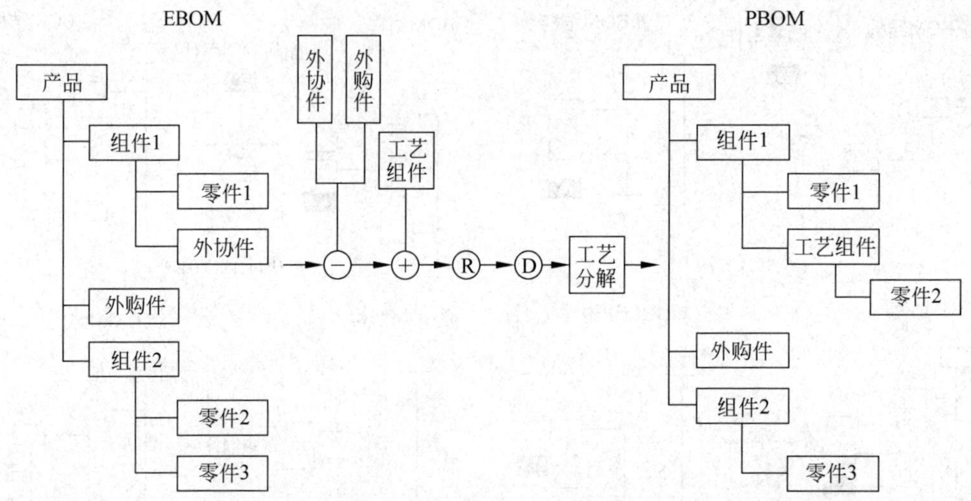

图 5-5　EBOM 向 PBOM 转换

最后是 PBOM 向 MBOM 转换。MBOM 在 PBOM 的基础上，根据制造需求、技术和质量标准、工厂生产现状，添加工艺过程、工时、工装、物料和工艺组合件等信息，转化成为 MBOM，如图 5-6 所示。

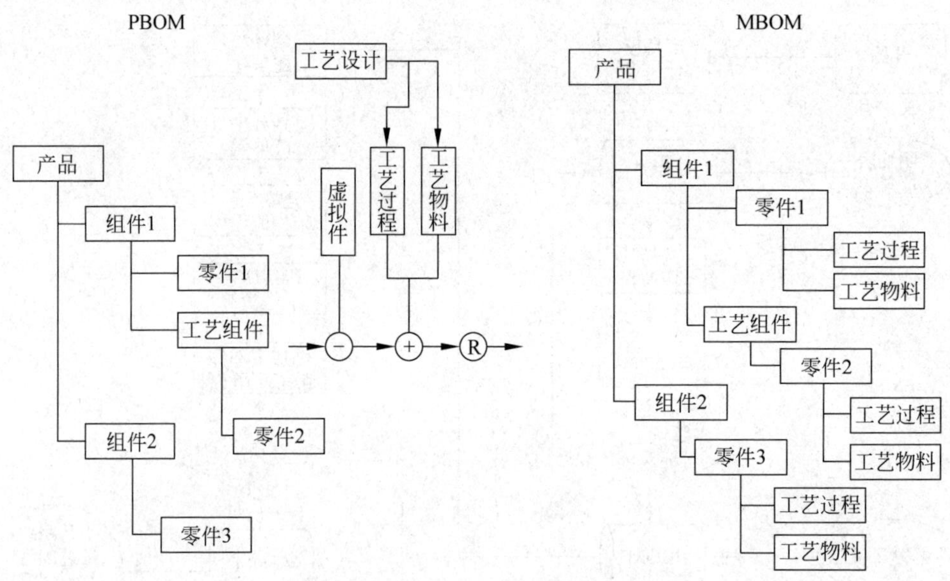

图 5-6　PBOM 向 MBOM 转换

5. 产品生产甘特图

甘特图是一种条形图，用来显示项目计划进程、实际进度及其他与时间相关的系统进展的内在关系随时间水平尺度进展的情况，由亨利·甘特于 1910 年创用，故名。

以产品的机加工为例，在生产加工之前，以批量批次零件生产的交货期为约束，以零件加工作业的工艺规程为基础，以每道工序/每台设备上的作业时间为单位，形成以时间轴为横坐标、设备/工序轴为纵坐标，以零件在某台设备/某道工序上加工所花费的时间进度条所排列出来的二维坐标图，该图称为产品生产甘特图，如图 5-7 所示。产品生产甘特图是产品生产系统的指挥中枢,可以优化产能,提高生产效率,缩短生产时间。在图5-7中,横坐标代表时间,纵坐标代表机床,色块代表工序,相同的底色代表同一个零件的不同工序,色块的长度代表该工序加工的时长,色块上的数字如[3,5]代表第3个零件的第5道工序,时间当前线之前代表已经加工的工序,时间当前线之后代表还未开始加工的工序,被时间当前线切到的色块代表当前正在加工的工序。

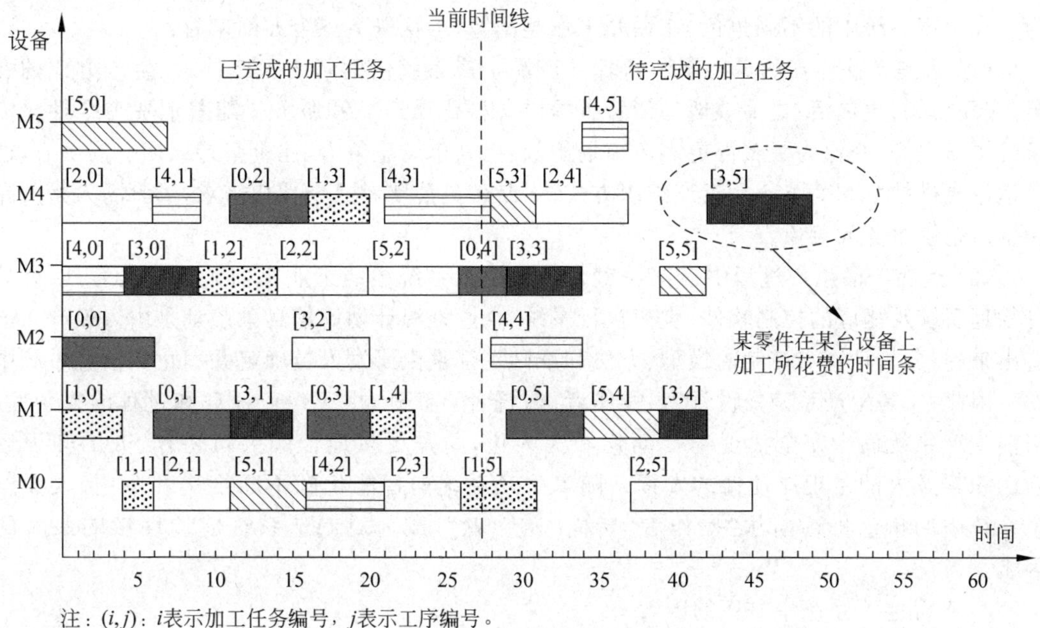

注:(i,j):i表示加工任务编号,j表示工序编号。

图5-7 产品生产甘特图示例

5.1.2 产品的生产要素

【关键词】 生产系统;生产要素;人机协同;智能生产装备

【知识点】

1. 产品生产系统的概念及涉及的6类核心生产要素。
2. "人、机、料、法、环、测"(5M1E)在生产系统中的作用。
3. 生产系统中的人机关系。
4. 生产装备的进化历程。

1. 相关概念的定义

产品生产是人运用工具将原材料转化为能够满足人们生产生活需要的产品和服务的过程。

产品生产系统是指以生产产品为目的,由产品生产过程中涉及的原材料、人员、能源、加工设备、物流设备、信息系统及加工工艺、生产计划与调度、系统维护、管理规范等生产要素组成的具有特定生产功能的一类系统。

产品生产过程中涉及6类核心生产要素:人员、生产装备、原材料、工艺方法、生产环境、测量设备与技术,即人(man)、机(machine)、料(material)、法(method)、环(environment)、测(measurement),简称5M1E。通过对这些核心生产要素的有机组合与协调,能提升由原材料转化为产品或服务的效率和质量,并降低产品生产成本。下面分别对产品生产的核心要素进行分析。

2. 产品生产系统中的"人、机、料、法、环、测"(5M1E)

1) 产品生产系统中"人"的因素

"人"是产品生产系统各要素中最具能动性和最具活力的核心因素,人的作用主要体现为人在生产系统中的不同角色、作用和工作类型等,可从以下三个方面来看:

(1) 人是产品生产的最终服务目标。产品生产系统借助新的生产技术、生产方式的变革,实现更快、更灵活、更高效地为消费者提供各种优质产品和服务。随着消费者个性化需求的不断提升,企业为了获得更多的市场份额、提高市场竞争力,注重坚持以用户为中心,通过运用先进技术和变革产品生产组织方式,不断满足消费者的个性化需求。因此,人是产品和生产系统服务的对象。

(2) 人在产品生产过程中扮演关键角色。生产系统中的工业机器人、机床、刀具、夹具等物理系统及相应的控制软件、生产执行系统、企业资源计划等信息系统都是由人设计并创造出来的,分析计算与控制的模型、方法和准则等都是由研发人员确定并固化到信息系统中的。因此,人是生产系统的设计者、操作者、监督者。此外,由于生产任务和过程的复杂性,当前生产系统尚未完全实现全自动化和无人化,而是更多地依赖人机协作、人的知识经验的积累及人的主观能动性的发挥。随着生产系统向智能化的不断推进和应用,人在整个系统中的角色将逐渐从"操作者"转向"监管者",成为对制造系统能动性影响最大的因素。

2) 产品生产系统中"机"的因素

(1) 生产装备在生产系统中的作用。"机"指产品生产系统中所涉及的各种生产装备,如工业机器人、数控机床、自动导向车等,是产品生产的物质基础,其技术水平决定着整个国民经济的水平。生产装备的发展过程可分为传统生产装备和智能生产装备两大阶段。其中,传统生产装备的发展极大地解放了人类的四肢与体力劳动,而智能生产装备的发展不仅进一步解放了人类的四肢和体力劳动,还正在解放人类的脑力劳动。

(2) 传统生产装备:从机械化到电气化。机械化生产装备开始于18世纪60年代中期的第一次工业革命(工业1.0),从发明、改进和使用机器开始,以蒸汽机的发明与采用,实现了工厂机械化。第一次工业革命使机械生产代替了手工劳动,工厂制造代替了手工工厂,社会生产力得到极大提高。

电气化生产装备开始于19世纪后半期的第二次工业革命(工业2.0),通过采用电力驱动机械加工,社会生产进入了由电气自动化控制机械设备生产的年代,社会生产力进一步提升。这次的工业革命,通过零部件生产与产品装配的成功分离,开创了产品大规模生产的高效新模式。

(3) 智能生产装备:从自动化到智能化。自动化生产装备开始于20世纪70年代的第三次工业革命(工业3.0),工厂大量采用由工控机、可编程逻辑控制器、微控制器等电子ICT自动化控制的机械设备进行生产,生产效率、良品率、分工合作、机械设备寿命都得到了前所未有的提高。自此,机器能够逐步替代人类作业,不仅接管了相当比例的"体力劳动",还接管了一些"脑力劳动"。

智能化生产装备开始于21世纪,AI技术与先进制造技术的深度融合,形成了智能制造技术，成为第四次工业革命的核心驱动力。新一代智能制造的突破和广泛应用将重塑制造业的技术体系、生产模式、产业形态，以实现第四次工业革命。

3）产品生产系统中"料"的因素

"料"指产品生产系统中生产产品所用的原材料、毛坯、在制品、外购件，以及刀具、夹具、切削液等相关物料、工具的统称，即与产品生产过程相关、需要列入计划、控制库存、控制成本的原料、工具统称为物料。物料在生产系统中具有相关性、流动性、价值性三个方面的特性。物料的相关性通过产品结构予以展现；流动性是指产品的生产过程是物料在不同工序、不同工位的流动过程；价值性是指物料的产生和流动过程是一个价值增加的过程。

4）产品生产系统中"法"的因素

"法"指产品生产系统中生产产品所涉及的工艺方法、作业指导方法、检验指导方法、机器作业方法等。通过方法的使用，可以准确了解各种数量信息、生产系统状态，以制订合理的生产计划，从而提高设备利用率和人员工作效率，降低生产成本。

5）产品生产系统中"环"的因素

"环"指产品生产系统中生产产品所涉及的厂房、车间等场所设施。生产系统中，需要对环境进行有效控制。对环境的控制措施主要有生产现场环境卫生方面的管理制度，环境因素（如温度、湿度、光线、振动等）符合生产技术要求，生产环境中有相关的安全环保设备和措施，生产环境保持清洁、整齐、有序，无与生产无关的杂物，材料、半成品、工具等整齐存放。

6）产品生产系统中"测"的因素

"测"指产品生产系统中对在制品或成品进行的产品质量检测，包括工序检测流程、测量器具配置、检测方法制定、检测人员资质审查等内容。

5.1.3　产品的生产供应链

【关键词】供应链；核心企业主导的供应链；供应商选择

【知识点】

1. 产品生产供应链的定义与分类。
2. 产品生产供应链的特点。
3. 供应商质量评价指标与方法。

1. 产品生产供应链的定义与分类

制造业的竞争已由传统的企业间的竞争转向了以供应链为整体的竞争。在这一背景下，企业也开始意识到传统的"纵向一体化"生产与经营模式导致企业投资负担加重而无法形成企业的核心竞争力，迫切需要通过企业间的资源整合转向供应链上企业间供求关系的"横向一体化"，以形成企业自身的竞争优势。

产品生产供应链是指从零部件或原材料的采购、储运开始，经中间加工制造环节到最终产品的生产，直至将产品送到市场或客户手中的过程中，把供应商、生产商、分销商、零售商及最终客户连成一个体系的网络关系模式。

1）核心企业主导的供应链

如图5-8所示，核心企业主导的供应链是指围绕核心企业所形成的含有多个产品的链状或网状结构，其供应商网络是所有直接或间接为核心企业提供服务或产品的企业。在企业供应链内,核心企业处于主导地位,是统一整个供应链的核心要素。企业供应链中非核心企业对围绕核心企业的网链关系更加依赖。这种网链关系包括核心企业与供应商、供应商的供应商等前向关系,核心企业与客户、客户的客户等后向关系。

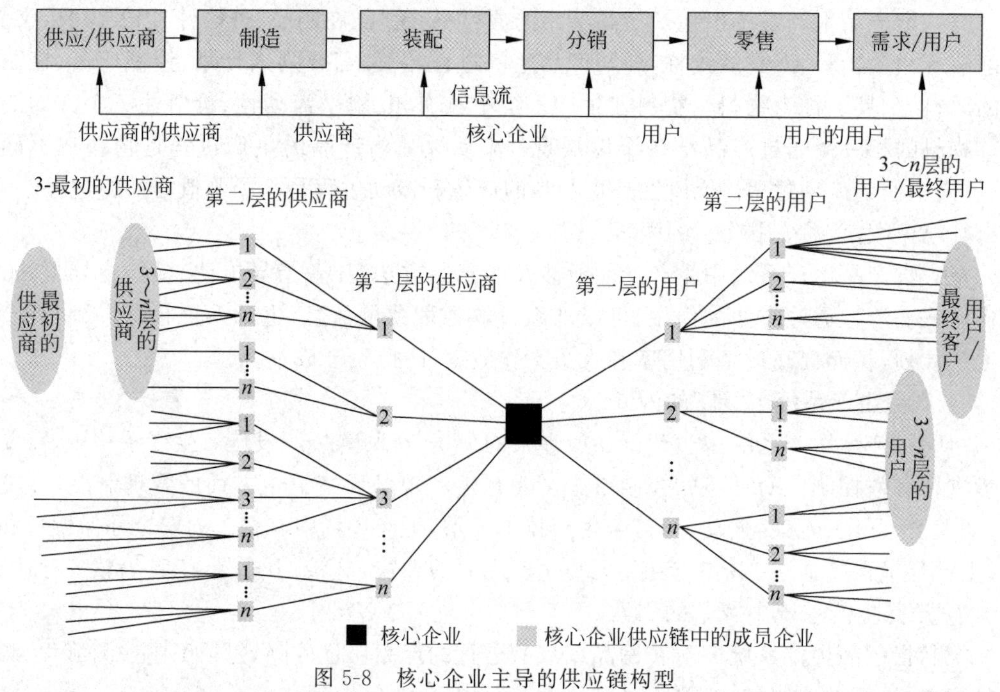

图 5-8 核心企业主导的供应链构型

2）以产品为核心的供应链

以某特定产品或项目作为产品核心的供应链,比如,某成套印刷装备生产商的供应链中有上百家企业,供应放料单元、印刷单元、收料单元等复杂件的产品,如图 5-9 所示。

3）基于供应链合作伙伴关系的供应链

基于供应链合作伙伴关系的供应链主要是对成员间合作进行的物流、信息流和资金流管理。这种供应链的成员可以理解为广义的需求方和供应方,仅当供需双方进行正常的协作时,才会发生物流、信息流、资金流的变动和更换。在当前网络化协同制造模式下,这种供需关系的建立通常依赖于网络协同平台。

图 5-10 所示为制造服务提供方、制造服务需求方、社群化制造平台共同组成的合作伙伴关系供应链网络。

2. 产品生产供应链的特点

1）供应链的结构和特征与产品的特性紧密相关

由于供应链的层次是按照产品自身的结构展开的,节点企业间供需关系的形成主要取决于产品的技术性特征,因此供应链中不同层次的实物流动有着很强的产品相关性。

2）节点企业的资源整合及协同管理要求高

供应链一般是多家企业、多个环节、多条流程紧密相连,有较长的层级,并且制造和装配等生产环节较多,生产制造位于核心位置,因此生产计划的制订、生产能力的控制和资源的协调非常重要。

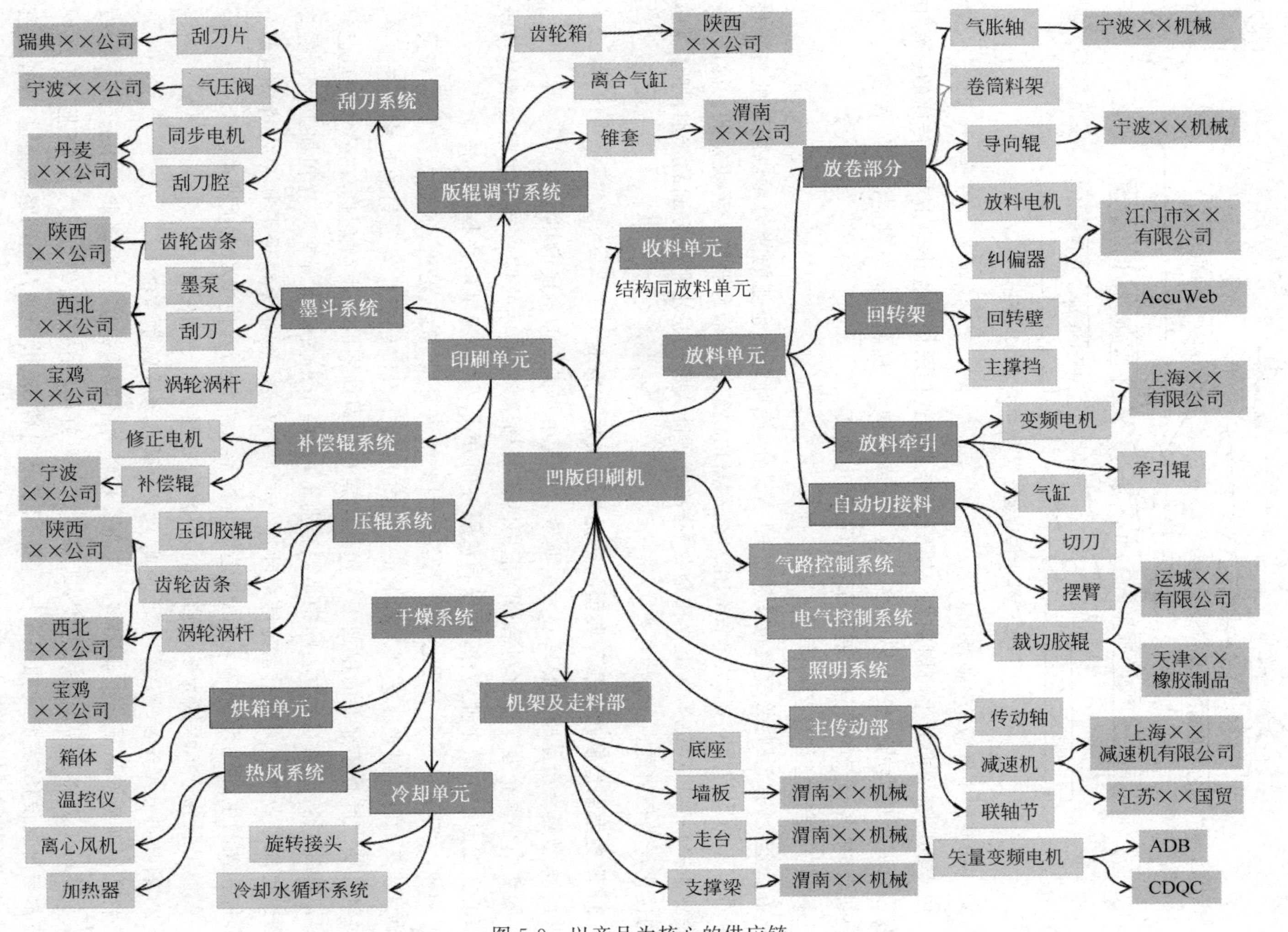

图 5-9　以产品为核心的供应链

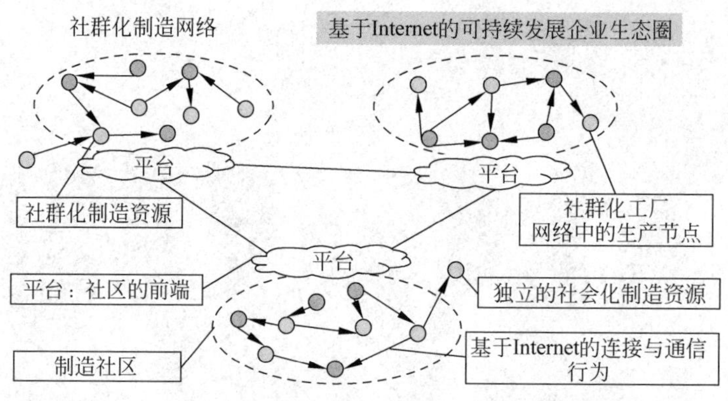

图 5-10　基于供应链合作伙伴关系的供应链

3）供应链“牛鞭效应”显著

由于供应链的产品生产周期长、链条长，容易导致供求信息在供应链节点传递的过程中存在需求变异放大的现象，导致许多节点企业库存增大，提高了整个供应链的协作成本。因此，供应链中各节点的信息共享和库存控制颇为重要。

4）供应链“短板效应”显著

节点企业的产品最终都会成为产品的一部分，使得每个企业的能力对供应链的整体稳定性都有着一定的影响，最终产品的生产效率是由供应链中最薄弱的一环决定的。因此，核心企业需要根据供应链节点企业在企业规模、管理能力和信息水平等方面的差别，加强供应链的优化与生产协同。

3. 服务型制造模式下几种典型的产品生产供应链形态

1）大型复杂产品驱动的核心大企业聚合配套中小微企业形成的供应链

随着中小微企业专业化制造服务能力的不断增强，零部件的核心制造过程逐渐从传统的核心企业向中小微企业转移，并以制造服务的方式反过来提供给这些核心企业。

例如，无锡透平叶片有限公司主营各大型电站汽轮机、燃汽轮机、航空发动机及各类透平动力装备的叶片制造工艺开发和制造。公司承接上海汽轮机厂等公司的叶片制造服务，同时将某些大叶片零部件的粗加工外包给附属在公司周围的中小微企业，在公司附近已经形成以叶片产品粗加工为中心的中小微企业群，这些中小微企业群在叶片粗加工生产能力方面也更加专业并逐渐强于无锡透平叶片公司，导致核心企业无锡透平叶片公司将这部分零部件相关的生产任务“不得不”以制造服务的形式外包给其他中小微企业群。

以加工服务订单承接为核心形成的供应链，如图 5-11 所示。

2）科技创新型产品驱动的核心企业组织小微化形成的供应链

科技创新型产品制造企业和客户之间最难解决的问题是客户的需求是什么，而要激发企业全体员工对市场需求的敏感度，则需要柔性更好的“小微”组织形式。大企业拥有成熟的技术与研发设备、完善的知识产权、多元化的人才储备、健全的营销网络与渠道、雄厚的资金，加上小微组织创新的活力，可以形成价值共创的生态圈。这意味着更多大企业将化整为零，根据客户的需求组建新的团队，并以最小功能单元完成企业资源的优化配置和调整，大幅降低小微组织的创业成本与风险。在此过程中，传统的企业组织方式将向扁平化的方向

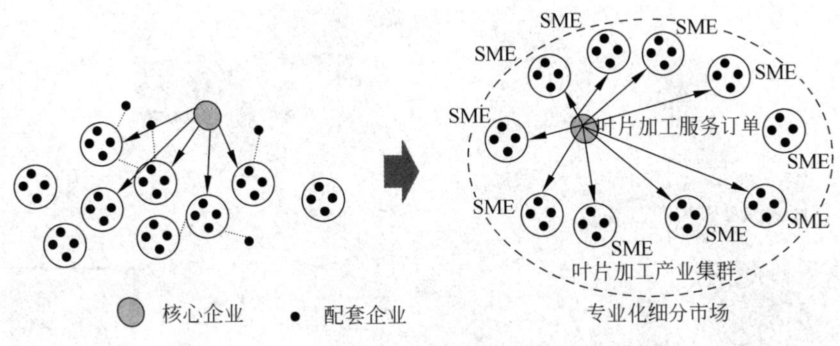

图 5-11　以加工服务订单承接为核心形成的供应链

发生变革。

典型的核心企业组织小微化案例是海尔集团互联网众包平台 HOPE 的整体裂变组织变革。一方面，海尔集团组织运营微型化，从层级型管控组织裂变为小微公司，使后者在海尔创业生态圈的配套和支撑中成长为行业引领公司；另一方面，海尔集团的员工经营创客化，使过去雇佣制下的执行者变为动态合伙人制下的决策者，内部员工和外部员工直面市场做创客，利用互联网技术创业创新。海尔集团的这个平台已经慢慢演变成一个实现更广泛协同的生态系统。

核心企业小微化重组形成的供应链如图 5-12 所示。

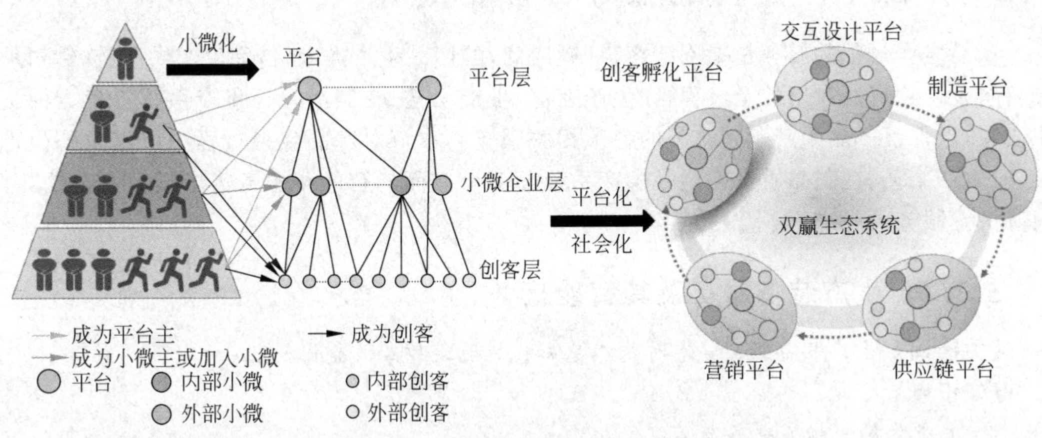

图 5-12　核心企业小微化重组形成的供应链

3）消费产品驱动的小微企业自组织形成的供应链

区别于以传统大装备制造商为核心的企业生产组织模式，市场上一些行业门槛较低的简单消费产品（如由近 30 个零件组成的打火机等）或新兴的开放式/开源式产品（如 Reprap 开源 3D 打印机等）的制造往往由地位均等的小微企业自组织完成。

例如，由英国 Bath 大学开源的 RepRap 3D 打印机项目，一些初创公司加入社区（如 Reprap.org），面向消费者的个性化需求，共同创造出了具有开放性和个性化的 3D 打印机。小微企业自组织形成的供应链示意图如图 5-13 所示。

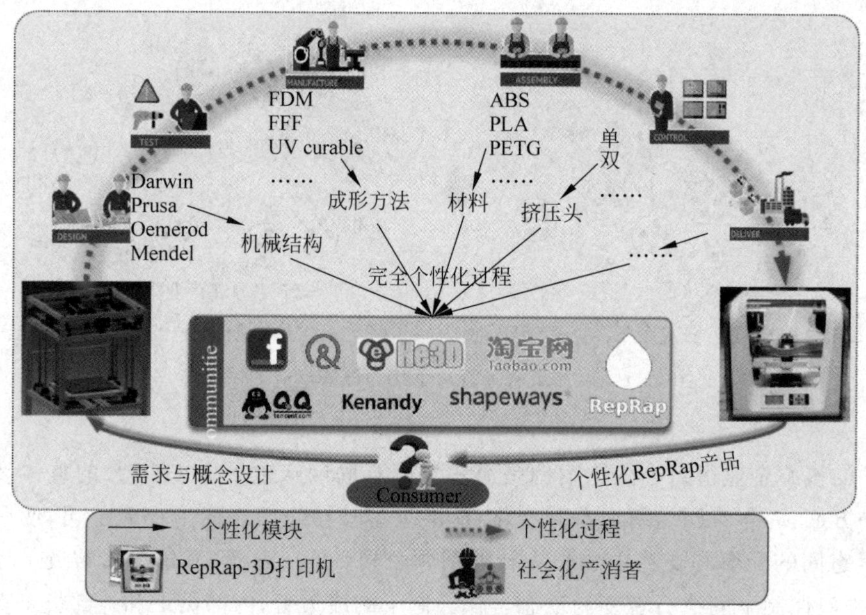

图 5-13　小微企业自组织形成的供应链

5.2　产品生产过程的服务与智能化

产品生产过程的服务是指围绕客户(制造商)的产品生产需求，借助生产供应链，针对从原材料投入到成品产出的全过程，在生产装备、生产工艺、在制品乃至生产系统等各方面提供支持，以保证产品生产顺利实施的各项相关服务。本节对产品生产过程中所涉及的生产装备、生产工艺、在制品质量控制及生产系统等多个方面的智能化服务需求进行了分析，并对其关键服务内容进行了介绍。

5.2.1　生产装备服务及其智能化

【关键词】生产装备服务；实时状态感知；智能运维；服务化封装

【知识点】

1. 生产装备的相关服务及其智能化需求。
2. 生产装备实时状态感知的基本知识与使能技术。
3. 故障诊断、剩余使用寿命预测、PdM 等典型智能运维技术。
4. 基于工业 4.0 参考体系架构模型和资产管理壳的生产装备的服务化封装的概念。

1. 生产装备服务智能化需求

生产装备是指用于生产过程中制造产品所需的各种设备和工具，如数控机床、机器人、锻造炉等。生产装备为生产活动的开展提供了工具基础，生产装备的状态将对生产进程产生直接影响。目前，绝大部分制造企业的生产装备的日常维修维护是以在出现故障或者生产事故后进行现场修复性维修的模式来完成的，属于被动式故障维修。随着市场的变化与生产节奏的加快，生产装备的损耗、异常、故障等对产品的交付与上市乃至制造企业的市场竞争力等造成的负面影响被进一步放大，而随着生产装备的集成度、复杂性、智能化程度的不断提高，生产装备维修维护的复杂性又大大增加，致使越来越多的制造企业寻求生产装备智能化运营管理服务。

另外，产品个性化、定制化需求的不断增长使得产品批量越发朝着单件小批的方向发展，驱使制造商频繁地更新生产计划、调整生产装备，极易导致制造商所拥有的设备出现长期闲置的情况，降低设备的综合利用率，进而抬高企业运营成本。在全球化制造背景下，借由社群化制造、云制造等智能制造模式，制造商可采用租赁或外包的形式获得生产装备能够提供的生产服务。但是，由于生产装备来自不同的设备制造商，或属于非标设备，这给生产资源的信息共享与生产协同带来了障碍。因此，需针对各类生产资源，尤其是生产装备制定一种标准化的建模表达体系框架，以解决生产资源的定义、分类、描述与信息共享等问题。

从使能技术的角度看，生产装备服务智能化的主要需求可归纳为生产装备健康状态的持续性实时感知、生产装备运维计划的智能辅助决策、生产装备的服务化与协同化封装三项内容。生产装备服务需求框架如图 5-14 所示。

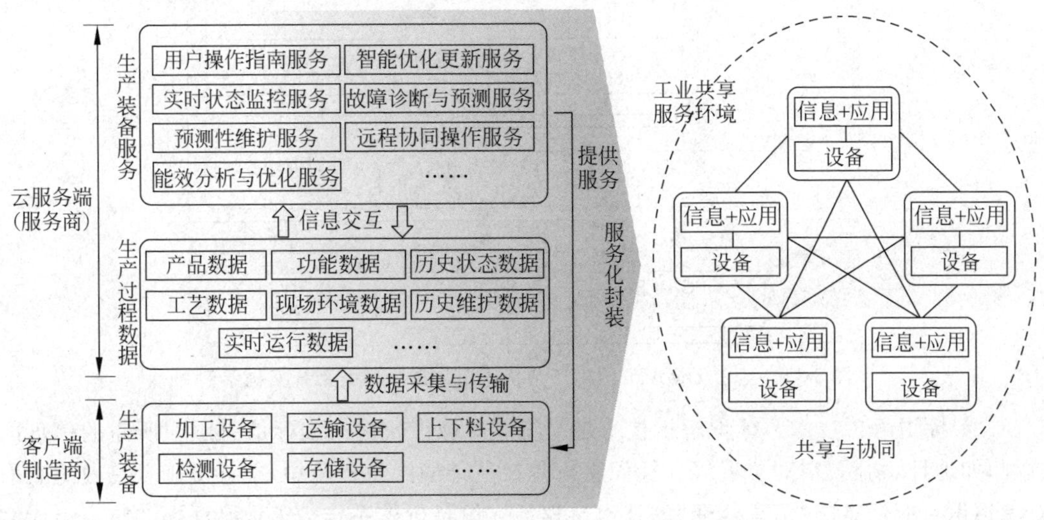

图 5-14　生产装备服务需求框架

2. 生产装备的实时状态感知

生产装备的实时状态感知是实现生产装备智能运维计划智能决策的基础，需开展基于传感器的可靠性数据采集及云端集成工作，以便于生产装备的信息共享与协同管理。

1）生产装备的可靠性数据组成

生产装备的数据可分为静态数据与动态数据两大类。静态数据是指不变化或者变化程度很低的数据，如设备编号、工艺参数等。此类数据一般采用 RFID 技术、条形码技术等进行采集，或者直接从现有的静态数据库（如设备清单）中获取。动态数据是指在生产过程中经常发生变化的数据。动态数据又可以分为内部数据与外部数据。内部数据一般由生产装备的控制系统进行存储与管理，可通过物理通信接口获取，通常为比较直观的数据，如数控机床的通电状态、主轴的启停或加工程序的启停。根据不同的控制系统，对应有不同的通信接口，又会细分为不同的数据采集方式。而外部数据并不由生产装备自身提供，如普通机床的振动、温度、切削力等信息，需要通过外加传感器进行采集。

基于传感器的可靠性数据采集技术已在 3.2.4 节中进行介绍，此处不再赘述。

2）基于工业互联网的数据上云

(1) 通用数据接口。由于市场上海量的生产装备存在显著的多源异构特征，生产装备的数据上云涉及基于工业通信网络的设备接入、不同协议间的兼容性转换等关键技术。相关技术与方法已在3.2.4节中进行了介绍，在此不再赘述。图5-15为基于UMATI的生产装备通用数据接口的系统架构示例。UMATI接口的核心在于为开放性生产控制和统一架构的信息模型提供一种标准化的语义，即UMATI数据格式。

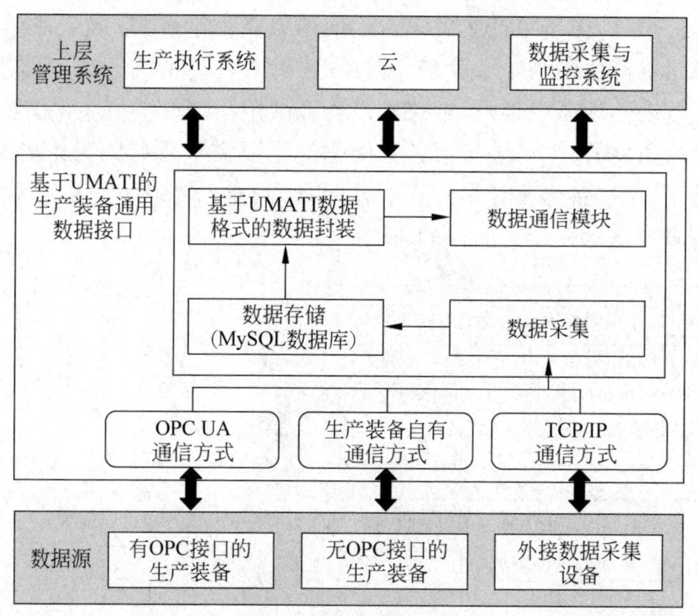

图5-15　基于UMATI的生产装备通用数据接口的系统架构示例

(2) 标识解析技术。标识解析技术是指将对象标识映射至实际信息服务所需的信息的过程，如地址、物品、空间位置等。标识解析是在复杂的网络环境中，能够准确且高效地获取对象标识对应信息的“信息转变”的技术过程。标识解析体系作为工业互联网的重要组成之一，是制造业数据共享和资源配置实现的基础，其核心内容包括标识编码、标识解析系统和标识数据服务。区别于基于物体检测的传统资源定位技术，制造业标识以编码规则、注册规范、解析查询、数据管理的详细定义为基础，为所有生产资源和管理过程提供工业互联网唯一映射，使得各类实体的状态和数据可以被准确追踪和精确访问。当前常用的标识解析体系有IIoT统一标识、对象标识符、句柄系统、泛在标识等。数字对象标识符是数字环境中用于资源唯一识别的符号，在物理世界中与数字标识体系交互，需要为抽象数字标识建立物理载体。根据标识载体是否具有与读写设备、服务节点、应用平台的主动通信能力，可以将标识载体分为被动标识载体和主动标识载体两大类。被动标识载体包括条形码、RFID、近场通信等需要识读设备的标识载体，主动标识载体则由集成电路或模组等组成。

在标识解析技术框架中，设备、产品、员工等多样化资源的信息可以被有效地整合，并在工业互联网中构建起综合数据关系网络。在区块链、IIoT、AI、云计算等技术的支持下，标识解析技术保证每个项目在整个制造流程中被有效追踪和管理，从入库、加工到出货环节，每一步都可以实时追踪和精确控制，是生产过程跟踪和监控的有效手段。从纵向角度看，标识解析技术可以打通产品、机器、车间、工厂，实现底层标识数据采集成规模、信息系统间数据共享，以及标识数据得到分析应用。从横向角度看，可以横向连接供应链中的上下游企业，进而形成协作平台，利用标识解析按需共享数据。从端到端角度看，可以打通设计、制造、物流、使用的全生命周期，实现真正的全生命周期管理。图 5-16 所示为某学校液压阀生产的智能制造学习工厂标识管理系统架构。

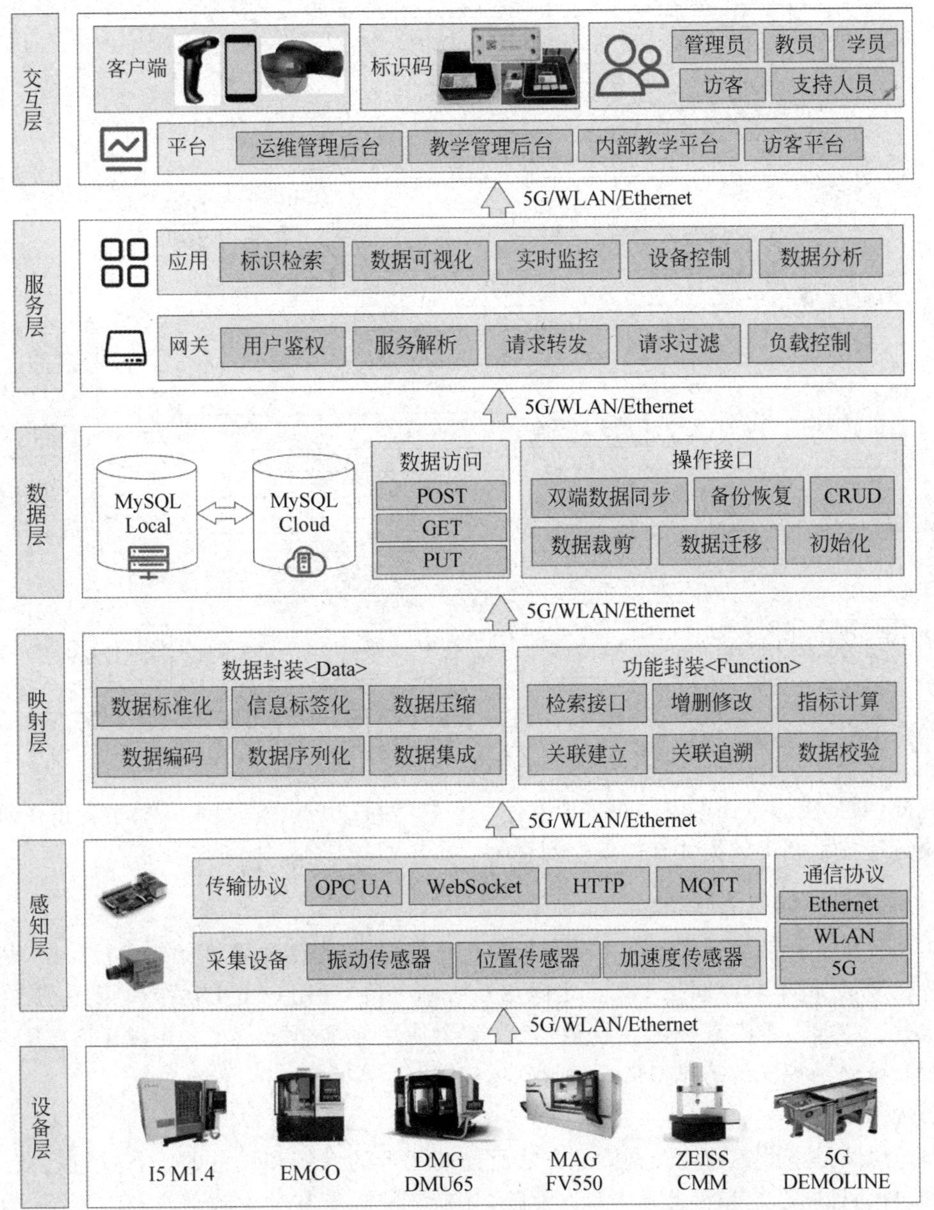

图 5-16　某学校液压阀生产的智能制造学习工厂的标识管理系统架构

（3）基于工业互联网平台的工业生产装备数据集成。传统的生产装备数据集成方法是基于运营技术和 ICT 集成的方法，也即通过现场总线或工业以太网实现生产装备的接入。基于工业互联网平台的方法则以“平台＋边缘设备”的模式实现生产装备的接入，即通过边缘设备实现多协议的转换和多接口的支持，以实现工业设备的物理接入；再通过边缘设备内部的转换模块，实现数据层的接入甚至语义层的解析。基于工业互联网平台的工业数据采集及应用的总体框架如图 5-17 所示。以 iSESOL 公司的数据上云方案为例，利用边缘设备 iSESOL BOX 将不同的生产装备接入 iSESOL 云平台的方案架构如图 5-18 所示。

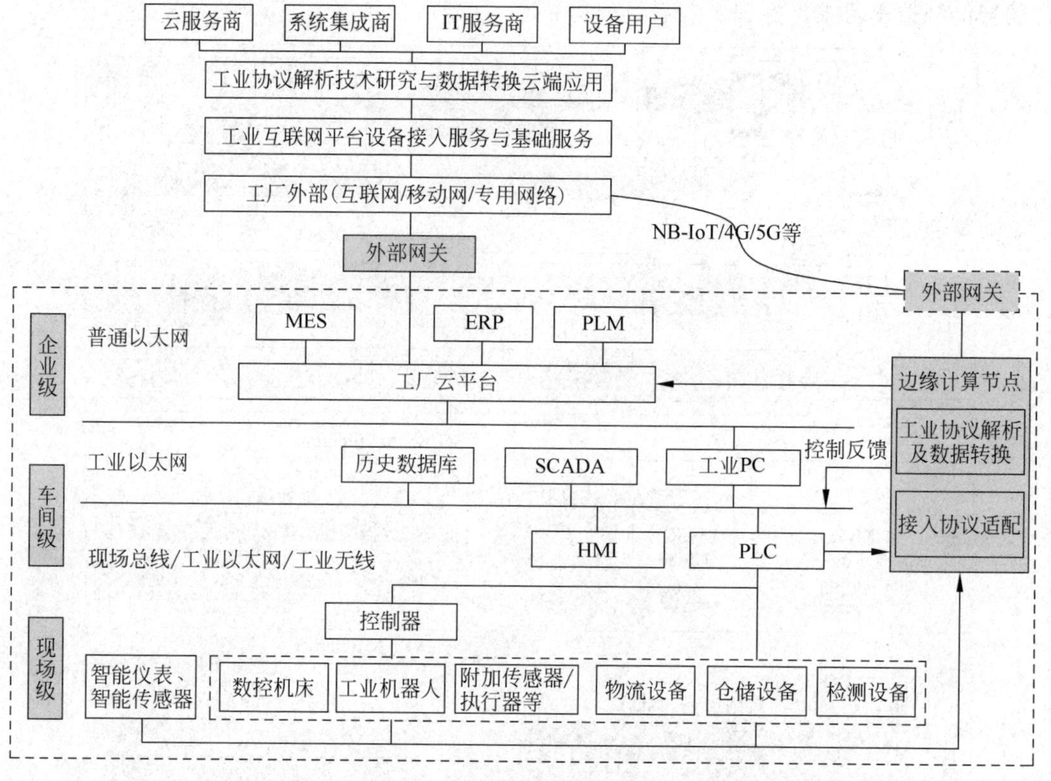

图 5-17 基于工业互联网平台的工业数据采集及应用的总体框架

此外，数据上云也面临着数据安全和隐私保护等挑战与风险，目前一些学者正在研究利用区块链等技术解决数据共享的安全问题。

3. 生产装备的智能运维

生产装备的智能运维服务的本质是根据用户的要求，基于生产装备的运行数据，利用智能方法在质量、成本与时间三个要素之间相互协调，以协助用户做出运维决策，并提供维修维护服务。智能运维服务技术在故障诊断、剩余使用寿命(remaining useful life，RUL)预测、PdM、维修维护支持等典型情境中得到体现。

1）故障诊断

故障诊断是借助各种检查和测试方法对连续运行的系统和设备的状态进行检测、分析和计算，自动推断系统和设备是否存在故障，并确定故障所在的大致部位及其原因，为故障恢复提供依据的一项技术。故障诊断的主要任务有故障检测、故障类型判断、故障定位及故障恢复等。故障诊断技术主要有油液监测、振动监测、噪声监测、性能趋势分析和无损探伤等。故障诊断方法主要有基于专家系统、基于人工神经网络、基于模糊数学、基于故障树等诊断方法，在实际应用时常将多种方法结合使用。

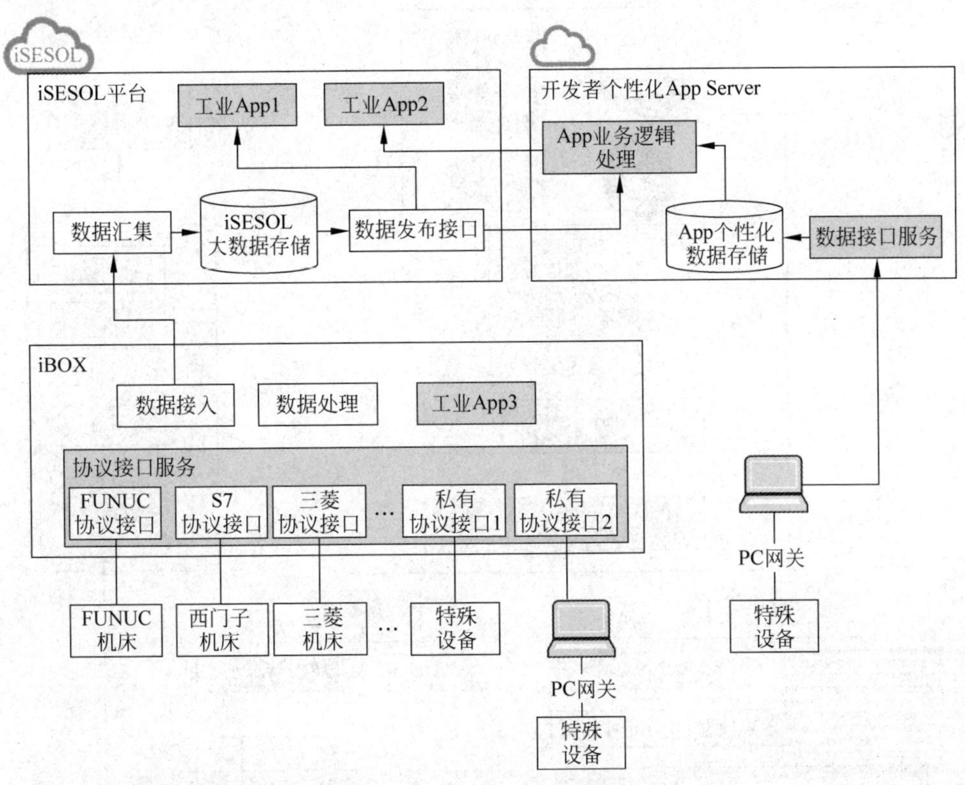

图5-18　利用边缘设备iSESOL BOX将不同的生产装备接入iSESOL云平台的方案架构

2）剩余使用寿命(RUL)预测

RUL指系统从当前到发生潜在故障的预计持续正常工作时间。准确地预测系统的RUL,可以大大减少因系统宕机引起的损失,提高系统运行的可靠性。RUL预测方法根据模型原理可分为基于模型的方法和基于数据驱动的方法。基于模型的方法主要利用系统退化的物理原理形成物理退化模型,或根据经验对系统的退化演化规律进行假设,形成经验退化模型,从而实现预测。基于数据驱动的方法利用大量历史数据实现RUL预测,主要采用机器学习算法形成预测模型。

3）预测性维护(PdM)

PdM是以状态为依据的维护,在装备运行时,对其关键部位进行定期或连续的状态监测和故障诊断,判定装备所处的状态及状态发展趋势和可能的故障模式,并以此为依据预先制订维修维护计划,确定维修维护时间、内容、方式、必需的技术和物资支持等。PdM集装备状态监测、故障诊断、状态预测、维修决策支持和维修维护活动于一体,是一种新兴的维修维护方式。基于工业AI的设备PdM闭环框架的一般流程如图5-19所示。

4）维修维护支持

在生产装备的使用过程中,为延长其使用寿命,需根据计划进行日常保养；当生产装备出现故障时,为降低其对生产造成的影响,需尽快完成生产装备的维修维护。在传统生产模式下,生产装备的日常保养与维护通常由制造企业自行完成,而通过联系生产装备售后服务或其他修理厂商进行维修,非常容易导致保养与维护执行不到位、维修周期较长等问题。而在数据共享与云平台协同支持下,维修服务商可利用PdM等功能的决策结果,快速为制造

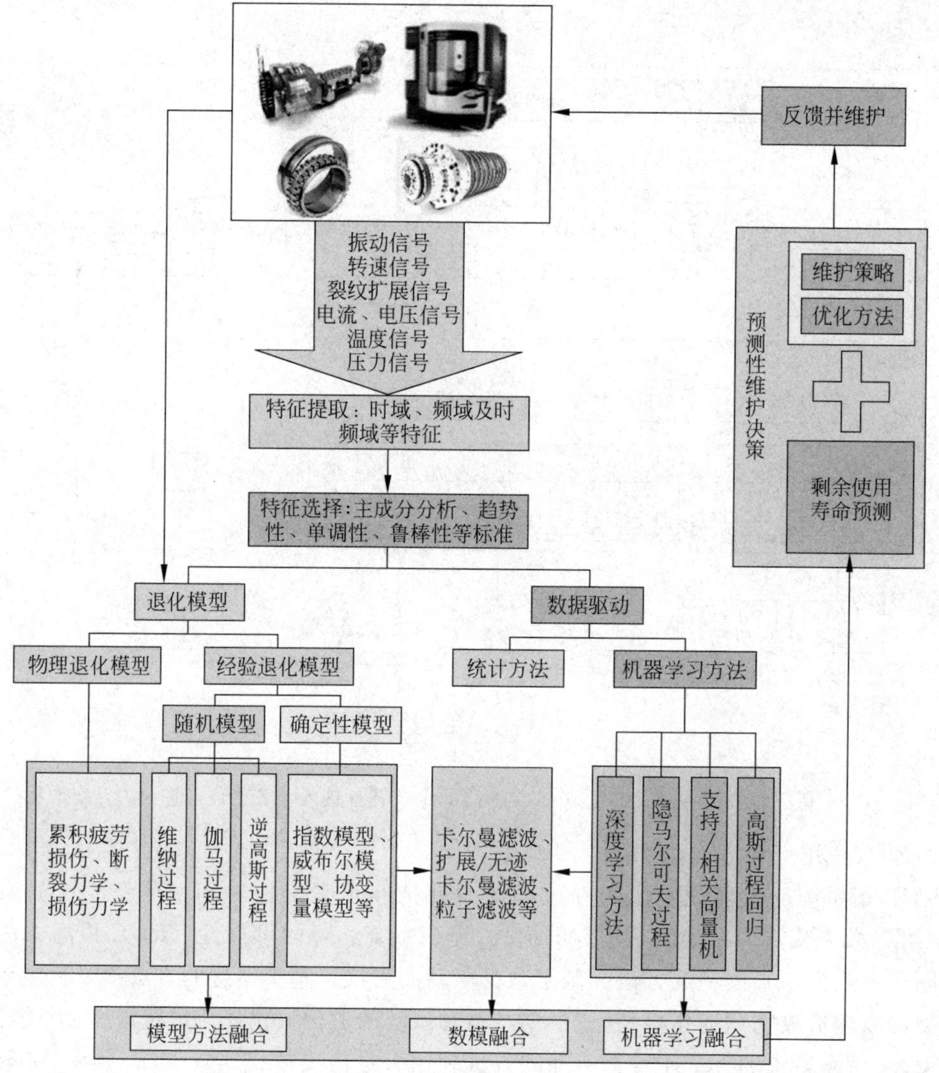

图 5-19　基于工业 AI 的设备 PdM 闭环框架

商提供远程服务支持,协助制造商完成生产装备检修。对于需到现场完成的维修工作,则可以根据预估的故障原因事先做好维修准备,从而缩短维修周期。此外,维修服务商还可以包揽生产装备的日常保养工作,凭借服务团队的专业性为制造商提供更为精准的保养计划及保证保养工作的执行力。

对于生产装备的供应商而言,生产装备是其产品。智能产品的运行与维护服务的相关内容将在第 6 章详细介绍,在此不展开讨论。

4. 生产装备的服务化封装

生产资源的服务化封装是社群化制造、云制造等智能制造模式的关键技术之一,标准化的服务化封装可实现以生产装备为代表的生产资源的高度集成与充分共享,使分散的生产资源在云端得到集中,并可提供跨地域的分布式服务。

数字影子(digital shadow,DS)和数字孪生(digital twin,DT)的概念及相关技术为生产资源的服务化封装提供了基础。DS 常被解释为从物理系统到其 DT 的数据链接,在服务工程领域，DS是特定领域的物理模型和数据驱动模型的组合，具有抽象化、互操作性和可交换性，其所产生的数据集可以为DT中的数据提供输入和/或跟踪。

DT通常被视为代表物理系统的结构、优化或模拟模型。孪生过程涉及两个阶段：从物理到虚拟的链接阶段(DS)，其中物理系统的测量数据被分析，DT模型相应地进行修改；从虚拟到物理的链接阶段(DT)，在这一阶段，从DT模型获取的信息被用来控制物理系统。DS更多地用于实时性要求不高的服务场合，如工艺编制、物流、外包服务、参数模型优化等。生产过程的服务可在数据采集、集成与交互的支持下，以大数据驱动的生产装备的DS/DT模型为使能工具，对物理实体进行仿真分析和优化。因此，生产装备的服务化封装可视为生产装备DS/DT的开发与服务功能的集成。

在服务化封装的标准化实施方面，德国提出的工业4.0为工业资产的服务化封装提供了理论与技术指导。工业4.0的基本目的是促进技术对象之间的合作和协作，工业4.0参考体系架构模型(reference architecture model industrie 4.0，RAMI4.0)则是工业4.0基本思想的结构化描述，为技术对象在其整个生命周期及相关的价值变化中创建数字化描述规则。RAMI4.0是一个层次化三维模型，包括全生命周期与价值链、工业结构等级、层次类别三个维度，定义了详细的概念、标准和交互规范。同时还提出了工业4.0组件参考模型，即资产管理壳(assets administration shell，AAS)，以提供RAMI4.0对应的数字化应用，如图5-20所示。

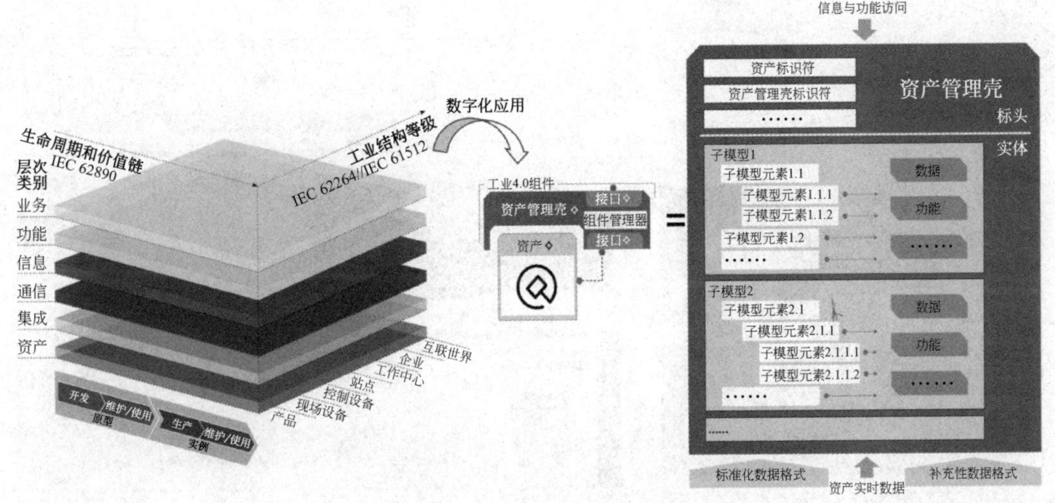

图5-20　RAMI4.0及AAS

AAS被认为是标准化的DT。RAMI4.0致力于自顶向下对工业4.0资产的信息交互及服务应用进行全方位的规范化描述并形成标准，能够为工业4.0范式下的各类应用领域提供技术资产框架的支持，而AAS的特点很好地契合了生产装备的服务化封装需求。以同济大学先进制造技术中心为例，其基于AAS的生产装备服务化封装案例如图5-21所示。

聚焦数据资源安全共享这一关键问题，工业数据空间这一概念及其使能技术可提供环境基础。工业数据空间是基于标准通信接口技术建立可信安全的数据共享环境，支持供需方数据"可用不可见"共享开发的虚拟架构，包含业务、功能、流程、信息和系统五个层次，以及安全、认证、治理三个原则维度，利用"数据连接器"技术保障数据安全交换，采用"双认证"

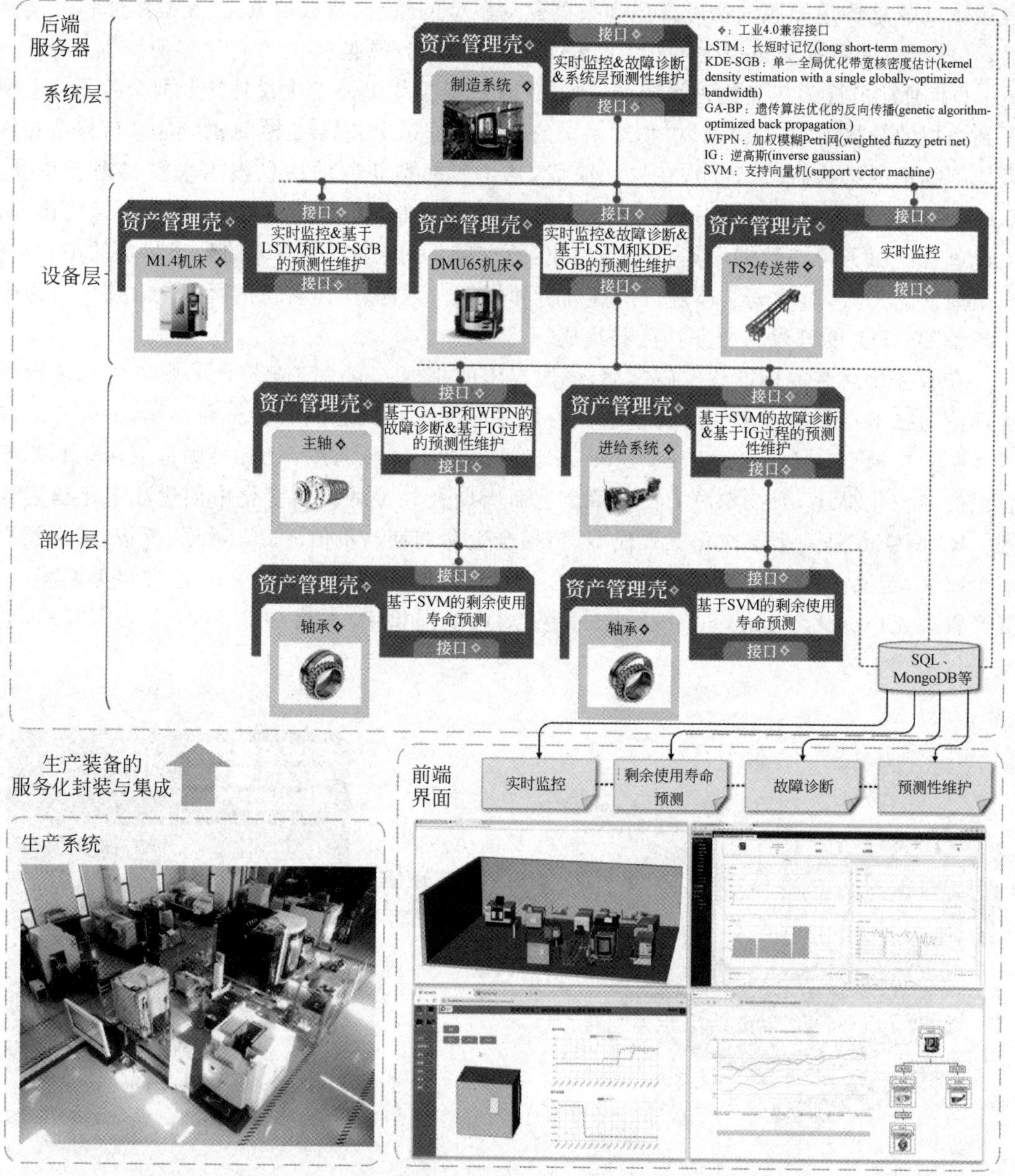

图 5-21　基于 AAS 的生产装备服务化封装与集成及运维服务应用

模式支撑构建数据可信流通环境，并依托“多主体、分角色”构建数据空间立体发展生态，被业界视为推动工业数据流通的有效途径和工业数据价值挖掘的关键基础。

5.2.2　生产工艺服务及其智能化

【关键词】 生产工艺服务；生产工艺规划；生产工艺过程仿真

【知识点】

1. 生产工艺的相关服务及其智能化需求。
2. 生产工艺规划的基本方法与使能技术。

3. 智能计算机辅助工艺规划系统的基本概念。

4. 装配仿真方法与技术。

1. 生产工艺服务智能化需求

生产工艺是指利用生产装备对各种原材料、半成品进行加工或处理，使之成为成品的方法和技术。先进的生产工艺是高效生产低成本、高质量产品的前提和保证。传统的生产工艺设计一般包括产品图纸工艺分析审查、工艺方案和工艺文件编制、工艺技术方案的技术经济评价等工作，主要依赖工艺工程师的经验知识来完成。CAPP借助于计算机软硬件、信息处理技术和支撑环境，通过向计算机输入被制造对象的几何模型信息和材料、热处理、批量等工艺信息，由计算机进行数值计算、逻辑判断和推理等，协助工艺人员生成制造对象的工艺路线和工序内容等工艺文件及进行工艺信息的管理和维护，为生产工艺的设计过程带来了便利。

3D打印、增减材混合加工、多机器人协同加工等新技术与新工艺的不断涌现，为生产工艺的设计提供了更加多样化的选择，而社群化制造、云制造等新兴制造模式进一步为工艺多样化的实施提供了高效率、低成本的捷径。然而，在生产节奏不断加快的制造背景下，层出不穷的新技术、新工艺亦带来了新的挑战，以工艺工程师个人经验为主的传统工艺设计方法无法实现新知识快速且可靠的转化，使得新技术、新工艺的应用推广显著滞后。此外，个性化、定制化产品服务需求的增长使得生产工艺设计变得越发频繁，亦给传统的工艺设计方法带来了冲击。因此，以集中性的工艺设计专业人员构成工艺支持团队并开发智能化使能工具，为广大制造企业提供生产工艺服务势在必行。

另外，随着个性化、定制化需求的不断增长，产品批量的数量进一步减小，工艺规划中的错误对生产效益的影响被进一步放大，因此制造企业对生产工艺的可行性、可靠性与合理性提出了更加苛刻的要求。利用各种仿真技术对生产工艺过程进行模拟，能够有效检验生产工艺的正确性，并为工艺过程的优化提供支持，促进效益的最大化。但仿真模型的构建需要耗费大量的时间与精力，且高保真性的仿真模型需以高水平的专业知识作为支撑，许多企业，尤其是小微企业并不具备这一能力，所以寻求专业的服务团队的支持成为其必然选择。生产工艺规划与工艺过程仿真服务的一般形式如图5-22所示。

2. 生产工艺规划服务

传统的制造工艺规划主要是根据工艺设计人员的个人经验对待加工产品进行工艺过程分析，对制造资源进行选取，根据制造要求完成工艺参数的设置。在这种工艺规划方式下，产品的最终质量受人为因素的影响很大，工艺规程的制定因人而异，当产品发生变化时缺乏通用性与灵活性。

智能工艺规划的主要特点在于引入数据库、知识库、大数据、云平台等数据处理技术和智能算法来辅助生产资源及工艺参数的选择，以及引入虚拟现实和仿真手段对工艺过程进行仿真与优化。工艺规划的智能化包含工艺规划过程的显性化、流程化、模块化以及工艺设计活动的智能化、闭环化两个方面的内容。智能工艺规划的流程通常包括数据采集与整合，产品和工艺知识建模，智能决策支持，反馈、学习与改进等关键步骤。

近年来，AI技术逐渐融入CAPP系统中。针对工艺知识表示，引入了更加全面的知识表示方法，包括本体表示方法、基于XML的表示法及语义网络表示方法等；针对推理决策，

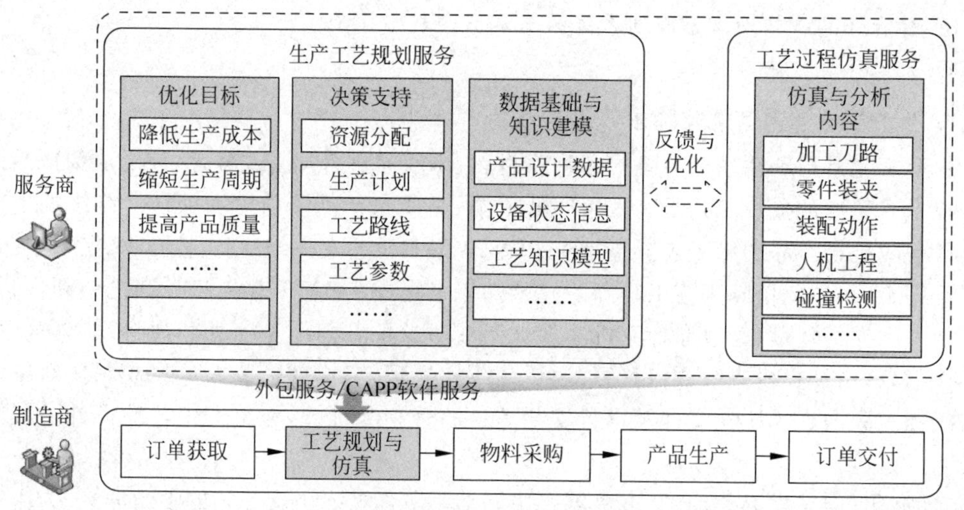

图 5-22　生产工艺规划与工艺过程仿真服务的一般形式

引入了加权推理、统计推理及基于多值逻辑的不精确推理等更精准的推理策略；针对系统结构，引入了多层次结构、多知识表示、多推理机制及分布式结构等。尤其是引入了很多智能理论与智能算法，包括混沌理论、模糊理论、Agent 理论等理论和蚁群算法、遗传算法、人工神经网络等算法，这些智能技术的交叉运用，使得 CAPP 系统迈入了一个智能化的时代。基于知识的 CAPP 系统是目前研究的主流，采用开放的体系结构以满足不同企业不同专业的智能化系统的二次开发需求，采用交互式设计方式满足实用化要求，同时注重数据的管理与集成，是目前公认的最佳开发模式。

典型的智能 CAPP 系统有派生式 CAPP 系统、创成式 CAPP 系统、CAPP 专家系统等。其中，派生式 CAPP 系统的工作原理与创成式 CAPP 系统的工作原理分别如图 5-23 和图 5-24 所示。

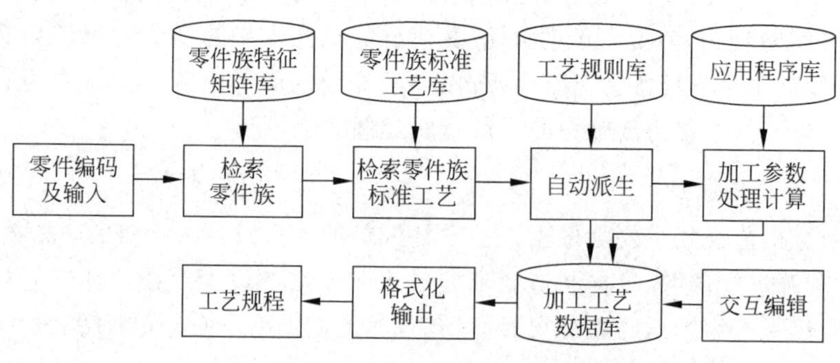

图 5-23　派生式 CAPP 的工作原理

3. 生产工艺过程仿真服务

与二维工艺规划环境相比，三维环境最大的优势是所见即所得，工艺中间状态可用三维模型准确表达，既可以模拟加工和装配动作，也可以模拟零件装夹方式、加工刀路轨迹、装配等。工艺资源可以由三维模型直接体现，辅助工艺全过程仿真的实现及工艺可达性和合理性的分析，提前发现工艺潜在的问题。

目前可用于开展生产工艺过程仿真的软件很多，如 Arena、Process Simulation 等。生

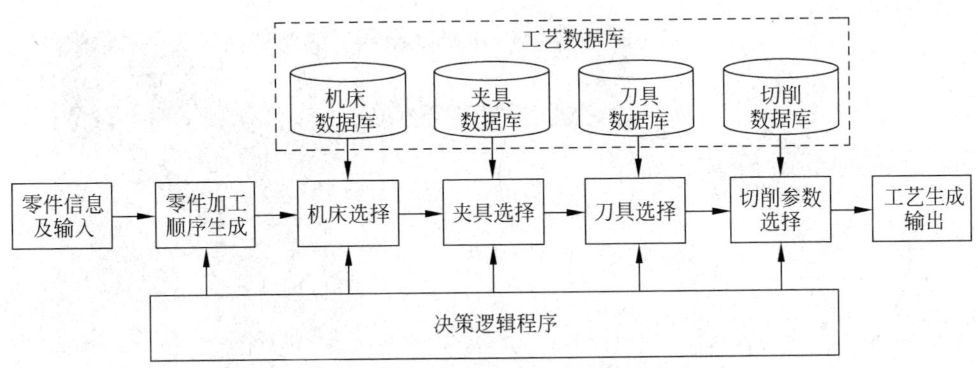

图 5-24 创成式 CAPP 的工作原理

产工艺过程仿真需根据生产工艺规划构建相应的资源模型并按照生产计划模拟执行。以装配过程的仿真为例,装配过程仿真是在生成装配工艺的基础上利用计算机图形学、模型技术等,以可视化干涉检查的手段,充分考虑人机工程等重要因素,模拟零部件间的装配过程,从而验证产品的可装配性,实现产品可装配性的评估和优化。装配过程仿真可以交互式或自动地建立装配路径,动态分析装配干涉情况,有助于确定最优装配和拆卸操作顺序,优化产品装配的操作过程。动态装配过程仿真将产品、资源和工艺操作结合起来分析产品装配的顺序和工序流程,并且在装配生产模型下模拟产品的装配流程,评价装配工装、设备、人员等影响下的装配工艺和装配方法,检验装配过程是否存在错误,零件装配时是否存在碰撞,验证产品装配的工艺性,达到尽早发现问题并解决问题的目的。数字化装配过程仿真服务的一般流程如图 5-25 所示。一种装配过程仿真技术框架及人机工程仿真的示例如图 5-26 所示。

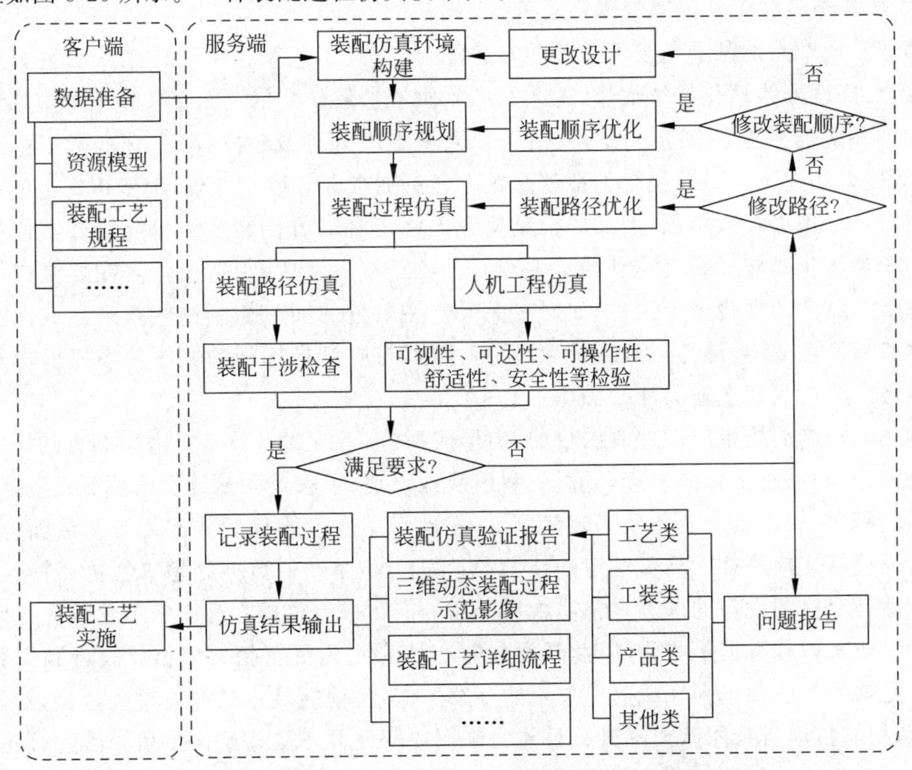

图 5-25 数字化装配过程仿真服务的一般流程

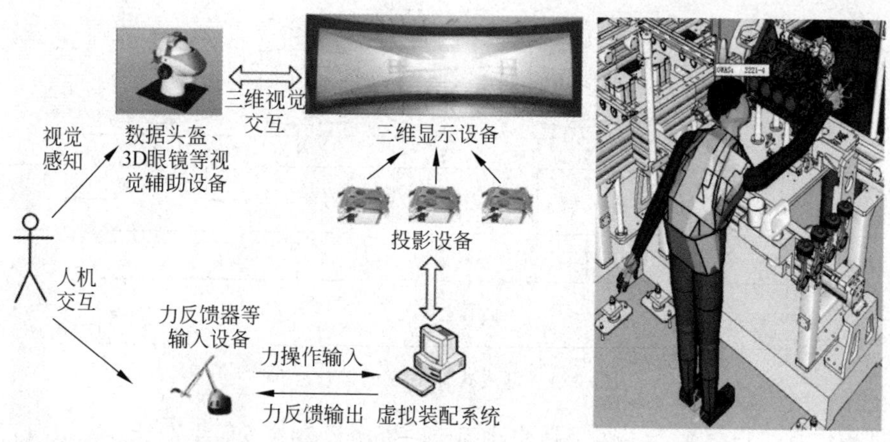

图 5-26　一种装配过程仿真技术框架及人机工程仿真

5.2.3　在制品质量控制服务及其智能化

【关键词】在制品质量控制；质量检测技术；加工参数优化

【知识点】

1. 在制品质量控制的相关服务及其智能化需求。
2. 产品质量检测的基本方法、智能质量检测服务技术。
3. 加工参数优化的基本方法、加工参数智能优化服务技术。

1. 在制品质量控制服务智能化需求

随着工业产品的制造与装配过程的日趋复杂，以及工艺制程中生产系统的复杂程度向多维度化、高度非线性化持续演进，工艺及产品质量参数与变量之间存在越来越多的难以事先预知的相关与复杂的耦合关系，致使工程人员难以刻画或建立详细、精准的工艺制程模型，进而使得制造工艺参数组合的最佳配置方案更加难以获取。此外，消费市场上的产品定制化需求正呈现爆炸式增长，产品的批量朝着单件小批的方向转变。传统生产中通过反复试制与调整逐步爬坡并最终达到稳定生产的方式已然不适用，制造企业需在控制成本的前提下保证产品生产即合格。因此，如何在保证产品质量的同时控制这些新产品或产品变种的制程参数调优成本，迅速正确地辨识出工艺因素与质量指标间的关联关系以取得最佳制程配方已经成为制造企业关注的焦点。

为达到在制品质量智能控制的目的，需形成高效、系统化且具备自适应能力的快速调试参数的方法，在动态变化的生产环境下，利用视觉识别、接触式测量等手段检测在制品质量，并反馈、补偿与校正生产装备及工艺参数，以实现产品质量管控的降本增效。然而，高精度的视觉或接触式检测技术具备一定的技术含量，且 AI 驱动的数据处理算法更新换代较快，检测程序乃至检测设备的配置也常需根据产品的变化进行调整；对加工参数的优化则需以丰富的专业知识和数据积累为基础，开发并随产品的变化更新相关模型。大量制造企业并不具备足够的专业知识来完成这些技术的开发工作，且使能技术的开发过程漫长，对许多企业而言，依靠扩展自身团队或提升自身能力来完成开发并不具备经济价值。因此，制造企业对于在制品质量控制的相关检测手段及控制方法有着越发强烈的服务需求。产品质量检测服务及加工参数优化服务的一般形式如图 5-27 所示。

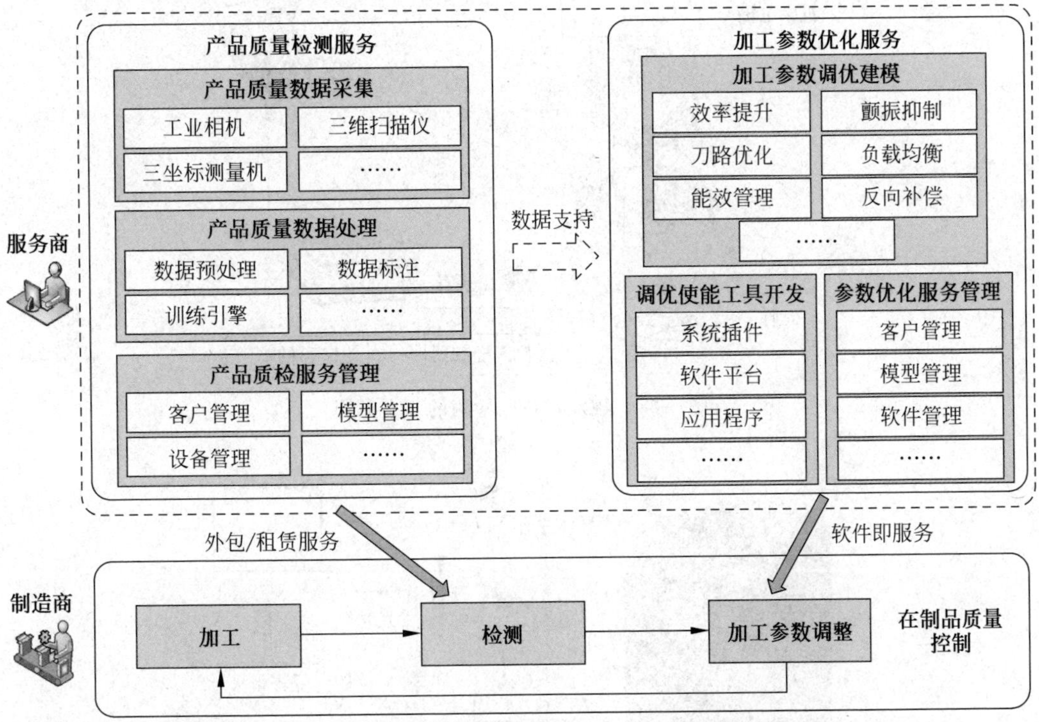

图 5-27　产品质量检测服务与加工参数优化服务的一般形式

2. 产品的质量检测服务

根据开展检测的时间不同，可将产品质量检测技术分为在机检测和离线检测。其中，在机检测是指以机床为载体，在产品生产过程中对产品质量进行检测，该方法可以避免检测过程中对产品的拆卸和再安装导致的误差，并且在机检测可以根据检测结果实时调整加工参数，改善产品加工质量。离线检测是指在生产过程结束后对产品质量进行检测，虽然目前普遍认为在机检测更经济有效，但是对于一些特殊情况，包括在机检验不充分或无法进行在机检测的情况，就需要采用离线检测。根据测量方法进行分类，可以将在机检测技术分为接触式检测、非接触式检测及复合式检测三类。典型的接触式与非接触式检测方法的基本原理分别如图 5-28 和图 5-29 所示。

复合式在机检测指多传感器和数控系统高度集成，具有达到综合多种检测方法的优势。随着 AI 技术的融入，产品的质量检测不再仅限于获取产品形位尺寸、表面形貌等特征参数，而是逐渐实现功能扩展，在基础特征参数的基础上，可以通过各类推理与预测算法提取出关联特征参数及预测工件加工质量特性，乃至进行质量诊断以定位产品质量超差的原因并给出解决方案。

以华为云 D-Plan AI 质检服务解决方案为例(图 5-30)，其利用 AI 进行辅助缺陷检测或参数优化，并搭建数字化的管理系统，为用户提供端到端的解决方案。此外，随着智能数控系统的发展，产品质量检测服务在数控系统中的集成越来越多。

例如，在 i5 智能数控系统中，已经将图像处理软件完全集成于计算机数控控制器中，从而提高了视觉检测系统与计算机数控控制交互的同步性及灵活性，如图 5-31 所示。

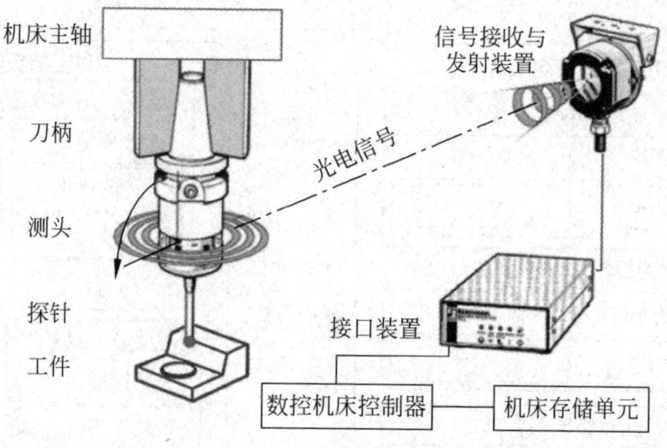

图 5-28　触发式在机检测的基本原理

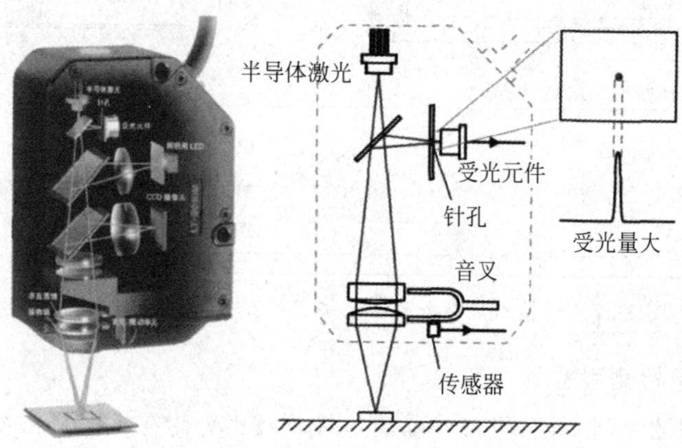

图 5-29　激光共焦距检测的基本原理

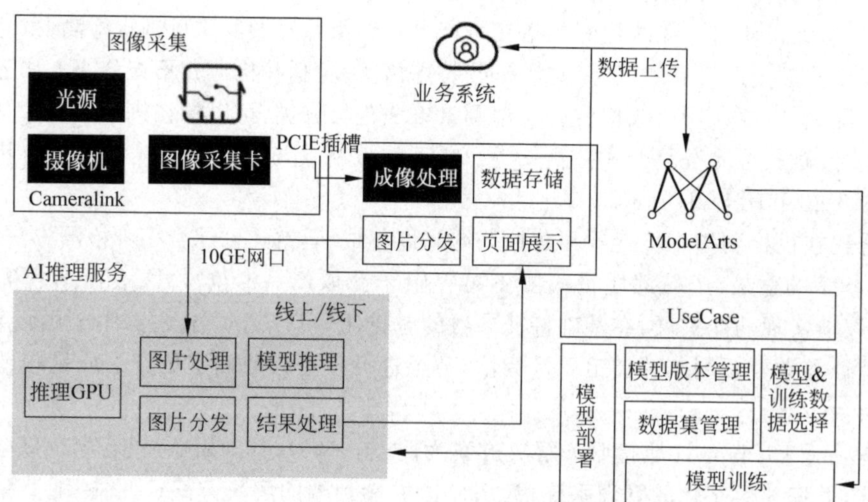

图 5-30　华为云 D-Plan AI 质检服务解决方案

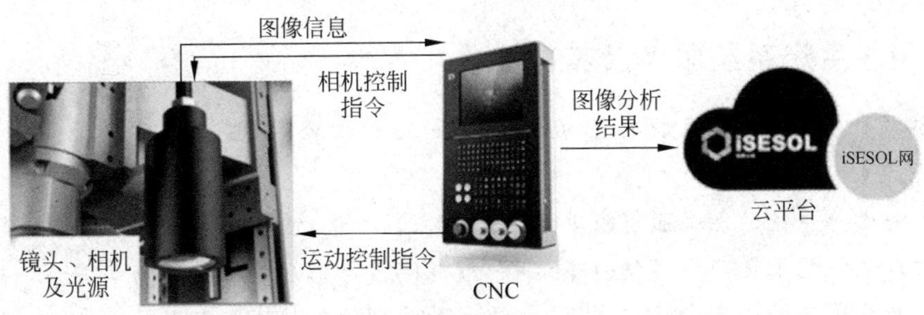

图 5-31　i5 智能数控系统中视觉检测系统组成

3. 加工参数的动态优化服务

由于受到不同环境因素的影响，很难构建包含车间环境、设备退化状态等在内的所有相关因素的详尽的仿真或预测模型对实际生产过程进行高保真性镜像，因此常将工艺过程视为黑盒并进行即时的输入输出，以实现加工参数的动态优化。

目前加工参数优化方法可分为两类：第一类为实验设计结合统计分析的方法。这类方法避开了对优化目标表达式的求解，它先将待搜寻的水平表设计好，然后以此为依据进行实验与调优，采集大量实验数据进行统计分析。第二类为预测模型结合优化算法的方法。这类方法通过经验公式、回归分析或机器学习算法建立输入到输出的预测模型。代表性的加工参数优化方法有田口方法、贝叶斯调优算法等。

此外，在不同生产场景的加工参数调优过程中，调优因素、指标和权重等往往不尽相同，制造企业也可能设定不同的优化目标和成本时间等约束。面对如此复杂的情形，可通过构建参数优化知识库积累工艺参数优化知识，用以辅助面对新的加工参数优化需求时的优化决策。

以机加工过程中的反向补偿为例，在数控机床轴反向运动过程中，间隙、摩擦等非线性因素对参数控制的影响较大，表现为在电动机反转时，反馈速度较理论速度会产生较大的滞后。因此在加工圆弧或其他带有反向运动的特征时，在反向处会留下象限凸起的条纹，从而影响加工表面质量及加工精度。减小反向误差的方法可分为基于摩擦模型的补偿和基于前馈脉冲的补偿，在商用数控系统中，多采用基于前馈脉冲的补偿方法。以 i5 智能系统中基于 i5OS 的过象限误差补偿智能反向补偿功能为例，其运行过程及补偿效果如图 5-32 所示。

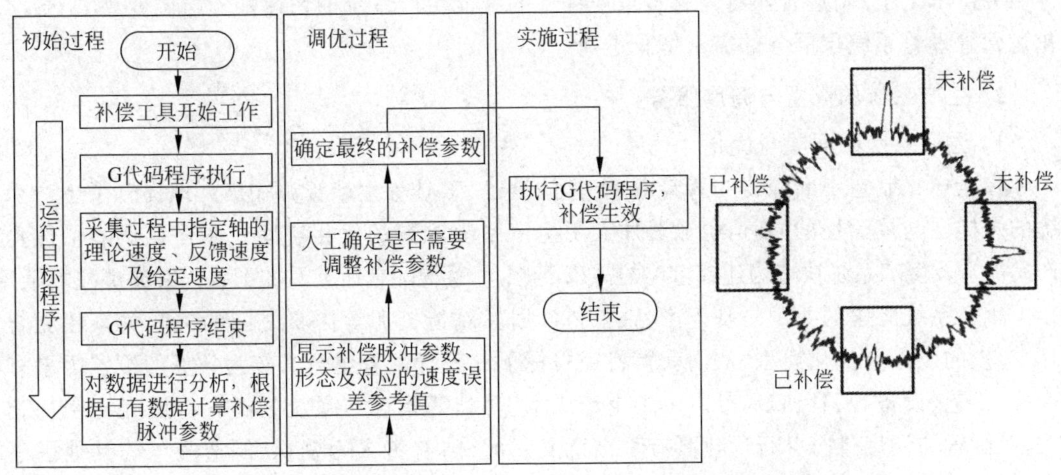

图 5-32　i5 智能系统中过象限误差补偿功能的运行过程及补偿效果

5.2.4 生产系统服务及其智能化

【关键词】生产系统；系统配置；系统调度；运营管理；交钥匙工程

【知识点】

1. 面向生产系统的相关服务及其智能化需求。
2. 生产系统的配置与调度的基本过程、智能配置与调度使能技术与工具。
3. 生产系统运营管理的基本内容、智能运营管理使能技术与工具。
4. 快速生成生产系统方案的交钥匙工程的基本概念。

1. 生产系统服务智能化需求

随着人们对个性化产品需求的增长及消费需求变化的加快，新产品不断涌现且产品更新换代的速度加快，其生命周期变得越来越短，单款产品的批量也相应减少。这就要求制造企业能够根据市场需求，尽可能地减少产品开发和生产系统由组建到投产运行的时间，快速得到生产系统解决实施方案并顺利投产；同时，此生产系统必须具备能够随产品设计改变而进行快速重构并生成相应工艺方案的智能特性。然而，传统的新生产系统开发的顺序流程使得交货期较长，无法适应当前的市场变化，同时严重依赖工程师的经验，容易出错且难以评估和保证结果的优越性；并且由于目前存在着大量非标准化的设备、软件接口和通信协议，导致构建生产系统的时间长、成本高、可靠性差，最终严重延误产品上市。如何将计算机辅助技术、IIoT、云计算、移动互联网和 AI 等各类技术进行有效融合以解决这些问题，是众多制造企业所面临的难题。大量制造企业，尤其是小微企业，可能缺乏必要的知识或能力来快速规划和整合合适的生产系统以应对市场需求。

此外，以智能运维与健康管理技术为代表的生产系统运营管理新模式能够在确保关键部件、生产装备、生产系统的安全、稳定、可靠运行及保障人身安全的同时，提高制造企业的生产效益，增强竞争力，正在引领制造业生产制造与维修保障体制的变革。借助相关技术实现的远程运维服务则是智能制造新模式的关键要素之一。

因此，为应对种类与批量快速变化的产品生产，在生产装备、生产工艺、在制品质量控制等服务需求之上，制造企业对具有可重构特性的智能生产系统的快速配置与调度规划、数字化运营管理等系统层服务的需求增长迅速。

2. 生产系统的配置与调度服务

1）生产系统的配置与优化

在全球化制造不断深化的背景下，丰富的设备、工具等生产资源在极大地提升了生产系统的多样性与灵活性的同时，也显著加大了生产系统配置的优化空间。而在客户的个性化产品需求及生产系统快速构建或重构的需求下，生产系统配置所涉及的配置因素亦更加复杂。

生产系统配置的关键是基于产品、工艺计划及制造资源等因素之间的关联关系建立合理、有效的匹配与优化模型，从而获得特定目标下的较优配置组合。较为常见的配置因素有产品、工艺、设备、工具、布局等。由于生产成本、时长等指标与系统的配置与调度均密切相关，对配置与调度进行并行优化具有积极意义。此外，有关人力资源、制造服务等其他因素的配置的研究亦受到部分学者的关注。

生产系统配置服务的基本参考思路如图 5-33 所示，主要通过产品、工艺、设备三者之间的相互匹配关系，在可行性、安全性、经济性等约束条件或配置目标下，综合考虑布局、调度、仿真等多方面的问题，给出符合制造商需求的生产系统配置方案。常用的生产系统配置算法有遗传算法、邻域搜索算法、模拟退火算法、粒子群优化算法等启发式算法，以及以此为基础的改进型算法。

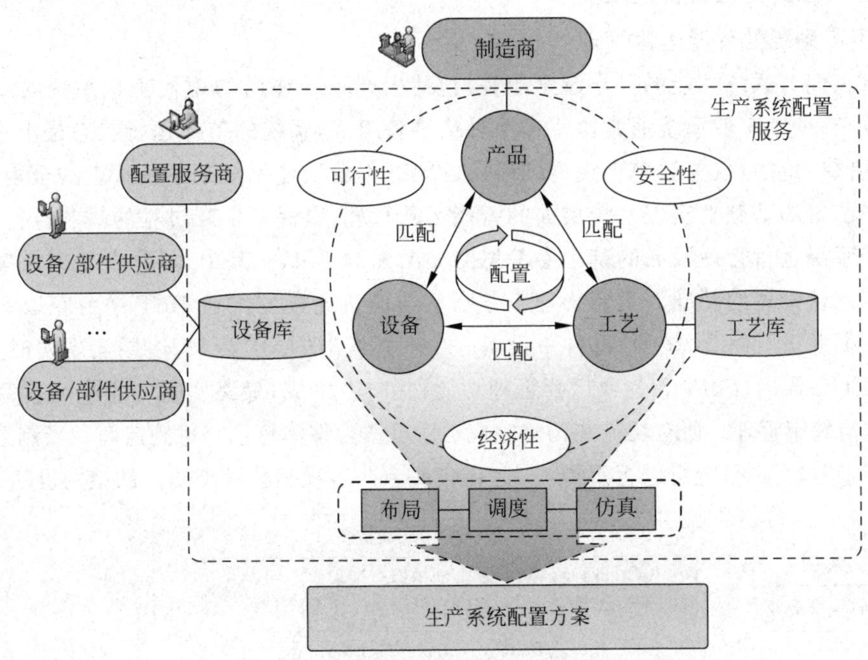

图 5-33　生产系统配置服务的基本参考思路

2）生产系统的调度与优化

调度的定义是为生产计划中的任务按时间分配有限的资源，以满足或优化计划要求。生产系统的调度需要根据生产计划确定各任务的开始时间和结束时间及合理分配生产系统中的零部件、工装、设备等有限资源，因此，其重点在于计划执行过程的安排、实施与控制，通过合理规划加工任务执行的先后顺序和所使用的资源等使生产成本或时间等目标最优化。

根据不同学者的研究，对生产调度的要求和调度方法的适用度基本上取决于八个特征，即生产类型、重复性特征（单件生产、多件生产）、变型产品的数量（产品或过程）、生产组织类型（车间生产、流水生产等）、零件流动类型（分批、分块）、材料流动的复杂性（线性、有无回流的分支）、需求波动和产能灵活性。

生产调度的基本方法包括最优化生产技术、面向生产负荷的任务投放、看板及累积量法。生产调度需要根据实际情况遵循一定的原则进行排产。常用的排产原则有先进先出原则、最短加工时间原则、最长加工时间原则、交货期最早原则、最小设备空闲原则、最小换批调整时间原则等。

求解生产调度问题的算法可以分为精确求解算法和近似求解算法。精确求解算法可以在较长的时间内找到小规模问题的最优解，不适用于大规模问题的求解。各式各样的近似求解算法被用于求解大规模问题，以便在较短的时间内找到问题的较优可行解。近似求解算法主要为启发式算法,包括粒子群优化算法、遗传算法、蚁群算法及混合启发式算法等,近年来,超启发式算法也被广泛用于求解组合优化问题的研究。

目前,已有一些软件工具能够辅助工程人员进行生产调度优化,如 Plant Simulation、AnyLogic 等。

3. 生产系统的运营管理服务

1) 生产系统的智能运营管理

随着人们对系统性能的要求越来越高,包括生产系统在内的现代工程系统的结构变得越来越复杂,一个工业系统通常由许多组件或装备组成,系统的整体运行状态是由这些组件或装备共同决定的,仅关注单个组件或装备的状态不足以窥见复杂系统状态的全貌,因此需要在生产装备的基础上实现系统层面的智能运营管理,以保证生产过程的顺利进行。

生产系统运营管理服务的基本参考思路如图 5-34 所示。其中,可靠性数据采集是生产系统智能运营管理的基础。运营管理服务商从与设备连接的工业 IIoT 平台获取物理资产的实时数据并进行整合,按照"部件—设备—生产系统"的层次关系,逐层实现实时监控、故障诊断、RUL 预测、PdM 等各项运营管理功能,并向上集成,最终实现对整个生产系统的智能化运维与健康管理。所有功能在构建完成之后可作为整体打包交付制造商。当制造商有新的生产需求时,生产系统可进行重构,工业 IIoT 平台与各项运营管理功能的结构也随之更新。

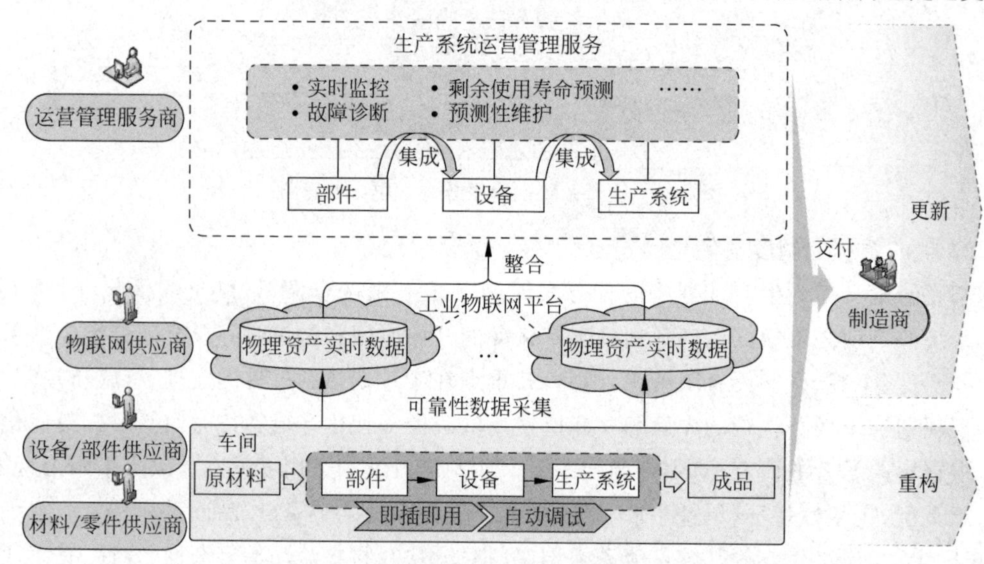

图 5-34 生产系统运营管理服务的基本参考思路

2) 生产系统的智能运维策略

系统维护的目的是提高系统的运行可靠性,保证生产安全及降低维护成本。长期以来,针对系统维护计划的优化方法得到了广泛的研究。生产系统的智能运维需以"部件—设备—生产系统"多个层次的运维功能为基础进行系统性集成,实现整个生产系统的实时监控、故障诊断、PdM 等。图 5-21 即为基于 AAS 的生产系统智能运维案例。

3) 生产系统可靠性分析

在运营管理过程中,对于生产系统实际表现的评价可通过可靠性分析进行量化。GJB

451A—2005 标准将可靠性定义为：系统或产品在规定的条件下，在给定时间内完成规定功能的能力。可靠性可以通过采集影响系统可靠性的相关资产数据并经过预处理和套用合理的评价体系进行计算分析而最终输出的直观评价结果来表征。生产系统可靠性分析中常采用的评价指标有可靠度、故障发生率、产品合格率、平均维修时间、平均工作时间、维修度等。

生产系统的可靠性分析需以其组件的可靠性为基础。针对设备层的可靠性评价，较常用的方法有人工神经网络分析法及 Petri 网络分析法等。人工神经网络是目前可靠性分析智能算法领域的热点，其中以误差反向传播的多层前馈神经网络应用最为广泛。

针对系统层的可靠性评价，常采用模糊层次分析法。模糊层次分析法是系统可靠性定性分析与定量分析的有效结合方法，运用模拟层次分析法求解各指标权重，然后进行模糊综合判断，最终输出综合评价结果。

4）虚拟车间

VR、AR、混合现实（mixed reality，MR）等技术的发展使得企业的环境、研发、生产、产品、质检、仓储运输等全流程的沉浸式可视化成为可能。工厂车间的 VR、AR、MR 等情景能够提供更为直观、高效、安全的车间管理手段，为人们带来更为丰富、透明的视觉体验，且有助于增强客户的信任感。

一套 VR 与 AR 车间场景的示例如图 5-35 所示。在 VR 场景中，结合与物理资产的通信接口，可实现信息数据流的正反向传输，协助穿戴了 VR 设备的人员在虚拟空间中查看车间环境及设备当前状态。在 AR 场景中，以数字铭牌作为入口，用户可以用 AR 眼镜扫码，通过标识快速访问资源的相关信息。

4. 生产系统的交钥匙服务

由于众多制造企业，尤其是小微企业在市场变化加速的情况下越发难以敏捷地响应客户需求，因此制造企业对于贯穿生产系统全生命周期的交钥匙服务的追求越发强烈。面向智能制造的交钥匙工程是指在智能制造环境下，由交钥匙服务商利用信息化技术快速组建形成满足客户（主要为制造企业）生产需求的生产系统并投产验证，为客户提供生产系统的交钥匙解决方案的工程。

交钥匙工程中生成交钥匙解决方案的基本流程如图 5-36 所示，其为组建—调试—运营的过程，由客户（制造商）提出待加工的产品，经过特征提取、系统配置再到系统生成，形成新的生产线投产运行，并实现系统管理。

面向智能制造的交钥匙工程具备规范的交钥匙服务业务流程、良好的协同能力、快速的信息交互能力，以及大量的自动化与智能化运行功能模块、标准模块化的功能组件，且具有较强的兼容性与扩展性。其基于现有的经过标准化、规范化验证的来自不同供应商的大量制造装备，充分利用网络平台协同过程的潜力，对现有的生产系统开发流程进行必要的并行、集成和自动化与智能化开发，实现与资产间的信息交互，在成本、质量、交货期、运营目标等多种约束条件下，快速组建形成适应市场产品需求的生产系统并投产验证，为制造企业提供生产系统的交钥匙解决方案。基于交钥匙解决方案基本生成流程的交钥匙工程参考体系架构如图 5-37 所示。

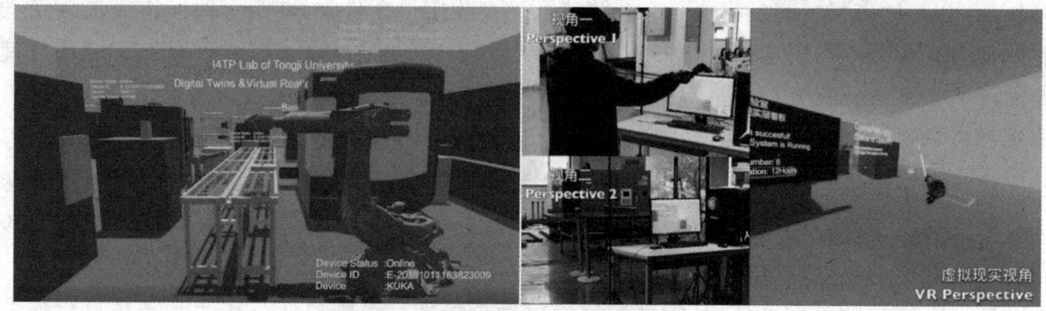

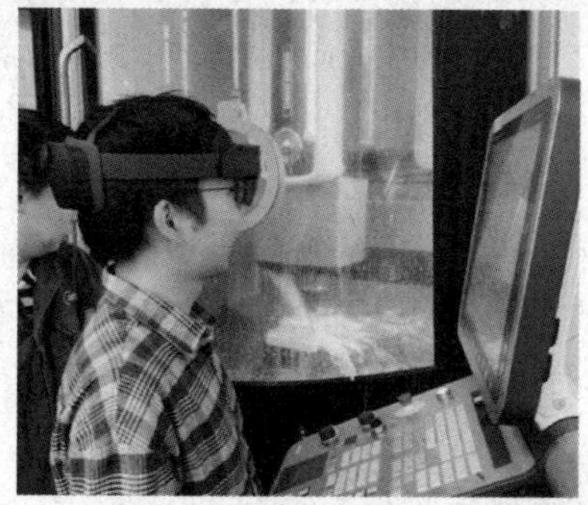

图 5-35　某生产液压阀的智能制造学习工厂的 VR 与 AR 车间场景

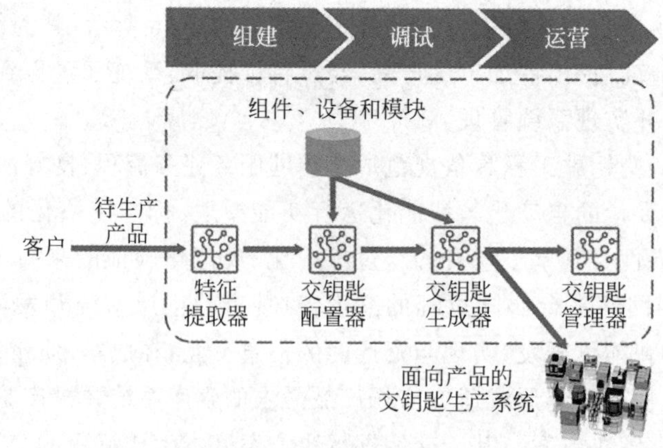

图 5-36　生成交钥匙解决方案的基本流程

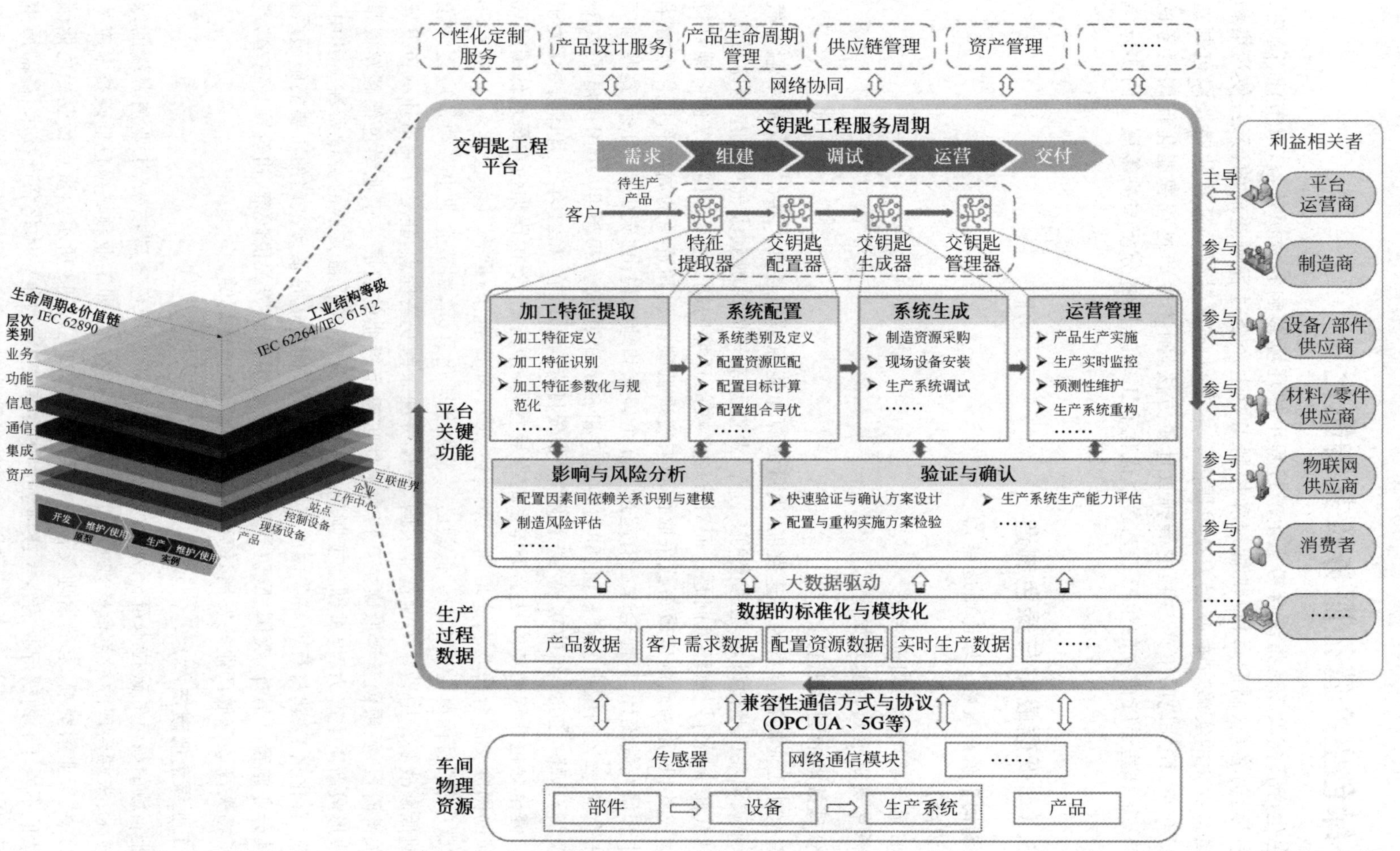

图 5-37 交钥匙工程服务参考体系架构

5.3 绿色生产管控服务及其智能化

绿色生产管控服务是指综合考虑生产过程中的环境影响和资源效益，以节能、降耗、减污为目标，为客户（制造商）提供管理和控制工业生产全过程所造成的污染，使污染物的产生量最少化的实施方案或相关技术服务。本节对全球兴起的低碳战略及绿色制造模式进行介绍，详细说明生产过程的碳排放计量方法，阐述生产过程智能化低碳服务的可行策略，并对基于碳排放的生产工艺参数优化和工艺过程链分析与决策服务的实施流程进行展示。

5.3.1 低碳战略与绿色制造

【关键词】 低碳战略；绿色制造模式

【知识点】

1. 当前低碳战略的国际形势。
2. 绿色制造模式的基本概念。

1. 低碳战略的国际形势

随着全球工业制造能力的飞速发展，大量资源和能源被消耗并产生二氧化碳等温室气体，制造业碳消耗已超过碳消耗总值的 50%。大量温室气体排放到大气中产生温室效应，导致全球气候变暖等严重环境问题。面对日益严峻的环境问题，世界各国就绿色低碳可持续发展达成共识，并为此制定政策或采取行动来实现低碳排放和资源的高效利用。据清华大学碳中和研究院统计，目前全球已有超过 130 个国家和地区提出“碳中和”目标，这些国家和地区占全球 92%的国内生产总值、89%的人口和 88%的排放。2020 年，中国提出了 2030 年前实现“碳达峰”、2060 年前实现“碳中和”的低碳目标，此外，在 2021 年 2 月印发的《关于加快建立健全绿色低碳循环发展经济体系的指导意见》中指出，我国需加强在绿色低碳循环发展领域的国际交流合作及人才培训。欧盟在 2021 年出台了《欧洲气候法案》，为在 2050 年实现“碳中和”目标奠定了基调。低碳已然成为全球化目标，制造企业也必须适应逐渐覆盖全球的低碳战略。中国作为制造业大国，积极贯彻绿色发展理念，正处于制造业绿色发展转型的关键阶段，亟须创新型低碳生产技术来促进整个行业的发展。工业绿色低碳发展是我国加快形成新质生产力、推进新型工业化、促进经济社会高质量发展的关键所在。其中，钢铁行业、石化化工、建材行业是我国的工业重点行业，同时也是低碳战略的重要实施领域，需要对其分业施策。另外，美国、欧盟等正在实施或着手推动碳关税政策，构筑贸易壁垒，严重制约了相关高碳排放产业的发展，使得制造业低碳化迫在眉睫。

2. 工业绿色低碳技术

工业领域的绿色低碳技术可分为四类：源头供给端的绿色零碳技术、工业消费端的绿色减碳技术、末端治理的绿色负碳技术及管理端的管理技术，即工业领域绿色低碳技术应从源头供给端、工业消费端、末端治理及管理端四端发力，如图 5-38 所示。重点行业绿色低碳技术包括但不限于：钢铁行业的富氢或纯氢气体冶炼技术、钢化一体化联产技术、高品质生态钢铁材料制备技术，水泥行业的低钙高胶凝性水泥熟料技术、水泥窑燃料替代技术和水泥窑富氧燃烧关键技术，化工行业的原油炼制短流程技术、多能耦合过程技术和智能化低碳升级改造技术等。

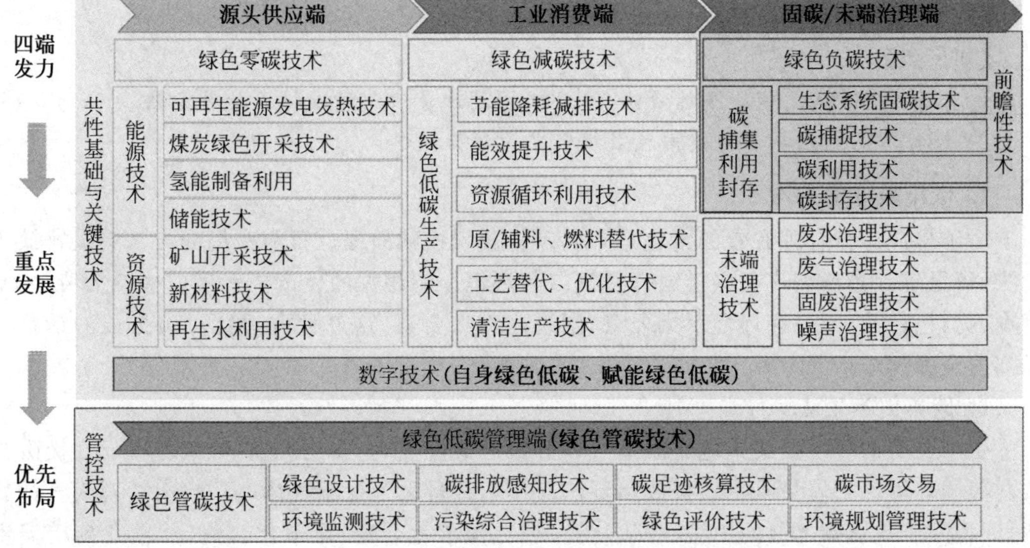

图 5-38　工业领域绿色低碳技术体系

3. 绿色制造

绿色制造也称为环境意识制造、面向环境的制造等，是综合考虑环境影响和自然资源效益的现代化制造模式，侧重于对产品从设计、制造、运输、使用和回收的全生命周期的环境影响进行评价，实现产品全生命周期的自然资源和能源的最大利用，从而使企业的经济效益、环境效益与社会效益得到协调优化。绿色制造模式是一个闭环系统，也是一种低熵的生产制造模式，即原料—工业生产—产品使用—报废—二次原料构成资源闭环，在产品的整个生命周期内，以系统集成的观点考虑产品环境属性，改变了原来末端处理的环境保护办法，对环境保护从源头抓起，并考虑产品的基本属性，使产品在满足环境目标要求的同时，保证产品应有的基本性能、使用寿命、质量等，对环境影响最小，资源利用效率最高。

绿色制造主要关注的问题是制造问题(产品生命周期)、环境影响、资源优化问题，其核心目标是在产品生命周期过程中实现减量化(reduce)、再使用(reuse)、再循环(recycle)和再制造(remanufacturing)的“4R”制造方式。实现绿色制造的关键技术包括绿色设计技术、绿色工艺技术、绿色包装技术、绿色回收处理技术及绿色再制造技术。其技术发展趋势具有全球化、社会化、集成化、并行化和产业化的特点。

其中，围绕产品生产过程，可以通过改进技术和生产工艺，减少能源消耗和资源浪费，提高资源使用效率，实现节能降耗；通过在生产过程中实施污染控制措施，减少污染物排放，使污染物的产生量最小化，实现污染预防和控制；通过减少废物产生和促进废物循环利用，实现资源的可持续利用；等等。建设、发展与创新面向制造业的绿色生产管控的专业化、智能化服务，将能够有效助力我国乃至全球低碳战略的实施与落地，增强我国制造企业的国际竞争力。

5.3.2 生产过程的碳排放计量

【关键词】 碳排放计量；碳排放数据采集

【知识点】

1. 碳排放当量法、碳足迹计量法、广义碳排放计量法三种碳排放计量方法。

2. 针对不同生产要素的碳排放数据采集方法。

1. 碳排放计量方法

对碳排放进行合理有效的量化是开展碳排放管控的前提。目前常用的方法有碳排放当量法、碳足迹计量法和广义碳排放计量法。与环境影响相关的生产要素可以概括为劳动力、资本、物料、产品、能源和环境六大要素，围绕这六大要素，这三种方法针对碳排放的计量由局部向全面逐步扩展。

1）碳排放当量法

生产要素的环境要素中包含温室气体等气态废弃物，这部分气态废弃物属于直接碳排放。美国环境保护署最早将碳排放当量法应用于计量大气保温气体（温室气体）对大气的影响，即将除二氧化碳之外的甲烷、一氧化二氮、氢氟碳化合物、全氟化合物、六氟化硫等温室气体折算成二氧化碳气体来表示，量度单位为二氧化碳当量。该方法可以对生产系统直接排放到大气中的温室气体进行计量。

2）碳足迹计量法

除直接碳排放外，各生产要素还可能通过能源消耗、物料消耗及非温室气体废弃物排放等对环境产生影响，这类碳排放则属于间接碳排放。为了对生产系统能源与原材料等要素的环境影响进行计量，在碳排放当量法的基础上，以源于生态足迹的碳足迹计量法为代表的碳排放计量方法得到了广泛研究与应用。碳足迹是产品在其整个生命周期内，即从原料加工、制造、销售、使用及回收利用等所有阶段直接或间接产生的各种温室气体排放总量的衡量指标，通常采用二氧化碳当量作为量度单位。利用碳足迹计量法可以进一步实现物料、能源和固、液态废弃物等非直接排放要素的碳排放当量计量。

3）广义碳排放计量法

当前碳足迹计量法仅适用于生产系统中与物料、产品、能源消耗及环境相关的废弃物排放的碳排放当量计量，但生产系统中与环境影响密切相关的要素还应包含劳动力和资本这两大要素。因此，在碳足迹计量法的基础上，进一步扩展形成了包含劳动力和资本两项要素的更加全面的广义碳排放计量法。在广义碳排放计量法中，生产系统中各要素的广义碳排放当量值可由要素的消耗量与广义碳排放因子的乘积得到。

2. 碳排放数据采集方法

对生产系统各要素碳排放的采集是进行碳排放计量的基础。以机械制造系统为例，系统的物料、产品、能源、环境（废弃物排放）、劳动力和资本要素的碳排放产生形式及其数据采集方法见表 5-1。需要注意的是，实际计算分析时的数据既有可能是传感器实时采集的数据，如功率、物料消耗率等数据，也可能是一段时间内的统计数据，如冷却液、刀具等的消耗量。对这些数据处理时，可根据需求进行换算。

表 5-1 生产要素的排放形式与采集方法

生产要素			碳排放产生形式描述	数据采集法
物料与产品	原材料、工具及辅助材料	原材料	一部分原材料作为产品被保留下来，另一部分原材料在工艺过程中被消耗，产生废品、切屑或气态废弃物等	现场测量和数据统计，平均到单件碳排放
		产品	保留了原有材料，减少了碳排放	
		刀具	产生磨损和报废形式，与制造工艺参数密切相关	
		切削、冷却、润滑液	随着加工中发热而产生蒸发、雾化或者化学分解	切削前后的质量或体积差，平均到单件碳排放
		工装夹具	使用寿命长，碳排放可不考虑	忽略不计
能源	设备运行能耗	电能	运动部件的主要能耗形式，与制造工艺参数密切相关	功率传感器或功率表测量
		压缩空气	变成无压力空气，能量消耗	传感器采集气压和流量
		其他能源	很少直接使用，一般不予以考虑	
废弃物排放	废气	温室气体	可能产生温室气体，属于直接碳排放	统计方法计量，平均到单件碳排放
		水蒸气或非温室气体	不考虑碳排放	
	废液	切削废液	失去使用功能，氧化变质或夹杂切屑、废弃物等，也属于材料的损耗	统计评估，测算单件碳排放
		废油排放	导轨润滑油、液压油等，也属于材料的损耗	
	废渣	粉尘、铁屑	可收集铁屑，铁屑飞溅和切削液中的铁屑末也属于材料的损耗	收集铁屑测重，计算损失的铁屑
劳动力	设备操作、辅助人工	劳动力	保障劳动力能从事生产所需的衣食住行、教育、健康、家庭等投入所产生的排放	计算劳动者的数量，工作时间(含准备、操作和其他辅助时间)
资本	设备、厂房相关货币投入	设备	设备折旧产生的货币资本消耗；	计算货币资本的消耗总值
		厂房	厂房折旧产生的货币资本消耗；	
		其他	除上述外，生产中的货币资本消耗	

5.3.3 生产过程的低碳服务及其智能化

【关键词】 碳排放；工艺参数优化；工艺过程链

【知识点】

1. 减少生产过程碳排放的各类有效策略。
2. 基于碳排放的生产工艺参数优化的基本流程。
3. 基于碳排放的工艺过程链分析与决策的基本流程。

1. 减少生产过程碳排放的有效策略

生产过程中的碳排放通常主要由机床设备产生，而其中又以机床设备的冷却系统、切削液供给系统、液压系统等辅助系统能量消耗占总能量消耗的主要部分。机床设备能量损失的典型原因是尺寸过大、空闲时间和产能过剩。这些问题可以通过选用更为合适的机床设备、加强机床设备运行状态的智能化管理及合理规划生产任务等手段加以优化。

除此之外，在保证正常生产的情况下，围绕生产过程亦可采取相应的措施提高机床设备能效，有效的方法包括：提高生产效率以减少生产单件产品所需的平均操作时间，即机床设备持续碳消耗的时长；对控制软件进行改进，如优化机床设备负载对于不断变化的加工任务的自适应能力，权衡轴承等关键部件的转速、精度及摩擦损失并调整负载以提高能效等。

控制软件的改进通常由设备供应商进行研发。在已拥有相关设备的情况下，制造企业往往更为关注生产效率的提升。工艺参数的优化及工艺过程链的择优是提高生产效率的典型方式。以机加工机床为例，为提高生产效率，可通过提高材料去除率(即增大切削三要素)、优化刀具轨迹以减少空切时间等方式实现。但切削深度受到机床及刀具性能的限制，增加进给速度和切削速度会加快刀具磨损，并导致更高的工艺冷却要求，还会提高整体能量需求，因此还需综合考虑切削参数的选取。

2. 基于碳排放的生产工艺参数优化

在当前制造业环境要求愈发严格的情况下，环境与经济效益最优的生产必然是制造企业所追求的目标。从单一生产过程分析，当生产设备、工具等要素为给定值时，生产过程的碳消耗量和生产效率均与工艺参数密切相关。而工艺参数本身受限于生产设备、工具、被加工材料和加工质量等因素，因而面向低碳、高效、低成本及三者综合最优为目标的工艺参数优化是条件约束下的优化问题。

面向低碳、高效、低成本的生产工艺参数优化服务的一般形式如图 5-39 所示。首先根据各生产要素的碳消耗构建生产工艺碳排放计算模型，以及构建生产效率和生产成本计算模型，然后综合碳排放、生产效率和生产成本作为优化目标，在各项约束条件下，进行多目标优化求解，最终得到最优的工艺参数配置。其中，对于不同工艺参数下的碳排放数据的获取，除以历史数据为参考进行计算外，还可以利用仿真方法进行预测。

3. 基于碳排放的工艺过程链分析与决策

在当前环境政策的压力下，追求环境与经济效益综合最优已成为制造企业的必然选择。对于较为复杂的产品，往往需要在多台机床设备上进行加工，而依据现有的生产资源(设备及其他生产要素)，可能存在着多种可实现该产品生产的工艺链方案。不同工艺链方案之间的要素碳消耗类型和数量存在差异，即环境效益存在差异。同时，工艺链方案的不同也会导致生产成本和产品销售价格的差异，即经济效益的差异。因而在生产工艺规划时，需要综合考虑工艺链的环境与经济效益进行决策。

面向碳约束的工艺过程链分析与决策服务是在生产工艺碳排放计算的基础上，对工艺过程链的总体碳排放及生产价值等进行计算和比较，从而搜寻出所有可行的工艺链中环境与经济效益综合最优的工艺链。基于碳排放的生产工艺链分析与决策服务基本流程如图 5-40 所示。其中，生产价值碳效率是环境与经济效益的综合评估指标。通过构建生产价值碳效率计算模型，已将工艺链方案的择优抽象为典型的单目标优化问题。当工艺链方案数量较少时，可以采用穷举法；当存在较多生产资源适用于产品生产，具有大量可行的工艺链方案时，可采用遗传算法、模拟退火法等进行快速寻优决策。

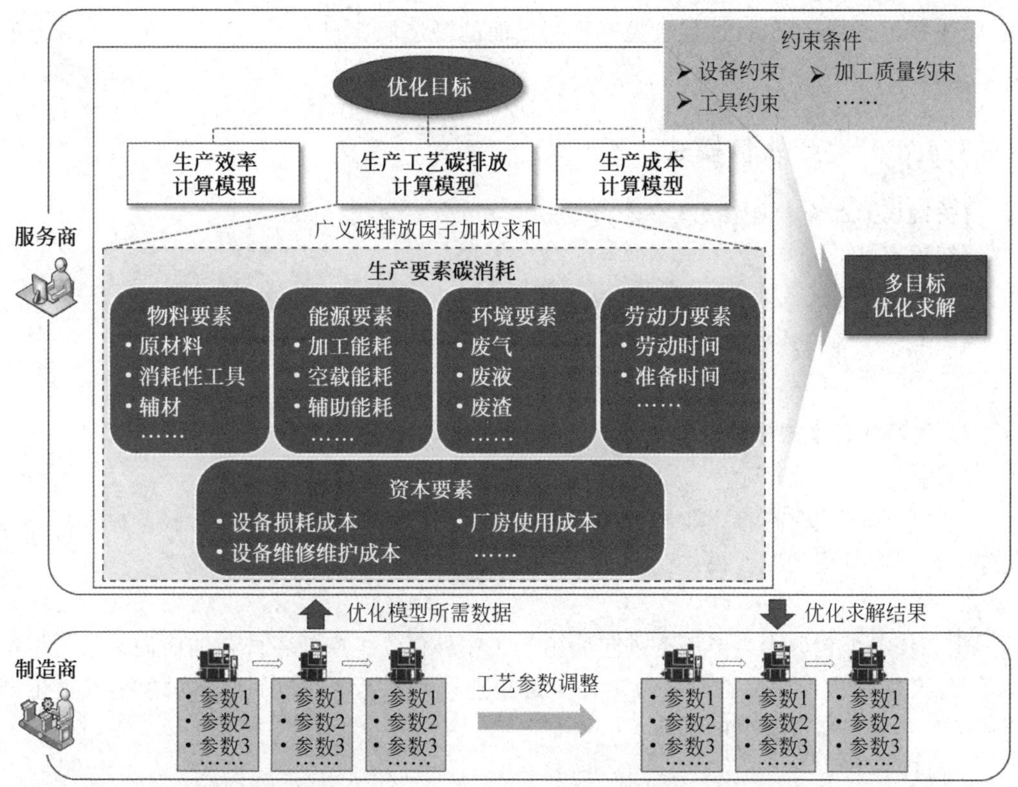

图5-39 面向低碳、高效、低成本的生产工艺参数优化服务的一般形式

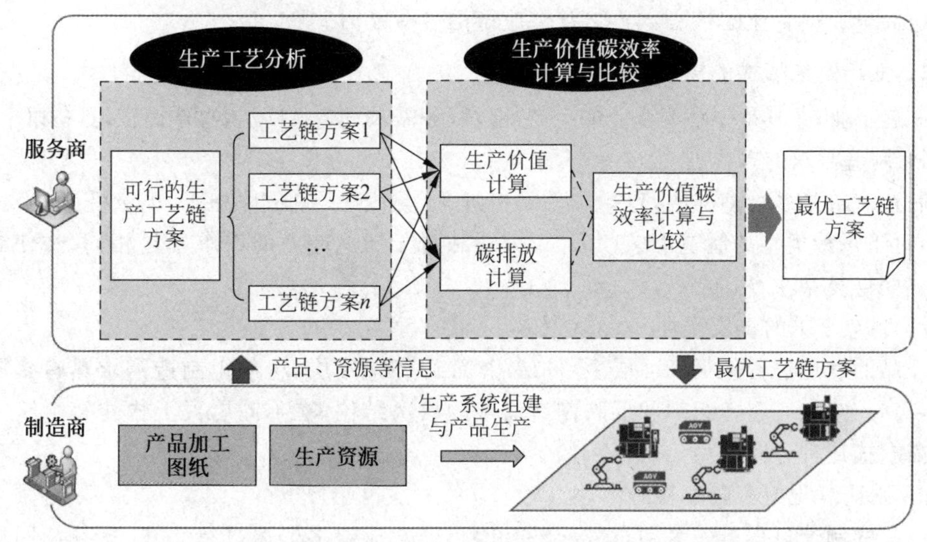

图5-40 基于碳排放的生产工艺链分析与决策服务基本流程

5.4 产品生产的智能生产服务与外包

产品生产的智能生产服务外包是当生产资源受限时需寻求生产任务外包服务的支持，以保证产品生产的顺利实施和质量保证。本节对产品生产任务外包服务中所涉及的外包模

式、任务发包、任务承包及过程管控等不同层面的制造服务进行了分析,并介绍了服务的智能化实现。

5.4.1 生产外包模式

【关键词】生产外包模式;任务外包;工序外包;管控

【知识点】

1. 生产外包模式的定义、分类、目的等。
2. 生产外包的多样化需求特征。
3. 生产外包的基本流程。

1. 生产外包模式概述

1) 定义

生产外包模式是指将企业制造加工组装的生产活动交由外部的专业服务提供商或合作伙伴来承担和管理的商业模式。

2) 分类

生产任务外包分为生产任务外包和生产工序外包。生产任务外包的面向对象为生产能力不足、产能落后但又面临较多订单任务的企业;生产工序外包的面向对象为某道生产工序所需的装备落后或缺失的企业。

3) 目的

生产外包通常是为了节约企业自身的经营生产成本,通过将生产任务外包给专业的外包供应商来提高企业的核心竞争力及供应链的应变能力。

2. 生产外包模式的需求特征

制造企业,尤其是中小型企业的生产外包服务需求复杂且广泛,总体而言,具备以下特点:

1) 制造需求的多样性

制造需求是多种多样的,包括零件的机加工、热处理、冲压件加工、电火花加工、铸造等类型,对于每种类型的制造需求,其加工方式和对于加工能力的需求不尽相同,这使制造需求描述变得复杂。

2) 制造需求的多层次性

产品的制造过程包括产品层、零件层、特征层和工序层,这使得制造需求具有多层次的特点,需要合理、完整地组织和反映制造需求的层次结构,在不同层次上构建符合其特点的制造需求描述理论和模型。

3) 制造过程的多态性和协作性

产品的制造过程是一个动态、复杂的流程,通常需要多资源进行协作。同时,同样的制造需求由于工艺水平和资源条件的差异,具有多种制造流程,而且在制造流程中受到各种因素的影响需要动态调整。

基于上述制造需求特征,面向生产外包的制造需求与制造服务的映射关系如下:一方面,制造服务需求方根据预生产产品 BOM,对产品制造任务进行分解,形成任务驱动的制造服务需求列表;另一方面,不同的制造服务提供方具有不同的核心制造服务能力,对应不同类型的服务对象,形成服务能力与服务对象的映射列表。

3. 生产外包模式的基本流程

生产外包模式的基本流程如图5-41所示。在云制造等外包服务平台上，发包企业首先注册企业信息，进行生产任务的描述和发布；承包企业同样需要在服务平台上进行注册，并对自己的服务能力进行发布。针对某一项具体制造任务，需求方开始构建动态的虚拟制造车间，根据需求信息与能力信息进行服务商的粗匹配，在此基础上再进行选择决策生成服务订单，填写订单批次相关信息。在订单形成的基础上，对制造服务的执行过程进行节点监控和跟踪。订单执行完毕，双方可以对服务质量相互评估，流程结束。

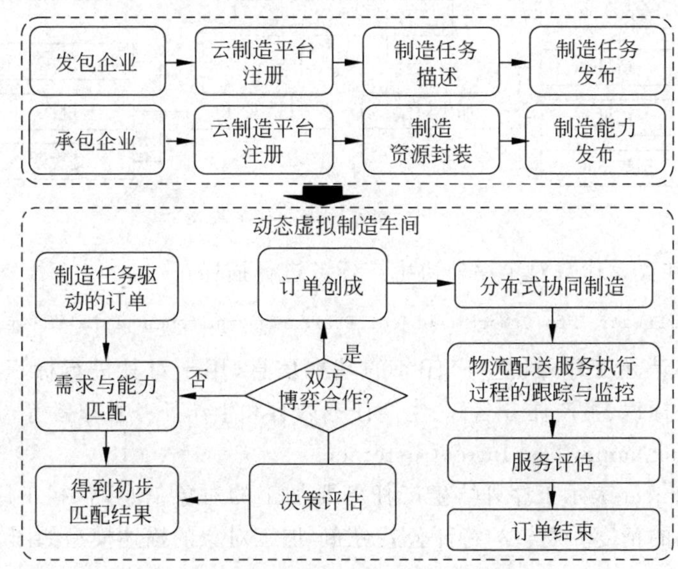

图5-41 生产外包模式的基本流程

5.4.2 生产任务的发包服务及其智能化

【关键词】发包任务；工序级生产任务；零件级生产任务

【知识点】

1. 生产任务发包服务的相关知识。
2. 工序级生产任务的智能化描述。
3. 零件级生产任务的智能化描述。

1. 生产任务发包服务的概念

生产服务的发包服务是指在网络化协作背景下，部分车间/企业基于产能限制、作业附加值低、高端精密装备缺乏、核心业务定位等因素考虑，将涉及产品加工阶段的部分或者全部作业任务以外包形式按照预定的质量、期限、数量等规范要求交由第三方个人/团体组织/车间/企业协作完成。依据制造服务粒度不同，生产服务的发包服务可分为工序级生产任务外包和零件级生产任务外包。

2. 工序级生产任务的智能化描述

1）工序外协生产任务建模

工序外协生产任务是指制造企业将其产品的某道或某几道加工工序转包给其他制造企

业。通过对传统工序级生产任务及云制造环境下的资源配置要求进行分析，建立包含管理属性、加工对象、生产要求、技术要求、交接要求及费用等的工序外协生产任务模型，如图 5-42 所示。

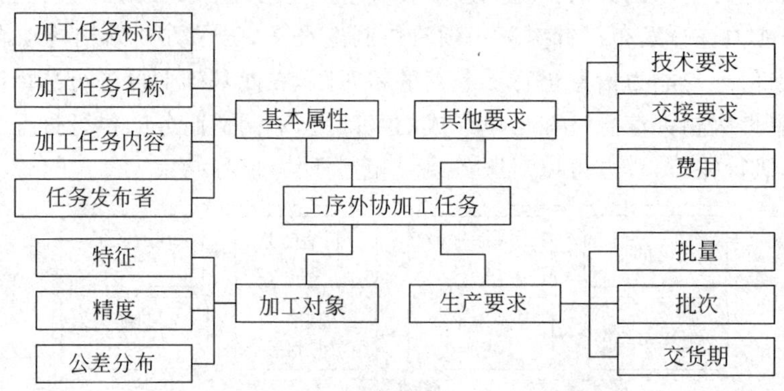

图 5-42 工序外协生产任务模型

采用集合论和关系代数对工序外协生产任务进行描述：

ProcessTask = {PrBasicInfo, PrMachineObject, PrProductRequirement, PrExtraRequirement}。

其中，PrBasicInfo 表示工序外协生产任务的基本信息，用于对其进行标识、管理、统计、分析，包括生产任务标识、生产任务名称、生产任务内容和生产任务发布者等，其对应的子项代码为{TaskID, TaskName, TaskIntro, Customer}。

PrMachineObject 表示工序外协生产任务要加工的对象信息，包括工序要加工的零件特征、特征要达到的精度和期望的特征公差分布，加工对象的描述模型如图 5-43 所示。

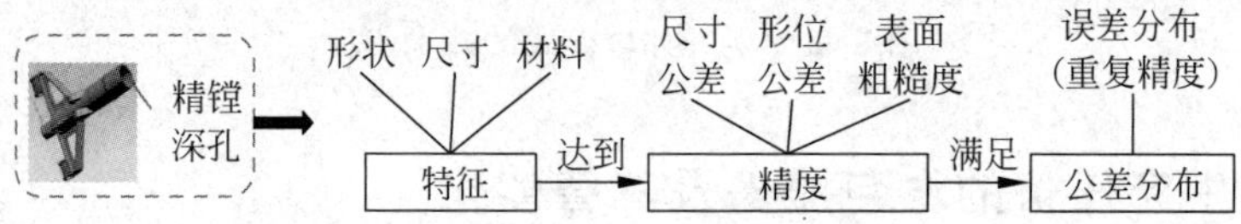

图 5-43 外协生产任务的加工对象描述模型

PrProductRequirement 表示工序外协生产任务的生产要求，包括要加工的零件批量、批次和交货期限，云制造服务平台根据工序外协生产任务的此项要求，计算制造资源的生产能力是否符合条件，其形式化描述为 PrProductRequirement＝{LotSizing, Batch, DueDate}。其中 LotSizing 表示生产批量，Batch 表示生产批次，DueDate 表示交货期。

PrExtraRequirement 是指工序外协生产任务的其他技术要求、交接要求和发包商能支付的费用等。其形式化描述为 PrExtraRequirement＝{TechRequirement, DeliveryRequirement, Payment}。

2）基于 XML 的工序外协生产任务智能化描述

在网络化制造环境下，工序外协生产任务的发布基于互联网平台进行。可扩展标记语言 XML 是一种元语言，是 Internet 环境中跨平台的、依赖于内容的一项技术，广泛应用于基于网络的数据存储和通信过程中。因此，采用扩展标记语言 XML 来描述生产任务模型。表 5-2 表示起落架外筒深孔精镗的工序外协生产任务模型。

表 5-2　基于 XML 的工序外协生产任务模型

行号	XML 代码
1	<?xml version="1.0" encoding="gb2312"?>
2	<ProcessTask>
3	<PrBasicInfo>
4	<TaskID>PrT201204170001</TaskID>
5	<TaskName>起落架外筒深孔精镗</TaskName>
6	<TaskIntro>精镗××件起落架的深孔,精度达到××,表面粗糙度达到××</TaskIntro>
7	<Customer>××起落架有限公司</Customer>
8	</PrBasicInfo>
9	<PrMachineObject>
10	(孔,圆柱度,均值,上限,下限,合格率)…
11	(孔,垂直度,均值,上限,下限,合格率)
12	</PrMachineObject>
13	<PrProductRequirement>
14	<LotSizing>120</LotSizing>
15	<Batch>10</Batch>
16	<DueDate>10 个月</DueDate>
17	</PrProductRequirement>
18	<PrExtraRequirement>
19	<TechRequirement>要求采用意大利深孔加工机床加工</TechRequirement>
20	<DeliveryRequirement>每月底运输一批到××</DeliveryRequirement>
21	<Payment>
22	<UnitPrice>××</UnitPrice>
23	<TotalPrice>×××</TotalPrice>
24	</Payment>
25	</PrExtraRequirement>
26	</ProcessTask>

3. 零件级生产任务的智能化描述

1) 零件外协生产任务分解

为实现零件外协生产任务与制造资源的对接,需要将零件外协生产任务进行分解。对零件外协生产任务采用与/或树分解得到的生产任务树模型如图 5-44 所示。

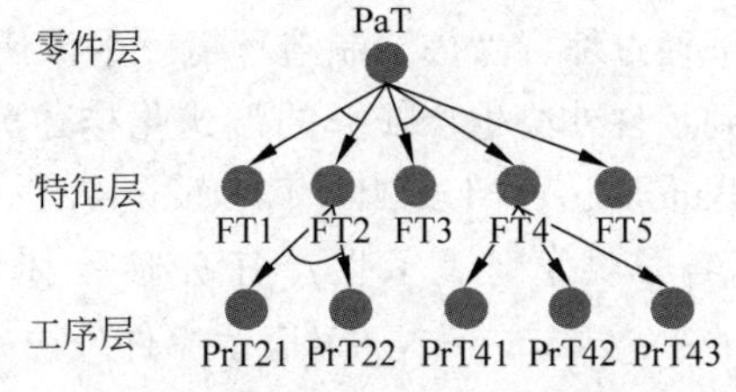

图 5-44　零件外协生产任务的分解与/或树

生产任务的分解与/或树由生产任务节点、有向连接弧和节点逻辑关系 3 种元素组成,这里用一个三元组表示:Task_Tree=$\{T,L,R\}$。其中,$T=\{\text{task}_1,\text{task}_2,\cdots,\text{task}_n\}$是生产任务节点的集合;$L=\{\text{link}_1,\text{link}_2,\cdots,\text{link}_m\}$是有向连接弧的集合,其中 $\text{link}_i=(\text{task}_j,\text{task}_k)$表示从节点 task_j 指向 task_k 的有向连接弧,$\text{task}_j,\text{task}_k\in T$;$R=\{\text{relation}_1,\text{relation}_2,\cdots,\text{relation}_m\}$是生产任务的节点逻辑关系集合,若 $\text{relation}_i(\text{task}_j,\text{task}_k)=\text{and}$ 表示 task_j 和 task_k 的关系为"逻辑与",若 $\text{relation}_i(\text{task}_j,$

$task_k$)=or 表示 $task_j$ 和 $task_k$ 的关系为“逻辑或”。

2) 零件外协生产任务工艺链建模

根据零件外协生产任务的分解结果,将生产任务分解与/或树中的叶子节点抽象为活动节点,并按照与工序外协生产任务描述相似的方法配置活动节点的相关信息,得到零件外协生产任务链模型。具体操作步骤如下:

步骤 1,选取生产任务节点集中的所有叶子节点并抽象为活动节点。

步骤 2,确定起始位置、各活动节点的先后顺序与依赖关系,在此基础上添加标志节点和逻辑节点。

步骤 3,分析各节点间的数据流和控制流,根据分析结果设置各节点间的连接弧。

步骤 4,按照工序外协生产任务描述方式,配置各活动节点的属性。

通过以上步骤,可得到零件外协生产任务工艺链模型,如图 5-45 所示。零件外协生产任务工艺链是一个有序的二元组 Process_Chain$=\{N,E\}$,其中,$N=\{n_i \mid i=1,2,\cdots,m\}$是工艺链中节点的集合,其节点

$$n_i=\begin{cases}\{\text{nid},\text{ntype},\text{ProcessTask}\}, & \text{ntype}=11,12\\ \{\text{nid},\text{ntype}\}, & \text{ntype}=\text{else}\end{cases} \tag{5-1}$$

$E=\{e_i \mid i=1,2,\cdots,l\}$是工艺链中连接弧的集合,其中连接弧 $e_i=\{\text{eid},n_j,n_k\}$,$n_j$、$n_k\in N$ 表示从节点 n_j 指向节点 n_k 的有向边。

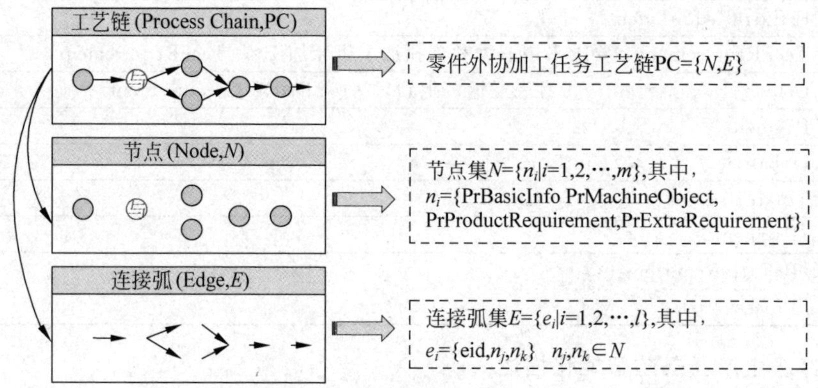

图 5-45 零件外协生产任务工艺链及其形式化描述

通过综合考虑云制造环境下生产任务的管理和上述生产加工的工艺链等相关信息,可得到零件外协生产任务的形式化描述为:PartTask={PaBasicInfo,Process_Chain},其中,PaBasicInfo={TaskID,TaskName,TaskIntro,Customer}为零件外协生产任务的基本信息,各子项分别表示生产任务唯一标识、生产任务名称、生产任务简介和任务发布者;Process_Chain$=\{N,E\}$表示零件外协生产任务工艺链。

3) 基于 XML 的零件外协生产任务智能化描述

零件外协生产任务的发布也是基于互联网进行的,除了使用与/或树、有向网络图、集合论等数学方法表达生产任务外,还需要采用 XML 建立零件外协生产任务的数字化描述模型,详见表 5-3。

表 5-3　基于 XML 的零件外协生产任务数字化描述模型

XML 代码

```
<?xml version="1.0" encoding="gb2312"?>
<PartTask>
<PaBasicInfo>
<TaskID>PaT201204170001</TaskID>
<TaskName>起落架外筒加工</TaskName>
<TaskIntro>加工xx件起落架外筒,深孔精度达到xx,表面粗糙度达到xx</TaskIntro>
<Customer>xx起落架有限公司</Customer>
</PaBasicInfo>
<ProcessChain>
<Nodes>
<Node id="Pr201204170001" ntype="11">
预定义活动节点
与工序外协生产任务数字化模型 ProcessTask.xml 格式相同
</Node>
<Node id="Pr201204170002" ntype="11">
随机活动节点
与工序外协生产任务数字化模型 ProcessTask.xml 格式相同
</Node>
<Node id="Pr201204170003" ntype="21"/>
<Node id="Pr201204170004" ntype="22"/>
<Node id="Pr201204170005" ntype="23"/>
<Node id="Pr201204170006" ntype="24"/>
<Node id="Pr201204170007" ntype="31"/>
<Node id="Pr201204170008" ntype="32"/>
</Nodes>
<Edges>
<Edge id="E201204170001">
<FromNode>Pr201204170007</FromNode>
<ToNode>Pr201204170001</ToNode>
</Edge>
<Edge id="E201204170002">
<FromNode>Pr201204170001</FromNode>
<ToNode>Pr201204170002</ToNode>
</Edge>
</Edges>
</ProcessChain>
</PartTask>
```

5.4.3 生产任务的承包服务及其智能化

【关键词】承包服务；生产能力

【知识点】

1. 生产任务承包服务的相关知识。
2. 车间生产能力的表述和成本评估。

1. 生产任务承包服务的概念

生产任务的承包服务是指在网络化协作背景下，除了完成上级指派的生产任务外，部分个人/团体/车间/企业基于生产资源闲置、核心业务定位和熟人派单等因素考虑，对外承担一定的生产任务，并能够按照发包方的质量、期限、数量等规范要求完成协作任务。

2. 车间生产能力和成本评估

在云制造服务平台上，通过制造资源搜索匹配算法可筛选出制造资源集，其加工能力满足外协生产任务的要求，但生产能力和生产成本是否满足外协生产任务要求，还需进行评估。

首先将各制造资源的典型工序产能转换为外协生产任务的工序产能，假设候选资源集中的第 j 个制造资源的典型工序产能为 M_{0j}，在第 j 个制造资源上生产任务所加工工序 i 的工序换算系数为 K_{ij}，可得在第 j 个制造资源上生产任务所加工工序 i 的产能为

$$M_{ij}=\frac{\omega_{ij}\times M_{0j}}{K_{ij}}\quad (j=1,2,\cdots,n,0<\omega_{ij}\leqslant 1) \tag{5-2}$$

式中 n——候选资源集中制造资源的个数；

ω_{ij}——加工工序 i 占用第 j 个制造资源能力的比例系数。

在式(5-2)的基础上，可进一步计算使用候选资源集执行外协生产任务的完工时间。假设生产任务的生产批量为 LotSizing_i，交货期为 DueDate_i，当前时间为 T_0，则可得生产任务的完工时间为

$$\text{FinishDate}_i=T_0+\frac{\text{LotSizing}_i}{\eta\sum_{j=1}^{n}M_{ij}}\quad (j=1,2,\cdots,n) \tag{5-3}$$

式中 η——考虑设备故障、物流耗时等情况的时间系数。

若 $\text{FinishDate}_i\leqslant\text{DueDate}_i$，则候选资源集中制造资源的总体生产能力满足外协生产任务的要求；若 $\text{FinishDate}_i>\text{DueDate}_i$，则候选资源集中制造资源的总体生产能力不满足外协生产任务的要求，需要重新从云资源池中搜索制造资源。

对于单个制造资源的生产成本，有两种方法评估：基于工时成本的生产成本评估和基于工序成本的生产成本评估。

若采用基于工时成本的生产成本评估方法，假设第 j 个制造资源的单位工时成本为 C_{tj}，则生产成本 TotalCost_i 的计算公式为

$$\text{TotalCost}_i=\frac{\text{LotSizing}_i}{\eta\sum_{j=1}^{n}M_{ij}}\times\sum_{j=1}^{n}C_{tj} \tag{5-4}$$

若采用基于工序成本的生产成本评估方法，假设分配到第 j 个制造资源上的工序数量

占整个生产任务生产批量的比重为 ω_j，第 j 个制造资源的单个工序成本为 C_{pj}，则生产成本 TotalCost_i 的计算公式为

$$\text{TotalCost}_i = \sum_{j=1}^{n} \omega_j \text{LotSizing}_i C_{pj} \tag{5-5}$$

由于在生产排程之前难以确定分配到各制造资源上的生产批量，因此选择第一种方法评估生产成本，若 $\text{TotalCost}_i \leqslant \text{TotalPrice}_i$，则采用候选资源集的生产成本满足外协生产任务要求；若 $\text{TotalCost}_i > \text{TotalPrice}_i$，则采用候选资源集的生产成本不满足外协生产任务要求，需要重新从云资源池中搜索制造资源。

5.4.4　生产服务的智能管控与评估

【关键词】 虚拟制造车间生成；生产跟踪监控；射频识别(RFID)技术

【知识点】

1. 外协生产任务驱动的动态虚拟制造车间生成算法。
2. 基于 RFID 的外包物流服务执行过程跟踪与监控。

1. 外协生产任务驱动虚拟制造车间生成流程

当终端客户发布外协生产任务后，网络化制造平台需要为生产任务搜索匹配合适的制造资源，将这些制造资源配置成一个虚拟制造环境，并基于此环境执行外协生产任务。对于工序外协生产任务，可直接根据生产任务的描述信息搜索制造资源，并配置成虚拟制造车间；对于零件外协生产任务，应先将生产任务分解成工序级生产任务，再分别为各工序级生产任务搜索制造资源，最后将各工序级生产任务相应的制造资源汇总并配置成虚拟制造车间。为实现此服务逻辑，本小节设计了外协生产任务驱动的动态虚拟制造车间生成算法，算法流程如图 5-46 所示。

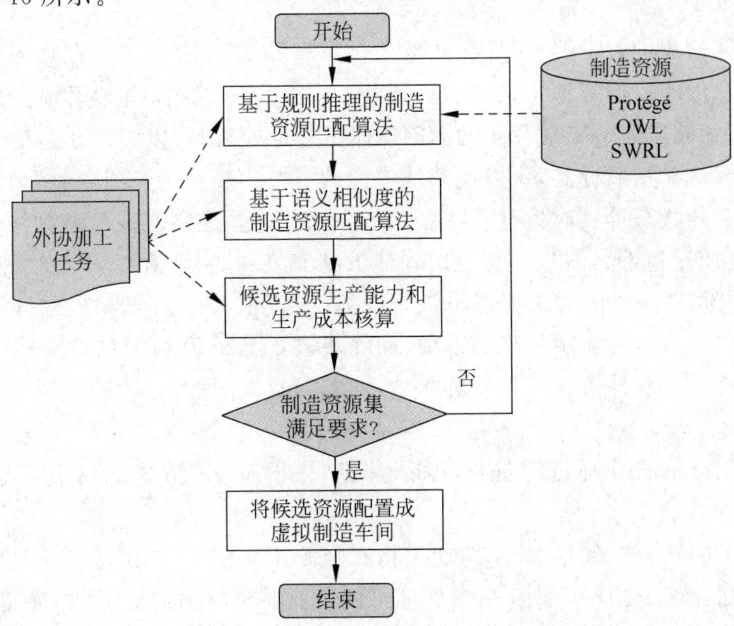

图 5-46　外协生产任务驱动的动态虚拟制造车间生成算法流程

外协生产任务驱动的动态虚拟制造车间生成算法由四大模块组成。

1）基于规则推理的制造资源匹配算法

该模块主要考虑制造资源的加工能力与外协生产任务的加工对象，定义相关的语义推理规则，采用推理引擎推理出加工能力与加工对象的匹配等级，依据匹配等级筛选制造资源。

2）基于语义相似度的制造资源匹配算法

该模块与基于规则推理的制造资源匹配算法相似，主要考虑制造资源的加工能力与外协生产任务的加工对象，但匹配的精确度更高。通过定义加工能力和加工对象中各个定性属性及定量属性的语义相似度计算函数，计算出相应属性的精确语义相似度，再依据语义相似度筛选资源并对制造资源排序。

3）制造资源生产能力和生产成本核算

该模块主要考虑制造资源的生产能力和生产成本是否满足外协生产任务的要求。通过制造资源的匹配算法，筛选出面向外协生产任务的制造资源候选集，从总体上计算整个候选资源集的生产能力和生产成本，然后将其与外协生产任务的生产要求比较，若满足，则进入下一模块；若不满足，则重新筛选制造资源。

4）虚拟制造车间配置

通过考虑制造资源类型、制造能力及制造资源之间的相对地理位置等因素，将候选制造资源集配置成面向特定外协生产任务的虚拟制造车间，基于此虚拟车间进行生产排程、调度及监控，从而完成生产任务。

2. 基于 RFID 的外包物流服务执行过程跟踪与监控

RFID 是基于射频信号对识别目标对象进行非接触式的数据通信并获取其相关数据，具有抗干扰能力强、自动识别速度快、识别距离远等优点，可以对各种复杂生产环境的物料进行实时跟踪。

在物流执行过程中，RFID 的应用主要在仓库环节和运输环节。在仓库环境中，RFID 标签被贴在了仓库的目标对象中，如托盘、货物、叉车、门禁系统、货架及地面路线。在运输环节中，通过在仓储出库环节对货物的 RFID 标签进行处理，可以实现在运输中对货物的监控。通过对目标对象粘贴标签，可以使其从单纯的“物体”转变为拥有某种“内置智能”的“智能物体”，实现对其状态等实时信息的存储、计算和处理，并最终实现对该物体的实时跟踪。

RFID 的本质是监控带有电子标签的物体的状态变化，并利用这些随时间变化的状态，通过对 RFID 中间件和对应的工程逻辑进行计算，实现监控。由于物流服务对象是以外协加工订单为基础形成的物流服务任务订单，而物流订单与外协加工订单形成“一对一”的映射关系，因此，这里分析外协加工订单的“来料加工”和“来图加工”两种外包方式物流服务的执行逻辑。

通过对物流订单的处理过程进行分析，基于“来图加工”形成的物流订单处理流程如图 5-47 所示。

与来料加工的物流服务相比，来图加工物流服务环节较少，外协任务来料加工的物流订单与来图订单存在如下主要区别：来料加工不仅需要对原材料进行运输、存储，还需要对加工余料进行运输，由此可以得到“来料加工”的物流订单处理流程如图 5-48 所示。

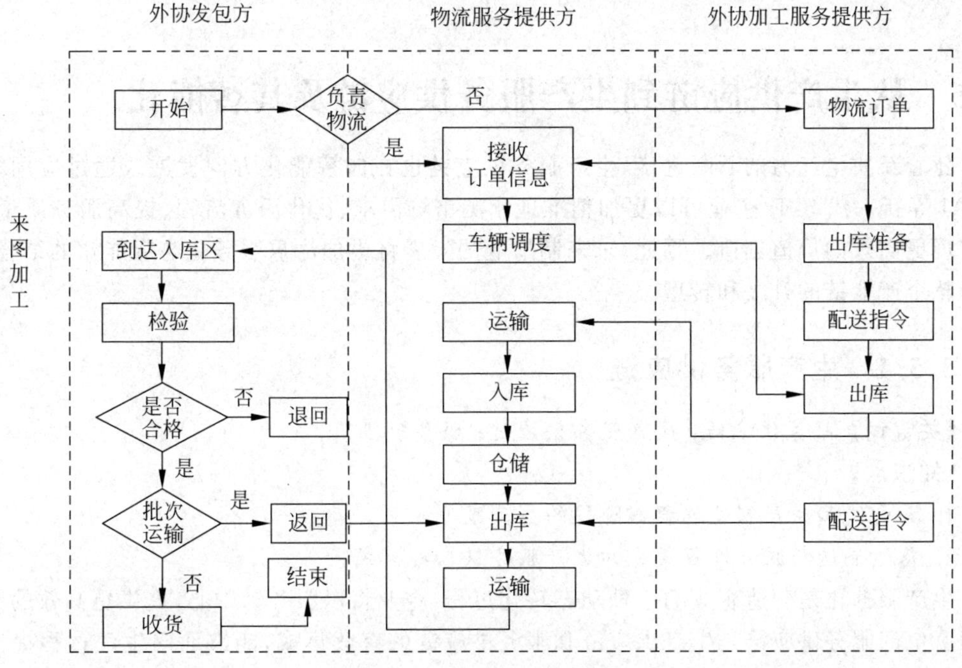

图 5-47　来图加工逻辑流程图

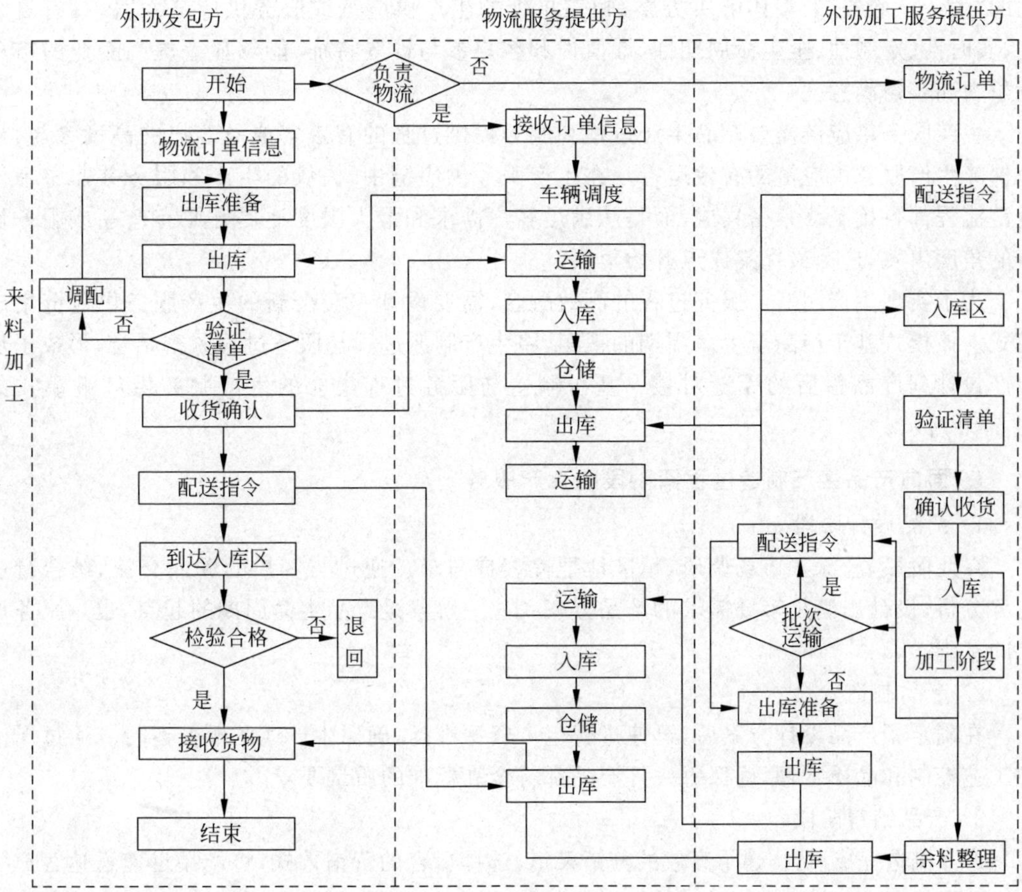

图 5-48　来料加工逻辑流程图

5.5 从生产供应链到生产服务供应链及其智能化

随着新质生产力的不断进步，生产服务供应链也在向智能化方向发展。通过应用大数据、AI 等新一代 ICT，企业可以更加精准地预测市场需求、优化服务流程、提高服务质量，进而实现更高效的价值创造。因此，未来制造业的发展将更加注重服务化与智能化的结合，以推动整个产业链的升级和转型。

5.5.1 生产服务供应链

【关键词】服务供应链；生产服务供应链；服务阶段

【知识点】

1. 面向产品生产制造过程四阶段的生产服务。
2. 基于制造与服务过程集成的生产服务供应链模式。

生产服务化是制造企业的一种动态转化过程，企业将以服务为中心，提供更高效的服务过程。生产服务供应链是生产供应链和服务供应链的有效集成，能够面向生产过程提供完整的产品全生命周期管理控制与系统集成解决方案。生产服务供应链作为一种客户需求驱动的“生产＋服务”的整体解决方案，相较单纯的生产供应链或服务供应链而言，具有复合性、实时性、定制性、全生命周期性、增值性和客户参与性等特征，能够显著提高企业的市场竞争力和客户满意度。

生产服务供应链需要产品生产过程和服务提供过程的有效集成及客户的高度参与，从而保障生产服务供应链的有效运行。在生产服务供应链中，提供的生产和服务并非整个供应链流程都自始至终紧密集成，而是从满足客户需求和最大限度地提升原有产品或服务价值的角度出发，选择最优集成点开始集成。

为了实现生产制造与服务过程的高效融合，需要设计一套全新的生产服务供应链集成模式。该模式基于产品全生命周期的视角，将生产制造过程与服务过程紧密结合，形成了从生产设计到产品售后的无缝对接。基于制造与服务过程集成的生产服务供应链模式如图 5-49 所示。

1. 面向产品生产制造过程四阶段的生产服务

1）产品设计阶段

在此阶段，应深入市场调研，精准地把握客户需求。通过与客户的深入交流，结合行业趋势分析，设计出满足市场需求的产品方案。这一阶段是产品生命周期的起点，也是服务设计的基础。

2）产品制造阶段

在确定了产品设计方案后，迅速进行生产资源准备，确保生产线的顺畅运行。通过严格的工艺控制和品质管理，确保每一件产品都符合高标准的质量要求。

3）产品销售阶段

产品制造完成后，构建了高效的分销渠道，选择适合的营销方式，将产品迅速送达客户手中。重视与客户的每一次互动，通过销售过程中的服务，增强客户对产品的信任度和满意度。

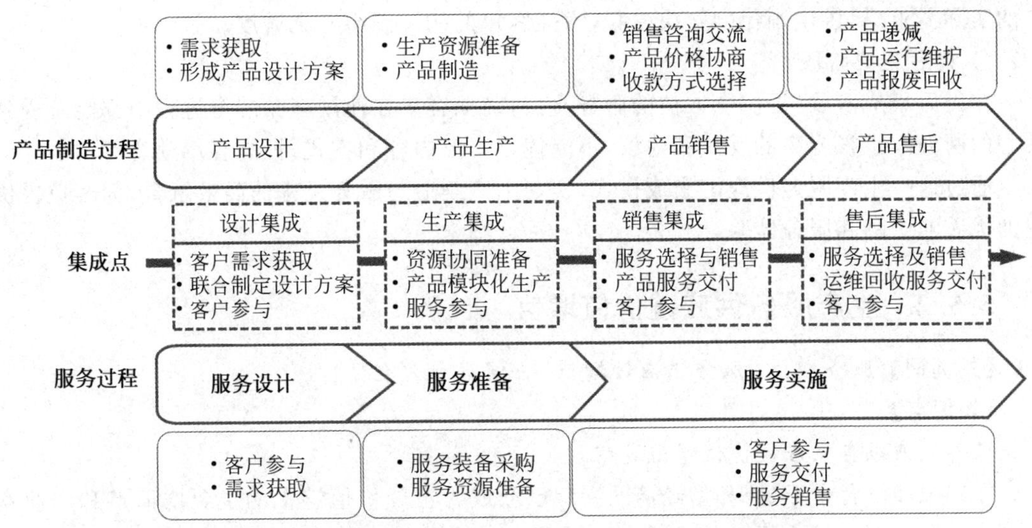

图 5-49　基于制造与服务过程集成的生产服务供应链模式

4）产品售后阶段

产品送达客户后，提供了全方位的售后服务，包括产品递送、运行维护及报废回收等环节。其目标是确保客户在使用产品的全过程中都能感受到贴心的服务。

2. 面向全生命周期服务过程的生产服务供应链

1）生产服务设计阶段

在生产服务设计阶段，根据客户的个性化需求，提出满足其需求的生产服务设计方案。重视与客户的沟通，确保生产服务设计能够真正符合客户的期望，并涵盖产品的全生命周期。

2）生产服务准备阶段

在生产服务设计方案确定后，迅速配置所需的各项服务资源，包括生产服务装备资源和二级生产服务资源。确保生产服务资源的充足和高效，为生产服务实施阶段做好充分的准备。

3）生产服务实施阶段

在这一阶段，客户直接参与生产服务的实施过程，协同创造服务价值。应重视客户的参与和反馈，不断调整生产服务内容和方式，以满足客户不断变化的需求。

3. 生产服务供应链集成模式

基于上述生产制造过程与服务过程的阶段划分，提出了从生产设计到产品售后的生产服务供应链集成模式。

1）设计集成阶段

生产与服务从设计阶段开始集成。根据市场调查和前期预测确定客户需求，并据此设计产品，制定服务内容。这一阶段的集成为后续阶段的生产与服务融合奠定了基础。

2）生产集成阶段

在生产阶段，不仅提供实体产品资源，还为后续服务阶段所需资源做好了准备。确保生产与服务在资源配置上的高效协同，提高了整体运营效率。

3）销售集成阶段

在销售阶段，通过客户的参与，选择使其获取最大效益的服务与产品进行集成。关注客户的实际需求，提供定制化的解决方案，增强客户的购买意愿和忠诚度。

4）售后集成阶段

在售后集成阶段，提供全方位的服务支持，确保客户在使用产品的全过程中都能感受到贴心的服务。重视客户的反馈和建议，不断优化服务内容和方式，提高客户满意度。

通过这一生产服务供应链集成模式，实现生产制造与服务过程的高效融合，为客户提供更加优质的产品和服务体验。

5.5.2 生产服务供应链价值增值

【关键词】 服务增值；服务供应链增值；服务价值增值

【知识点】

了解生产服务供应链价值增值过程。

在知识经济背景下，服务型经济的兴起已经成为全球价值链中的主要增值点和产业竞争力的重要来源。与此同时，智能化和服务化已经成为制造业的发展趋势。传统的产品生产加工、组装装配等环节已经不能够创造更大的附加值，其在整个价值增值中所占比重逐渐下降，而服务通过优化企业资源所创造的附加值会越来越高。生产服务供应链作为生产供应链和服务供应链的有效集成，可以在提供有形产品的同时增加以客户价值为中心的产品全生命周期服务。如图 5-50 所示，生产服务供应链价值增值包括上游的产品生产研发设计阶段、中游的产品制造阶段、下游的产品营销及售后服务阶段。生产服务活动贯穿于制造业服务化的上、中、下游全过程，在不同阶段发挥不同的增值功能，最终促进制造业价值链的优化升级。

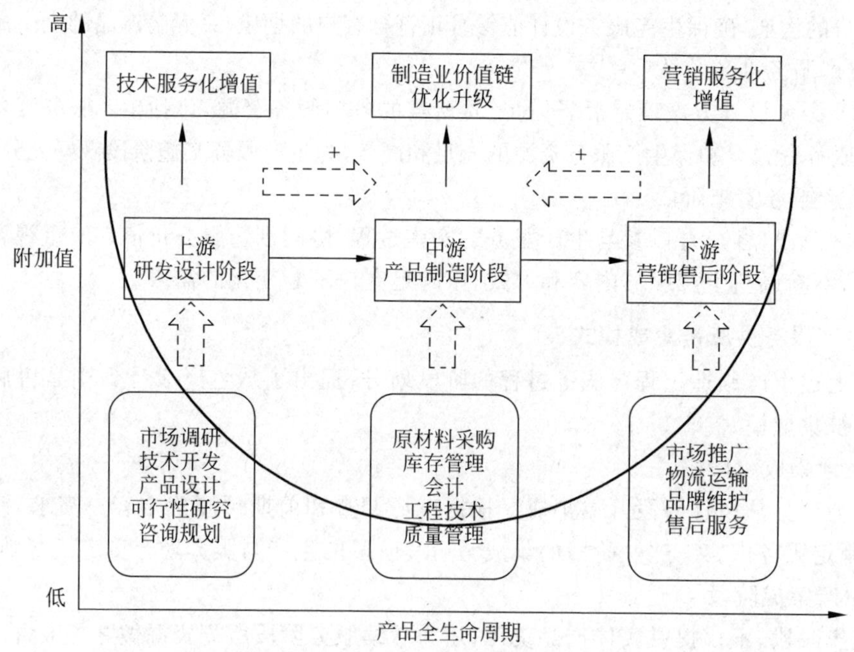

图 5-50 生产服务供应链价值增值过程

随着制造业逐渐向服务化转变，消费者需求越发个性化，企业间竞争的力度也在不断加剧。单纯认为企业价值的来源仅在企业内部或单一供应链之中已经不能满足实际情况。因此，生产服务供应链的出现具有重要意义。生产服务供应链不同于传统的生产供应链，它不仅可以为客户提供实际的生产产品，还可以提供一系列服务产品。例如，在机床生产服务供应链中，企业可以根据客户的个性化定制需求生产制造机床实体，同时也可以在机床生产过程中提供机床维护、软件更新、设备回收等全生命周期服务。这种集成型的服务模式能够满足大批量个性化定制需求，并且推动共享制造概念的发展。生产服务供应链以客户价值为出发点，通过自身具备的定制性、全生命周期性、增值性和客户参与性等特点，为企业开拓新市场、构建新生产模式提供了重要支持，从而实现了企业的价值增值。

服务化已经成为制造业进行深度变革和高端转型升级的新引擎、新动力。随着服务要素与制造业在生产服务供应链各环节的深度融合，制造业服务化转型将逐步推动，服务化也将成为制造业增加值和差异化竞争力的重要来源。

5.5.3 生产服务及其服务供应链的智能化

【关键词】 生产服务智能化；生产服务管理智能化

【知识点】

1. 生产服务及其服务供应链的智能化过程。
2. 生产服务供应链管理的智能化方式。

由于市场竞争日益激烈和消费者需求的不断升级，制造企业为了获得竞争优势，正逐渐将价值链由以制造为中心转变为以服务为中心。这一转变意味着企业不再仅仅提供产品，而是从客户对产品的使用角度出发，提供与产品相关或与客户使用相关的各类服务，因此被称为生产服务。在生产服务中，服务要素在制造中的投入产出比重不断提高，制造商的角色也从商品提供者转变为服务提供者。

根据企业提供的服务内容，生产服务可以分为基于产品的一般增值服务和与产品分离的专业服务。前者面向最终消费者，提供以客户为中心的商品服务，如定制性服务、售后服务等；后者包括为其他制造商提供的服务，如制造资源、制造能力服务与服务需求中介，以及为生产过程提供支持、提升生产效率和增强产品质量的服务，如物流管理、原材料采购、生产设备维护、生产流程优化等。

制造业企业围绕产品生产的各个环节会产生不同类型的生产服务与需求。在消费者需求的驱动下，服务与需求在市场机制的作用下相互匹配，生产者之间和生产者与消费者之间建立起物流、信息流、资金流等联系，形成开放、动态、网络结构的生产服务供应链。

随着AI等新质生产力的发展，传统的供应链管理方式正在演变为智能化和自动化模式。这种转变可以降低成本、提升生产服务效率，并实现实时监控和科学决策，为企业创造更大的价值和竞争优势。生产服务供应链的智能化建设即构建智慧服务供应链，其核心在于消除供应链中的信息不对称，实现商流、信息流、物流、资金流的无缝对接，并通过AI进行优化配置和决策赋能。智能化在生产服务供应链中发挥着重要作用，涉及将先进的技术和智能系统应用于供应链管理的各个方面，以提高运营效率、降低成本、增强产品质量，并使整个生产过程更具竞争力和灵活性。

具体来看，生产服务及其服务供应链的智能化可分为生产服务供应链智能化与生产服务供应链管理的智能化两个方面，如图5-51所示。

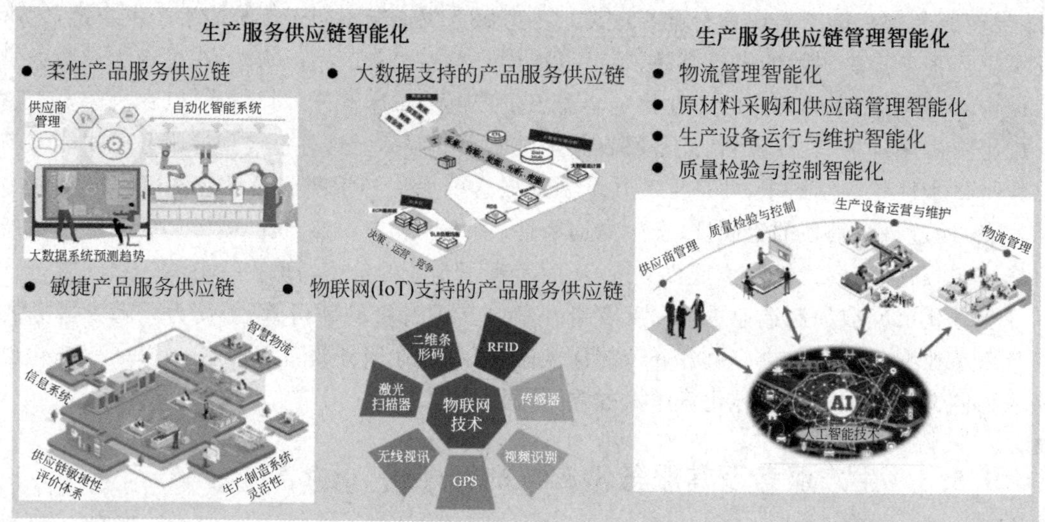

图 5-51　生产服务及其服务供应链的智能化

1. 生产服务供应链智能化

生产服务供应链智能化升级的策略与路径包括构建柔性产品服务供应链、敏捷产品服务供应链、大数据支持的产品服务供应链及 IoT 支持的产品服务供应链。

1）柔性产品服务供应链

柔性产品服务供应链是指能够灵活应对客户个性化需求的供应链体系。随着零售领域新趋势的出现，企业开始进行柔性产品服务供应链的转型，核心在于摆脱传统的批量化生产模式，转向网络化生产方式，以便更灵活地满足市场需求。不同行业都在积极构建柔性产品服务供应链，实现定制化生产。要打造柔性产品服务供应链，企业需要实现：完善工厂系统，使用智能系统自动采集作业时间、传递工序工艺，实现小批量、大单、单件个性化定制生产；利用大数据技术预测趋势对海量数据进行分析建模，调节生产规模，实现碎片化订单的集中化生产；在企业外部，对供应区域进行划分，根据时限与区域选择供应商，以提高供应链的灵活性和反应速度。

2）敏捷产品服务供应链

敏捷产品服务供应链是围绕核心企业，整合资金流、物流和信息流，建立统一的、高度无缝的功能网络链条，打造动态战略联盟的供应链模式。敏捷产品服务供应链模式主要有基于订单需求和基于流程优化两种。为了打造敏捷产品服务供应链，企业可以采取提高生产制造系统的灵活性，增强市场响应能力，优化物流系统，提升产品供应的灵活性，加强信息系统建设，建立供应链敏捷性评价体系等措施，以应对市场的快速变化和客户需求的多样化。

3）大数据支持的产品服务供应链

大数据产品服务供应链利用 ICT 处理和分析海量数据，为企业提供实时有效的数据支持。通过先进的技术手段和管理工具，对商品、信息和资金流动产生的数据进行分析处理，促进企业之间的合作与配合。企业可以通过引入大数据或利用大数据来升级现有的产品服务供应链管理模式，充分挖掘供应链中大数据的价值，提高决策的科学性和效率，进而提升整体运营水平和市场竞争力。

4）IIoT 支持的产品服务供应链

IIoT 技术在产品服务供应链中的应用主要体现在物流领域。利用 IIoT 技术，物流企业能够实现对物品的实时追踪监控和管理，实现物流信息的实时共享和流通，从而提高信息流动效率，避免信息失真和延迟问题。智能化在产品服务供应链中扮演着关键角色，通过应用先进技术和智能系统，提高供应链管理的效率和灵活性，降低成本，增强产品质量，为企业创造更大的价值和竞争优势。

2. 生产服务供应链管理智能化

在生产服务供应链管理方面，智能化技术的应用涵盖了多个关键领域。

1）物流管理智能化

（1）智能预测和规划：利用大数据分析、机器学习和 AI 技术，对市场需求和供应链状况进行预测和规划。这有助于优化物流路径，降低库存成本，并确保及时供应。

（2）智能运输和路线优化：通过智能物流平台和路线规划软件，实现货物运输的实时监控、路径优化和交通状况预测。这可以提高运输效率和准时交付率。

2）原材料采购和供应商管理智能化

（1）供应链可见性：利用供应链管理软件和区块链技术，实现对供应链各个环节的实时监控和可见性。这有助于及时发现并解决潜在问题，确保原材料供应的可靠性和质量。

（2）供应商评估和选择：借助数据分析和智能算法，对供应商的绩效和风险进行评估和选择。这有助于建立稳定、高效的供应链伙伴关系。

3）生产设备运行与维护智能化

（1）预测性维护：利用 IIoT 传感器和数据分析技术，实现对生产设备运行状态的实时监测和预测。这可以提前发现设备故障并进行维护，有效地避免生产中断和损失。

（2）设备性能优化：通过智能控制系统和数据分析，优化生产设备的运行参数和生产流程。这有助于提高生产效率、降低能耗，并降低废品率。

4）质量检验与控制智能化

（1）自动化检测技术：应用机器视觉和传感器技术，实现对产品质量的自动检测和监控。这可以提高检测精度和效率，并减少人为错误。

（2）数据驱动的质量管理：通过数据分析和统计技术，对生产过程和产品质量进行实时监控和分析。这有助于及时发现并纠正潜在的质量问题，确保产品符合标准。

5.5.4 智能生产服务链的价值增值评估

【关键词】 服务评估；服务价值增值评估；服务链评估

【知识点】

智能生产服务供应链绩效衡量指标。

智能生产服务链的价值是指供应链活动直接带来的价值，而价值增值则是指供应链活动对整个供应链各环节进行优化管理产生的价值增加，这也是企业实现竞争优势的关键手段。智能生产服务链的价值增值主要体现在提升服务质量、降低服务成本、提高服务效率三个方面。

1. 提升服务质量

生产服务链管理活动可以通过提高产品质量、缩短交货期和提升客户服务水平等方式，提升供应链的服务质量。这有助于增强客户的品牌忠诚度，提升品牌价值，从而在市场竞争中脱颖而出。

2. 降低服务成本

有效的供应链服务活动可以通过整合供应商资源、优化生产计划及物流运输等方式，降低采购、生产和物流等方面的成本。通过提升供应链管理的效率和协调性，企业能够在成本控制方面取得显著的进展。

3. 提高服务效率

智能生产服务链的服务活动可以通过优化供应链各个环节的流程、减少库存、提高生产效率和物流运输效率等手段，提高供应链的整体服务效率。这有助于降低运营成本、加快产品上市速度，并提高客户满意度。

为了实现智能生产服务链的增值效果，企业需要对以下几个方面加强管理和优化：

1. 信息技术的支持

现代供应链管理需要大量的信息和数据支持，包括供应商信息、原材料采购情况、生产进度、物流运输情况等。通过 ICT 的应用，可以实现供应链各环节的实时监控和协调，提高供应链的效率和响应速度。

2. 合作伙伴关系的管理

现代供应链是由多个企业和组织构成的复杂网络，需要进行有效的协作和合作。企业应注重与供应商、客户、物流公司等合作伙伴的沟通和协调，建立长期稳定的合作关系，共同推动供应链的发展和优化。

3. 风险管理和创新

供应链面临多种风险和挑战，如供应商破产、不可抗力等。企业需要通过风险管理和创新，降低风险，提高供应链的灵活性和适应性。例如，采用多个供应商以分散采购风险，采用智能物流系统以提高运输效率。

4. 持续改进和优化

供应链的优化是一个持续迭代的过程，需要不断地进行观察、分析和改进。企业需要通过不断的创新和优化提高供应链的效率和质量，以适应市场和客户需求的变化，实现持续的增值效果。

具体来看，智能生产服务供应链的价值可以从七个方面进行绩效衡量指标分析，包括可视性、精敏性、个性化、信息治理、供应链预警、可持续发展及创新与学习。这些指标可以帮助企业全面评估智能生产服务链的运作状况，并确定改进和优化的方向，具体衡量指标见表 5-4。

表 5-4　智能生产服务供应链绩效衡量指标

第一层指标	第二层指标
可见性 (visibility)	流程的可见性(process visibiity) 仓库的可见性(warehouse visibility) 物流跟踪的可见性(logistics tracking visibility)
精敏性 (leagility)	精实、精益(lean) 敏捷(agile) 弹性(flexibility)
个性化 (personalization)	产品个性化(product personalization) 服务个性化(service personalization) 客户满意度(customer satisfaction)
信息治理 (infomation govemance)	风险管理(risk management) 可控成本(control lablecost) 质量管理(quality management)
供应链预警 (supply chain warming)	风险管理(risk management) 可控成本(control lablecost) 质量管理(quality management)
可持续发展 (sustainable development)	生态可持续性(ecological sustainability) 经济可持续性(economic sustainability) 社会可持续性(social sustainability)
创新与学习 (innovation and learning)	成员的创新能力(members' innovationability) 新技术的采用率(adoption rate of new technologies) 新服务开发强度(development intensity of new services)

可视性是智能生产服务链运作的重要挑战之一。供应链的可视性是指供应链各环节操作的可追溯性和透明度。可视性越高,监控供应链的运行状态就越好,有助于提高产品生产、仓储、运输、销售等方面的沟通效率,同时也能够提高供应链的协调性和需求预测的准确性。

精敏性是智能生产服务链的重要特征之一,它结合了精益和敏捷的概念。利用互联网、IIoT 和云计算等技术,智能生产服务链能够实时识别、处理和分析供应链各环节的变化,从而实现企业内部和企业间生产活动的整合,并根据生产进度进行及时的供需调整。

个性化是满足客户需求的关键。在智能生产服务链中,客户被视为不可或缺的一部分,通过全生命周期的连接,企业可以根据客户的需求提供个性化的服务解决方案,从而增强竞争力。

信息治理是智能生产服务链的核心,它涉及供应链整个过程的信息收集、处理、分析和传递。信息治理的目标是确保信息的安全和可靠性,以实现信息沟通和传递的及时性和方便性。

供应链预警在智能生产服务链中也是至关重要的。通过实时获取生产、销售和库存状态,智能生产服务链可以最小化风险和成本,并根据企业的需求进行智能的自我调整,从而提高整个供应链的灵活性和反应速度。

可持续发展被视为智能生产服务链的重要目标之一。为了实现可持续发展,智能生产服务链需要将生态、经济和社会管理系统整合起来,对产品设计、原材料采购、生产制造、产品销售等方面进行优化，以最大限度地减少环境污染和碳排放。

创新与学习能力是智能生产服务链的关键要素之一。通过创新和学习，企业能够不断提高产品或服务的价值，增强竞争优势。智能生产服务链的创新与学习能力将有效提高各环节之间的信息沟通效率，降低时间成本，从而推动智能生产服务链的不断优化和发展。

5.6 知识点小结

制造业生产服务化是制造业发展的重要趋势，且越来越多的制造企业开始重视服务要素的价值增值功能，服务要素在制造业企业生产经营活动中的地位不断上升。其中，产品生产服务以服务生产要素与生产供应链为基础，其核心内容包括产品生产过程服务、绿色生产管控服务、产品生产外包服务、生产服务供应链等，并朝着智能化方向发展。本章围绕以上内容展开了介绍。

产品生产要素与生产供应链。产品 BOM 是产品数据在整个生命周期中传递和共享的载体，不同阶段、不同角色对产品 BOM 有不同需求，呈现出产品 BOM 多视图的现象，为企业内、企业间的高效、高质量、低成本地生产协同提供了完整统一的数据基础；在单个企业内，产品生产过程涉及“人、机、料、法、环、测”6 类生产要素，企业需要明确这 6 类要素在生产系统中的作用地位，并处理好它们之间的有机协同关系；在跨企业供应链层面，不同的产品类型有不同的供应链形态，企业需要处理好自身与其他供应链节点之间的生产协同、质量管控关系，形成自身竞争优势。

产品生产过程的服务及其智能化。产品生产过程涉及生产工艺、生产装备、在制品质量控制及生产系统等多个方面。其中，生产工艺服务涉及工艺规划与工艺过程仿真等内容及其智能化改进，生产装备服务主要包括装备的实时状态感知、智能运维及服务化封装等方法与技术，在制品质量控制服务包含产品质量检测与加工参数动态优化等技术及其智能化方法，生产系统服务则涉及配置与调度、运营管理及交钥匙服务等提升生产服务柔性与敏捷性的理论方法与技术手段。

绿色生产管控服务及其智能化。面向低碳战略并基于绿色制造模式与技术的发展，围绕生产过程的碳排放管控，采集碳排放数据并进行碳排放计量，构建生产工艺参数优化和生产工艺链分析与决策等减少生产过程碳排放的有效策略，为制造企业提供绿色生产管控服务，可助力其在全球低碳战略环境下保持乃至提升国际竞争力。

产品生产的外包服务及其智能化。基于外包服务的制造需求特征和基本流程，针对产品生产外包服务可采用 XML 建立工序级外协加工任务和零件级外协任务的智能化描述模型，并对车间生产能力和生产成本进行评估，为企业提供效益最大化的外包服务规划；在外协加工任务驱动的动态虚拟制造车间生成算法及基于 RFID 的外包物流服务执行过程跟踪与监控等技术手段下，可实现生产外包模式的全过程透明化，强化制造企业对产品生产过程的掌控能力。

生产服务供应链及其智能化。在生产服务供应链向智能化转型过程中，物联网、大数据、AI 等新一代 ICT 得以应用，企业可以更加精准地预测市场需求、优化服务流程、提高服务质量，进而实现更高效的价值创造。

5.7　思考题

1. 在当前服务型制造模式下，产品全生命周期管理系统中的产品 BOM 有哪些新需求？

2. 在新一代智能制造、工业 5.0 背景下，人在生产系统中的角色应如何定位？

3. 一件复杂产品的生产需要众多供应商协作完成，从候选供应商中挑出合适的供应商需要考量哪些因素？

4. 产品生产过程的服务涉及生产装备、生产工艺、在制品、生产系统等多个方面的内容，那么如何有效地对这些服务内容进行智能化整合，从而实现面向生产全过程的较为完备的智能化管控？

5. 绿色生产管控服务正变得越发重要，请结合某一具体制造行业，阐述具体实施绿色生产管控工作的方法。

6. 生产任务的外包类型有哪些？在工业活动中，如何对外包任务进行过程监控？

7. 从服务型生产智能化到生产供应链，再到服务智能化，请以你所了解到的一个生产服务为例，阐述智能化改造升级的方法。

参考文献

[1]　王柏村，薛塬，延建林，等. 以人为本的智能制造：理念、技术与应用[J]. 中国工程科学，2020，22(4)：139-146.

[2]　吴玉厚，陈关龙，张珂，等. 智能制造装备基础[M]. 北京：清华大学出版社，2022.

[3]　SHIOVITSKY O. How to implement multi-view BOM strategy[EB/OL]. 2024，https://beyondplm.com/2022/01/10/how-to-implement-multi-view-bom-strategy/.

[4]　CIMdata. Simens solution for an enterprise BOM[EB/OL]. 2024，https://www.cimdata.com/en/resources/complimentary-reports-research/white-papers.

[5]　ZHOU C，LIU X，XUE F，et al. Research on static service BOM transformation for complex products[J]. Advanced Engineering Informatics，2018(36)：146-162.

[6]　冷杰武. 大规模个性化需求驱动的社群化制造网络配置与辅助决策方法[D]. 西安：西安交通大学，2016.

[7]　刘远. "主制造商-供应商"模式下复杂产品供应链质量管理模型及应用研究[D]. 南京：南京航空航天大学，2013.

[8]　于鲲鹏. 生产型供应链脆弱性若干关键问题研究[D]. 重庆：重庆大学，2014.

[9]　袁烨，张永，丁汉. 工业人工智能的关键技术及其在预测性维护中的应用现状[J]. 自动化学报，2020，46(10)：2013-2030.

[10]　THOMAS U，ULRICH E. Reference model for Industrie 4.0 service architectures—Part 1：basic concepts of an interaction-based architecture[EB/OL]. 2018，https://www.din.de/de/wdc-beuth：din21：287632675.

[11]　BADER S，BARNSTEDT E，BEDENBENDER H，et al. Details of the asset administration shell—Part 1：the exchange of information between partners in the value chain of Industrie 4.0[R/OL]. 2022，https://www.plattform-i40.de/PI40/Redaktion/EN/Downloads/Publikation/Details_of_the_

Asset_Administration_Shell_Part1_V3. html.

[12] 张为民,刘雪梅,闵俊英,等. 智能制造工艺[M]. 北京：机械工业出版社,2024.

[13] 李文龙,王刚,田亚明,等. 在机测量技术与工程应用研究进展[J]. 航空制造技术,2022,65(5)：14-35.

[14] 华为云. 华为云 D-Plan AI 质检解决方案[EB/OL]. 2020,https://www. huaweicloud. com/solution/ai/cases-tqi. html.

[15] ZHANG Y,YU X,SUN J,et al. Intelligent STEP-NC-compliant setup planning method[J]. J Manuf Syst,2022(62)：62-75.

[16] XIE S,ZHANG W,XUE F,et al. Industry 4. 0-oriented turnkey project：rapid configuration and intelligent operation of manufacturing systems[J]. Machines,2022,10(11)：983.

[17] AMEER M,DAHANE M. Reconfiguration effort based optimization for design problem of Reconfigurable Manufacturing System[J]. Procedia Comput Sci,2022(200)：1264-1273.

[18] GONNERMANN C,HASHEMI-PETROODI S E,THEVENIN S,et al. A skill-and feature-based approach to planning process monitoring in assembly planning[J]. Int J Adv Manuf Technol,2022,122(5-6)：2645-2670.

[19] LUO S,ZHANG L X,FAN Y S. Real-time scheduling for dynamic partial-no-wait multi-objective flexible job shop by deep reinforcement learning [J]. IEEE Trans Autom Sci Eng,2022,19(4)：3020-3038.

[20] HAN Y,CHEN X,XU M,et al. A multi-objective flexible job-shop cell scheduling problem with sequence-dependent family setup times and intercellular transportation by improved NSGA-II [J]. Proc Inst Mech Eng,Part B：J Eng Manuf,2021,236(5)：540-556.

[21] 张为民,栗永非,孙群,等. 智能制造工程技术人员(中级)：智能生产管控[M]. 北京：中国人事出版社,2024.

[22] NAJID N M,CASTAGNA P,KOUISS K. System engineering-based methodology to design reconfigurable manufacturing systems [M]//BENYOUCEF L. Reconfigurable Manufacturing Systems：From Design to Implementation. Cham：Springer,2020：29-55.

[23] MARVIN R,ANNE B,ARNLJOT H. System reliability theory：Models,statistical methods,and applications[M]. Hoboken：John Wiley & Sons,Inc. ,2020.

[24] GÖNNHEIMER P,KIMMIG A,EHRMANN C,et al. Concept for the configuration of turnkey production systems[J]. Procedia CIRP,2019(86)：234-238.

[25] 清华大学碳中和研究院. 2023 全球碳中和年度进展报告[R]. 2023.

[26] 中国信息通信研究院. 新发展阶段工业绿色低碳发展路径研究报告[R]. 2023.

[27] DENKENA B,ABELE E,BRECHER C,et al. Energy efficient machine tools[J]. CIRP Ann,2020,69(2)：646-667.

[28] WENNEMER M,BRECHER C,KLATTE M,et al. Thermo energetic design of machine tools and requirements for smart fluid power systems[C]// Proceedings of the 10th International Fluid Power Conference,2016：177-194.

[29] 江平宇,张富强,郭威. 智能制造服务技术[M]. 北京：清华大学出版社,2021.

[30] 江平宇,孙培禄,丁凯,等. 一种基于射频识别技术的过程跟踪形式化图式推演建模方法及其生产应用研究[J]. 机械工程学报,2015,51(20)：9-17.

[31] LENG J,JIANG P,ZHENG M. Outsourcer-supplier coordination for parts machining outsourcing under social manufacturing[J]. Proceedings of the Institution of Mechanical Engineers Part B-Journal of Engineering Manufacture,2017,231(6)：1078-1090.

[32] DING K,JIANG P,SU S. RFID-enabled social manufacturing system for inter-enterprise monitoring and dispatching of integrated production and transportation tasks [J]. Robotics and Computer-

Integrated Manufacturing,2018(49):120-133.

[33] CAO W, JIANG P, JIANG K. Demand-based manufacturing service capability estimation of a manufacturing system in a social manufacturing environment[J]. Proceedings of the Institution of Mechanical Engineers Part B-Journal of Engineering Manufacture,2017,231(7):1275-1297.

[34] 许和连,成丽红,孙天阳. 制造业投入服务化对企业出口国内增加值的提升效应:基于中国制造业微观企业的经验研究[J]. 中国工业经济,2017(10):62-80.

[35] 王晓萍,任志敏,张月月,等. 基于服务化战略实施的制造业价值链优化升级:价值增值的视角[J]. 科技管理研究,2019,39(5):110-115.

[36] 15部门印发《关于推动先进制造业和现代服务业深度融合发展的实施意见》[EB/OL]. 发展改革委网站,2019,https://www.gov.cn/xinwen/2019-11/15/content_5452459.htm.

[37] 但斌,罗骁,刘墨林. 基于制造与服务过程集成的产品服务供应链模式[J]. 重庆大学学报(社会科学版),2016,22(1):99-106.

[38] XIE Y, YIN Y, XUE W, et al. Intelligent supply chain performance measurement in Industry 4.0[J]. Systems Research and Behavioral Science,2020,37(4):711-718.

第6章

产品运行与维护服务及其智能化

在现代商业环境中，产品的运行与维护服务已成为企业成功的关键因素之一。这不仅包括设备的正常运转和问题的解决，还涵盖了延长设备使用寿命、提高运营效率和客户满意度等多个方面。随着科技的进步，智能化的运维服务逐渐成为主流，极大地改变了传统运维的模式。

传统的运维服务方式主要依赖于人工检查和手动操作，这种方式存在多种挑战，如反应速度慢、效率低下、成本高昂和数据管理困难。智能化运维通过集成先进的技术，如 IIoT、AI、大数据和云计算等，提供了更为高效和精确的解决方案。智能化运维不仅是技术的进步，更是商业模式的变革。它通过提升设备的运行效率、降低维护成本和提高客户满意度，为企业带来了显著的价值。随着技术的不断发展，智能化运维将成为企业竞争力的重要组成部分，引领运维服务迈向新的高度。

6.1 产品运行流程及其运维系统的概念

产品运行流程是指产品从设计、生产、销售到使用和报废的整个生命周期中所涉及的各项活动和流程，主要包括：设计阶段、生产制造阶段、销售与营销阶段、使用阶段、维护与售后服务阶段、报废处理阶段。运维系统是指为了保障产品正常运行和服务质量，对产品运行流程进行管理和控制的系统。它涵盖了运维策略、运维流程、运维工具和运维人员等方面，以确保产品能够持续稳定地运行，并提供优质的服务。

6.1.1 产品运行过程的全生命周期活动建模

【关键词】产品生命周期；维护活动；建模方法

【知识点】

1. 产品运行过程的全生命周期维护活动的概念。

2. 产品运行过程的全生命周期活动建模方法。

产品运行过程的全生命周期活动是指产品从设计开发到运行维护期间所涉及的所有活动系统化的描述、分析和建模，以便有效地管理和优化产品的运行过程。

在现代企业管理中，对产品的运行过程进行全生命周期活动建模是至关重要的。这项工作不仅有助于优化产品的运行效率，还可以提高服务质量并降低成本。本小节将深入探讨产品运行过程全生命周期活动建模的步骤、方法和应用，并探索其在不同领域的应用和价值，如图 6-1 所示。

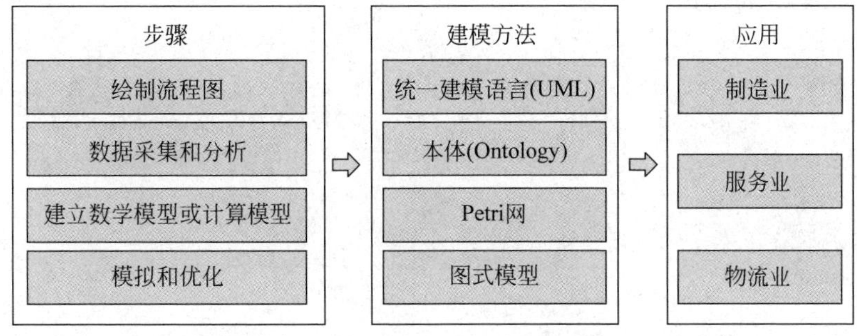

图 6-1　产品运行过程的全生命周期活动建模

对产品运行过程进行全生命周期活动建模通常包括以下步骤：

(1) 绘制流程图。使用流程图工具，将产品运行过程中的各项活动和流程进行可视化呈现。流程图能够清晰地展示活动之间的关系和顺序，帮助人们更好地理解整个运行过程。

(2) 数据采集和分析。收集产品运行过程中产生的各种数据，包括但不限于生产数据、销售数据、维护数据等，并对数据进行分析，挖掘潜在的规律和问题。数据分析可以帮助企业深入了解产品运行的实际情况，为建模提供依据和支持。

(3) 建立数学模型或计算模型。基于收集到的数据和流程图，建立产品运行过程的数学模型或计算模型。这些模型可以用来描述各种活动和流程之间的关系，预测未来的运行情况，并进行模拟和优化。

(4) 模拟和优化。使用建立的模型进行模拟和优化，找出影响产品运行效率的关键因素，并提出改进方案。通过模拟和优化，企业可以降低风险，提高决策的科学性和准确性。

为了对产品运行过程进行全生命周期活动建模，企业还需要采用一系列方法和工具，以确保建模的准确性和有效性。常用的建模方法有统一建模语言(unified modeling language，UML)、本体、Petri 网、图式模型等。

(1) 统一建模语言，是一种用于软件工程的标准化建模语言。它提供了一套图形化表示法，用于可视化、规范化、构建和记录软件系统的各个方面。UML 可以帮助开发团队理解和沟通系统设计的复杂性。

(2) 本体，是用于描述和表示特定领域知识的形式化框架，通过定义一组概念及其相互关系，支持数据的语义集成和互操作。它包括类、个体、属性、关系、公理和规则，用以帮助实现数据和知识的系统化管理和利用。

(3) Petri 网，是一种用于建模和分析离散事件动态系统的数学工具，由位置、变迁、有向弧和标识组成。它通过变迁的激发条件和规则描述系统的动态行为，适用于并发系统、工作流管理、制造系统和通信网络等领域。

(4) 图式模型，采用不同的图形块，并结合离散数学方法，将产品运行过程的全生命周期活动进行形式化描述，并据此对其进行管控。针对设备全生命周期维护活动的图式模型如图 6-2 所示。

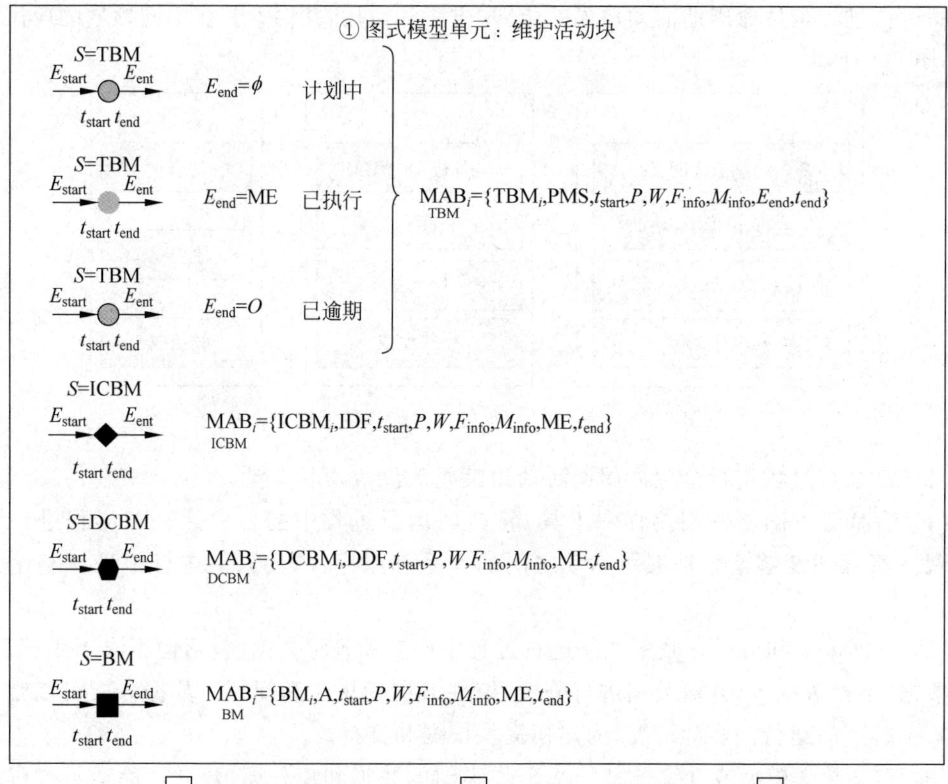

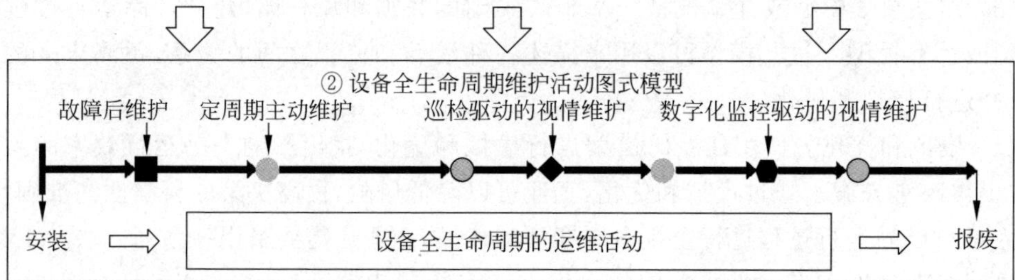

图 6-2 设备全生命周期维护活动的图式模型

6.1.2 产品的运行与维护要素

【关键词】设备监控；设备维护；故障诊断

【知识点】

1. 产品运行与维护的基本要素。
2. 设备监控过程中的关键技术。
3. 设备故障的诊断、保养和维修方法。

产品的运行与维护要素包括设备监控、故障诊断、预防性维护(PdM)、保养计划和及时修复。

在现代企业管理中，产品的运行与维护要素是至关重要的，它们不仅关系到产品的稳定运行，还直接影响着产品的寿命和性能。本小节将深入探讨设备监控、故障诊断、预防性维护(PdM)、保养计划和及时修复等要素，以确保产品的稳定运行并最大化其寿命和性能，如图 6-3 所示。

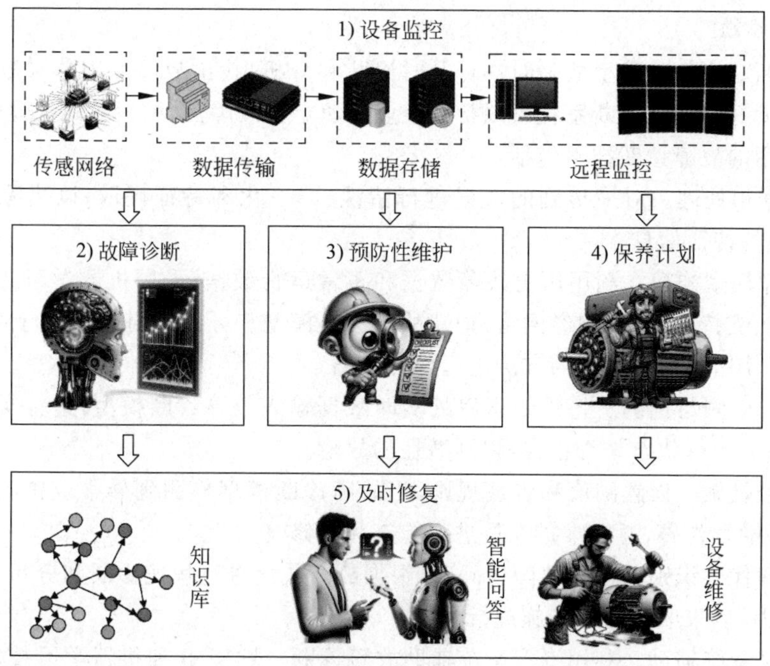

图 6-3 设备全生命周期运行与维护活动图式模型

1. 设备监控

设备监控是指通过各种传感器和监测设备对产品的运行状态进行实时监测和数据采集。通过设备监控,企业可以及时了解产品的运行情况,发现潜在问题并采取相应的措施加以解决。常用的设备监控技术包括:

(1) 传感网络构建。传感网络构建是实现设备监控的基础。首先需要明确数据采集需求和目标,选择合适的传感器和硬件平台,设计网络拓扑(如星型、网状或混合拓扑),部署传感器节点并考虑供电方式,设定数据采集频率和传输协议,进行本地和云端的数据处理和存储,实施数据加密和访问控制,以确保数据安全,并监控和维护网络运行状态。

(2) 数据传输。在构建好传感网络后,数据采集与传输通过设定传感器的采样频率来获取实时数据,利用本地处理技术进行初步处理(如滤波和压缩)以减少传输量,选择合适的无线通信模块(如 Wi-Fi、ZigBee、LoRa)和传输协议(如 MQTT、CoAP)以确保数据的可靠传输,最终将处理后的数据传输到中央服务器或云平台进行存储和进一步分析。

(3) 数据存储。在传感器节点或网关设备上设置本地存储模块用于临时保存数据,然后通过无线通信模块(如 Wi-Fi、ZigBee、LoRa)将数据传输到中央服务器,在服务器上运行数据库管理系统(如 MySQL、PostgreSQL)进行存储和管理,或者将数据传输到云平台(如 AWS、Azure、Google Cloud),利用其提供的可靠和可扩展的存储服务设置数据管理策略和定期备份,以确保数据的完整性和安全性。

(4) 远程监控。在上述步骤的基础上,可以建立设备远程监控系统,使用户可以随时随地通过网络对设备进行监控和管理,提高设备的运行效率和可靠性,降低维护成本,并及时发现和处理设备故障,以实现远程智能化管理。

2. 故障诊断

故障诊断是指产品发生故障时进行及时诊断和分析，找出故障原因并采取相应的措施进行修复。良好的故障诊断系统可以帮助企业快速定位故障点，缩短故障处理时间，降低维修成本。常用的故障诊断技术包括：

(1) 数据预处理。对采集到的数据进行清洗、归一化和特征提取，以去除噪声和异常值，提取有用的特征信息。

(2) 故障模型构建。利用历史故障数据和正常运行数据，采用机器学习或深度学习算法(如决策树、支持向量机、神经网络)构建故障诊断模型。可以使用监督学习的方法训练分类模型，或者使用无监督学习的方法进行异常检测。

(3) 实时监测与预测。将预处理后的实时数据输入故障诊断模型，进行实时分析和预测，判断设备的运行状态是否正常，识别潜在的故障。

(4) 告警机制。设置阈值和告警规则，当故障诊断模型检测到异常或预测到潜在故障时，系统立即触发告警，通知维护人员进行检查和维修。

(5) 故障代码识别。建立故障代码库，根据故障代码进行快速诊断和分析，定位故障点并分析其原因，以采取相应的措施进行修复。

(6) 专家系统辅助。利用专家系统辅助故障诊断，结合 AI 和机器学习技术，提高故障诊断的准确性和效率。

(7) 远程协助技术。运用远程协助技术，实现对产品的远程诊断和支持，减少现场维修的需求，提高故障处理效率。

(8) 系统优化与更新。根据实际运行情况和新故障数据，不断优化和更新故障诊断模型，提升诊断精度和可靠性。

3. 预防性维护

预防性维护是指在产品发生故障之前采取措施对产品进行定期检查和维护，以预防故障的发生。通过预防性维护，企业可以提前发现和解决潜在问题，延长产品的使用寿命，降低维修成本。常用的预防性维护技术包括：

(1) 定周期维护，指按照预先设定的时间间隔或运行周期对设备进行维护和检修，不依赖于设备的实际状态。它基于设备制造商的建议或以往的运行经验，通过定期检查和保养，预防设备故障，提高设备的可靠性和安全性，延长设备寿命。虽然定周期维护具有减少故障停机和提高安全性的优点，但也存在成本较高和可能忽略设备实际状态的缺点。

(2) 基于状态的维护(condition-based maintenance，CBM)，是一种预防性维护策略，通过实时监测和分析设备的运行状态和性能参数(如振动、温度、压力、电流等)，判断设备的健康状况，只有在检测到异常或潜在故障的情况下才进行维护。CBM 基于设备的实际运行情况，避免了定期维护中可能出现的不必要维护，能够最大限度地延长设备的使用寿命，提高设备的可靠性和运行效率。

(3) 预测性维护，是一种基于数据分析和机器学习技术的 PdM 策略，通过收集和分析设备的实时运行数据和条件参数，预测设备可能出现的故障时间和剩余寿命，从而提前安排维护工作，避免设备突发故障和停机，降低维修成本，提高设备的可靠性和生产效率。

4. 保养计划

保养计划是根据产品的特性和运行情况制定的一系列维护措施和计划，旨在确保产品能够持续稳定地运行。通过建立科学合理的保养计划，企业可以提高产品的可靠性和稳定性，降低故障率，延长产品的使用寿命。常用的保养计划技术包括：

（1）定期保养计划。制订定期保养计划，根据产品的特性和使用情况，确定最佳的保养周期和内容，确保产品能够持续稳定地运行。

（2）巡检制度。建立巡检制度，对产品进行定期巡检和维护，可以发现和解决潜在问题，防止故障的发生。

（3）保养记录管理。建立保养记录管理系统，可以对产品的保养情况进行记录和管理，及时了解产品的保养情况和需求，提高保养效果和管理水平。

（4）维修知识库。设备的维修知识库是一个包含设备故障诊断、维修方案、维修记录等信息的数据库或知识库，旨在帮助维修人员更快速、准确地诊断和解决设备故障。

5. 及时修复

及时修复是指产品发生故障时，及时采取相应的措施进行修复，以减少故障对生产和运营的影响。通过及时修复，企业可以缩短故障处理时间，降低生产损失，提高生产效率。常用的及时修复技术包括：

（1）快速响应机制。建立快速响应机制，在产品发生故障时，可以及时响应客户的需求，尽快派遣维修人员进行修复。

（2）备件库管理。建立备件库管理系统，可以储备常用备件和工具，确保在产品发生故障时能够及时进行修复。

（3）应急维修队伍。培训和管理应急维修队伍，提供专业的故障处理和修复服务，确保产品能够尽快恢复正常运行。

（4）维修知识库。设备的维修知识库是一个包含设备故障诊断、维修方案、维修记录等信息的数据库或知识库，旨在帮助维修人员更快速、准确地诊断和解决设备故障。构建方法包括收集和整理设备的维修手册、维修记录、故障案例等资料，建立故障诊断和维修方案的标准流程，利用ICT手段建立数据库或知识库系统，并不断更新和完善知识库内容，以提高设备维修效率和质量。

6.1.3 产品服务系统及其智能化

【关键词】 产品服务系统；人工智能；增值服务

【知识点】

1. 产品服务系统的基本概念。
2. 产品服务系统的应用。
3. 产品服务系统的智能化技术。

产品服务系统是指为了提供对产品的持续支持和增值服务而建立的一套系统化的服务体系。它包括从产品的购买、安装、配置、维护到升级等全生命周期的服务内容，旨在满足客户的需求、提升产品的价值，并建立与客户之间更紧密的关系。本小节将深入探讨PSS及其智能化，从定义、特征、价值和未智能化方面展开讨论。

1. 产品服务系统(PSS)

产品服务系统与传统的产品销售和售后服务相比,具有如下特征:

1) 全生命周期覆盖

产品服务系统覆盖了产品的整个生命周期,包括前期的销售咨询、中期的售后服务和维护,以及后期的升级和更新。产品服务系统在前期销售咨询阶段,通过提供详细的产品信息、技术规格和解决方案,协助客户选择适合其需求的产品,并提供个性化的定制方案;在产品投入使用后,PSS 提供全面的售后服务和维护支持,包括安装调试、培训指导、故障排除和维修保养等,确保产品能够稳定运行;PSS 还负责对产品进行定期升级和更新,通过引入新的功能和技术,提升产品的性能和竞争力,延长产品的生命周期,为客户提供更好的使用体验。

2) 客户导向

产品服务系统以客户为中心,充分考虑客户的需求和反馈,提供个性化、定制化的服务体验。产品服务系统通过对客户需求的深入了解和分析,提供个性化的服务方案,满足客户的特定需求,提高客户满意度和忠诚度。基于客户的特定需求和要求,PSS 提供定制化的服务方案,包括定制化的产品配置、服务合同和解决方案设计,为客户提供更专业、更贴心的服务体验。产品服务系统建立了快速响应机制,对客户的问题和需求能够及时响应,并提供有效的解决方案,确保客户的问题能够及时得到解决,提升客户满意度。

3) 价值增值

通过提供优质的服务,PSS 可以为客户提供更多的价值,从而增强产品的竞争力和市场占有率。产品服务系统通过提供个性化的服务和增值服务,为产品增加附加值,提升产品的市场竞争力和吸引力,为企业创造更多的商业价值。通过提供高质量、高效率的服务,PSS 能够增强客户的使用体验,提高客户满意度和忠诚度,促进产品口碑传播和品牌认知度的提升。通过提供优质的售后服务和维护支持,PSS 可以降低客户的使用成本和维护成本,提升客户的投资回报率,增强客户对产品的信任和认可。

4) 智能化技术应用

随着科技的发展,越来越多的智能化技术被应用到 PSS 中,如 AI、大数据分析、IIoT 等,使得服务更加高效、精准和智能化。PSS 利用大数据分析技术,对客户数据和产品运行数据进行分析和挖掘,预测客户需求和产品故障,提前采取措施进行预防和处理。通过引入 AI 和机器学习技术,PSS 能够实现对产品的智能诊断和维护,快速定位故障点和解决问题,提高维护效率和精准度。产品服务系统通过物联网技术和自动化技术实现对产品的远程监控和管理,自动化运营服务流程,提高运营效率和管理水平。

2. 产品服务系统智能化

目前,PSS 正在经历一场智能化革命。智能化的 PSS 不仅能够提供更高效、更个性化的服务体验,还能够实现优化资源、降低成本、增强竞争优势等多重效益。产品服务系统智能化是指通过引入 AI、大数据分析、物联网等先进技术,使得 PSS 具备更高效、更智能的运行和管理能力,以提供更加个性化、精准化的服务体验。智能化的 PSS 能够实现自动化的运营管理、智能化的客户服务、精准化的市场营销等功能,从而提升企业的竞争力和客户满意度。

1）AI与PSS的结合

AI与PSS的结合显著提升了PSS的整体效能，通过智能维护和PdM减少了设备停机时间并延长了使用寿命；个性化客户服务通过数据分析和机器学习满足客户的特定需求和偏好；资源优化和运营效率的提升减少了浪费，提高了资源利用率。此外，AI驱动的自动化和数据洞察帮助企业不断改进产品和服务，增强了客户体验和满意度，同时促进了可持续发展和创新。

（1）智能客服。AI技术可以应用于PSS的客户服务中，实现智能客服。通过NLP和机器学习技术，智能客服系统可以理解客户的问题，并提供快速、准确的解答，从而提升客户服务效率。

（2）个性化推荐。利用AI技术，PSS可以根据客户的历史行为和偏好，为客户推荐个性化的产品和服务。通过分析客户的浏览记录、购买行为等数据，智能推荐系统可以提供与客户兴趣相关的推荐，提高客户的购买率和满意度。

（3）智能分析和决策支持。AI技术还可以应用于PSS的数据分析和决策支持中。通过机器学习算法和深度学习模型，PSS可以对海量的数据进行分析，发现隐藏的规律和趋势，为企业提供更准确的决策支持。

2）大数据分析与PSS的结合

大数据分析与PSS的结合通过对海量数据的收集、处理和分析，提供深刻的客户洞察和市场趋势预测，使企业能够更准确地满足客户需求，优化产品和服务设计，提升运营效率，并实现个性化和定制化服务，从而增强客户体验和满意度，推动商业模式的创新和可持续发展。

（1）客户行为分析。大数据分析技术可以帮助PSS对客户行为进行深入分析。通过收集和分析客户的点击、浏览、购买等行为数据，PSS可以了解客户的偏好和习惯，为个性化服务提供数据支持。

（2）预测分析和优化决策。大数据分析技术还可以应用于PSS的预测分析和优化决策中。通过建立预测模型，PSS可以预测未来的需求趋势和市场变化，为企业的生产计划、库存管理等提供决策支持，实现资源的优化配置。

3）工业物联网技术与PSS的结合

物联网技术与PSS的结合通过实时数据采集和分析，实现设备的智能监控和维护，提高了系统的响应速度和运营效率；同时，IIoT设备之间的互联互通增强了产品和服务的协同能力，使企业能够提供更个性化和定制化的解决方案，提升客户满意度，并推动业务模式向更加灵活和可持续的方向发展。

（1）远程监控和管理。IIoT可以实现对产品的远程监控和管理。通过在产品中植入传感器和网络模块，PSS可以实时监测产品的运行状态和性能指标，及时发现异常情况并进行处理，提高产品的稳定性和可靠性。

（2）智能化调度和优化。IIoT还可以实现产品生产过程的智能化调度和优化。通过将生产设备连接到互联网，PSS可以实时监测设备的运行状态和生产效率，优化生产流程、调整生产计划，提高生产效率和产品质量。

将AI、大数据分析和IIoT与PSS结合起来，可以实现产品服务的智能化、个性化和精准化，提升企业的竞争力和客户满意度。随着技术的不断发展和应用场景的不断拓展，智能化的 PSS 将成为未来产品服务的主流趋势，为企业创造更多的商业价值和社会效益。

6.2 智能产品运行服务的关键技术

智能产品运行服务是指在产品交付客户后，为确保产品正常运行并保持良好状态所提供的服务。智能化在产品运行与维护服务中的应用，可以通过引入先进的技术和系统，提高服务效率、降低成本，并增强对产品运行状态的监测和管理能力。智能产品运行服务涵盖了产品交付后的全生命周期，智能产品运行服务主要包括产品运行工况的智能监测服务、产品运行过程的智能跟踪服务、产品运行质量的智能管控服务等活动。这些服务旨在确保产品稳定运行，并最大化其寿命和性能，从而满足客户的需求和期望。

6.2.1 产品运行工况的智能监测服务技术

【关键词】 产品运行工况；智能监测；事件驱动

【知识点】

1. 产品运行工况的智能监测服务框架。
2. 智能监测服务关键技术。

产品运行工况的智能监测是服务企业、制造企业、终端用户以实现产品运行的关键步骤，基于物联网技术的工况监测以 RFID 事件过程监测为基础，采用图式描述方法建模（图式模型）。在分析了产品运行工况事件的定义之后，可以应用这些事件监测产品运行的基本状况。

1. 产品运行工况的智能监测服务

产品运行工况的智能监测服务是将产品运行过程的特定工况进行感知，以产品运行工况数据为基础，设置工况标准阈值，比较实际产品运行工况数据与工况标准阈值，判断运行是否正常的服务。根据产品运行过程中不同的决策要求可以定义不同的监测模型，一般采用物联网技术采集工业大数据，设计不同的大数据分析模型与算法。针对服务企业、制造企业、终端用户来监测运行且各有侧重，比如，服务企业主要监测具体服务事件的执行状况、服务操作的效果、服务节点选择的粒度大小等；制造企业主要监测具体产品的工序执行状况、产品的质量指标、产品装配的工艺流程等；终端用户主要监测产品功能实现、服务体验效果、产品运行效益等。

下面仅以产品运行的跟踪需要来构建监测模型，应用 RFID 技术获取产品运行数据，采用 RFID 监控模式和图式描述方法进行形式化表达，产品运行工况的智能监测服务如图 6-4 所示。

1）产品运行工况图式描述操作单元

基于“事件-触发时间-状态”的图式模型，建立产品运行工况图式描述操作单元，这些操作单元是产品运行工况的基本活动，可以是产品生产工序，也可以是服务操作动作，还可以是产品单元活动等。

2）产品运行工况操作转换状态

某次产品的工况操作流由若干个工况操作构成，每个工况操作包括入缓存、在服务、出

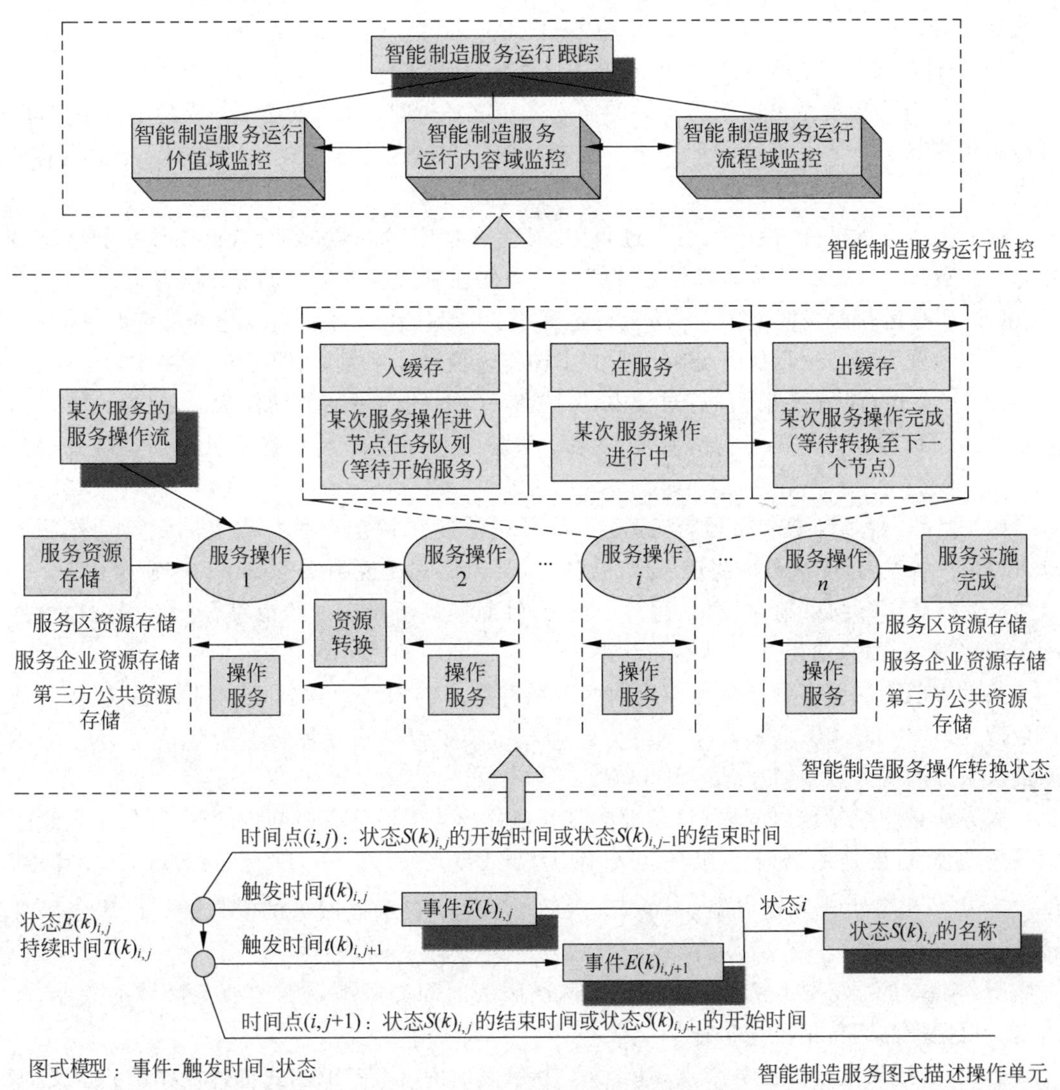

图 6-4　产品运行工况的智能监测服务

缓存等过程。工况流以服务资源输入为起点，通过若干个工况操作，输出工况实施完成为终点，两个工况操作之间以资源转换来连接，每个工况操作以“事件-触发时间-状态”来描述。

3）产品运行工况监测

根据产品运行工况的价值域、内容域、流程域分别设计监测参数及监测指标与标准，针对服务企业、制造企业、终端用户的需求制定监测策略，以产品运行工况监测实现产品运行数据的实时传递、实时共享与实时决策。

2. 智能监测服务关键技术

产品运行工况事件以物联网来定义，进而映射为 RFID 监测事件，并建立 RFID 过程监测时序流，二者统一为单操作监测时序流。将产品运行与服务实施以单操作的组合来实现产品运行工况的智能监测。智能监测服务关键技术主要包括事件驱动的产品运行工况图式描述操作单元定义、工况单操作动作时序单元的状态块配置、工况单操作 RFID 过程监测时序流建模等。

1）事件驱动的产品运行工况图式描述操作单元定义

产品监控监测模型可以根据不同的需求来建立，一般以事件驱动作为模型的基本策略，可以采用产品运行图式描述的形式化方法来实现。产品运行图式描述操作单元相关内容的定义如下：

（1）产品运行事件，指产品运行过程中，发生在特定时间点的动作，该动作引起状态变化，记为 $E(k)_{i,j}$，表示产品运行任务分解的单操作在制造服务节点的操作服务。

（2）产品运行触发时间，指产品运行过程中，引起动作事件发生变化的特定时间点，记为 $t(k)_{i,j}$，表示产品运行任务分解产生的单操作转换动作触发时间。

（3）产品运行状态，指产品行过程中，保持在一定时间内不变的动作状况，记为 $S(k)_{i,j}$，表示产品运行任务产生的单操作转换结果。状态的时间起始点与终止点分别是触发时间 $t(k)_{i,j}$、$t(k)_{i,j+1}$。

（4）产品运行点，指产品运行过程中，单操作转换在特定产品节点上的实体动作服务点，以事件-触发时间-状态来描述。产品运行点可以形式化说明服务操作和转换操作等。

（5）产品运行约束集，指产品运行过程中，针对监控所规定的约束集合。由于监控事件的不确定性，下面只给出几个基本的约束。

某批次服务的服务数是一段特定时间内某种服务的服务总次数，服务批 k 的服务次数集合记为 $B_k=\{B_1,B_2,\cdots,B_i,\cdots\}=\langle N_k,D_k\rangle$，其中，$B_k$ 表示服务数标识变量，N_k 表示该批次服务的服务数目，D_k 表示服务流。

服务流是一段特定时间内，将某批次服务划分为若干段连续时间内的服务，每个连续时间段内的服务数是服务流。服务流记为 $D_k=\{D_{k,1},D_{k,2},\cdots,D_{k,m},\cdots,D_{k,N_k}\}$，其中，$D_{k,1}$ 等表示服务集合元素，$D_{k,m}=\langle N_{k,m},L^k\rangle$，$N_{k,m}$ 表示该服务的操作数，L^k 表示服务转换。

服务批 k 的服务转换 L^k 是服务流中两次服务之间的服务资源与服务区域的改变，具体定义根据产品运行情况来描述。

因此，在产品运行的服务节点，基于“事件-触发时间-状态”的图式描述操作单元定义为

$$
\begin{aligned}
O(t_k)_{i,j}=\langle &E(t_k)_{i,j},t(t_k)_{i,j},E(t_k)_{i,j+1},t(t_k)_{i,j+1},S(t_k)_{i,j},\\
&T(t_k)_{i,j},M(k)_i\rangle,\quad t\in\{1,v,p,w\}
\end{aligned}
\tag{6-1}
$$

式中，$O(t_k)_{i,j}$ 表示在规定产品服务节点的图式描述操作单元，j 为该服务节点根据实际执行状态分解的单操作个数；$E(t_k)_{i,j}$ 表示产品服务在服务节点的操作动作事件；$t(t_k)_{i,j}$ 表示引起产品的服务操作动作事件触发时间点；$E(t_k)_{i,j+1}$ 表示产品务在服务节点的下一个操作动作事件；$t(t_k)_{i,j+1}$ 表示引起下一个产品的服务操作动作事件触发时间点；$S(t_k)_{i,j}$ 表示产品服务在服务节点的操作动作事件发生后的稳定工作状况；$T(t_k)_{i,j}$ 表示产品的服务状态持续时间间隔；$M(k)_i$ 表示产品的服务节点；$t\in\{1,v,p,w\}$ 表示单操作的触发时间依赖于服务资源 v、服务执行者 p、服务操作 w 等。

2）工况单操作动作时序单元的状态块配置

工况单操作动作时序单元的状态块配置是将事件驱动的 RFID 监测模式映射到单操作动作时序单元模型，通过该操作的各状态块串联来对单操作中的动作节点进行监测，并配置 RFID 硬件。

一道单操作的动作有入缓存、实施服务、出缓存三对监测动作配置状态块，将服务绑定RFID标签状态的变化，以获取服务在服务区的操作进度信息，可以采用固定式RFID读写器的固定空间采集模式来表示；服务操作的出入门禁表示服务操作完成之后，从服务区1转换到服务区2，在出入服务区动作节点配置的门禁式状态块可以采用固定式RFID读写器的门禁采集模式表示。工况状态块映射到动作时序单元模型如图6-5所示。

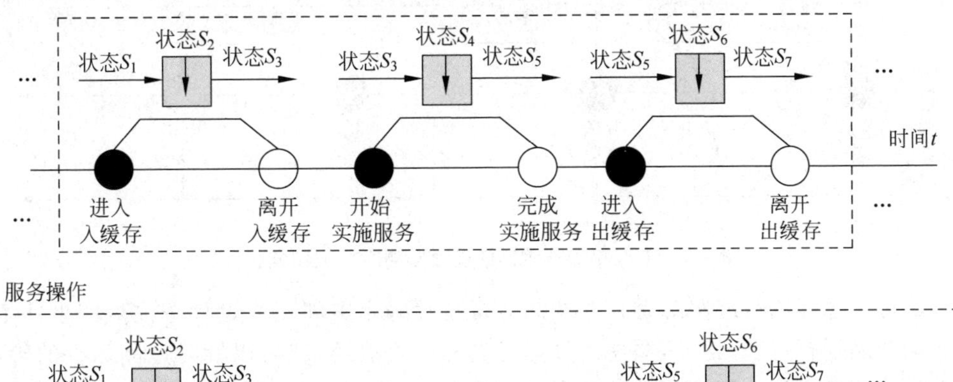

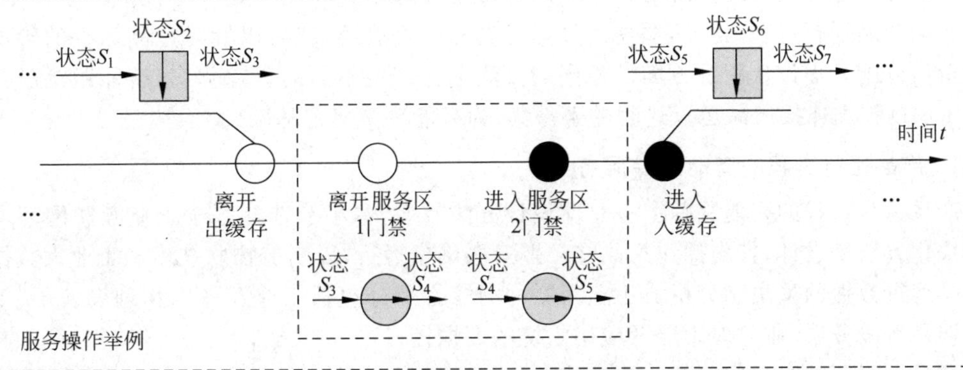

图6-5　工况状态块映射到动作时序单元模型

3）工况单操作RFID过程监测时序流建模

针对产品运行工况监测，将状态块赋予单操作动作时序模型，采用图式描述操作和配置，从事件集、状态集、位置集、执行者集、时间集等方面来描述。工况单操作RFID过程监测时序流图式模型描述在时间点上，若动作执行者触发了第i个监控事件，则会引起被监测物体由状态S_i转变为S_{i+1}，并使得被监测物体发生位置变化。工况单操作RFID过程监测时序流单元模型的形式化表达为

$$O_i = \{E_i, t_i, R_i, E_{i+1}, t_{i+1}, R_{i+1}, S_i, L_i, T_i\} \tag{6-2}$$

式中，O_i表示第i个RFID过程监测图式节点；E_i表示在t_i时刻由执行者R_i完成的动作事件；S_i，L_i表示当前状态和位置；T_i表示状态S_i的持续时间。工况单操作RFID过程监测时序流图式模型如图6-6所示。

6.2.2　产品运行过程的智能跟踪服务技术

【关键词】 产品运行过程；智能跟踪；质量管理

【知识点】

1. 产品运行过程的智能跟踪服务框架。
2. 智能跟踪服务关键技术。

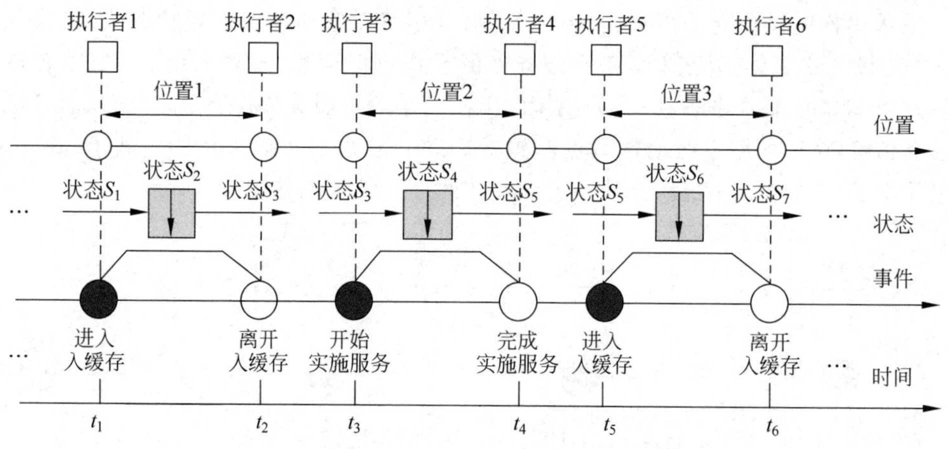

图 6-6 工况单操作 RFID 过程监测时序流图式模型

产品运行过程的智能跟踪是针对产品运行过程确定关注点来设计关注点的事件集，以事件驱动产品运行过程，比如，关注产品运行过程的价值链，就可以针对产品运行的价值创造与价值分配方面设计跟踪方案。不同的关注点会产生不同的跟踪方案，智能跟踪服务技术以 RFID 技术连接产品运行过程的事件集，为智能决策奠定基础。

1. 产品运行过程的智能跟踪服务

产品运行过程的智能跟踪服务总体设计方法较多，本小节选择基于工业互联网环境中的模块化方法来设计，首先探讨产品在工业互联网中运行，以制造物联技术和工业大数据进行产品运行数据的采集和分析。工业互联网的核心部分包括工业互联网物理设备层、工业互联网平台服务层、业务应用层及应用系统的数据接口。

产品运行智能跟踪假如关注需求获取、价值确定、价值配置、价值实现、利润共享等事件，这些事件可以细分为不同的具体事件，作为产品运行跟踪的事件集。事件驱动的产品运行跟踪首先需要定义事件的属性与结果，通过产品运行过程的动作时序监控模型来确定产品运行跟踪事件集，再定义跟踪时间、执行者、位置集、状态集等，建立产品运行的过程跟踪模型。产品运行过程的智能跟踪服务如图 6-7 所示。

1）事件驱动的产品运行过程分析

在产品运行中，跟踪事件围绕产品生产与实施服务展开，可以设计不同的跟踪事件来监控需要的参数，以跟踪事件的属性与结果来描述产品的集成与协同。

2）产品运行过程动作时序监控模型

在定义产品运行监控事件的基础上，通过产品单操作的时序单元和时序流来确定每个监控事件的单元要素，并以多操作之间的串联、并联、条件等方式连接单操作，获得产品的多操作监控事件流。

3）产品运行过程跟踪模型

以产品运行监控模型为基础，将运行多操作监控事件流映射为运行跟踪事件集，同时定义每个单操作的跟踪时间、跟踪执行者、跟踪位置集、跟踪状态集等，最后采用产品多操作 RFID 过程跟踪图式模型建模方法建立产品运行的过程跟踪模型。

2. 智能跟踪服务关键技术

产品运行过程是由一系列产品事件组成的事件流，需要监控的事件集合与 RFID 过程

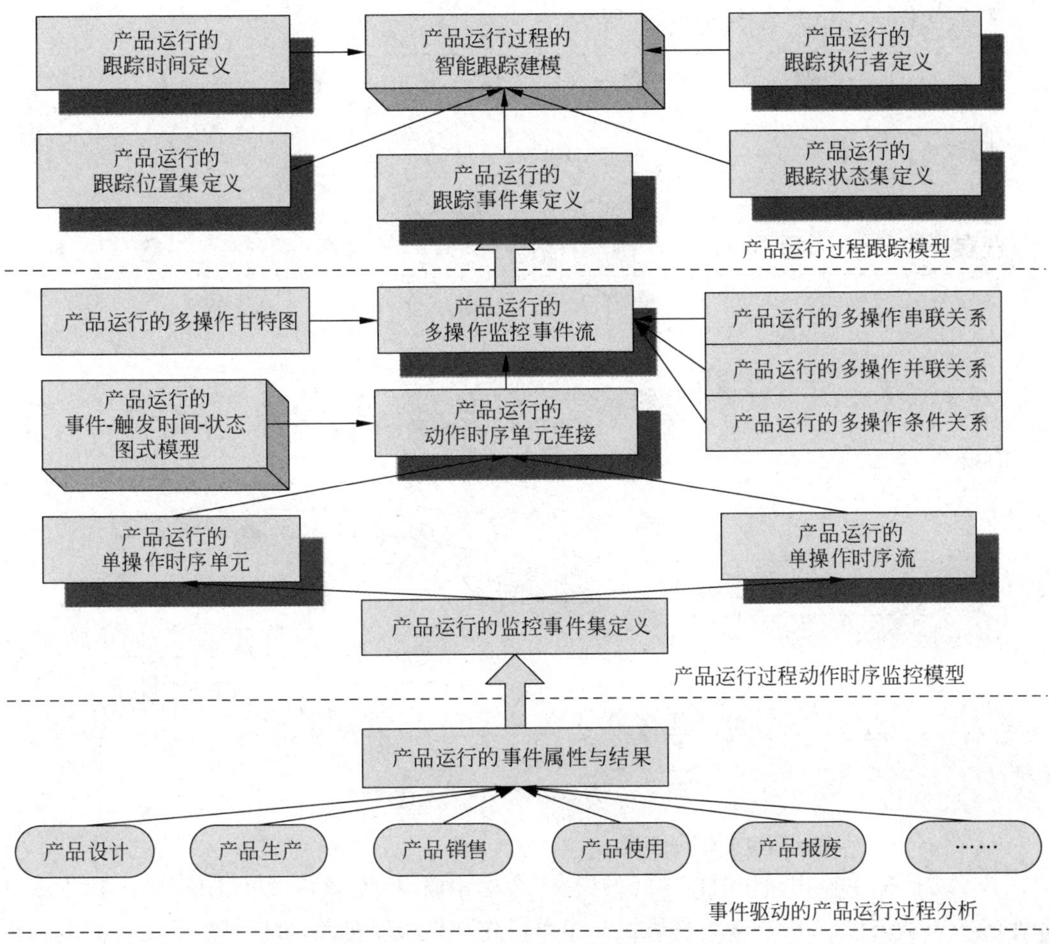

图6-7　产品运行过程的智能跟踪服务

节点相符合，以此来支持产品运行过程跟踪。事件驱动的多操作时序流是将单操作时序流进行连接，生成多操作RFID过程跟踪模型。智能跟踪服务关键技术主要包括产品运行的动作时序单元连接、产品多操作动作时序流的创成、产品多操作RFID过程跟踪图式模型建模等。

1）产品运行的动作时序单元连接

产品运行过程中，各个操作动作时序单元之间的连接可以采用串联关系、并联关系、条件关系等方式。这些连接是基于产品结构与服务逻辑来分析的，产品动作时序单元连接关系的定义如下：

(1) 串联关系($P_1 \cap P_2$)。产品操作之间的串联关系是将上一操作的最后一个动作与下一操作的第一个动作相连。

(2) 并联关系($P_1 \cup P_2$)。产品操作之间的并联关系是对某些操作进行冗余配置，可以是操作并联，也可以是动作并联。操作并联是两个操作的起始动作至终止动作都一一对应的并联关系；动作并联是两个操作中的某些动作一一对应的并联关系。

(3) 条件关系($P_1 \Delta P_2$)。产品操作之间的条件关系是依据上一操作的执行情况和判断条件，选择下一操作。

产品动作时序单元连接如图 6-8 所示。

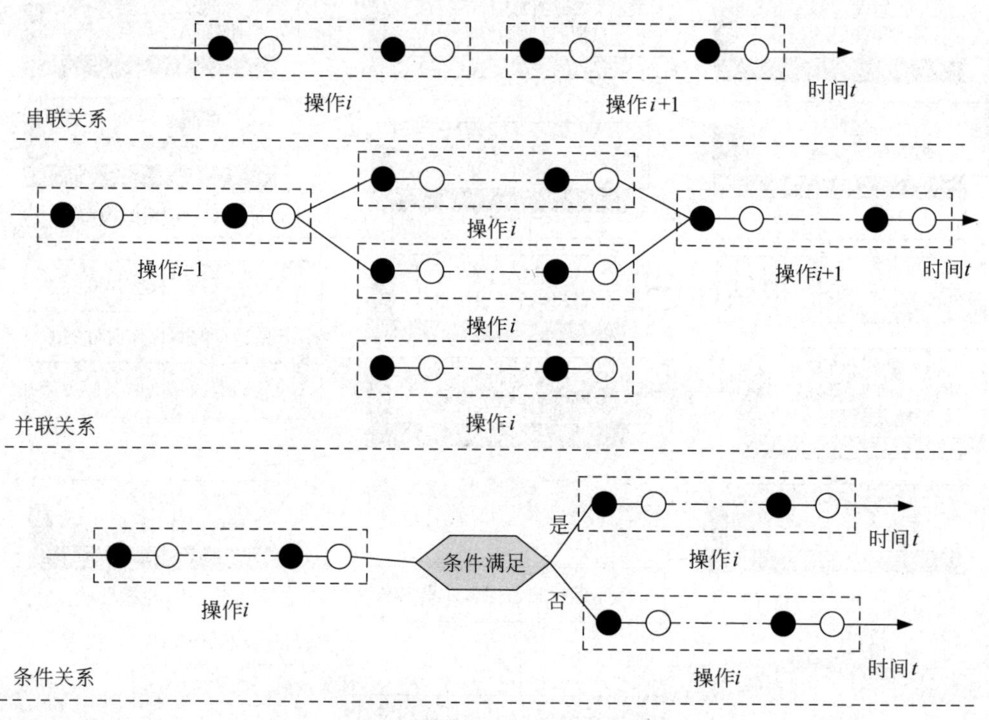

图 6-8 产品动作时序单元连接

2）产品多操作动作时序流的创成

基于对产品单操作动作时序单元的定义，考虑串联-并联-条件关系连接，采用甘特图对操作时序关系进行描述，一个色块表示一个单操作动作时序单元，可以扩展形成产品多操作动作时序流模型。产品多操作动作时序流可表达为

$$\mathrm{MF}=\{P_1 \cap (P_{21}\Delta P_{22}) \cap (P_{31} \cup P_{32}) \cap \cdots \cap P_n\} \tag{6-3}$$

式中，$P_{21}\Delta P_{22}$ 表示操作 2 由两个可选活动依据条件选择。

产品多操作动作时序单元连接如图 6-9 所示。

3）产品多操作 RFID 过程跟踪图式模型建模

产品多操作可以描述产品运行的基本过程，根据监控事件集的大小可以建立不同体系的 RFID 过程，这取决于跟踪策略。产品多操作是单操作 RFID 过程跟踪时序流图式模型到多操作动作时序流的扩展应用，通过单操作时序单元模型的连接，按时间、事件集、位置集、执行者、状态集等维度来描述完整的多操作 RFID 过程跟踪图式模型。产品多操作 RFID 过程跟踪模型如图 6-10 所示。

6.2.3 产品运行质量的智能管控服务技术

【关键词】 产品运行质量；智能管控；工业大数据

【知识点】

1. 产品运行质量的智能管控服务框架。
2. 智能管控服务关键技术。

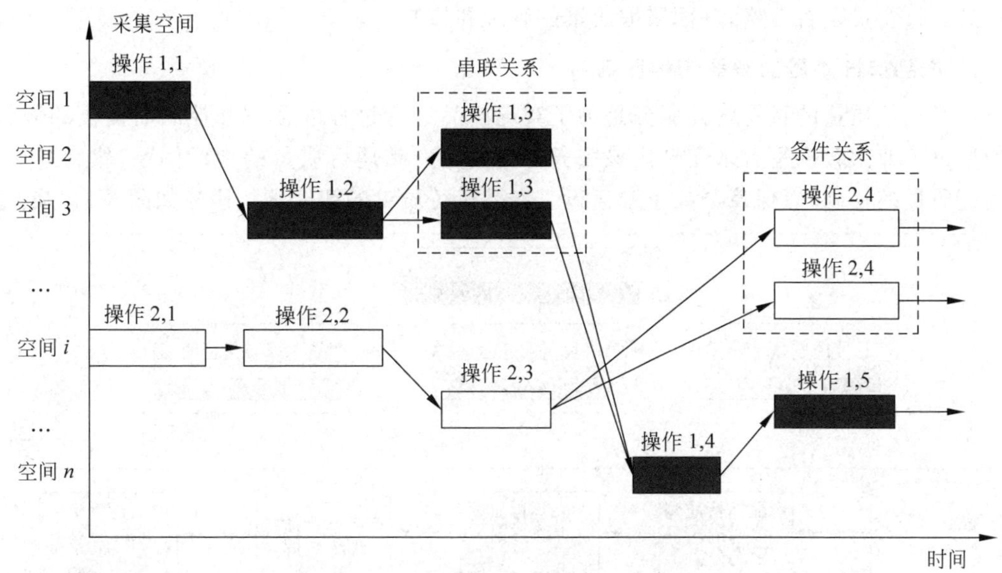

图 6-9　产品多操作动作时序单元连接

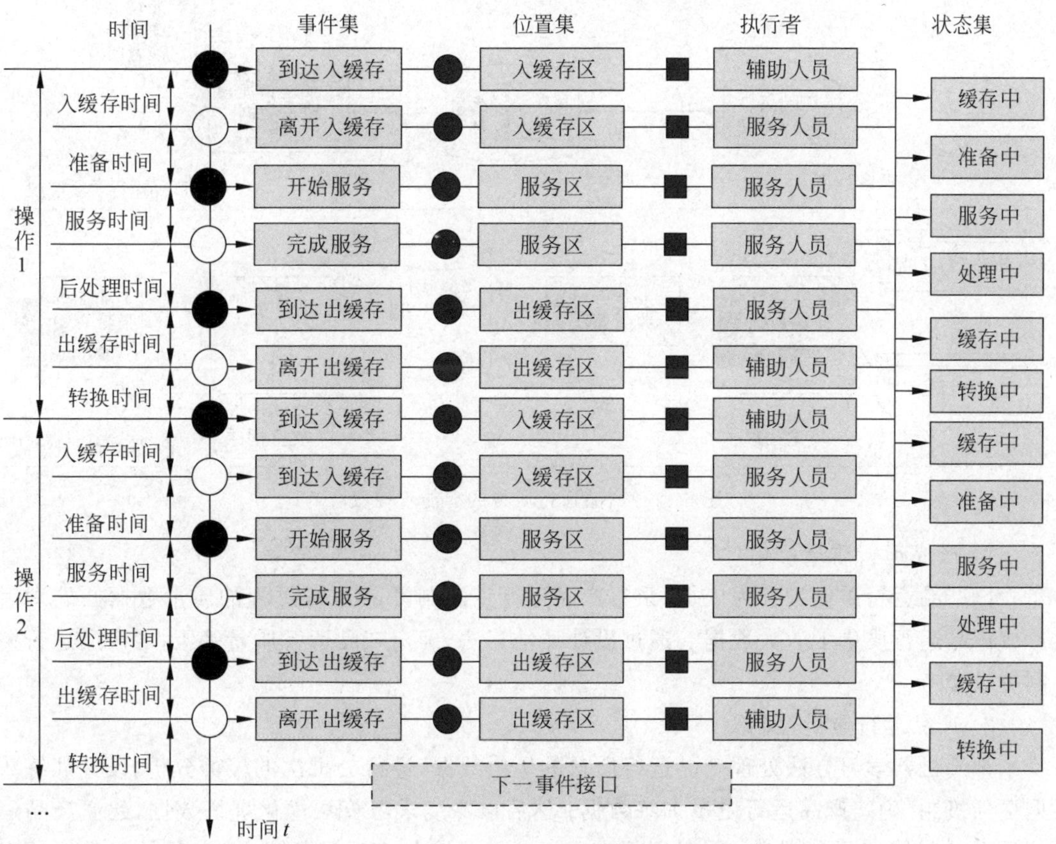

图 6-10　产品多操作 RFID 过程跟踪模型

产品运行质量的智能管控是针对产品运行过程中的质量相关参数，设置通用的判别性能指标及判断标准，从工业大数据平台获取产品运行质量数据，对比相关性能指标标准来判别产品运行质量是否合格,进而采取决策的管理和控制。

1. 产品运行质量的智能管控服务

产品运行质量的智能管控服务是为了实现产品运行过程的管理和控制而提供的服务,一般通过工业大数据平台来实现。该服务首先确定产品运行质量的指标体系,然后进行产品运行质量的控制,以保障产品正常运行。产品运行质量的智能管控服务如图 6-11 所示。

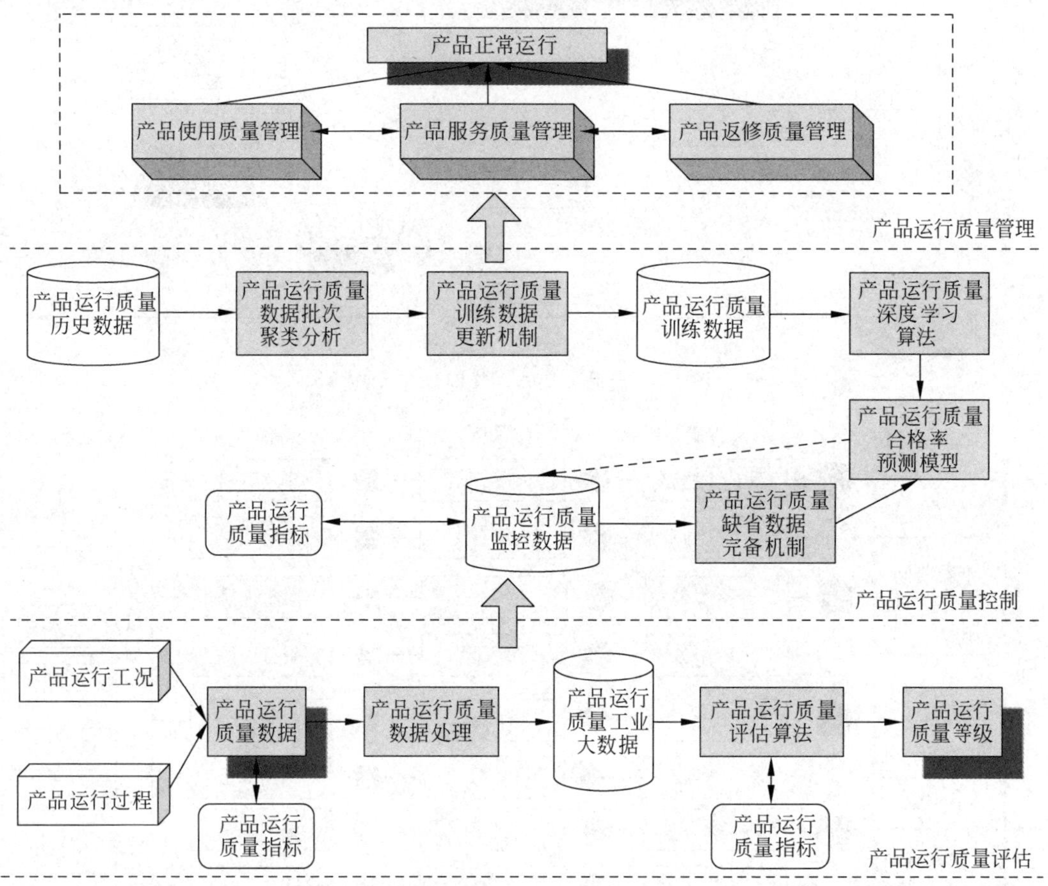

图 6-11　产品运行质量的智能管控服务

1）产品运行质量评估

以产品运行质量指标为依据,采集产品运行工况与产品运行过程的质量数据并处理后形成产品运行质量工业大数据。通过设计评估算法,确定产品运行质量等级,为产品运行控制提供参考。

2）产品运行质量控制

采用机器学习方法处理产品运行质量的历史数据,进行分批次的聚类分析,设计训练数据更新机制,确定产品运行质量训练数据；然后以深度学习算法优化训练数据,建立产品运行质量的合格率预测模型；同时根据产品运行质量指标获取监控数据,分析缺省数据的完备机制,以此支持合格率预测模型。

3）产品运行质量管理

以产品正常运行为目标,在产品运行质量控制的基础上进行管理,主要管理产品使用质量、产品服务质量、产品返修质量。产品运行过程中需要提供服务，这些服务质量也属于产品运行质量。产品返修质量用来管理产品保修的相关活动，与产品维修有所差异。

2. 智能管控服务关键技术

基于工业大数据平台的产品运行质量智能管控服务是自动化、信息化和智能化的深度融合，它是产品运行质量的智能控制平台，基于大数据分析的决策支持，通过对产品运行质量数据的融合处理与分析，实现产品运行质量的智能管控，其关键技术包括智能管控的工业大数据平台、智能管控的指标分析、智能管控的系统功能设计等。

1）产品运行质量智能管控的工业大数据平台

产品运行质量智能管控的工业大数据平台基于分层设计思想，将平台所需提供的服务按照功能划分成不同的模块层次，每个模块层次只与上层或下层交互。各个模块内部高内聚，模块之间松耦合。产品运行质量智能管控的工业大数据平台如图6-12所示。

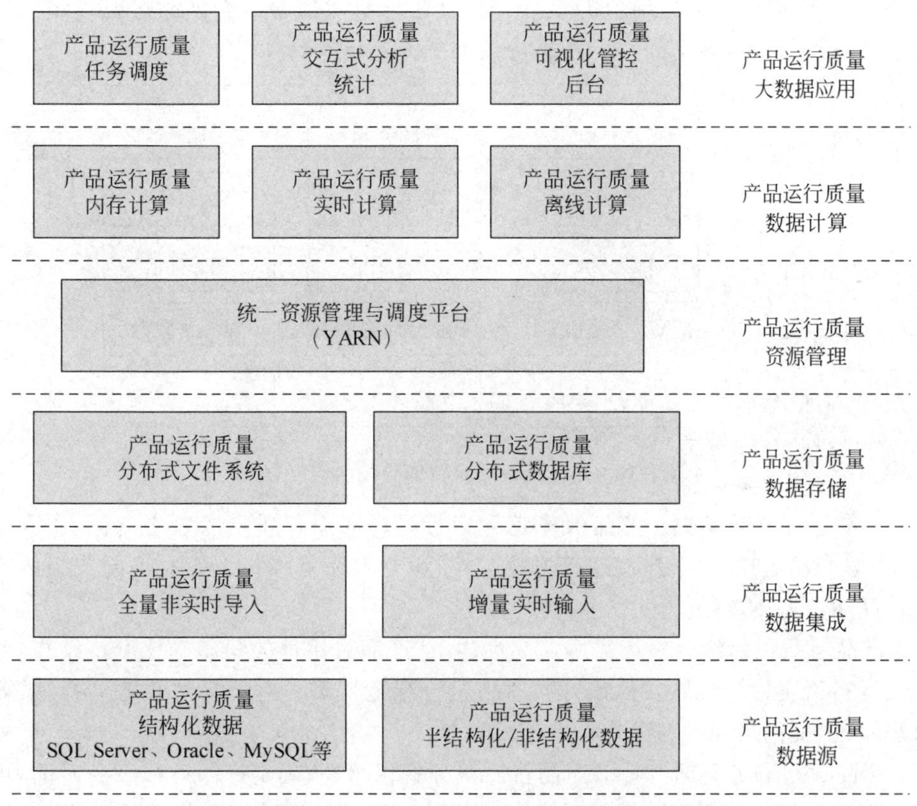

图6-12　产品运行质量智能管控的工业大数据平台

（1）产品运行质量数据源及数据集成。平台底层实现运行质量数据集成，将多源异构数据实时接入工业互联网，解决结构化与非结构化数据、实时非实时数据的安全高效接入问题。基于用户使用场景，对主流开源工具进行定制与优化。

（2）产品运行质量数据存储。设计开发产品运行质量的分布式文件系统和分布式数据库，实现海量运行质量数据的存储。分布式文件系统包括多源数据服务器、多数据存储服务器、多客户端等部分，支持大文件和大数据块的分布式存储与管理。

（3）产品运行质量资源管理。建立工业大数据平台资源与计算资源的统一管理和调度，采用分布式集群资源管理器（YARN），为上层应用提供更高效简单的资源管理调度方式，以及平台监控、资源监控、任务监控等。

（4）产品运行质量数据计算。基于主流分布式计算框架，面向产品运行质量大数据特性设计开发高效的分布式计算算法与框架，主要包括分布式计算框架和流计算引擎。前者基于 MapReduce 与消息传递接口计算模型；后者是解决系统实时性和一致性要求的实时数据处理框架，具备高可扩展性。

（5）产品运行质量大数据应用。面向产品运行质量需求，基于工业大数据平台的底层数据存储与计算框架开发面向产品运行质量的大数据应用。

2）产品运行质量智能管控的指标分析

产品运行质量智能管控的指标围绕融入售后服务的产品使用中的顾客需求，在保证产品正常运行的基础上，突出服务要素的相关指标，形成智能管控指标体系。产品运行中质量问题的评估对于不同类型产品的侧重点不同，具体分析时需要结合产品运行环境与运行过程进行。产品运行质量智能管控的指标分析如图 6-13 所示。

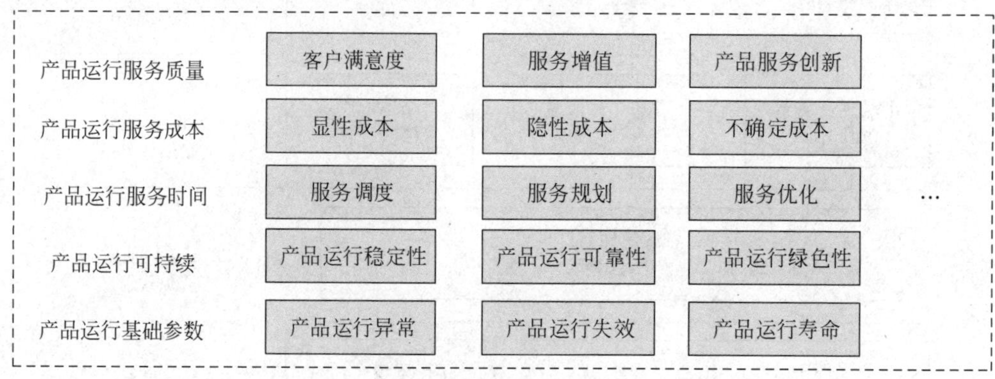

图 6-13　产品运行质量智能管控的指标分析

（1）产品运行基础参数。产品保障正常运行是产品运行质量的核心指标，作为基础参数，主要考虑产品运行异常、产品运行失效、产品运行寿命等指标。针对不同等级的产品可以扩展产品运行基础参数。

（2）产品运行可持续。在产品寿命周期内，从产品可用性的角度确定可持续指标，主要包括产品运行稳定性、产品运行可靠性、产品运行绿色性等。对于高端装备运行，需要引入健康管理服务，提高可靠性与稳定性。

（3）产品运行服务时间。针对产品售后服务的保修期，确定产品运行服务时间，可以设计不同的服务方案来优化产品运行质量，主要包括服务调度、服务规划、服务优化，实践中采用智能算法实现最优服务方案。

（4）产品运行服务成本。服务要素在产品运行过程中的作用不断扩大，同时产品获得增值，服务成本指标主要包括显性成本、隐性成本、不确定成本等。服务中的不确定成本应该采用 AI 优化，针对具体服务具体分析，降低不确定成本。

（5）产品运行服务质量。服务质量可从顾客满意度、服务增值、产品服务创新等方面来确定，随着制造与服务的融合，服务质量的权重逐步增大。

3）产品运行质量智能管控的系统功能设计

产品运行质量智能管控系统基于混合云架构技术、微服务容器技术、大数据平台技术和

AI 技术等，包含边缘、平台、应用三大核心层级。边缘层接入产品运行过程，通过各类传感器获取运行大数据，平台对产品运行质量进行评估，根据评估结果控制产品运行过程。智能管控系统主要设计硬件布局与软件架构，采用工业大数据技术设计系统功能，主要包括产品运行质量管控的基础功能模块和产品运行质量管控的决策功能模块。产品运行质量智能管控的系统功能设计如图 6-14 所示。

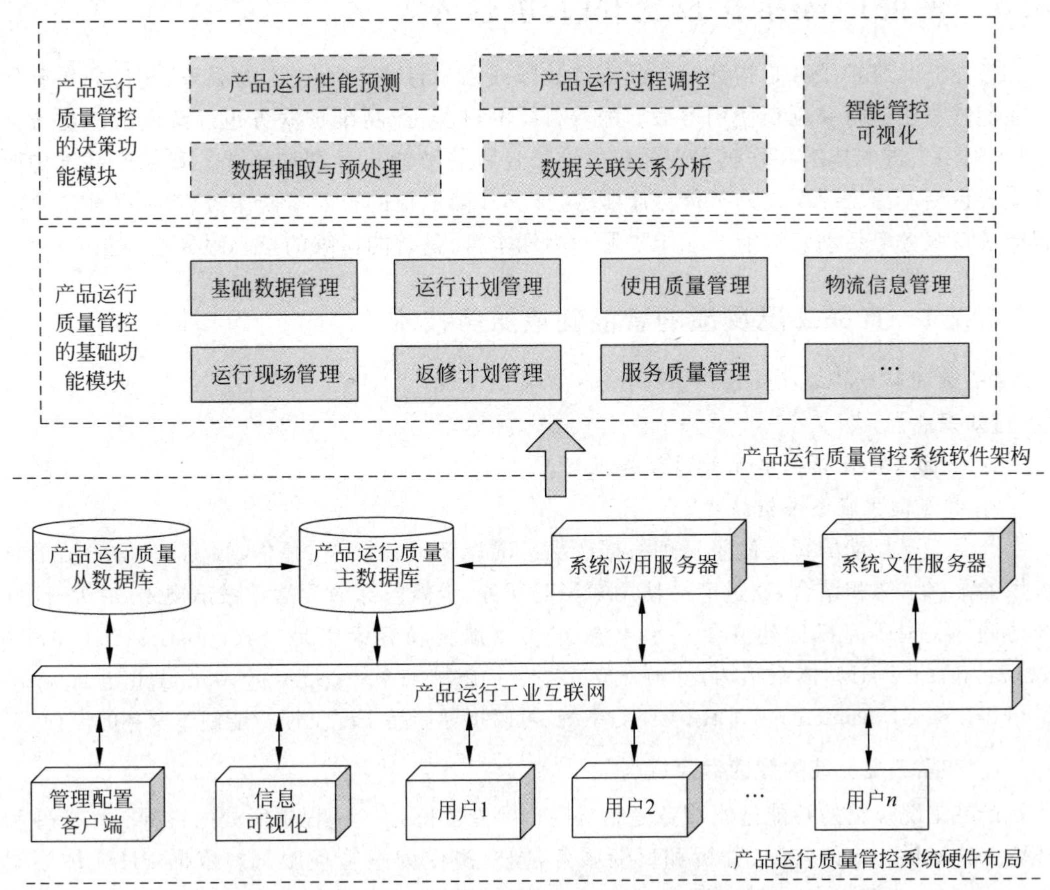

图 6-14　产品运行质量智能管控的系统功能设计

（1）产品运行质量管控系统硬件布局。数据库基于大数据平台的 Hive、Spark、MySQL，使用一个产品运行质量主数据库接受所有写操作，使用一个产品运行质量从数据库处理所有查询操作；Web 服务器采用互联网信息服务等作为容器，产品运行质量的配置网页会发布在这台服务器上；系统文件服务器存储产品运行质量中所需保存的文件，存储路径会反馈给系统；客户端可以是传感器、平板电脑、智能手机等。

（2）产品运行质量管控系统软件架构。①产品运行质量管控的基础功能模块。产品运行质量管控必须具备一些基础功能，以保障产品运行，主要包括基础数据管理、运行计划管理、使用质量管理、物流信息管理、运行现场管理、返修计划管理、服务质量管理等。其中基础数据管理对象为产品运行过程中与各类质量相关的基本信息，主要包括客户信息、运行环境信息、使用信息、产品质量信息、服务质量信息、故障信息、维修信息等。②产品运行质量管控的决策功能模块。产品运行质量管控过程中主要面对各类问题决策，通过建立工业大数据平台支持决策，提供数据抽取与预处理、数据关联关系分析、产品运行性能预测、产品运行过程调控等功能，同时设计智能管控可视化便于管理者与产品运行质量之间的实时交互。

6.3 智能产品维护服务的关键技术

智能产品维护服务是指针对产品出现故障或需要保养时所提供的服务，其目的是确保产品能够稳定运行并延长使用寿命。随着科技的进步，产品维护服务也逐渐向智能化方向发展，利用先进的技术和算法实现对产品维护过程的智能化管理和优化。智能产品维护服务主要包括产品工况反馈的智能健康服务、产品故障巡检的智能诊断服务、产品预测维修的智能决策服务等活动。智能产品维护服务内涵丰富，是智能运维的核心服务之一。

6.3.1 产品工况反馈的智能健康服务技术

【关键词】 产品工况反馈；智能管控；工业大数据

【知识点】

1. 产品工况反馈的智能健康服务框架。
2. 智能健康服务关键技术。

产品工况反馈的智能健康管理根据产品工况反馈进行诊断、评估、预测，获得的结果与可用的维修资源相结合，通过产品使用知识对任务、维修与保障等活动做出规划、决策、计划与协调。美国研究机构建立了一套开放式故障预测和健康管理(prognostics and health management，PHM)体系结构，称为开放式基于状态维护系统(open system architecture for condition-based maintenance，OSA-CBM)系统，可以指导产品工况反馈智能健康服务的设计。

1. 产品工况反馈的智能健康服务

产品工况反馈的智能健康服务是指针对产品在实际运行过程中所处的各种工作条件和环境变化提供相应的监测、分析和反馈服务，同时提供健康管理服务。依据 PHM 体系架构，产品工况反馈的智能健康服务的核心功能包括数据获取、特征提取、状态监测、健康评估、故障预测、维修决策、人机接口等。智能健康服务服务旨在通过对这些工况因素的监测和分析，为产品的优化和改进提供参考依据。产品工况反馈的智能健康服务如图 6-15 所示。

1) 产品工况反馈

设计产品运行过程中的工况类型与工况反馈参数，选择合适的传感器在恰当的位置测量所需的物理量，并按照定义的数字信号格式输出数据，完成数据的获取；然后进行特征提取，对多维度信号提取特征，主要涉及滤波、求均值、谱分析、主分量分析、线性判别分析等常规信号处理、降维方法，以获得能表征产品工况性能的特征；最后监测工况状态，对实际提取的特征与不同运行条件下的先验特征进行对比，对超出预先设定阈值的提取特征产生报警信号。

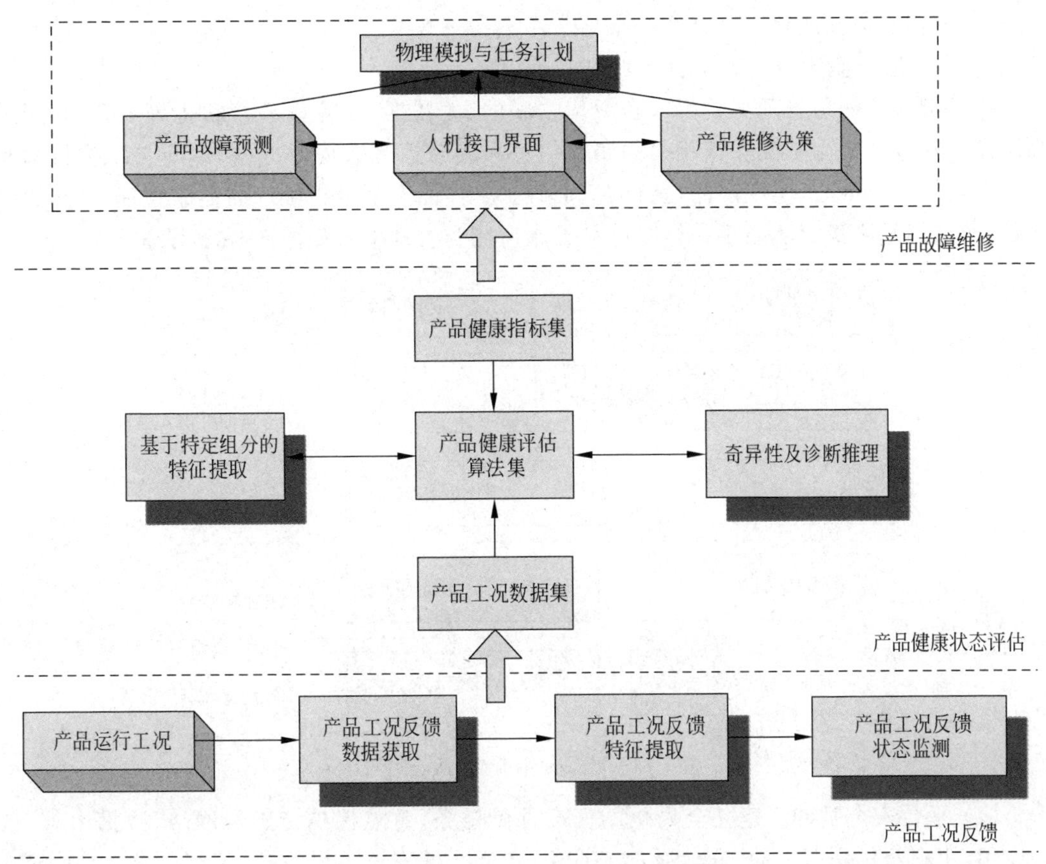

图 6-15　产品工况反馈的智能健康服务

2）产品健康评估

判定产品当前的状态是否退化，若发生了退化则需要生成新的监测条件和阈值，产品健康评估需要考虑产品的健康历史、运行状态、负载情况等。核心内容是将产品工况数据集作为输入，通过产品评估算法求得产品实际健康指标值，将实际健康指标值与规定健康指标值对比后做出决策。

3）产品故障维修

通过产品故障预测与产品维修决策，将物理模拟与任务计划相结合，实现产品故障维修。产品故障预测考虑未来载荷情况，根据当前健康状态推测未来，进而预报未来某时刻的健康状态，或者在给定载荷曲线条件下预测剩余使用寿命；产品维修决策根据健康评估和故障预测信息，以任务完成费用最低为目标，对维修时间空间做出优化决策，进而制订维护计划；人机界面是集成产品维护可视化，以及状态监测、健康评估、故障预测、维修决策等功能产生的信息可视化，产生报警信息后具备控制产品停机能力，并根据产品健康评估和故障预测结果调节动力装备控制参数等。

2. 智能健康服务关键技术

基于产品健康服务监测与管理平台的智能健康服务是以产品工况反馈驱动的维护服务，基于大数据分析的决策支持，通过对产品运行工况数据的融合处理与分析，实现产品健康评估与寿命预测，其关键技术主要包括产品健康监测与管理平台、产品健康状态评估方法、产品使用寿命预测等。

1）产品健康监测与管理平台

产品健康监测与管理平台引入新一代物联网、大数据、云计算及移动化等 ICT，利用感知层设备获取与产品工况反馈相关的属性信息和实时运行数据，将故障诊断与维护技术集成于大数据分析中心，实现产品运行的全面维护。产品全面维护集产品健康管理、产品故障诊断、产品维修决策等功能于一体。产品健康监测与管理平台如图 6-16 所示。

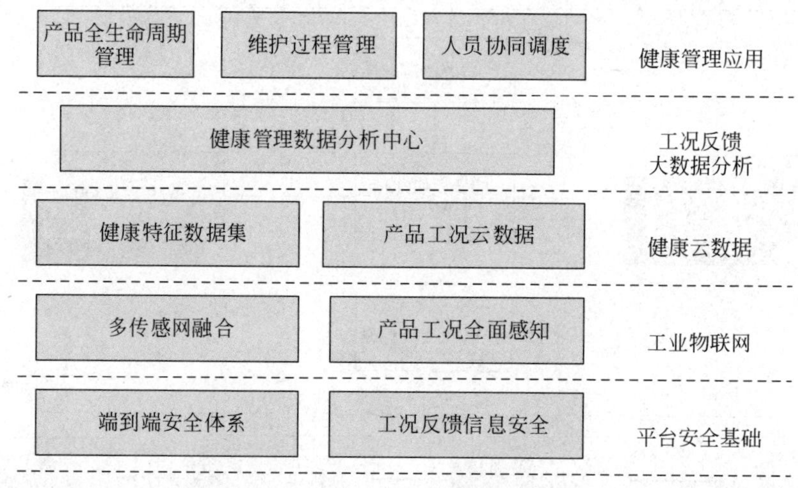

图 6-16　产品健康监测与管理平台

（1）平台安全基础。建立全局化的安全保障链条，重点保护传感器网络、数据内容、核心应用、用户身份和行为的安全，通过工具化、自动化的安全手段，应对不断扩张的 IT 基础设施和数据管理资源，将安全保护方案提升到主动保护级别，加强安全的综合监控分析。针对工况反馈信息设计各个等级的安全策略。

（2）工业物联网。构建产品健康传感数据物联网，集成多种类型的传感设备，实现全面感知和可靠传递。利用产品嵌入式传感器或者信息抓取设备等实时获取产品监控信息，同时选用产品工况全面感知设备，确定感知方案。

（3）健康云数据。通过虚拟化物理资源进行弹性资源池的合理计划和技术设计，配套性能稳定的云环境管理方法和工具，并基于动态资源选择合理的维护资源管理系统、方便快捷的移动终端设备、适合协同调度且兼具可视化监控管理的智能化大屏，实现从基础设施到数据设施和应用支撑平台设施的综合性支撑云平台。以私有云技术管理健康特征数据集与产品工况云数据。

（4）工况反馈大数据分析。利用大数据技术实现并维护海量数据的精准分析，以此为基础建立知识库。实时全面的健康管理数据分析中心具有预判故障及预警处置能力，根据产品工况反馈等数据，通过光电、声音、信号多种快速预警手段，实时送达报警信息和处置指令。

（5）健康管理应用。根据产品工况反馈情况，设计不同目标的应用服务，比如产品生命周期管理、维护过程管理、人员协同调度等。以健康管理数据分析为基础进行闭环分析，根据分析结果进行产品健康管理，制订维护计划，安排执行任务和产品健康评估等。对故障预警、故障处置、产品维修进行信息化保障。

2）产品健康状态评估方法

产品健康状态用于表征产品执行设计功能的能力，可以分为正常、退化、恶化、故障四个等级。当产品处于正常状态时，产品能够在未来一段时间稳定运行，且不需要维护；当产品处于退化或恶化状态时，系统适时开展PdM；当产品处于故障状态时，需要停机维修。健康度是衡量产品处于不同健康状态的定量指标。

产品健康状态评估是通过分析产品工况反馈监测数据完成的，若监测数据偏离标准值的程度越大，则表明产品健康状态越差。健康状态评估研究主要包括两状态评估和多状态评估。其中，两状态评估是考虑正常状态或故障状态，其方法是基于管理人员的经验知识，对部分重要参数或退化特征设定阈值，当参数超过阈值时，判定产品为故障状态，否则产品为正常状态；多状态评估是考虑产品的不同退化趋势，将非健康状态进一步划分为不同状态，其方法是从数据中提取退化特征，利用统计学方法进行特征筛选与融合，并获取产品健康状态。

智能健康服务中采用智能算法进行产品健康评估，其中深度学习方法取得了良好的应用效果。下面以区域卷积神经网络（region-based CNN，R-CNN）为例介绍产品健康状态评估方法。改进的区域卷积神经网络（fast R-CNN）包括输入层、隐藏层和输出层，其中的隐藏层分为卷积层模块、区域建议网络模块、感兴趣区域（region of interest，RoI）池化模块、分类与回归模块。基于改进区域卷积神经网络的健康状态评估包括产品工况反馈数据采集、产品工况反馈数据标注、产品模型训练与校验、产品健康状态评估等阶段。产品健康状态评估方法如图6-17所示。

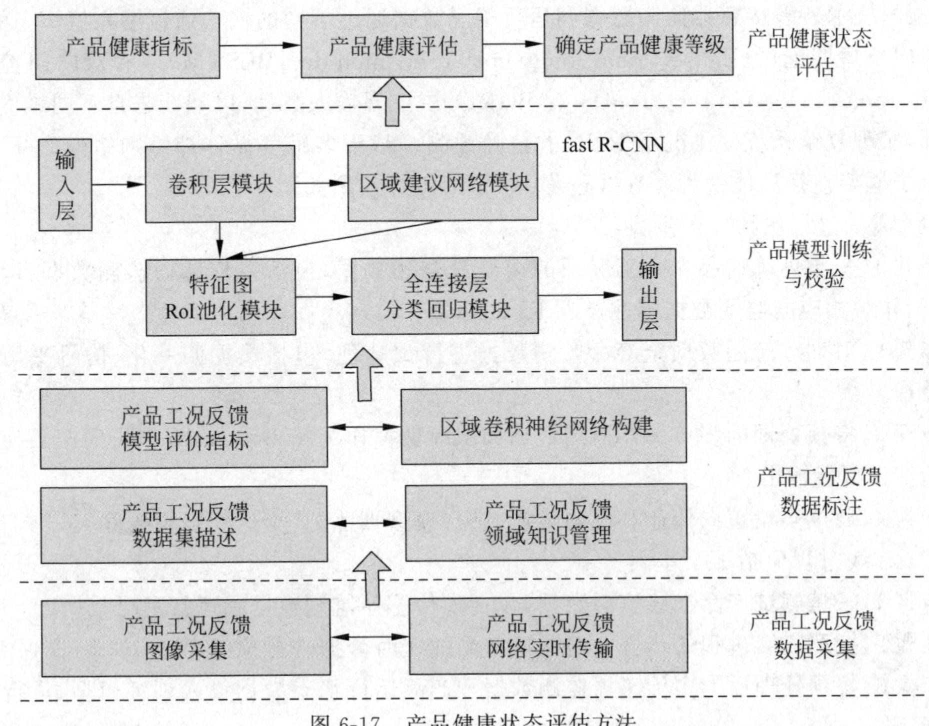

图6-17 产品健康状态评估方法

（1）产品工况反馈数据采集。区域卷积神经网络需要足够多的图像数据，以保证获得正常的目标检测能力，产品工况反馈图像采集利用摄像头实时采集产品工况图像。图像数据可以是摄像机拍摄的画面，也可以是网络摄像头远程录制的视频，在采集图像的同时还要将数据实时传输。

(2) 产品工况反馈数据标注。对采集图像的工况监测区域进行标注，不同产品的标注依赖于产品工况反馈数据及描述和产品工况领域知识。将工况监测区域进行分类并标注，可以保证每个类别有足够多的训练数据。

(3) 产品模型训练与校验。依据应用场景需求，构建合理的 fast R-CNN 模型，以此来提取输入图像中的特征，还可以根据数据集规模、计算资源大小和部署设备要求等选择合适的特征提取网络，并使用预训练的权重加速训练过程。

(4) 产品健康状态评估。利用训练好的模型在线检测产品运行工况，评估产品健康状态。根据领域知识确定产品健康指标，将实际健康指标值与标准指标值对比来确定产品健康等级。

3) 产品使用寿命预测

产品通常集机电、传感、ICT 于一体，其运行过程中受到内部退化和外部环境变化等因素影响。产品 RUL 预测是从多传感器监测信号中提取有效数据特征，挖掘产品退化信息。产品 RUL 预测方法主要有两类，即基于模型的方法和数据驱动的方法。其中，基于模型的方法是从失效机理分析出发，通过建立系统失效物理模型或数学模型进行预测；数据驱动的方法是基于产品的监测数据，通过数据预处理与特征挖掘进行预测。

智能健康服务中采用智能算法进行产品 RUL 预测，其中深度学习方法取得了良好的应用效果。下面以多维度循环神经网络(multi-dimensional RNN，MDRNN)为例介绍产品 RUL 预测技术。多传感器监测数据和运行工况数据通过不同的输入通道馈入模型，通过并行的双向长短期记忆(bidirectional long-short term memory，BLSTM)层和双向门控循环单元(bidirectional gated recurrent unit，BGRU)层挖掘输入数据，以捕获来自不同维度的隐藏特征，实现复杂系统变工况下 RUL 的精确预测。基于多维度循环神经网络的产品 RUL 预测方法框架包括离线过程和在线过程。产品 RUL 预测如图 6-18 所示。

(1) 离线过程包括 4 个步骤：

步骤 1，采集训练产品在变工况下的全寿命监测数据，包括多传感器监测数据、运行工况数据，并对相应的监测数据标注产品 RUL 标签。

步骤 2，对训练产品数据全寿命监测数据进行预处理，包括数据归一化、信号平滑和时间窗处理。

步骤 3，将预处理的多传感器监测数据和工况数据作为模型输入，将相应的产品使用寿命标签作为目标输出。

步骤 4，通过多轮正向传递和反向传播，进行模型训练，直至达到停止条件。

(2) 在线过程包括 3 个步骤：

步骤 1，采集测试产品在线实时数据，包括多传感器监测数据和运行工况数据。

步骤 2，按照离线过程的步骤 2 对测试产品的实时数据进行预处理。

步骤 3，将预处理后的多传感器监测数据和产品运行状态数据输入训练模型，进行产品 RUL 预测。

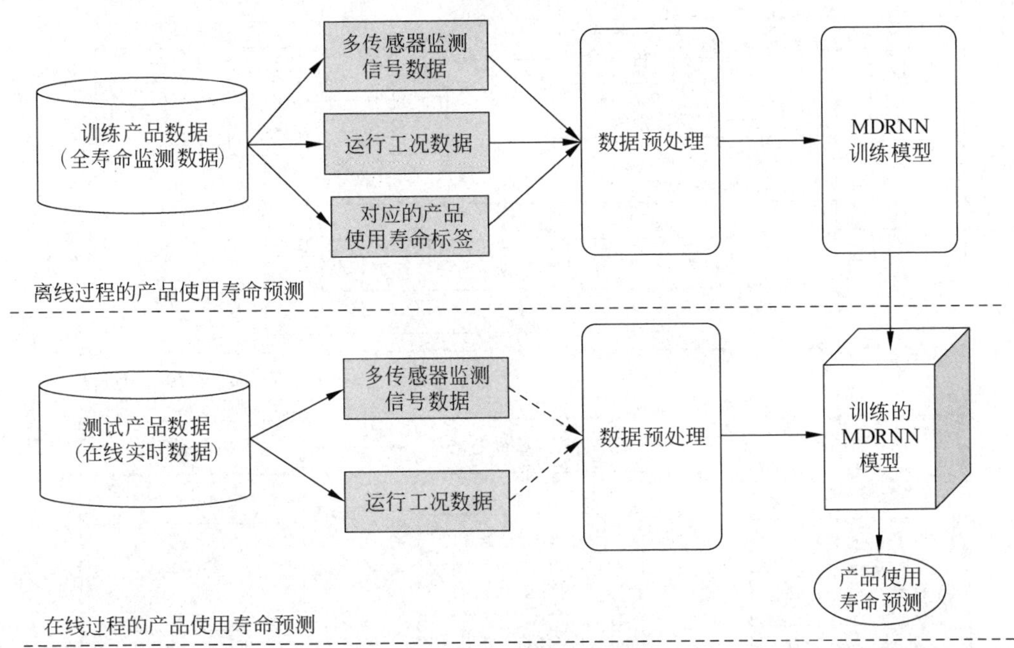

图 6-18　产品 RUL 预测

6.3.2　产品故障巡检的智能诊断服务技术

【关键词】产品故障巡检；智能诊断；机器学习

【知识点】

1. 产品故障巡检的智能诊断服务框架。
2. 智能诊断服务关键技术。

1. 产品故障巡检的智能诊断服务

产品故障巡检的智能诊断服务是一种利用 AI 技术实现的服务，其核心目标在于通过自动化巡检和智能分析，发现设备或系统中的潜在问题，并及时进行诊断和解决，从而保障设备或系统稳定运行。

产品故障巡检系统通常由多个传感器、移动机器人、无人机或其他自动化设备组成，这些设备能够自主或半自主地执行巡检任务。智能故障诊断是 AI 和故障诊断相结合的产物，主要体现在诊断过程中领域专家知识和 AI 技术的应用。它是一个由领域专家、能模拟脑功能的硬件和必要的外部设备、物理器件及支持这些硬件的软件所组成的系统。故障诊断技术主要根据产品来采用特征描述和决策方法，包括基于系统数学模型的故障诊断方法和基于非模型的故障诊断方法两大类。产品故障巡检的智能诊断服务如图 6-19 所示。

1）产品智能巡检

产品智能巡检的主要目的是利用现代化的传感器、监测设备及自动化工具对产品进行定期巡检，以收集产品的运行数据和状态信息，发现产品潜在的故障，形成产品故障集。产品智能巡检旨在实现对设备的快速、准确监测，从而在产品出现异常情况时能够及时发现并采取相应的措施，确保设备正常运行。

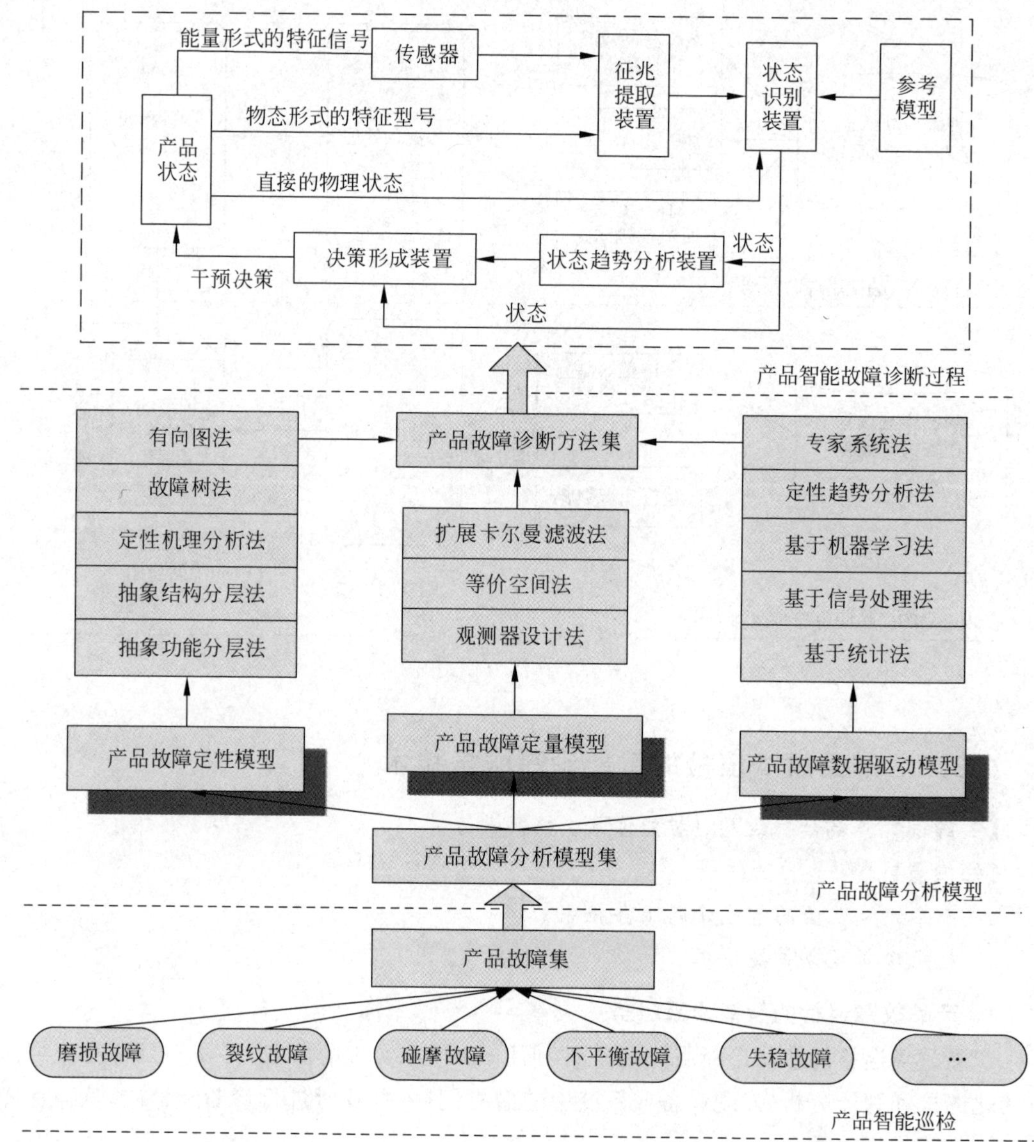

图 6-19　产品故障巡检的智能诊断服务

2）产品故障分析模型

产品故障分析的主要任务是基于收集到的产品故障集，利用产品故障分析模型集进行智能分析，以发现产品的异常情况和潜在问题。产品故障分析模型主要包括产品故障定性模型、产品故障定量模型、产品故障数据驱动模型等，产品故障分析模型旨在提高对产品运行状态的理解能力和预测能力，基于产品故障分析模型集构建产品故障诊断方法。

3）产品智能故障诊断过程

产品智能故障诊断的核心步骤首先是检测反映产品动态特性、建模误差、干扰影响的特征信号，人为规定故障输出表示；其次是从检测到的特征信号中提取征兆；最后是根据征兆和其他诊断信息识别系统状态，从而完成故障诊断。

2. 智能诊断服务关键技术

产品故障信息蕴含在产品巡检的监测信号中，有效捕获这些故障信息进而判断机械装备的健康状态，是智能诊断服务的核心任务。智能诊断的方法较多，主要有定量方法、定性方法、数据驱动方法等。下面以机器学习方法为例介绍智能诊断服务关键技术，基于机器学习的智能诊断主要包括数据采集、特征提取与选择、健康状态识别等过程。下面我们选择三种典型的机器学习方法进行产品故障诊断，分别是基于人工神经网络的产品故障诊断技术、基于深度强化学习的产品故障诊断技术、基于混合智能的产品故障诊断技术。

1）基于人工神经网络的产品故障诊断技术

基于人工神经网络的产品故障诊断技术通过模拟生物神经元的基本生理特征执行逻辑功能来实现产品故障诊断。针对人工神经网络的不足，研究者提出了多种改善方案，下面从输入数据和增强人工神经网特征提取能力入手，介绍一种基于改进人工神经网络的产品故障诊断技术。改进的人工神经网络称为多融合卷积神经网络(multi-fusion CNN，MFCNN)，它由三个多融合卷积层和两个池化层组成。基于多融合卷积神经网络的故障诊断能够适应不同噪声环境下的故障诊断任务，具有在不同噪声域的诊断鲁棒性。

首先，对采集的原始状态数据信号进行处理，提取状态信号的梅尔频率道普系数(mel-frequency cepstral coefficients，MFCC)特征，以获取 MFCC 特征矩阵；其次，将获得的 MFCC 特征矩阵样本随机划分为训练数据集、验证数据集和测试数据集；最后，将验证数据集用于验证并行 MFCNN，及时阻止训练和防止可能的过拟合问题，测试数据集用于测试经过训练的并行 MFCNN 的诊断性能。基于人工神经网络的产品故障诊断技术如图 6-20 所示。

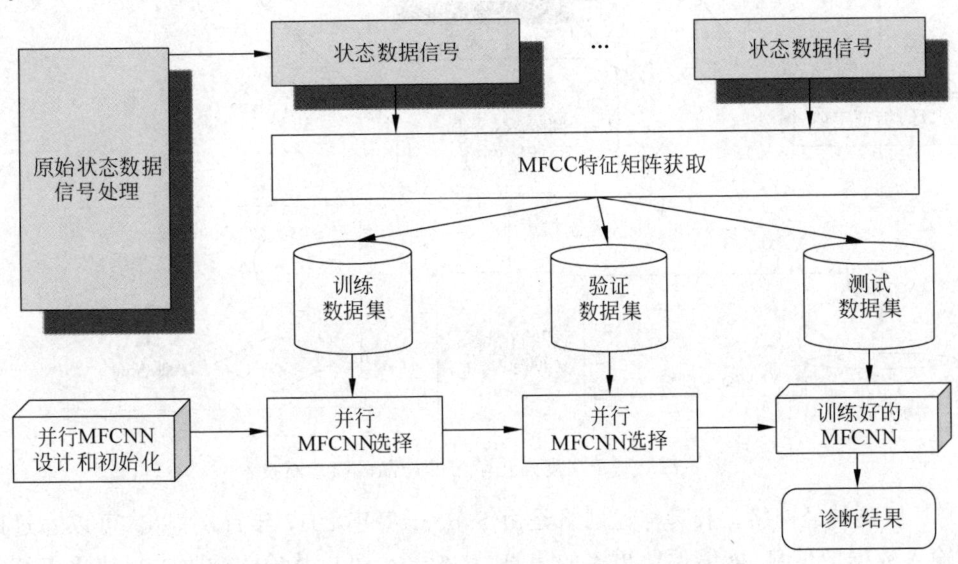

图 6-20　基于人工神经网络的产品故障诊断技术

(1) 产品数据预处理。为了提高数据质量，对采集的产品数据进行异常值剔除，可以采取拉依达法和一阶差分法。拉依达法是将某个数据点与采集数据的 3 倍标准差进行对比，如果数据点大于 3 倍标准差，则该数据点为异常值，应当剔除。一阶差分法是将前两个数据点的差值与前一个数据点的值进行相加，并将得到的和作为当前数据点的估值。

(2) MFCC 矩阵获取。利用梅尔频率与频率呈非线性对应关系实现对特定频率特征的过滤。采用梅尔频谱滤波技术处理状态数据并获得 MFCC,以提取低频故障信号和弱化高频噪声信息。

(3) 基于多融合卷积神经网络的故障诊断。构造多个相同结构的 MFCNN,同时获取同一输入数据的高维特征图谱,然后将所有特征图谱通过结构集成操作进行连接,作为下游分类的输入。

2) 基于深度强化学习的产品故障诊断技术

数据驱动的故障诊断过程主要包括采集状态监测数据、提取状态特征参数、诊断故障状态等,基于深度学习的故障诊断是一种典型的数据驱动技术,以胶囊神经网络和深度强化学习为核心建立深度强化学习模型,并将所构建的模型与产品在线数据进行互动,实时标注在线数据和对标注过程进行奖赏,利用在线数据、标注结果和奖赏对理想故障诊断模型进行实时更新,在完成对在线状态数据的自适应学习和识别过程中,进一步提高传统离线故障诊断模型的故障诊断能力。基于深度强化学习的产品故障诊断技术如图 6-21 所示。

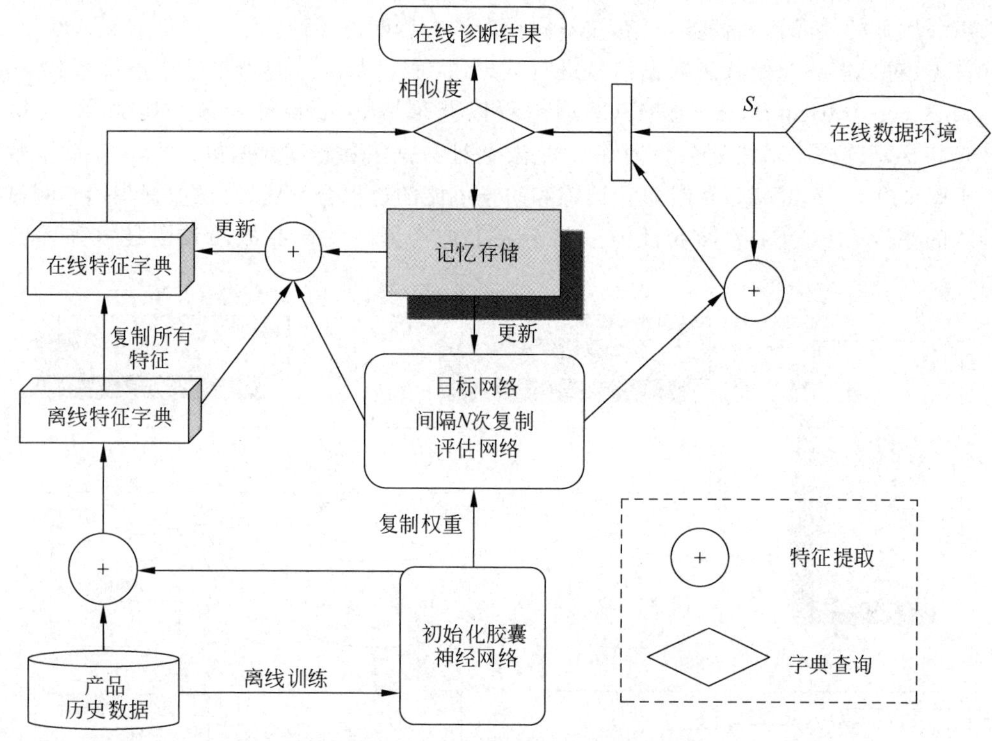

图 6-21 基于深度强化学习的产品故障诊断技术

(1) 胶囊神经网络。胶囊神经网络是由 Sabour 等于 2017 年首次提出,可以通过向量存储输入数据的信息,能够保留更多的信息,其神经元可以从输入数据中提取更多细节特征,如方位和大小,大幅度减少了特征信息的丢失。

(2) 自适应故障诊断技术。自适应故障诊断技术主要包括产品胶囊神经网络、在线数据环境、产品特征字典、在线数据环境与在线特征字典交互规则、深度强化学习网络构建和初始化、产品在线训练等。

3）基于混合智能的产品故障诊断技术

基于混合智能的产品故障诊断将一个复杂问题分解为若干个相互独立的简单子问题，分别求解各个子问题，再将各个子问题的解融合即构成原来复杂问题的解；运用不同的智能诊断方法求解同一个子问题，任何一种方法对该问题均能提供可能的解，根据适当的融合原则合并解集，取长补短，使融合解接近最优。

混合智能诊断模型采用分类器集成的基本框架，有两种诊断模式：一种是对同一输入信号采用不同的信号预处理与特征提取方法，获取信号中蕴含的产品的既相互独立又互补的多层次健康信息，然后融合同一分类策略的诊断结果；另一种是对同一输入信号采用完全相同的信号预处理与特征获取方法，然后融合不同分类策略的诊断结果。采用多自适应模糊推理系统（adaptive neuron-based fuzzy inference system，ANFIS）来集成混合智能诊断模型，基于混合智能的产品故障诊断技术如图 6-22 所示。

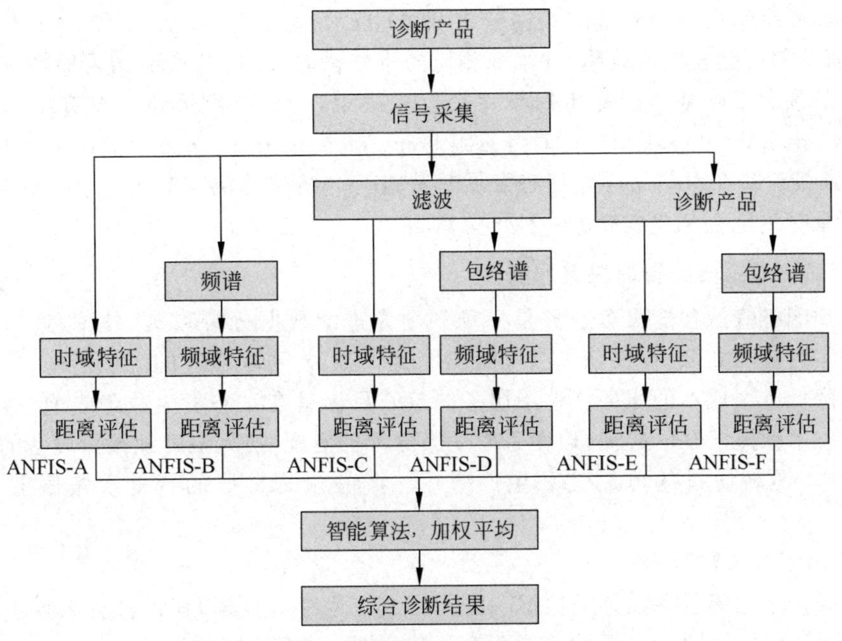

图 6-22　基于混合智能的产品故障诊断技术

（1）产品多域特征提取。产品信号的时域统计分析用于估计或计算信号的时域特征。时域统计特征包括有量纲参数和无量纲参数两种，有量纲参数与均值、标准差、方根幅值、峰值、载荷等运行参数相关，无量纲参数与产品运行无关，如波形指标、峰值指标、脉冲指标等。产品信号频谱反映信号的频率成分及各成分的幅值或能量发生变化，导致频谱中对应的谱线发生变化。谱线高低变化、分布分散程度、主频位置变化能够较好地描述振动信号的频谱信息。设计 F 个滤波器对输入信号进行滤波处理，然后提取多个滤波后信号的时域特征与包络谱频域特征，构成新的特征集。

（2）产品特征选择。利用特征选择方法获取高维特征集中对产品健康状态变化敏感的特征，构成最优特征集合。距离评估技术通过特征之间的距离来估计特征的敏感程度，评估原则为：同一类样本特征的类内距离最小，不同类样本特征的类间距离最大；属于同一目标类样本某特征的类内距离越小，不同目标某特征的类间距离越大，则该特征越敏感。

(3) 产品多分类器诊断结果融合。集成 ANFIS 的混合智能诊断模型基于智能算法的加权平均融合多个 ANFIS 分类器的诊断结果。其中,单个 ANFIS 使用神经网络训练实现并优化模糊推理系统,通过构建一系列 IF-THEN 规则和隶属度函数来描述产品输入与输出之间的映射关系。多自适应模糊推理系统 ANFIS 的网络结构包括输入、模糊化、规则、正规化、解模糊、输出等部分。

6.3.3 产品预测维修的智能决策服务技术

【关键词】 产品预测维修;智能决策;机器学习

【知识点】

1. 产品预测维修的智能决策服务框架。
2. 智能决策服务关键技术。

产品预测维修是利用先进的数据分析和 AI 技术,通过对产品运行数据的实时监测和分析,提前预测可能发生的故障,并采取相应的维修措施,以提高产品的可靠性和降低维修成本。产品预测维修基于产品维修策略理论来决策,产品维修策略主要有事后维修策略(corrective maintenance,CM)、定时维修策略(periodic maintenance,PEM)、CBM、PdM 等。其中,PdM 策略是在对产品健康状态发展趋势进行分析预测的基础上,决定在当前时刻或者未来某个时刻是否需要维修的一种维修策略。

1. 产品预测维修的智能决策服务

产品预测维修的智能决策服务是一种利用先进的数据分析和 AI 技术,通过对设备运行数据的实时监测和分析,提前预测可能发生的故障,并采取相应的维护措施,以提高设备可靠性和降低维修成本的服务。这项服务的核心目标是在设备发生故障之前,通过数据分析和预测技术预测潜在的故障,以便采取适当的维护措施,最大限度地减少设备的停机时间和维修成本,提高设备的可靠性和生产效率。产品预测维修的智能决策服务如图 6-23 所示。

1) 产品多源维修数据

产品维修数据集包括设计类数据、制造类数据、运维类数据,在设计类数据中主要有维修服务规范、产品设计指标、设计 BOM、产品装配性信息等;制造类数据主要有工艺控制参数、制造 BOM、加工质量数据、系统配置信息等;运维类数据主要有使用环境信息、维修历史信息、产品运行状态、产品故障信息等。

2) 产品预测维修

产品预测维修主要包括产品短期维修、产品全寿命维修、产品维修过程等内容。通过产品预测维修模型集来分析产品预测维修数据集获得产品预测维修问题集,作为智能决策建模的基础。

3) 产品维修决策

针对产品预测维修决策问题建立产品维修决策的目标函数与约束条件,从产品运维数据监测与获取中确定决策输入参数。引入智能化方法支持产品维修决策求解,制定产品维修策略,通过智能算法优化维修策略,最后实施产品维修策略。

2. 智能决策服务关键技术

产品预测维修的智能决策服务首先是实时识别产品运行状态数据中的退化信息,作为

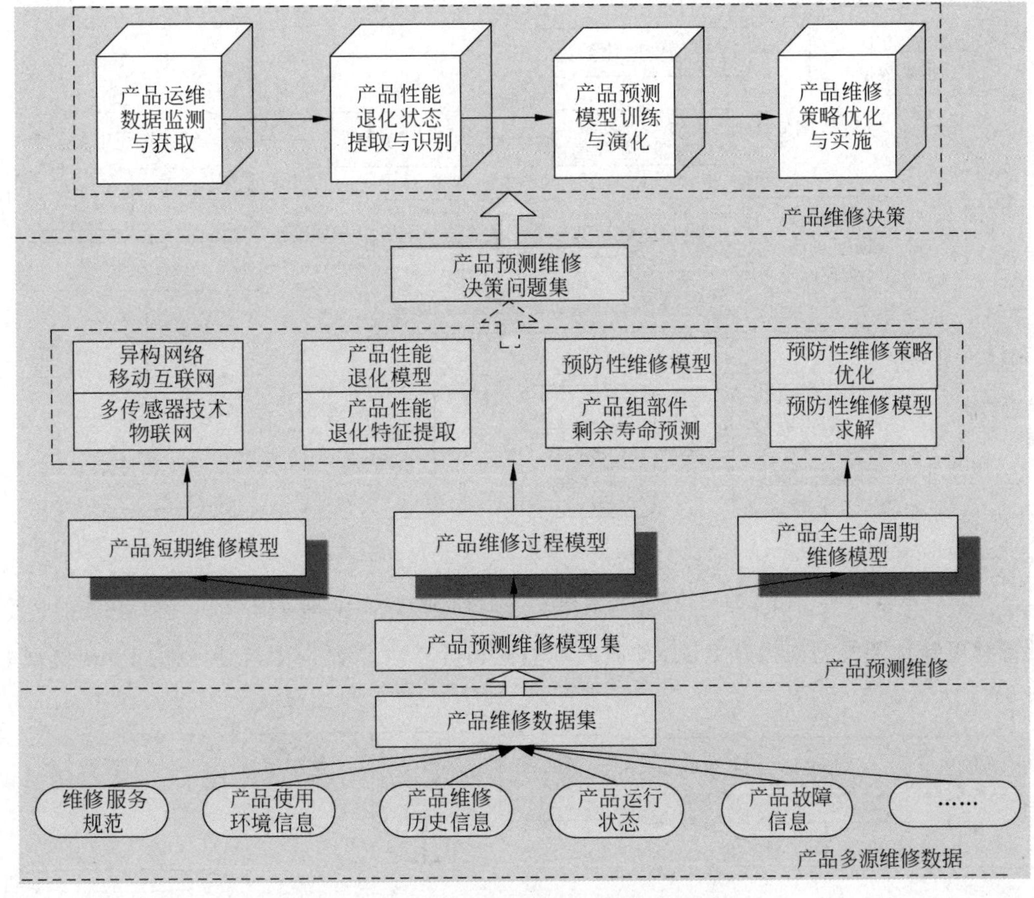

图 6-23　产品预测维修的智能决策服务

维修的重要依据；其次是动态、准确地评估产品健康状态并预测其剩余寿命，以此来有效保障智能运维服务高效实施；最后针对产品的实时维护需求，分别建立相应的维修资源优化调度模型。智能决策服务关键技术主要包括基于运维数据的产品性能退化状态识别方法、基于剩余有效寿命预测的 PdM 模型及维修策略优化等。

1）基于运维数据的产品性能退化状态识别方法

在产品运维过程中，首先，应该对具有高实时性要求的组部件维修任务进行处理，以避免出现因退化状态积累而引起的产品报废与生产中断现象。在获得产品部组件实时运行状态数据的基础上，结合传统时域和频域特征参数，运用深度神经领域自编器方法提取产品部组件退化特征。其次，建立产品组部件性能退化模型，根据实时运行状态数据对模型进行训练，得到表征产品性能退化特征状态的健康因子曲线，以实现对产品性能退化状态的识别。基于运维数据的产品性能退化状态识别方法如图 6-24 所示。

2）基于 RUL 预测的 PdM 模型

考虑到产品维护过程中，能否准确预测其组部件 RUL，会对维修计划的及时制订、维修任务的准确执行及维修资源的高效利用等产生影响，需要对组部件不同工况下的 RUL 进行准确预测。首先，建立面向单一运行条件和复杂运行条件的产品组部件 RUL 预测模型；其次，利用预测模型，结合产品组部件实时运行状态数据，实现组部件 RUL 的动态预测，以

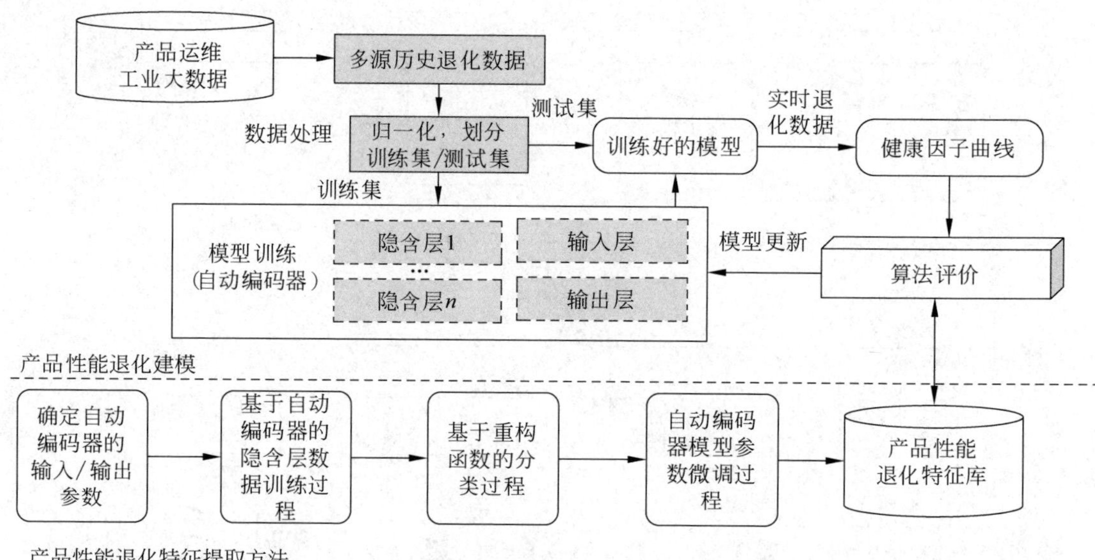

图 6-24　基于运维数据的产品性能退化状态识别方法

及持续更新预测模型来提升 RUL 预测的准确性和可靠性。基于 RUL 预测的 PdM 模型如图 6-25 所示。

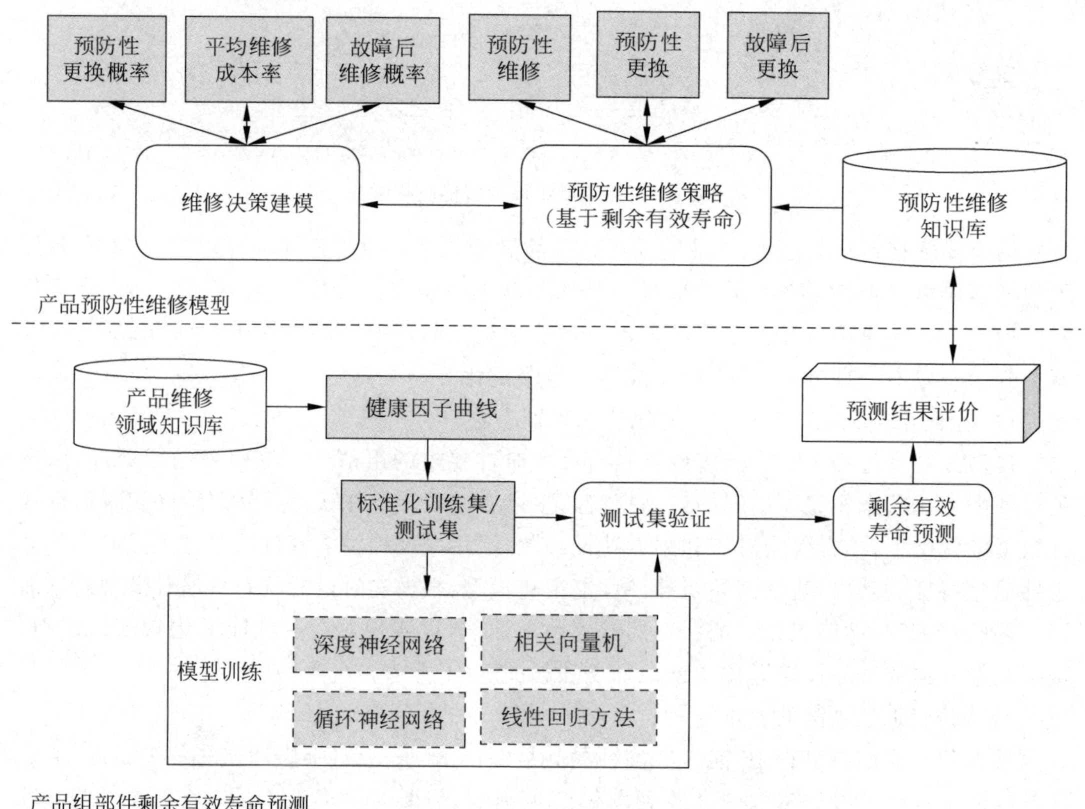

图 6-25　基于 RUL 预测的 PdM 模型

3）PdM 模型求解及维修策略优化

首先，在构建 PdM 模型后，根据其求解流程，采用智能算法对多目标 PdM 模型进行求解；其次，制定产品 PdM 实时优化策略，在对产品部件进行监控并获得实时运行状态数据的基础上，将各监测点的当前运行状态值与预先给定的正常运行状态范围值进行实时比较，以便及时发现异常状态；最后，通过调度现有的维修资源，预测维修任务完成时间，以确保对实时性维修任务的实时响应。PdM 模型求解及维修策略优化如图 6-26 所示。

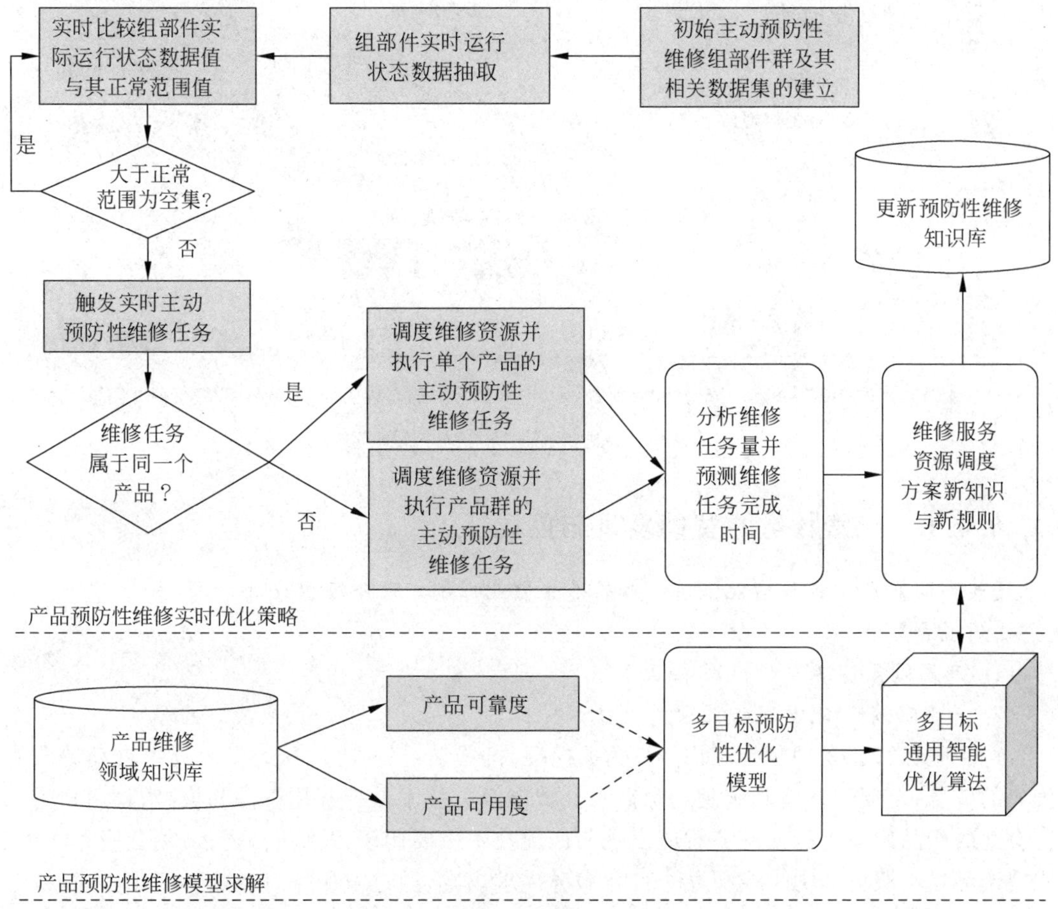

图 6-26　PdM 模型求解及维修策略优化

6.4　智能产品服务系统

随着 ICT(如 IIoT 和 CPS)的发展，信息密集型产品的市场前景广阔，例如智能互联产品(smart，connected products，SCPs)，具有收集、通信、处理和产生信息的能力。这种由 ICT 驱动，具有 PSS 状态数据获取和自主决策能力的商业模式被称为智能产品服务系统(smart product-service system，SPSS)。SPSS 包含产品、传感器、AI 算法，以及实现其协同服务和数据处理的技术手段。

本节将 SPSS 展开为 4 部分讲述，分别是：产品服务的智能发现与匹配、SPSS 配置、

SPSS 运行过程监控和 SPSS 价值共创与评估，如图 6-27 所示。为了更好地理解 SPSS，本节在介绍概念和技术的基础上，以 3D 打印服务为案例研究对象进行了详细说明。

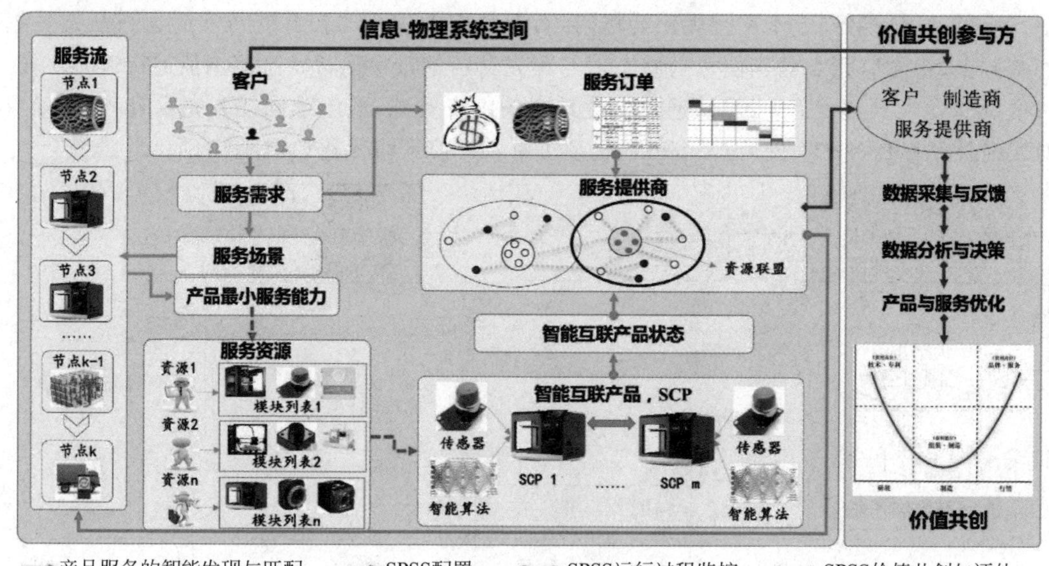

图 6-27 智能产品服务系统实现框架

6.4.1 产品服务的智能发现与匹配

【关键词】产品服务智能发现；产品服务智能匹配；服务流程设计

【知识点】

1. 产品服务智能发现与匹配框架。
2. 产品服务智能发现与匹配关键技术。

产品服务智能发现是指利用 AI、数据挖掘、机器学习等技术，从大量数据中自动提取有价值的信息，以便于理解和满足用户需求。智能匹配技术是指利用算法和模型，将用户需求与合适的产品服务进行匹配。智能发现与匹配技术主要用于识别用户需求、刻画服务场景、构建产品最小服务能力。主要从个性化服务需求出发，通过对服务订单的形式化描述，抽取关键服务需求信息并形成包含服务内容的服务节点，即服务场景；在此基础上，建立描述服务场景的空间，明确描述服务情景的实体、属性和属性值；进一步对服务情景进行划分，形成相对独立的服务情景，根据服务事件触发相应服务情景之间的变化，明确服务情景之间的逻辑关系，并设计服务流；针对无法建立服务关系的服务情景进行情景补全，实现隐含服务情景的构建和潜在服务需求的挖掘；在此基础上，根据个性化服务需求及服务流，构建产品最小服务能力模型，实现服务的“个性化服务需求-服务流-产品最小服务能力”映射关系，如图 6-28 所示。该部分内容涉及个性化服务需求分析和服务场景描述、基于服务场景的服务流设计、满足个性化需求的产品最小服务能力建模。

1. 个性化服务需求分析及服务场景描述

对个性化服务需求进行分析和关键信息抽取，形成包含服务需求信息的服务场景；以“人、机、料、法、环”作为实体建立描述服务情景的情景空间，并采用知识图谱以“实体-属性-

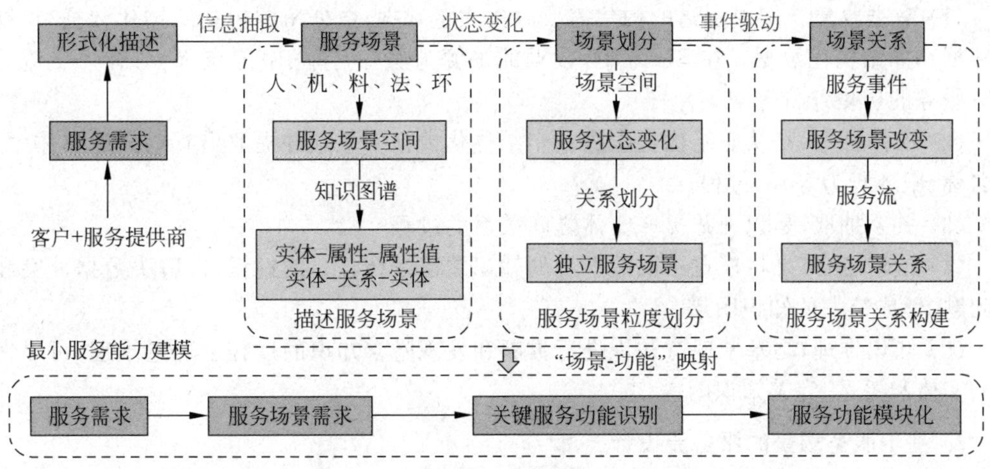

图 6-28　产品服务的智能发现与匹配

属性值"和"实体-关系-实体"三元组为描述单元对服务场景进行详细描述。其中，主要涉及个性化服务需求分析和基于知识图谱的服务场景描述。

1）个性化服务需求分析

个性化服务需求分析在 SPSS 中至关重要，因为它直接影响服务设计、开发和提供的有效性。传统的个性化服务需求分析方法有用户调查法、数据挖掘、语义分析法、观察法等。近些年，随着 ICT 的发展，尤其是大数据和 AI 技术的进步，个性化服务需求分析的方法也在不断演进和优化。当前较为先进的个性化服务需求分析方法包括数据挖掘、机器学习和自然语言处理。

2）服务场景描述

知识图谱作为一种语义网络，用于表示实体及其关系。它由节点（实体）和边（关系）构成，能够直观地展示知识的结构和关联。知识图谱通过结构化、半结构化和非结构化数据的整合实现对知识的全面表示和管理，为服务场景提供了丰富的语义信息和强大的分析能力。在个性化服务需求分析的基础上，获取描述服务场景的具体元素，并将元素划分为"人、机、料、法、环"五个方面。通过知识图谱描述服务场景的人、机、料、法、环。下面详细描述知识图谱的构建过程（见图 6-29）：

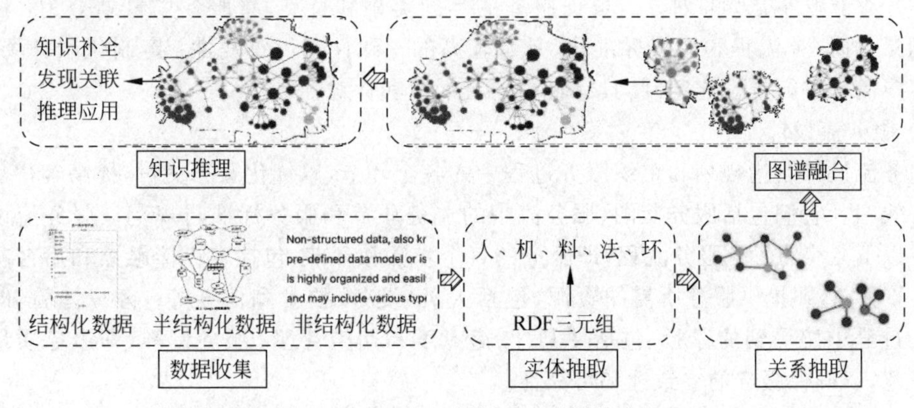

图 6-29　描述服务场景的知识图谱构建过程

(1) 数据收集。知识图谱的构建需要收集大量数据，数据来源包括结构化数据、半结构化数据和非结构化数据。在 SPSS 中，数据的来源为服务订单、服务流程、与客户交流和客户对服务的历史评价等。

(2) 实体抽取，是从非结构化数据和半结构化数据中识别并提取出有意义的实体（如服务名称、服务行为等）的过程。

(3) 关系抽取，是识别并提取实体之间关系的过程。

(4) 图谱融合，是将来自不同数据源的知识图谱进行合并的过程，以解决数据冲突和冗余问题，形成统一的知识图谱。

(5) 知识推理，是基于现有知识进行推断和发现隐含知识的过程。通过推理，可以发现新的实体和关系，完善知识图谱。

2. 基于服务场景的服务流设计

在上述知识图谱描述服务场景的基础上，对服务场景进行划分，确定服务场景之间的关联关系，实现服务流设计，以满足服务需求。服务流设计是指规划和组织服务过程中的各个环节，以优化服务交付，提高客户满意度和服务效率。其中，主要涉及服务场景划分和服务流设计。

1) 服务场景划分

服务场景划分是将服务过程中的各个环节和接触点进行系统性分类和描述，以便更好地理解、设计和优化服务流程。通过划分服务场景，可以明确不同场景下的需求、目标和操作方法，从而提升服务质量和客户满意度。服务场景的划分可以根据不同的标准进行，常见的划分方法包括基于服务过程、客户接触点和服务类型的划分。

(1) 基于服务过程的划分。根据服务流程中的不同阶段，将服务场景划分为：预服务场景，即服务开始之前的阶段，包括需求识别、信息收集和准备工作等；服务场景，即服务实际进行的阶段，包括客户与服务提供者的互动和实际服务的交付；后服务场景，即服务完成之后的阶段，包括后续跟进、客户反馈和售后服务等。

(2) 基于客户接触点的划分。根据客户在服务过程中接触到的不同渠道和接触点，将服务场景划分为：线上场景，即客户通过在线渠道进行的服务活动；线下场景，即客户通过实体渠道进行的服务活动；混合场景，即线上和线下相结合的服务活动。

(3) 基于服务类型的划分。根据服务的不同类型和特点，将服务场景划分为：标准化服务场景，即服务流程和内容标准化，具有较高的一致性和可重复性；定制化服务场景，即根据客户需求进行个性化定制，具有较高的灵活性和针对性。

2) 服务流设计

服务流设计是指规划和组织服务过程中的各个环节，以优化服务交付，提高客户满意度和服务效率。它们包括服务蓝图、服务流中的关键环节和服务标准与规范。服务流设计主要关注以下几个方面：服务流程，即服务的各个步骤和环节，包括客户接触点和后台支持流程；服务资源，即提供服务所需的资源，包括人员、设备、技术和信息等；客户体验，即客户在服务过程中感受到的体验，包括便利性、满意度和期望管理；服务标准，即服务质量的标准和规范，以确保服务的一致性和可靠性。

(1) 服务蓝图，是一种图形工具，用于描绘服务流程中的关键要素和环节。它帮助理解和优化服务流程，确保服务质量和客户体验。

(2) 服务流中的关键环节，是影响服务质量和客户体验的关键点。每个关键环节都需要精心设计和管理，以确保服务的高效和使客户满意。

(3) 服务标准和规范，用于确保服务质量的一致性和可靠性。它们包括详细的服务操作步骤和质量控制标准。服务标准操作程序(standard operation procedure，SOP)详细描述服务的每个环节和步骤，包括操作方法、注意事项和质量标准。

3. 最小服务能力建模

最小服务能力(minimum viable service，MVS)建模是指在服务设计和开发过程中，确定服务的最小功能集，使其能够满足客户的基本需求和预期。MVS概念源于最小可行产品(minimum viable product，MVP)，旨在通过快速交付基础功能，获取客户反馈，进行持续改进和优化。最小服务能力建模主要包括：基于服务场景需求的关键服务功能识别和服务功能模块化。

1) 基于服务场景需求的关键服务功能识别

关键服务功能识别的目的是确定服务的基本功能和辅助功能，以确保最小服务能力满足客户的基本需求，同时为未来的功能扩展留有空间。识别方法有用户需求分析、业务目标对齐、优先级排序；辅助功能是指那些可以增强客户体验，但在初期阶段不是必需的功能。

2) 基于服务场景需求的服务功能模块化

功能模块化是将核心功能划分为独立的模块，以便于开发、测试和维护。模块化设计可以提高系统的灵活性和可扩展性。模块化设计要求功能独立，确保每个模块能够独立实现特定功能，以减少模块之间的耦合。

6.4.2 智能产品服务系统的配置

【关键词】 智能产品服务配置；智能互联产品；产品设计模块；Web服务模块

【知识点】

1. 智能产品服务系统配置逻辑。
2. 智能产品服务系统配置关键技术。

智能产品服务系统与传统的PSS最大的区别在于智能互联产品的加入，本小节将SPSS配置的内容主要放在智能互联产品设计和配置上。智能互联产品是指嵌入传感器、处理器、软件和网络连接功能的物理设备。这些产品能够收集和交换数据，进行自主决策，并通过互联网与其他设备和系统进行交互。智能互联产品的设计主要包含如下内容：基于产品最小服务能力的产品"功能-行为-结构"映射关系、嵌入式Web服务智能互联产品模块化设计、智能互联产品及其信息-物理系统模块化设计。智能产品服务系统配置逻辑如图6-30所示。

1. 基于产品最小服务能力的产品"功能-行为-结构"映射关系

在设计智能互联产品时，基于产品最小服务能力需要明确"功能-行为-结构"的映射关系。这种关系可以帮助我们系统化地设计和开发智能互联产品，确保每个功能的实现有明确的行为和结构支持。功能是指产品必须实现的主要任务或目的，它回答了产品"做什么"的问题；行为是指产品为实现功能所采取的动作或过程，它描述了产品"如何做"的问题；结构是指产品为实现行为所需的物理或逻辑组件，它回答了"用什么做"的问题。通过明确

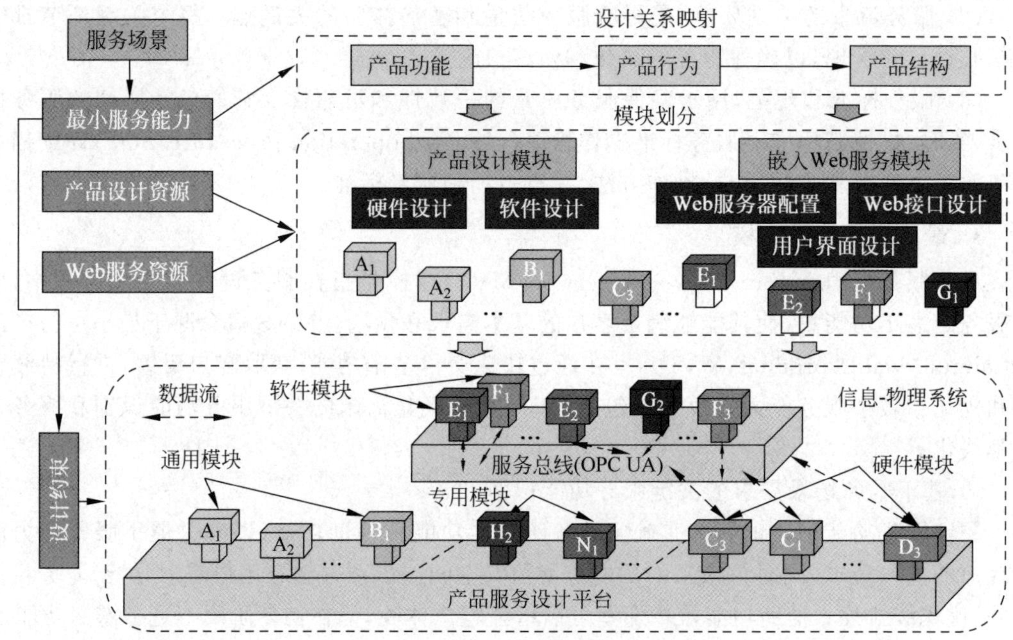

图 6-30 智能产品服务系统配置逻辑

功能、行为和结构之间的映射关系,可以确保设计出的智能互联产品能够有效地满足用户需求,并具备良好的可维护性和扩展性。

下面以智能互联 3D 打印机为例,揭示智能互联产品的功能-行为-结构映射关系(见表 6-1)。其中,功能是指智能互联 3D 打印机必须实现的主要任务或目的,行为是指智能互联 3D 打印机为实现功能所采取的动作或过程,结构是指智能互联 3D 打印机为实现行为所需的物理或逻辑组件。

表 6-1 智能互联 3D 打印机功能-行为-结构映射关系表

功　　能	行　　为	结　　构
模型导入与处理	模型导入	计算机或移动设备、切片软件、存储模块
	模型预处理	切片软件、存储模块
打印过程控制	打印启动	控制器、打印头、打印平台
	层层打印	打印头、打印平台、控制器
实时监控与调整	状态监测	传感器、监控模块
	异常检测与调整	传感器、监控模块、调整模块
远程控制与管理	远程访问	网络模块、远程控制界面
	命令执行	网络模块、命令执行模块
数据存储与分析	数据存储	数据库、存储模块
	数据分析	数据分析平台、报告生成模块

1) 功能

模型导入与处理,导入 3D 模型文件并进行预处理;打印过程控制,自动控制 3D 打印过程;实时监控与调整,实时监控打印状态并进行动态调整;远程控制与管理,通过网络实现远程控制和管理;数据存储与分析,存储打印数据并进行分析优化。

2) 行为

模型导入与处理,用户上传或导入3D模型文件(如STL文件),对模型进行切片、路径规划等预处理操作;打印过程控制,根据预处理结果启动打印过程,控制打印头逐层堆叠材料,完成打印;实时监控与调整,实时监测打印过程中的温度、速度、材料消耗等参数,检测打印过程中的异常情况并进行相应的调整;远程控制与管理,用户通过移动应用或Web界面远程访问打印机,远程发送打印、暂停、停止等命令;数据存储与分析,存储每次打印的参数、状态和结果数据,分析历史打印数据,优化打印参数和流程。

3) 结构

模型导入与处理,用于上传或导入3D模型文件和切片软件,如Cura、Slic3r,对3D模型进行切片和路径规划;存储模块用于存储模型文件和预处理结果。打印过程控制,打印头负责挤出打印材料并进行精确堆叠,打印平台提供打印的基准平面,支持加热和移动,嵌入式控制器负责控制打印头和打印平台的运动和工作状态。实时监控与调整,温度传感器、速度传感器、光学传感器等用于实时监测打印状态,监控模块集成传感器数据,实时显示打印状态和参数,并根据监控数据进行动态调整,如调节温度、调整打印速度等。远程控制与管理,Wi-Fi或以太网模块用于实现与互联网的连接,移动应用或Web界面用于支持用户远程访问和控制打印机,命令执行模块用于接收和执行远程命令,控制打印过程。数据存储与分析,数据库用于存储打印参数、状态和结果数据,数据分析平台使用数据分析工具(如Python、R)进行数据分析和优化,根据分析结果生成报告,提供优化建议。

通过功能-行为-结构的映射关系,可以系统化地设计智能互联3D打印机,确保每项功能的实现有明确的行为和结构支持。这种方法不仅提高了设计和开发的效率,还能够确保产品的稳定性和可扩展性。

2. 嵌入式Web服务智能互联产品模块化设计

智能互联产品的模块化设计可以显著提高系统的灵活性和可扩展性。在这种设计中,产品设计模块和嵌入Web服务模块是两个核心部分。

1) 产品设计模块

产品设计模块主要关注硬件和嵌入式软件的设计,确保智能互联产品能够实现预期的服务功能。

(1) 硬件设计。传感器用于数据采集,选择合适的传感器可以满足具体需求,如温度传感器、湿度传感器、运动传感器等。

(2) 嵌入式软件设计。选择适合的嵌入式操作系统,管理硬件资源和任务调度,如FreeRTOS和Zephyr等。

2) 嵌入Web服务模块

(1) Web服务器配置。选择适合嵌入式系统的轻量级Web服务器,ESP32 WebServer适用于ESP32平台,提供基础Web服务功能;Mongoose是轻量级Web服务器,支持多种嵌入式平台。

(2) 配置与实现。根据具体需求配置Web服务器,设置端口、路径和安全选项。选择合适的端口,如80或8080。设置不同功能的URL路径和实现基本的身份验证和加密传输,确保数据安全。

(3) Web接口设计。首先进行RESTful API设计,确定RESTful API端点,以实现设备的远程访问和控制；其次实现 API 逻辑，在嵌入式系统中实现 API 逻辑，处理客户端请求。

(4) 用户界面设计。针对 Web 界面，使用 HTML、CSS、JavaScript 等技术开发用户友好的 Web 界面，以展示设备的实时状态和历史数据。

3) 智能互联 3D 打印机的模块化设计

以智能互联 3D 打印机为例，从硬件设计和嵌入式 Web 服务模块设计两个方面进行示例说明，见表 6-2。通过模块化设计，可以显著提高智能互联 3D 打印机的灵活性和可扩展性。产品设计模块和嵌入 Web 服务模块相辅相成，共同实现智能互联 3D 打印机的功能、行为和结构。

表 6-2 智能互联 3D 打印机的模块化设计

产品设计模块	硬　　件	说　　明
传感器	温度传感器 位置传感器	NTC 热敏电阻，用于监测打印头和打印床的温度 光电传感器，用于检测打印头和打印床的位置
执行器	步进电机 加热器 风扇	用于驱动打印头和打印床的移动 用于加热打印头和打印床 用于冷却打印头和打印对象
处理器	ESP32 SD 卡	带有 Wi-Fi 和蓝牙功能的微控制器 用于存储打印文件
嵌入式软件设计	操作系统 驱动程序 应用逻辑	Marlin 固件 温度传感器驱动、步进电机驱动、加热器驱动 数据采集、温度控制、打印头和打印床的移动控制
嵌入 Web 服务模块	**软　　件**	**说　　明**
Web 服务器配置	选择 Web 服务器 配置端口和路径 安全配置	ESP32 WebServer 80 端口，路径为/status 和/control 实现 HTTP Basic 身份验证和加密
Web 接口设计	RESTful API API 实现 WebSocket 用户界面设计	GET/status：获取打印机当前状态；POST /control：发送控制命令(如开始、暂停、停止打印) 状态获取：从传感器获取数据并返回；命令处理：解析并执行客户端发送的命令 实时通信：实现实时状态推送和命令接收 Web 界面：使用 HTML、CSS、JavaScript 开发，显示打印机的状态和控制面板； 移动应用：使用 React Native 开发，提供打印机状态监控和远程控制功能

3. 智能互联产品及其信息-物理系统模块化设计

智能互联产品结合了物联网和信息-物理系统，通过集成先进的传感、计算和通信技术，实现对物理世界的监控、分析和控制。智能互联产品及其信息-物理系统的模块化设计主要包括服务总线和产品服务设计平台等内容。

1) 服务总线

服务总线是智能互联产品中各个模块之间通信和协调的关键组件。它提供统一的通信机制，支持异构系统和服务的集成。服务总线通常包括消息路由器、适配器、消息队列和事件处理器等组件。

(1) 消息路由器,负责消息的路由和传递。根据预定义的路由规则,将消息传递给目标服务。提供异步消息传递和缓冲功能,实现消息传递的负载均衡,确保系统的高效运行。

(2) 适配器,用于连接不同的系统和服务,实现协议转换和数据格式转换。根据消息内容或属性,过滤不需要的消息。

(3) 消息队列,提供异步消息传递和缓冲功能。消息队列的主要功能为支持异步消息传递,提高系统的响应速度和可靠性;提供消息缓冲功能,防止系统过载;实现消息的持久化存储,确保消息不丢失。

(4) 事件处理器,用于处理系统和服务产生的事件,触发相应的操作。事件处理器的主要功能有监听系统和服务产生的事件,根据预定义的规则处理事件,并触发相应的操作,将事件通知发送给相关的系统和服务。

下面以智能互联3D打印机的服务总线为例,进行服务总线设计说明,见表6-3。

表6-3　智能互联3D打印机的服务总线设计

功能模块	功　能	说　明
消息路由器	消息路由	将打印命令和状态信息路由传递到相应的打印机
	消息过滤	过滤重复的状态更新消息
	负载均衡	在多台打印机之间均衡打印任务
适配器	协议转换	将用户的HTTP请求转换为打印机的MQTT消息
	数据格式转换	将3D打印机的状态信息从JSON格式转换为XML格式,便于日志记录
	服务集成	集成不同品牌和型号的3D打印机,实现统一管理
消息队列	异步消息传递	实现打印任务的异步传递,避免系统阻塞
	消息缓冲	在打印机繁忙时,缓冲打印任务,避免任务丢失
	消息持久化	持久化存储打印任务和状态更新消息,确保任务不丢失
事件处理器	事件监听	监听打印完成、打印错误等事件
	事件处理	处理打印完成事件,通知用户并更新数据库
	事件通知	将打印错误事件通知维护人员,确保及时解决问题

2) 产品服务设计平台

产品服务设计平台是智能互联产品开发和运营的核心,支持产品和服务的设计、管理和优化。产品服务设计平台通常由用户接口模块、数据管理模块、模型管理模块和服务编排模块组成。

(1) 用户接口模块,提供产品和服务的设计工具,如CAD软件、仿真工具等。支持产品和服务的配置管理,提供界面供用户自定义配置。同时,提供数据和模型的可视化界面,方便用户查看和分析。

(2) 数据管理模块,使用数据库系统存储各种产品和服务数据,包括关系型数据库(如MySQL、PostgreSQL,用于存储结构化数据)和非关系型数据库(如MongoDB,用于存储非结构化数据);提供数据处理功能,包括数据清洗、转换和分析;实现数据加密、访问控制和审计功能,确保数据安全。

(3) 模型管理模块,通过模型库管理各种设计模型、仿真模型和优化模型,提供模型运行环境,以支持模型的执行和仿真。在此基础上,提供模型优化工具,支持模型的参数调整和优化。

（4）服务编排模块，管理服务的注册和发现，并确保服务的可用性；根据需求动态调度服务，确保服务的高效运行；监控服务的运行状态，提供告警和恢复机制。

下面以智能互联3D打印机的产品服务设计平台为例进行说明，见表6-4。

表6-4 智能互联3D打印机的服务总线设计

功能模块	功能	说明
用户接口模块	设计工具	提供3D模型设计和切片工具
	配置管理	允许用户自定义打印参数和配置
	可视化界面	显示打印进度、温度和其他实时数据
数据管理模块	数据存储	存储3D模型文件、打印日志和历史数据
	数据处理	分析打印日志，优化打印参数
	数据安全	实现数据加密和访问控制
模型管理模块	模型库	管理3D模型和打印参数模型
	模型运行	支持模型的切片和打印仿真
	模型优化	提供参数优化工具，提高打印质量和效率
服务编排模块	服务注册与发现	管理打印服务的注册和发现
	服务调度	根据用户需求动态调度打印服务
	服务监控	监控打印服务的状态，提供告警和恢复机制

通过模块化设计、智能互联产品及其信息-物理系统能够实现灵活性和可扩展性。产品服务设计平台和服务总线是智能互联产品的重要组成部分，它们支持产品和服务的设计、管理和优化，同时确保各个模块之间的高效通信和协调。

6.4.3 智能产品服务系统的运行过程监控

【关键词】 运行过程监控；实时监控；服务异常检测

【知识点】

1. 智能产品服务系统运行过程监控架构。
2. 智能产品服务系统运行过程监控关键技术。

智能产品服务系统通过集成物联网、AI和大数据技术，提供智能化和高效的产品服务。为了确保系统的高效运行和及时响应，运行过程监控至关重要。本小节从SPSS运行过程监控的监控架构、核心功能及示例应用展开讨论。

1. 监控架构

智能产品服务系统运行过程监控架构通常包括：数据采集层、数据传输层、数据处理层、监控应用层、用户接口层，如图6-31所示。

（1）数据采集层是运行过程监控的基础，负责实时采集来自各种传感器和设备的数据。

（2）数据传输层负责将采集的数据从传感器和设备传输到中央处理系统或边缘计算节点，包括有线通信和无线通信。

（3）数据处理层负责对采集到的数据进行初步处理、分析和存储，包括边缘计算节点和中央处理系统。

（4）监控应用层提供了实时监控、异常检测和报警功能，确保系统安全运行和稳定，包括实时监控、异常检测和报警系统。

图6-31　智能产品服务系统运行过程监控架构

(5) 用户接口层提供了用户与监控系统交互的界面，支持实时查看监控数据和报警信息，可以通过Web界面和移动应用两种方式实现。

2. 核心功能

智能产品服务系统运行过程监控的核心功能包括数据收集与处理、实时监控、异常检测与报警和用户交互。

1) 数据收集与处理

数据收集与处理是运行过程监控的基础，确保采集的数据准确、及时，经过处理后可用于监控和分析。

数据采集通过传感器数据采集和设备数据采集实现。从温度、湿度、振动、位置等传感器实时采集数据。这些传感器的数据为系统提供了设备和环境的实时状态信息。

数据传输通过有线传输和无线传输实现。通过以太网或RS485将数据传输到中央处理系统或边缘计算节点。有线传输方式能够保证数据传输的稳定性和可靠性。

数据处理通过边缘计算和中央处理实现。在边缘计算节点进行初步处理，边缘计算能够减少数据传输延迟，在中央处理系统进行深度分析，可以发现潜在的问题和趋势，帮助优化系统性能和维护计划。

数据存储使用关系型数据库、非关系型数据库和大数据平台。

2) 实时监控

实时监控能确保系统运行状态的可视化和实时监测，包括状态监测和数据展示。

(1) 状态监测，实时监测温度、湿度、振动、位置等状态。通过实时监测，可以及时发现和处理异常，保障系统的正常运行。根据监测需求设置数据采集频率，确保数据的实时性。

设置适当的数据采集频率，能够在保证数据实时性的同时，减少不必要的数据传输和处理负担。

(2) 数据展示，通过仪表盘直观展示关键监控指标，如温度、湿度等。用户可以通过可视化的图表和仪表盘快速了解设备的运行情况，做出相应的决策。使用折线图、柱状图等方式展示历史数据和趋势。历史数据和趋势分析能够帮助用户了解设备的长期运行情况，识别潜在问题和改进点。

3) 异常检测与报警

异常检测与报警能确保系统运行中的问题被及时发现和处理，包括异常检测、报警机制、事件处理。

(1) 异常检测，通过阈值检测和模式识别实现。设置安全阈值，当参数超出阈值时，触发报警；通过阈值检测，可以快速识别异常情况；可以使用机器学习和数据挖掘技术，识别数据中的异常模式。

(2) 报警机制，通过本地报警和远程报警确保及时响应。通过设备上的指示灯、蜂鸣器等进行本地报警，通知现场操作人员。

(3) 事件处理，通过自动处理和人工处理实现。对于一些简单的异常状态，可以设置自动处理规则。通过自动处理，可以快速响应和解决常见的异常情况。对于复杂的异常状态，通知相关人员进行人工处理。

4) 用户交互

用户交互能确保用户方便地查看监控数据、接收报警信息，并进行配置管理，包括用户登录与权限管理、定制化视图、历史数据查询。

(1) 用户登录与权限管理，用户认证确保只有授权用户才能访问监控系统。

(2) 定制化视图，自定义仪表盘用户可以根据需求定制自己的仪表盘，展示关心的监控数据。通过自定义仪表盘，用户可以选择和配置显示的监控指标和数据格式，满足个性化需求。

(3) 历史数据查询，数据查询接口提供历史数据查询接口，用户可以根据时间、设备等条件查询历史数据。

3. 智能互联 3D 打印机运行过程监控

智能互联 3D 打印机是 SPSS 的一个典型应用，通过运行过程监控，可以提高打印质量和效率，减少故障和停机时间。监控架构包括数据采集层、数据传输层、数据处理层、监控应用层和用户接口层。

(1) 数据采集层，所用智能互联 3D 打印机的传感器包括温度传感器(监测打印头和打印床温度)、位置传感器(检测打印头的位置)。通过这些传感器，实时采集打印过程中的温度、位置、打印进度等数据，确保打印过程顺利进行。

(2) 数据传输层，通过无线通信(Wi-Fi 模块)技术将采集的数据传输到中央处理系统或边缘计算节点。Wi-Fi 技术使得打印机可以方便地接入现有网络，进行远程监控和控制。

(3) 数据处理层，边缘计算节点(如 ESP32 微控制器)在靠近数据源的地方进行初步处理，如数据过滤、聚合和初步分析。中央处理系统(如服务器或云平台)进行深度数据处理和存储，提供详细的分析报告和优化建议。

(4) 监控应用层，提供实时监控、异常检测和报警功能，确保系统安全运行和稳定；实时显示打印温度、进度等数据，通过图表和仪表盘展示监控数据，直观显示设备状态；检测温度异常、打印头位置偏移等情况，及时进行报警处理。

(5) 用户接口层，包括 Web 界面和移动应用。Web 界面展示实时监控数据和报警信息，用户可以通过浏览器访问查看设备的实时状态和历史数据；移动应用提供远程控制和报警功能，通过移动设备查看监控数据和报警信息。

智能互联 3D 打印机的核心功能包括数据收集与处理、实时监控、异常检测与报警、用户交互等。

数据收集与处理：通过温度传感器、位置传感器等采集打印过程中的温度、位置、打印进度等数据。通过 Wi-Fi 将数据传输到中央处理系统或边缘计算节点。边缘计算节点进行初步处理，中央处理系统进行深度分析和存储。

实时监控：实时监测打印温度、进度等状态，通过仪表盘和图表展示监控数据，直观显示设备状态。

异常检测与报警：检测温度异常、打印头位置偏移等情况，通过本地报警和远程报警通知相关人员。记录异常事件及其处理情况，便于后续分析和改进。

用户交互：提供用户登录与权限管理功能，确保只有授权用户访问监控系统。用户可以根据需求定制自己的仪表盘，展示关心的监控数据。提供历史数据查询接口，用户可以根据时间、设备等条件查询历史数据。

通过详细的监控架构和核心功能描述，可以有效地进行 SPSS 的运行过程监控。数据采集与处理、实时监控、异常检测与报警、用户交互等功能的实现，可以提高系统的稳定性和可靠性，确保系统的高效运行和及时响应。

6.4.4　智能产品服务系统的价值共创与评估

【关键词】 服务价值共创；服务价值评估

【知识点】

1. 智能产品服务价值共创方法。
2. 智能产品服务价值评估方法。

智能产品服务系统的价值共创与评估是现代智能制造和服务的重要组成部分。价值共创强调了不同利益相关者(如制造商、服务提供商、客户和合作伙伴)通过合作共同创造价值的过程。在 SPSS 中，制造商和服务提供商通过嵌入式技术和 IIoT 技术，能够实时监控和优化产品性能，同时收集大量使用数据。这些数据不仅帮助制造商改进产品设计和功能，还使服务提供商能够提供定制化和高效的服务解决方案，从而提高客户满意度和忠诚度。

1. 智能产品服务系统的价值共创

价值共创是指不同利益相关者通过互动和合作，共同创造价值的过程。在价值共创中，客户不仅是价值的接受者，还是价值的创造者。通过与企业的互动，客户参与产品和服务的设计、生产和交付过程，影响价值的实现和提升。

1) 价值共创的利益相关者

制造商是 SPSS 的核心利益相关者，负责产品的设计、生产和维护。通过与客户和服务提供商的互动，制造商能够获取实时的产品使用数据和客户反馈，优化产品设计和生产流程，提高产品质量和性能。

服务提供商通过服务平台，为客户提供个性化和高效的服务解决方案。服务提供商通过与制造商和客户的合作，获取产品使用数据和客户需求，优化服务流程和内容，提高服务质量和客户满意度。

客户在价值共创中扮演着关键角色，他们不仅是产品和服务的最终使用者，还通过反馈和参与产品改进过程直接影响系统的优化。客户的使用数据和反馈为制造商和服务提供商提供了宝贵的信息，帮助他们更好地理解客户需求，进行精准的市场定位和产品创新。

2）价值共创流程

（1）数据采集与反馈。智能产品通过传感器和通信网络，实时采集产品使用数据和环境数据。这些数据通过物联网技术传输到服务平台，进行存储和处理。客户通过用户接口，提供使用反馈和需求信息。这些反馈和数据为制造商和服务提供商提供了宝贵的信息，帮助他们优化产品设计和服务内容。

（2）数据分析与决策。服务平台通过大数据技术和AI技术，对采集的数据进行分析和挖掘，发现数据中的规律和模式。通过数据分析，系统能够预测产品的维护需求，优化服务流程，提高服务质量。数据分析结果为制造商提供了产品改进的依据，为服务提供商提供了服务优化的建议。

（3）产品与服务优化。制造商根据数据分析结果和客户反馈，优化产品设计和生产流程，提高产品质量和性能。服务提供商根据数据分析结果和客户需求，优化服务流程和内容，提高服务质量和客户满意度。通过持续的优化和改进，系统能够提供个性化和高效的产品和服务，满足客户需求，实现价值共创。

3）价值共创的实现方式

（1）个性化定制。SPSS通过数据分析和客户反馈，提供个性化的产品和服务方案。客户可以根据自己的需求和偏好，自定义产品配置和服务内容，获得个性化的体验。个性化定制不仅提高了客户满意度，还增强了客户的忠诚度。

（2）实时监控与预测。智能产品通过传感器和通信网络，实时监控产品的运行状态和环境参数。服务平台通过数据分析，预测产品的维护需求和故障风险，提供PdM方案。实时监控和预测能够减少故障和停机时间，提高产品的可靠性和使用寿命。

（3）远程服务与支持。服务平台通过物联网技术和远程通信技术，为客户提供远程服务和支持。客户可以通过用户接口，实时查看产品状态，接收服务平台提供的建议和报警信息，并进行远程控制和管理。远程服务与支持提高了服务的响应速度和效率，降低了客户的维护成本。

2. 智能产品服务系统的价值评估

1）价值评估的维度

（1）经济效益，是价值评估的核心维度之一。通过SPSS的优化，企业可以节约成本、增加收入和提升市场竞争力，主要包括降低生产成本、增加销售收入、提升市场份额等。

（2）客户价值，是衡量系统成效的重要维度。通过提供个性化和高质量的服务，企业可以提高客户满意度和忠诚度，增强品牌认可度。客户价值评估指标包括客户满意度调查、客户忠诚度分析、品牌声誉评估等。

（3）社会效益，是价值评估的扩展维度。智能产品服务系统通过优化资源利用、减少浪费和排放，能够实现环保效益和可持续发展目标。此外，企业通过积极参与社会公益和社区建设，树立良好的社会形象，增强社会责任感。

2）价值评估的方法

经济效益评估主要通过成本-收益分析（cost-benefit analysis，CBA）实现。CBA方法包括识别和量化成本与收益，计算净现值和投资回报率，评估项目的经济可行性和效益。此外，还可以通过平衡计分卡方法，从财务、客户、内部流程、学习与成长四个维度综合评估企业的经济效益。

客户价值评估可以通过客户满意度调查、客户忠诚度分析和品牌声誉评估等方法实现。客户满意度调查包括设计和分发问卷，收集客户反馈，分析客户满意度得分。客户忠诚度分析可以通过客户留存率、复购率和推荐率等指标进行评估。品牌声誉评估可以通过品牌知名度、品牌形象和品牌忠诚度等指标进行分析。

社会效益评估可以通过环境影响评估（environmental impact assessment，EIA）和社会责任评估（corporate social responsibility，CSR）等方法实现。EIA方法包括评估项目对环境的影响，量化资源利用、废物排放和环境保护措施的效果。CSR评估包括企业在社会公益、员工福利、社区建设等方面的贡献和表现。

3. 智能互联3D打印服务案例研究

智能互联3D打印机的打印服务通过物联网技术和智能设备，实现对3D打印过程的智能监控和管理。智能互联3D打印机包括高精度打印头、智能控制系统和多种传感器，通过服务平台和用户接口，为用户提供个性化和高效的3D打印服务。

1）价值共创

智能互联3D打印机的打印服务通过实时数据采集和分析，为用户提供个性化的打印服务方案。用户通过移动应用和Web界面等用户接口，实时查看打印机状态，接收服务平台提供的建议和报警信息，并进行远程控制和管理。通过用户反馈和使用数据，智能互联3D打印机的打印服务不断优化设备性能和服务内容，提高用户的满意度和忠诚度。

（1）数据采集与反馈。智能互联3D打印机通过内置的多种传感器（如温度传感器、位置传感器、压力传感器）实时采集打印过程中的数据。用户可以通过用户接口（如移动应用和Web界面）反馈打印效果和使用体验。这些数据和反馈通过物联网技术传输到服务平台进行存储和处理，为制造商和服务提供商提供宝贵的信息，帮助他们优化打印机设计和服务内容。

（2）数据分析与决策。服务平台利用大数据技术和AI技术，对采集的数据进行分析，识别打印过程中的潜在问题和优化空间。通过数据分析，系统能够预测打印头的维护需求、材料的消耗情况和打印过程中的故障风险，提供优化的打印参数和维护建议。数据分析结果为制造商提供了打印机改进的依据，为服务提供商提供了服务优化的建议。

（3）产品与服务优化。制造商根据数据分析结果和用户反馈，优化3D打印机的设计，提高了设备的稳定性和打印质量。服务提供商根据数据分析结果和用户需求，优化打印服务流程和内容，提高服务质量和用户满意度。通过持续的优化和改进，智能互联3D打印机的打印服务能够提供个性化和高效的打印解决方案，满足用户需求，实现价值共创。

2）价值评估

智能互联3D打印机打印服务的价值评估包括经济效益评估、客户价值评估和社会效益评估三个维度。

(1) 经济效益评估。通过智能互联 3D 打印机的打印服务,制造商能够实现生产成本的降低和打印效率的提高。实时监控和数据分析能够降低打印失败率和减少材料浪费,提高打印机的利用率,增加打印服务收入。经济效益评估可以通过成本-收益分析(CBA)和投资回报率(RoI)等方法实现,评估项目的经济可行性和效益。

(2) 客户价值评估。智能互联 3D 打印机的打印服务通过提供个性化和高质量的打印方案,提高了用户的满意度和忠诚度。客户价值评估可以通过客户满意度调查、客户留存率和复购率分析、品牌声誉评估等方法实现。客户满意度调查包括设计和分发问卷,收集用户反馈,分析满意度得分。客户忠诚度分析可以通过客户留存率、复购率和推荐率等指标进行评估。品牌声誉评估可以通过品牌知名度、品牌形象和品牌忠诚度等指标进行分析。

(3) 社会效益评估。智能互联 3D 打印机的打印服务通过优化资源利用、减少材料浪费和能耗,实现了环保效益和可持续发展目标。此外,制造商和服务提供商通过积极参与社会公益和社区建设,树立了良好的社会形象,增强了社会责任感。社会效益评估可以通过 EIA 和 CSR 等方法实现,评估项目对环境和社会的贡献。

6.5 知识点小结

产品运行与维护服务在现代商业环境中至关重要,涵盖设备正常运转、问题解决、延长使用寿命、提高效率和客户满意度等多个方面。传统的人工运行与维护方式逐渐被智能化运行与维护取代,智能化运行与维护集成了 IIoT、AI、大数据和云计算等先进技术,实现了高效、精确的设备管理。智能化运行与维护不仅是技术的进步,更是商业模式的变革,通过提升设备运行效率、减少维护成本和提高客户满意度,显著提升企业价值。未来,智能化运行与维护将成为企业竞争力的重要组成部分,引领运行与维护服务迈向新的高度。本章主要讨论了智能化在制造服务中的应用,包括产品设计服务、生产服务、运行与维护服务的智能化。

首先,本章对传统制造模式与现代制造服务进行了对比,强调了智能制造服务的重要性。通过引入 IIoT、AI、大数据等技术,产品的设计、生产、运行与维护服务得以实现智能化和优化。这些技术的应用不仅提升了生产效率和产品质量,还极大地延长了设备的使用寿命。

在产品设计服务智能化方面,本章介绍了智能化设计工具、仿真和优化技术的具体应用,这些技术使得产品设计更加精确和高效。在生产服务的智能化中,智能技术被应用于生产线监控、质量管理和效率提升,通过实时数据采集和分析,实现了生产过程的全面优化。

产品运行与维护服务的智能化是本章的重点之一。智能化运行与维护通过 PdM、智能监控和故障诊断等手段,显著提高了设备的可靠性和寿命。本章详细描述了产品全生命周期管理的重要性和方法,特别是在智能化背景下的应用。

此外,本章深入探讨了 PSS 的基本概念、特征和价值,并强调了智能化技术在 PSS 中的应用。通过智能维护和 PdM、个性化客户服务、资源优化和运营效率的提升,SPSS 不仅提高了客户满意度,还促进了可持续发展和创新。

在智能产品运行服务的关键技术部分,本章详细讨论了智能监测、故障诊断和 PdM 的关键技术。这些技术通过实时监测和数据分析，提供了高效、精准的服务解决方案，确保了产品的稳定运行，有利于提高客户的满意度。

6.6 思考题

1. 智能化运行与维护服务在传统运行与维护服务中有哪些显著优势？请结合实际应用案例进行分析。

2. 在智能化运行与维护中，物联网和大数据分析技术如何协同工作以实现设备的PdM？

3. 智能化运行与维护系统的关键技术有哪些？请详细阐述这些技术的功能和重要性。

4. 产品全生命周期活动建模的重要性是什么？在实际应用中，企业如何利用该建模方法优化产品运行过程？

参考文献

[1] SUH N P. Axiomatic design theory for systems[J]. Research in Engineering Design，1998，10(4)：189-209.

[2] SUH N P. Applications of axiomatic design[M]. Berlin：Springer Netherlands，1999.

[3] 明新国，王鹏鹏，徐志涛. 工业产品服务价值创造：企业服务化转型升级的路径与案例[M]. 北京：机械工业出版社，2015.

[4] 张卫，田景红，唐任仲，等. 制造物联环境下基于结构矩阵的智能服务功能模块化设计[J]. 中国机械工程，2018，29(18)：51-58.

[5] 张卫，李仁旺，潘晓弘. 工业4.0环境下的智能制造服务理论与技术[M]. 北京：科学出版社，2017.

[6] 姜少飞，冯迪，卢纯福，等. 从产品到产品服务系统的演化设计方法[J]. 计算机集成制造系统，2018，24(3)：731-740.

[7] 耿秀丽. 产品服务系统设计理论与方法[M]. 北京：科学出版社，2015.

[8] DING K，JIANG P，SUN P，et al. RFID-enabled physical object tracking in process flow based on an enhanced graphical deduction modeling method[J]. IEEE Transactions on Systems Man Cybernetics Systems，2017，47(11)：3006-3018.

[9] JIANG P，CAO W. An RFID-driven graphical formalized deduction for describing the time-sensitive state and position changes of work-in-progress material flows in a job-shop floor[J]. Journal of Manufacturing Science and Engineering，2013，135(3)：031009.

[10] 江平宇，孙培禄，丁凯，等. 一种基于射频识别技术的过程跟踪形式化图式推演建模方法及其生产应用研究[J]. 机械工程学报，2015，51(20)：9-17.

[11] 曹伟，江平宇，江开勇，等. 基于RFID技术的离散制造车间实时数据采集与可视化监控方法[J]. 计算机集成制造系统，2017，23(2)：273-284.

[12] 王闯，江平宇，杨小宝. 智能车间RFID标签有效识别及制造信息自动关联[J]. 中国机械工程，2019，30(2)：149-158.

[13] 江平宇，张富强，付颖斌，等. 服务型制造执行系统理论与关键技术[M]. 北京：科学出版社，2015.

[14] JIANG P Y，FU Y B，ZHU Q Q，et al. Event-driven graphical representative schema for job-shop-type material flows and data computing using automatic identification of radio frequency identification tags[J]. Proceedings of the Institution of Mechanical Engineers，Part B：Journal of Engineering

Manufacture,2012,226(2):339-352.

[15] ANGELES R. RFID technologies: Supply-chain applications and implementations issues[J]. IEEE Engineering Management Review,2007,35(2):61-64.

[16] 张映锋,任杉,黄博,等. 设计-制造-服务一体化协同技术[M]. 武汉:华中科技大学出版社,2022.

[17] 钟诗胜,张永健,付旭云. 智能运维技术及应用[M]. 北京:清华大学出版社,2022.

[18] 江平宇,张富强,郭威. 智能制造服务技术[M]. 北京:清华大学出版社,2021.

[19] 吴军,程一伟,邓超,等. 深度学习在复杂系统健康检测中的应用[M]. 北京:电子工业出版社,2023.

[20] 雷亚国,杨彬. 大数据驱动的机械装备智能运维理论及应用[M]. 北京:科学出版社,2022.

[21] 董明,刘勤明. 大数据驱动的设备健康预测及维护决策优化[M]. 北京:清华大学出版社,2019.

[22] 张洁,秦威,高亮. 大数据驱动的智能车间运行分析与决策方法[M]. 武汉:华中科技大学出版社,2020.

[23] 肖雷,张洁. 智能运维与健康管理[M]. 北京:清华大学出版社,2023.

[24] 陈雪峰. 智能运维与健康管理[M]. 北京:机械工业出版社,2018.

第7章

产品再循环服务及其智能化

随着人们对环境问题的日益关注,可持续发展理念在全球范围内正在快速渗透并融入各行业,尤其是资源、能源消耗体量大的制造业。我国产品再循环市场规模大,目前再循环产业链相对成熟的有汽车、机床和工程机械等领域,但是相较于发达国家还有很大的距离。我国机械装备已进入报废高峰期,年报废汽车约500万辆,役龄10年以上的机床超过200万台,80%的在役工程机械已超过质保期,30%的盾构设备报废闲置,这造成了大量的资源浪费和环境污染。经济社会发展要求再循环发挥更大的作用,工业现状需要为再循环提供系统性的服务。产品再循环产业需求对再循环技术的发展也提出了更高要求。《中华人民共和国循环经济促进法》等一系列政策法规的颁布推动了产品向再循环产业的规范化、规模化发展。在工业领域,再循环是促进循环经济建设和落实"双碳"目标的重要着力点,为节约资源、降低能源消耗与碳排放提供了有效的实现方式。为了赋予企业实施再循环的能力,提高再循环的质量和效率,陆续出现了再循环处理工艺外包、再循环产品认证、再循环回收物流众包等多种再循环服务模式,共同实现了废旧产品的价值恢复。同时,大数据、云计算、机器学习等新一代ICT在再循环中的应用,既有助于产生再循环服务新模式,又促进了再循环服务的高效、可靠、灵活运行,为产品再循环产业的发展注入了旺盛的生命力。国内外学者对产品再循环服务及其智能化已开展了大量研究。本章首先从产品再循环流程入手,围绕产品再循环的内涵、发展现状、系统要素、智能服务需求、社会经济效益及未来发展趋势展开介绍;其次,梳理探讨产品再循环服务及其智能化在再循环过程和管理中的实现方式。

7.1 产品再循环流程及其系统的概念

再循环是循环经济发展的核心内容之一,是一个新兴的产业,其目的是将已废弃或退役的产品通过回收处理重新回到产品生命周期。相较于丢弃、填埋、焚烧等简单粗放式的退役产品处理,再循环将退役产品通过不同的再循环处理过程,重新回到相应的材料生产、制造、使用等不同阶段,有效地延长了产品的生命周期。产品再循环通常由多类参与者,包括个人、企业、政府和非营利组织等,以协作的方式实现废物再利用和资源的有效管理,具有明显的服务特性,在产品再循环价值链中,不同的参与者扮演服务需求方、供应方等角色,借助智能技术对再循环流程中所涉及的要素进行动态处理与配置,共同推动再循环系统的高效运行。本节主要对产品再循环的内涵及不同内涵下的再循环流程进行概念阐述与辨析,并基于广义再循环概念介绍产品再循环流程的关键要素。然后,从要素视角介绍产品再循环系统,并说明产品再循环系统对智能服务技术的需求。

7.1.1 产品再循环流程

【关键词】 狭义再循环;广义再循环;产品再循环流程

【知识点】

1. 产品广义再循环与狭义再循环的内涵与区别。
2. 产品再循环流程与常见的再循环技术。

产品再循环的概念是20世纪工业快速发展过程中的产物,在学术界和产业界一直未有统一的定义。从产品再循环流程范围的视角,本小节从狭义再循环和广义再循环两个方面阐述产品再循环的内涵。

1. 狭义再循环

狭义的再循环强调材料再循环(re-cycle)过程,是一种初级、低效的再循环处理方式。退役产品回收后,经过粉碎、回炉、重熔等方式回归初级材料状态,重新回到产品全生命周期的原材料生产阶段,是一种恢复原材料本身价值的循环经济模式,其与另外两种常见的循环处理方式[再使用(re-use)、再制造(re-manufacturing)]的特征对比见表7-1。狭义的产品再循环是一种技术门槛低、工艺简单、种类适应性低的再循环处理方式,目前主要应用于旧衣服、纸张、塑料、玻璃等产品。

表7-1 狭义再循环与再制造和再使用的对比

狭义再循环	再 制 造	再 使 用
对废旧产品进行化学处理,不再保留原有结构,从产品到材料的转化	对废旧产品进行必要维修、装配、调试等	对废旧产品进行简单清洗和维护
旧衣服、纸张、塑料、玻璃	发动机、复印机、飞机、工程机械	各类包装盒、玻璃容器
处理方法复杂、产品种类少	处理方法复杂,产品种类多	处理方法简单、产品种类少
产品质量降低	产品质量相同或提升	产品质量降低
二手市场	二手市场、新品市场	二手市场

2. 广义再循环

广义再循环(re-circulate)的目的是将退役产品进行不同处理后对应地返回生命周期的不同阶段,作为再生资源融入新产品全生命周期中,强调形成整个逆向产品生命周期的流程。广义再循环是循环经济的核心模式,包括回收检测、再利用、再制造、再使用在内的多种循环处理方式。如图7-1所示,再循环收集退役后的产品,对其进行回收检测、拆解,分离出可再用的资源,经再循环处理后以零部件或原材料的形式逆向流动而产生新价值,而剩余物则通过再生材料回收处理后进行焚烧掩埋等无害化处理。其范围从收到退役产品开始,到回到生命周期不同阶段(设计、生产、运维等)结束。依据再循环经济性的不同,从高到低依次分为四个层级,分别是:再使用、再制造、再利用及焚烧掩埋,如图7-2所示。为了加以区分,本章后续讨论的再循环均指广义再循环,狭义再循环则表述为再利用。因再设计(re-design)不涉及物质流动,本章未将其纳入广义再循环的范围。

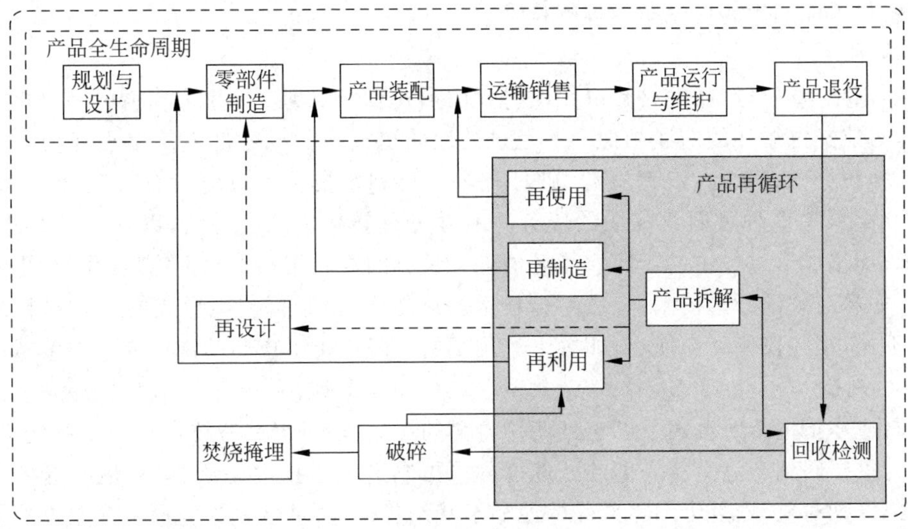

图 7-1　产品再循环流程示意图

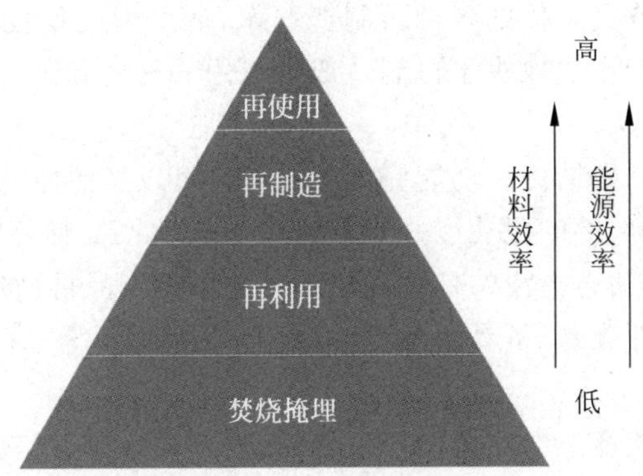

图 7-2　产品再循环金字塔

下面对产品再循环处理流程中的常见处理过程分别进行介绍。

1）回收检测

在产品再循环流程中，回收检测是一个必不可少的基础性过程，它影响整个后续处理过程的有效运行。该过程结合检测分析、自动化等技术对从各类渠道收集的废旧产品进行分拣、分类到产品再循环的不同层级。废旧产品通常种类多样、量大分散、回收状态复杂，废旧产品回收检测需要废旧产品识别、价值评估、回收分拣等技术来保证废旧产品回收过程的规范、高效，为相关企业带来收益。废旧产品回收市场的日益扩大也要求废旧产品回收检测技术不断成熟。

2）产品拆解

对于由多个零部件组成的复杂产品，退役后产品再循环流程中重要的一步是系统性地拆解，以实现选择性的回收。拆解退役产品得到的再使用、再制造的零部件或再利用的材料重新进入产品的生命周期。拆解通常分为人工拆解、人机协作拆解和自动化拆解三种方式。针对不同产品的组成特点，拆解技术的具体实现存在很大差异。例如，随着新能源汽车产业的快速发展，未来 10 年新能源汽车将陆续达到报废年限，也必将迎来新能源汽车报废的高峰。新能源汽车结构组成有别于传统汽车，如动力电池、驱动电机及整车集成系统，因此，其拆解技术也不能照搬传统汽车的拆解技术。

3）再利用

再利用是指退役产品的材料以二次材料的形式重新回到产品生命周期的一种再循环处理过程，与狭义再循环的内涵相似。未经过处理的退役产品或零部件直接丢弃会形成固体废弃物，堆积会侵占土地、浪费资源、破坏环境。再利用技术可以将含有有色金属、黑色金属、玻璃、塑料等多种可回收物质的废弃物有效处理转化成二次材料，以减少矿石开采、运输、冶炼、加工成形过程中的资源和能源消耗。常见的再利用技术包括物理、化学、生物等多种方法，如多级破碎分选技术、火法冶金技术等。然而，由于再利用形成的二次材料的纯度和性能不足，往往仅能降级使用，如再生车用塑料一般用于不重要的饰件或其他消费用品。

4）再制造

再制造是指把传统模式下已达到使用寿命的产品，通过再制造技术进行专业化修复、改造以使其重新回到产品生命周期的处理过程。再制造成形技术是核心，它是以退役产品的关键零部件为对象，恢复废旧零部件的原始形状结构尺寸，并恢复甚至提升其服役性能的材料成形技术的统称。针对废旧零部件而言，恢复其原始尺寸主要采用能够在零件基体损伤部位沉积成形表面涂层或金属体的各种再制造技术，如熔焊沉积技术、激光净近成形技术，恢复甚至提升其服役性能主要取决于再制造成形所用的材料和工艺。

5）再使用

再使用是指退役产品中结构和功能完好的零部件可以按照原功能重新投入产品全生命周期使用阶段，或改变零部件的原功能并将其应用于其他产品使用阶段的一种产品再循环处理过程，如新能源汽车动力电池的梯次利用。再使用是产品再循环的理想方式之一，可再使用的零部件一般具有性能好、不易损坏、可靠性高等特点。

6）焚烧掩埋

焚烧掩埋是指将不能经过上述再循环过程的退役产品，通过焚烧获得热能，或者作为废弃物进行无害化处置的过程。该过程不属于产品再循环流程。由于焚烧会产生环境污染物质，且各国用于无害化处置的掩埋场地日渐紧缺，因此，提高产品再循环率，降低焚烧掩埋量才是可持续发展的长久之计。

应当注意的是，不同类型产品的广义再循环范围及所包含的流程有所差异，而且产品再循环流程涉及物流、生产、管理等多种类型的活动，是典型的复杂流程。

7.1.2 产品再循环要素

【关键词】 再循环系统组成要素；再循环系统的体系结构；产品再循环服务；智能再循环服务技术体系

【知识点】

1. 产品再循环系统的组成要素及体系结构。
2. 产品再循环服务的概念。
3. 常见的智能再循环服务技术。

产品再循环不是单一的过程，而是由各种再循环过程或环节组成的流程，该流程可以对退役产品进行处理，使其重新回到生命周期的不同阶段。产品再循环系统包括四类要素：物质、工艺（设备）、信息和人员。

1. 物质要素

物质要素是产品再循环的主体对象，从原生命周期输入的退役产品开始到再循环产品输出，再到新生命周期结束，贯穿由回收检测、拆解、再使用、再制造、再利用等过程组成的整个再循环流程。物质要素按层级可以分为产品、装配体、零部件、原材料、破碎残余物。

2. 工艺要素

工艺要素是产品再循环过程的技术方法，对于 7.1.1 节流程中的每个再循环过程，一般都具备多种处理工艺以实现循环目标。产品再循环的工艺过程包含回收检测、拆卸、分类、清洗、寿命评估与无损鉴定、再制造成形与加工、质量检测与性能考核等。例如，再制造成形工艺按技术可划分为纳米复合再制造成形技术、能束能场再制造成形技术、自动化再制造成形技术等。

3. 信息要素

信息要素是产品再循环的数据体现。产品再循环流程持续产生和积累数据，这些数据经分析处理后得到信息，可支持设计、规划、监测、控制、诊断与决策，更好地促进产品的再循环。

4. 人员要素

人员要素是产品再循环的参与者(利益相关方)。产品再循环需要个体、企业、行业、政府多方共同参与，推动产品再循环的稳定健康高效运行。

这四个要素可以构成一个特定产品的再循环系统。该系统具有将退役产品转化为再循环资源的功能，图 7-3 展示了产品再循环系统的结构。可见，在产品再循环流程中，通过对各要素资源进行组织、关联和动态配置，提供回收物流规划、检测评估、加工控制、管理决策等集成应用，可以有效地整合分散资源，提升再循环过程效率和产品再循环价值。

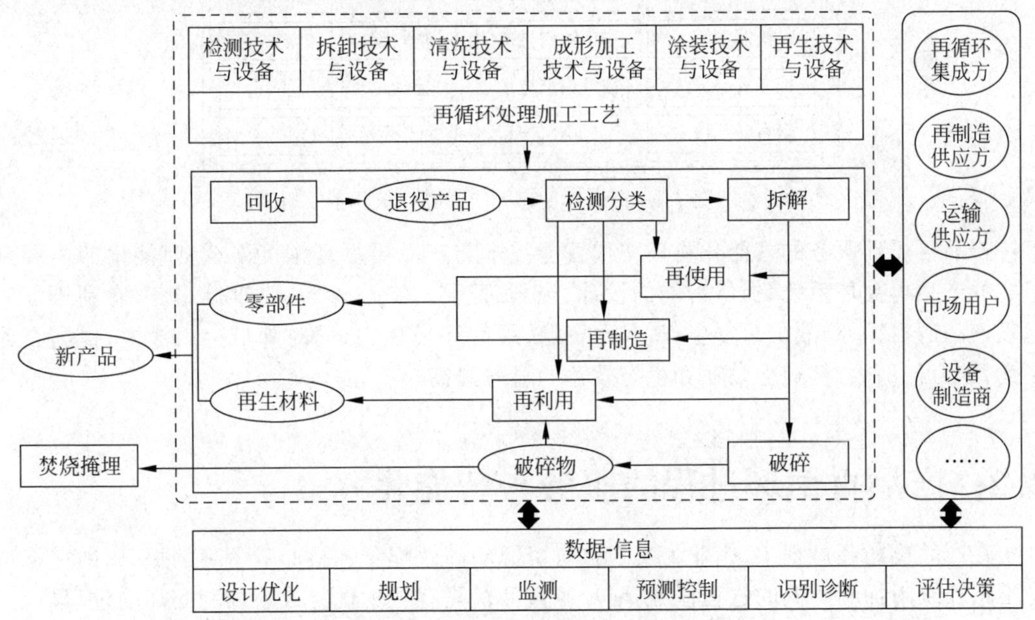

图 7-3　产品再循环系统的结构

借鉴服务型制造的思想，产品再循环服务可理解为：以再循环服务集成方/集成平台为核心的再循环服务供应方，面向服务需求方或其他服务相关方提供服务，既包括回收检测、拆解、再制造等生产加工性服务，也包括可循环性评估决策、生产计划与调度等管理性服务。因此，产品再循环服务可定义为：以再循环服务化为基础，在整个产业链运作的过程中，由再循环服务供应方为服务需求方相关增值活动所提供的服务。服务形式包括提供产品再循环解决方案和再循环产品服务。

根据前述章节的介绍，智能制造服务贯穿产品设计、生产、运行、回收等生命周期的各个环节，是新一代智能技术和制造技术深度结合的产物。同样地，智能技术在产品再循环产业也受到了重视，已在回收检测、拆解、再制造等过程中深入探索并取得了显著应用效果，提高了再循环服务水平。图 7-4 展示了产品再循环智能服务技术体系。

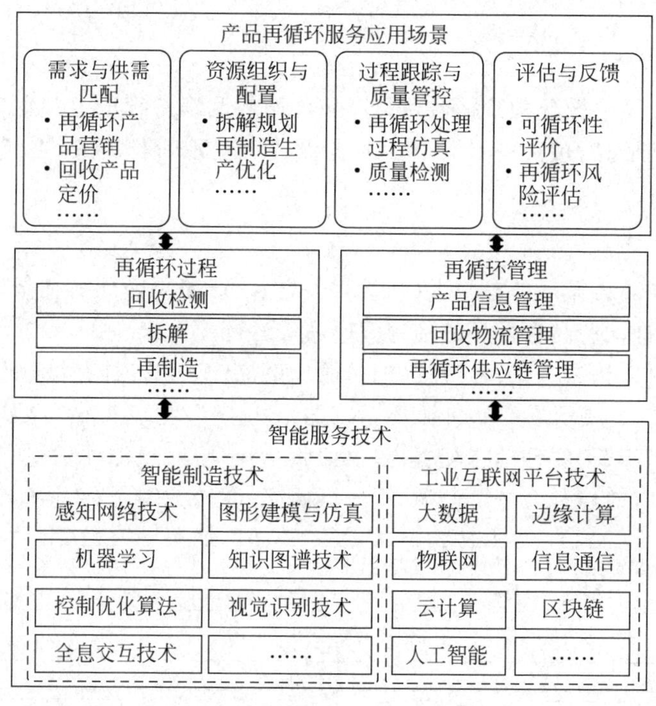

图 7-4　产品再循环智能服务技术体系

产品再循环服务的智能化将新一代智能技术与产品再循环深度融合，赋能由四类要素组成的产品再循环系统，提供智能的设计、规划、监测、控制、诊断、决策等服务，有利于促进退役产品的再循环，减少重复生产，节约资源，缓解环境压力，同时降低生产成本，提高企业利润，助力经济效益、社会效益和生态效益的显著提高。

7.2　产品再循环过程的服务与智能化

在产品再循环过程中，企业为实现自身资源的高效配置和核心竞争力的提升，往往将自身不擅长或附加利润低的过程任务外包，侧重保留具有技术优势或附加利润高的过程环节。因此，面向产品再循环过程的服务便应运而生。本章所称产品再循环过程的服务内涵是指为再循环各过程所涉及的任务或环节提供服务。产品再循环过程的服务与智能化则强调应用智能技术为再循环过程产生的服务需求提供智能的服务匹配、优化与决策支持，实现再循环过程的增值提效。产品再循环过程所涉及的服务内容包括过程方案规划与决策服务、过程监控与优化服务、过程产品状态检测与评估服务等。本节针对7.1节所提到的回收检测、拆解、再制造三个关键再循环过程的服务与智能化进行介绍。

7.2.1　产品回收检测服务及其智能化

【关键词】 废旧产品回收；回收分拣；可循环性评价

【知识点】

1. 回收检测过程的服务需求。
2. 常见的产品回收检测服务及其智能化实现手段。

回收废旧或退役产品有助于产品再循环，但是并非所有废旧产品都适合回收再循环，而且不同废旧产品适合不同的处理方式。因此，产品再循环的首要任务是对废旧产品进行回收检测。产品回收检测过程是需要对市场上的废旧或退役产品进行辨别，以分拣出可回收利用的退役产品。同时，需要对所获得的退役产品尺寸、化学组成、性能、表面缺陷等进行检测，分析产品的损伤度、功能性和剩余寿命等情况，以精准地区分退役产品的品质等级，从而确定后续的再循环处理工艺。由于退役产品具有种类多样、量大分散、回收状态复杂且回收过程开放等特点，回收企业对其进行回收检测是一件困难的事情。传统的回收检测主要依赖人工，工作繁重、成本高、效率低且容易出错。图像处理、深度学习等技术的成熟，可以向回收企业提供高精度、高效率和高鲁棒性的退役产品识别、分类和分拣服务，实现回收检测过程的自动化，提高回收企业的智能化水平。

本小节将介绍产品回收检测过程中常见的服务需求及智能化解决方案。

1. 废旧产品回收分拣服务

随着环保理念的不断加强，我国对电子废弃物的回收利用越加重视。在废弃电子元器件中，价值较高的IC芯片经过检测评估后可进行二次销售或单独回收利用，除此之外，其他电子废弃物大部分未进行有效分类，仅做了简单的熔融或酸剥离处理。这种回收处理技术对各种不同金属元素的利用率不高，造成了金属资源的严重浪费和对环境的污染。为了改变这一现状，加强金属资源的可持续利用、减少电子垃圾污染，废旧产品回收公司或产品再制造商对废旧产品回收分拣服务有较大的需求。废旧产品回收分拣服务是指将废旧产品按照材料、类型、状态等进行分类和分拣的服务，其形式为提供回收分拣设备租赁及回收分拣功能。

以废弃印制电路板的电子元器件为例，在应用机器视觉和机器人技术的废旧产品回收分拣服务中，可以将深度学习目标检测分类技术和机械手分拣技术进行结合，根据实际环境应用深度学习目标检测算法和机械手末端位姿精度定位方法，实现对废弃电子元器件的检测、定位、抓取等功能，从而取代人力分拣，提高分拣效率。其主要包括两方面内容：利用数码相机采集废旧电子元器件图像以建立模型训练数据集，基于深度学习算法搭建电子元器件视觉检测模型，获得废旧电子元器件的位姿信息，实现电子元器件的分类；对数码相机进行标定，对机械手进行德维特-哈滕伯格(Denavit-Hartenberg，D-H)参数标定与正逆运动学求解。对目标检测模型系统输出的位姿信息进行边缘提取，校正夹爪位姿，实现电子元器件的分拣。

2. 废旧产品可循环性评价服务

废旧产品可循环性评价服务是指对废旧产品是否可以再循环及适合怎样的再循环过程进行评估。通过全面的可循环性评价，废旧产品回收公司或产品再制造商可以系统地了解废旧产品再循环过程中的潜力和价值，从而制定有效的再循环策略，实现经济、环境和社会效益的多赢局面。此外，废旧产品可循环性评价还可以更合理地制定废旧产品的回收价格。因此，废旧产品回收公司或产品再制造商对废旧产品可循环性评价服务同样有较大的需求。

下面以电子电器产品中的汽车发电机为例，介绍应用有限元仿真技术的废旧产品可循环性评价服务。汽车回收行业拥有大量的廉价原料市场（废旧汽车数量大，逐年增多）和巨大的提升潜力（废旧汽车回收不足，起步较晚），废旧汽车回收过程能节约原材料资源，符合社会绿色发展的主导理念，有助于构建资源节约型、环境友好型社会。在汽车零部件中，发电机所受载荷较小，且为交变载荷，使其机械结构损伤较小，通常具有较高的剩余价值和较高的附加值，适合回收。目前市面上常用的汽车发电机价格一般在 300～1500 元，而对废旧汽车发电机进行清洗、检测、回收等，使其重新具备工作能力，成本不过百元甚至更低。汽车发电机可循环性评价的主要内容简述如下：

利用有限元仿真软件对其进行动力学仿真，得到基于应力-循环次数（stress-number of cycles，S-N）曲线的疲劳寿命模型，并对同型号的汽车发电机进行疲劳试验，验证和修正该模型。结合回收产品的特点，对钢试样做了疲劳试验和拉伸试验，得到零件的疲劳寿命。最后，从技术、资源、性能三个方面分析影响汽车发电机可循环性的多种因素并逐一量化建模，如图 7-5 所示，建立适用于汽车发电机的可循环性评价方法。

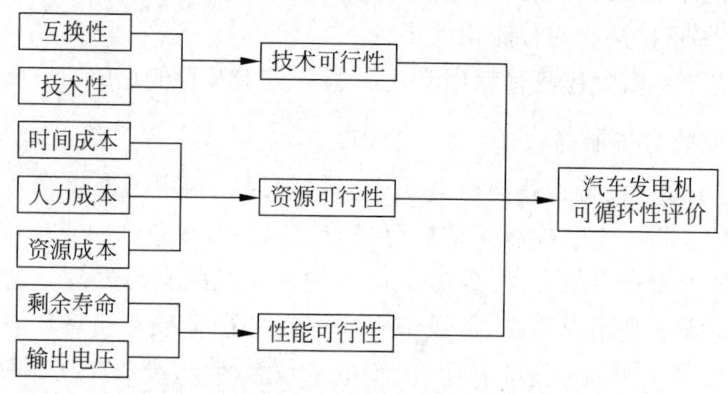

图 7-5　影响汽车发电机可循环性的因素

7.2.2　产品拆解服务及其智能化

【关键词】 废旧产品拆解；拆解过程仿真；拆解风险评估

【知识点】

1. 产品拆解过程的服务需求。
2. 常见的产品拆解服务及其智能化实现手段。

合理拆解由多部件组成的退役产品是实现产品再循环的前提。拆解过程需要将各个零部件从产品内依次分离，通常是与装配顺序相反的工艺过程，需要综合考虑拆解对象、目标等多方面因素。由于退役产品来源多样、结构状态复杂、拆解后再循环价值不同等带来的多重不确定性，导致拆解过程存在难度大、效率低、安全隐患大等问题。拆解工艺技术一直受到其限制，主要依赖人工在流水线上进行操作。智能视觉算法、机器人、仿真优化等技术在拆解过程中的应用，可为企业提供零部件结构识别、自动化无损拆解、安全性预测、拆解工艺规划与决策等智能服务，从而实现安全高效的拆解。

本小节介绍产品拆解过程中常见的服务需求及智能化解决方案。

1. 拆解过程仿真服务

虽然当前国内废旧产品拆解产线如雨后春笋般涌现，但是由于废旧产品的不确定性因素多，大多数企业以人工或半自动化的形式完成废旧产品的拆解和梯次利用。全自动化拆解产线中的机器人设备和定制化设备成本高、调试周期长，因此，废旧产品拆解公司和产品再制造商对拆解过程仿真服务有较大的需求。拆解过程仿真服务是指利用先进的 ICT 和智能计算系统，对废旧产品的拆解过程进行虚拟模拟和分析的服务，其形式为提供软件与仿真平台及拆解过程仿真功能。该服务旨在提高废旧产品拆解的可行性、效率和安全性。

下面以电动汽车废旧动力电池为例，介绍应用仿真和机器人技术的智能拆解仿真服务。电动汽车动力电池的使用寿命通常为 5～8 年，随后因容量不能继续满足车用需求而退役。废旧动力电池中含有钴、镍等重金属元素，采取掩埋或者焚烧等处理方法会污染周围的土壤和水源，最终危害人类健康。同时，废旧动力电池中的钴、锂等高价值金属元素也亟须回收再利用。废旧动力电池的拆解工艺流程按照拆解对象层级可分为电池包拆解、模组拆解和电芯单体拆解，如图 7-6 所示。模拟仿真主要是在虚拟环境下完成对退役电池包拆解流程的实物化动态还原，这种模拟仿真的应用可在实际投资前进行技术难点摸底与攻关，大幅度降低企业的设备投资和调试成本。

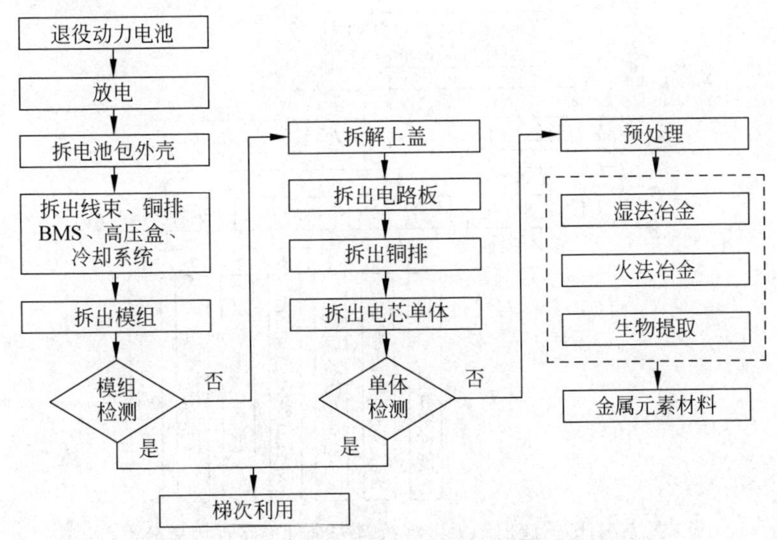

图 7-6　废旧动力电池拆解工艺流程

借助仿真软件可以搭建多机器人协同拆解工作站，针对不同的作业场景设计末端执行机构，结合 3D 相机识别定位、在线轨迹规划、自适应柔性夹持等功能完成对动力电池包拆螺钉、抓壳盖、取模组的模拟仿真。在模拟仿真过程中，针对每个关键部件的拆解动作，机器人能根据预定程序平稳、顺利地完成拆解，较好地反映拆解过程。

2. 拆解风险评估服务

废旧产品在拆解过程中需要特别注意安全问题，比如退役的动力电池仍残存有一定的电量，虽然在电池包拆解前通常会在保证其外形结构完整的情况下以物理方式释放能量，但这种物理放电方式并不能完全使其能量释放，在高温、高压、电火花等因素作用下容易发生短路，造成电池内部温度升高而潜在引发起火甚至爆炸的安全风险。废旧动力电池拆解过程中的这类危险因素会直接影响到拆解人员的健康与安全，并打断生产设备的连续运行，而这都会影响废旧动力电池拆解的效益。因此，很多废旧产品拆解公司和产品再制造商对拆解风险评估服务有较大的需求。拆解风险评估服务是指对废旧产品拆解过程中可能存在的安全风险进行评估和分析的服务。该服务旨在帮助识别和管理拆解过程中的潜在安全风险，采取相应的措施以降低风险，确保拆解过程安全可靠。

下面以废旧动力电池为例，介绍应用机器学习技术实现的拆解风险评估服务。由于目前基于人工评估的方法难以描述废旧动力电池拆解的安全性与影响其特征因素之间的关系，因此考虑构建基于多层感知机的废旧动力电池拆解安全性预测模型，充分利用历史数据中所蕴含的特征因素与拆解安全性之间的非线性耦合关系。它主要包括以下两方面内容。

由于无法确定服役工况，所以废旧动力电池内部连接件的失效程度及电芯状态等关键信息在回收时难以确定；此外，不同回收企业的拆解回收能力不同，这使得影响废旧动力电池拆解安全性的特征因素多样化。图 7-7 从内外两个方面对影响废旧动力电池拆解安全性的特征因素进行了总结，包括存电量、失效特征、拆解工具、拆解方法、拆解环境等。其中，失效特征包括化学失效特征和物理失效特征。

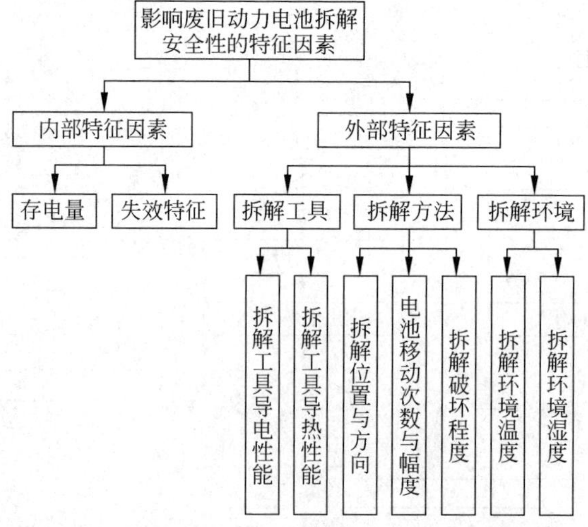

图 7-7　影响废旧动力电池拆解安全性的特征因素分类

通过数据处理、参数配置、模型训练建立基于机器学习的废旧动力电池拆解安全性预测模型。废旧动力电池拆解回收企业可以在企业内收集其拆解安全性特征因素的相关数据，以构建数据集，然后利用该数据集训练拆解安全性预测模型。在应用中，通过输入某个废旧动力电池拆解工艺的特征因素数据即可评估该拆解工艺的安全性。

7.2.3 产品再制造服务及其智能化

【关键词】再制造服务；再制造加工方案决策；再制造生产计划与调度；再制造质量控制

【知识点】

1. 再制造过程的服务需求。
2. 常见的再制造服务及其智能化实现手段。

产品再制造是对失效零部件的几何尺寸和机械性能等进行恢复或提升的过程。再制造过程包括再制造加工方案决策、再制造车间调度、产品再制造质量控制等一系列任务环节，各个环节均体现出制造服务的思想。本小节所指的再制造服务是服务提供方向需求方提供的再制造生产服务。该服务的产生一方面是由于单个再制造提供方因某项能力不足或投资限制等因素，为了资源优化而产生的第三方服务需求；另一方面是由于再制造过程因监测、认证、检测、产品验证等非生产增值性需求而产生的第三方服务需求。

大数据、云计算、深度学习等智能技术与再制造过程的有机结合可以实现多主体参与下的再制造服务生态，从而更好地为再制造过程提供增值服务。本小节将介绍再制造生产过程优化和再制造产品质量控制两种常见的再制造服务及其智能化实现方案。

1. 再制造生产过程优化服务

再制造生产过程优化服务是生产增值性任务产生的服务需求。第三方服务所提供的常见服务内容包括面向优化加工工艺的再制造加工方案决策服务、面向优化企业资源的再制造生产计划与调度服务。

再制造生产过程优化服务具有再制造需求多样、加工工艺专业性高、再制造流程不确定性大、再制造系统复杂等特征。这些特征使得现有再制造企业往往将生产过程中的一些任务外包给具有一定专业水平和先进系统的第三方服务提供方，从而专注于自身核心技术研发和市场推广。这种服务模式催生了一类提供再制造加工服务的企业。同时，集成再制造生产资源的第三方专业机构也应运而生，他们将再制造加工服务提供方和需求方连接起来，通过提供工艺方案决策、再制造生产计划与调度、动态生产规划等服务内容，优化匹配生产资源和废旧产品再制造生产方案。随着深度学习、知识图谱等技术的发展，再制造生产过程优化服务方面又开展了相关的研究与应用。

下面以废旧机床主轴再制造工艺方案决策为例，介绍智能技术如何赋能再制造加工方案决策，提供智能化的再制造生产优化服务。

机床主轴是工业装备中最常见的核心零件，用于带动工件或刀具旋转，其控制精度直接影响零件的加工精度。在长期服役中，主轴不可避免地会出现偏磨、划痕及腐蚀等损伤，是机床上容易出现退化和失效的部件之一。以损伤主轴再制造为例，通常需要利用铣削等机加工工艺对损伤处进行预加工，随后利用电弧喷涂、激光熔覆等表面成形技术进行修复，再采用校直、加热等多种加工方法，最终完成损伤主轴的再制造。废旧机床主轴再制造工艺特征如图7-8所示。遗传算法、灰狼算法等智能优化算法通常被用于求解多目标决策优化问题，并结合机器学习实现智能预测与学习，持续提高再制造工艺方案的决策服务水平。图7-9给出了基于神经网络的废旧机床主轴再制造工艺方案决策模型。

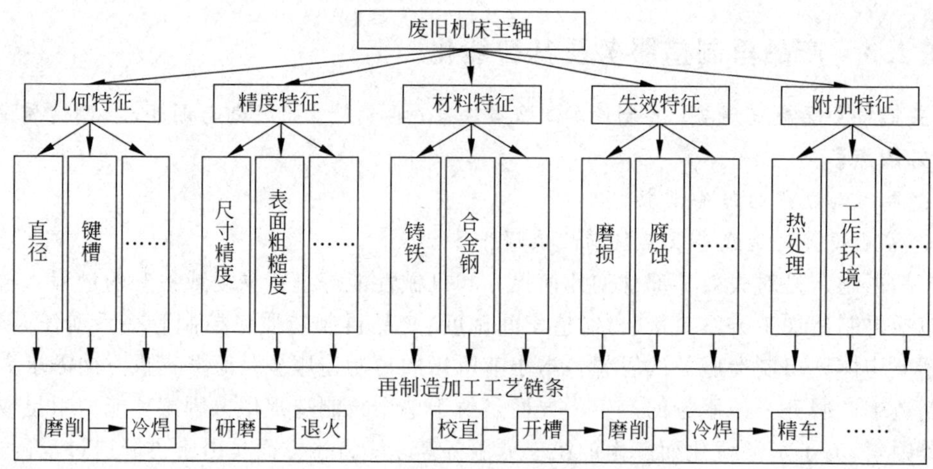

图 7-8　废旧机床主轴再制造工艺特征

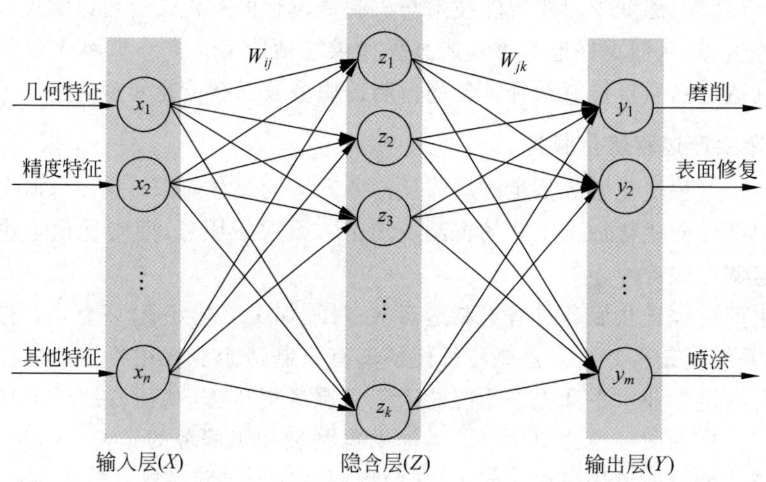

图 7-9　废旧机床主轴再制造工艺方案决策的神经网络模型

2. 再制造产品质量控制服务

再制造产品质量控制是保障产品质量和提高企业竞争力的基础。再制造过程比制造更加困难和复杂，除对成形过程进行质量控制外，还需要准确辨识再制造前零部件的损伤状态和再制造后表面的涂层质量。通过对再制造产品的主要质量控制环节严格把关，可以实现再制造产品性能不低于新产品，提高市场对再制造产品的信任。

再制造产品质量控制的服务特性在于单个再制造提供方可能因质量控制检测仪器昂贵、升级技术成本效益低等原因，选择租赁质量控制检测仪器、高质量要求零部件生产外包、委托第三方评估鉴定再制造产品质量等方式来保证再制造加工过程的产品质量。由此，提供先进质量控制系统、产品检测与认证服务的企业应运而生。

再制造质量控制服务的核心要素是对再制造加工过程中影响产品质量的因素进行控制，确保再制造产品质量。废旧产品的报废原因、损伤状态复杂，使得影响再制造产品质量的因素关系复杂，可以利用传感器、图像融合、视觉识别等技术构建质量感知、识别、传感与测控网络，实现再制造零件、涂层质量的智能检测、评估与预测等质量控制服务。

下面以基于激光熔覆修复的废旧零部件质量控制为例，介绍其智能化服务方案。

激光熔覆是再制造成形加工的重要技术之一，适用于修复具有复杂表面的零部件。图 7-10 展示了典型的基于激光熔覆机器人的零件表面修复系统示意图。激光熔覆机器人接受计算机控制指令控制激光头的移动，通过激光头形成熔覆池实现零件的表面修复。利用智能技术开发的激光熔覆智能质量控制系统可以通过智能摄像机实时传输熔池图像并进行处理，利用缺陷分析模型实现修复零件表面的缺陷检测。缺陷分析模型可以通过深度学习中的物体检测技术构建：将已知的缺陷类型、对应类型的缺陷面积值与激光熔覆系统的各项工艺参数进行分析预测，生成相应的成形加工路径，并将其翻译成相应的参数指令用以控制机器人、激光器、送粉装置等，实现成形质量实时在线控制；通过物联网技术把成形加工过程缺陷检测数据与成形过程质量数据传输到企业信息系统，与强度、硬度等指标结合；利用智能算法建立预测模型，实现再制造涂层磨损寿命、疲劳寿命预测，以及再制造产品质量评估服务；同时，再制造产品质量评估数据可以同步到再循环产品平台，为再制造产品质量认证服务提供可靠的数据。

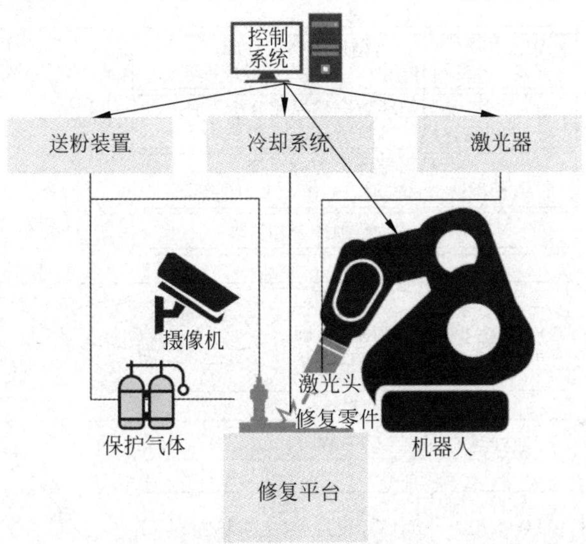

图 7-10　基于激光熔覆机器人的零件表面修复系统示意图

7.3　产品再循环管理的服务及其智能化

在产品再循环中，单个企业很难快速响应并独立完成所有的再循环过程，需要多个企业进行密集合作。由于产品再循环涉及的企业、产品众多，逐渐扩大的产业规模，重视产品再循环过程管理的意义重大。产品再循环管理是对再循环流程中涉及的人、财、物、信息、技术等资源进行管理，通过有效的计划、组织、控制这些资源，可以更好地开展产品再循环活动。产品再循环既具有制造过程的特征，又具有回收、维修所具有的服务性特色，其管理运营模式具有多样性、复杂性与特殊性，使得再循环管理面对较大的不确定性和困难。因此，建立工业互联网平台为产品再循环提供智能、安全、高效的分散资源集中管理服务，充分调动社会回收资源，形成协同循环处理体系，实现废弃产品再循环。

图 7-11 展示了用于产品再循环管理服务的智能化工业互联网平台的基本架构，包括边缘层、基础设施层、平台层、服务层。边缘层通过高速互联通信将生产现场底层的硬件设备和软件连接起来，构建工业互联网平台的数据基础。基础设施层主要提供云基础设施，如计算资源、网络资源、存储资源等，形成再循环云网络支持平台，整体运行。平台层将数据科学与工业机理相结合，构建工业数据分析能力，把技术、知识、经验等资源固化为可移植、可复用的服务组件库，提供通用性的服务。服务层提供资源高效协同利用，实现智能化的产品再循环服务。安全体系保障产品再循环管理过程中的安全包括设备安全、控制安全、数据安全、网络安全和应用安全。本节介绍再循环中个体企业、运输物流和供应链网络三个不同服务对象范围的智能服务。

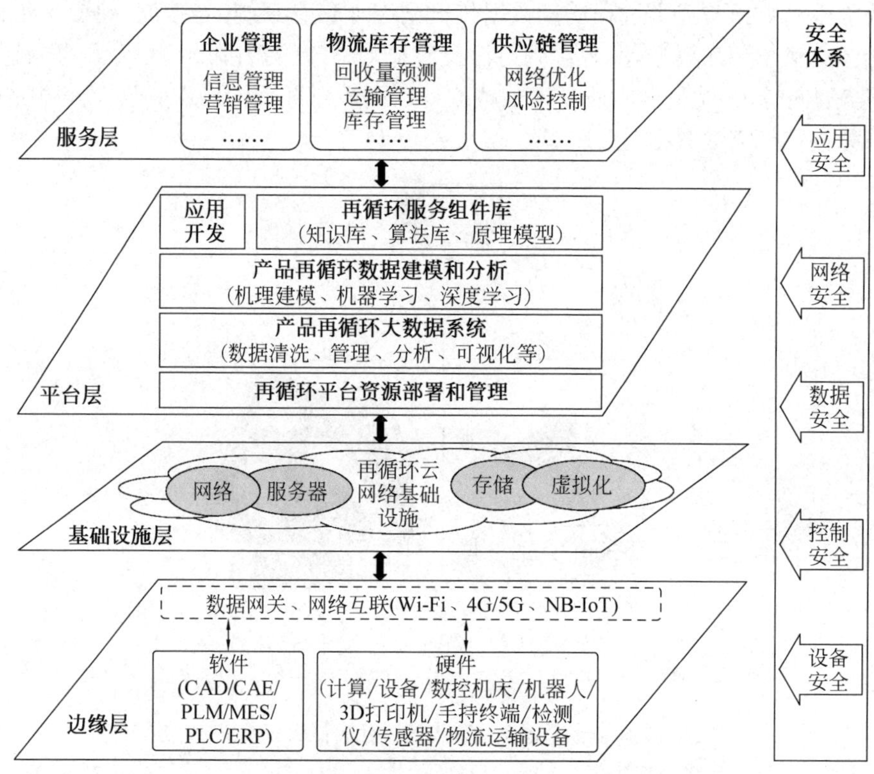

图 7-11　产品再循环管理服务的智能化工业互联网平台架构

7.3.1　再循环企业管理服务

【关键词】生产信息追溯；工艺信息共享；能源碳排放信息监测；市场需求获取；产品定价

【知识点】

1. 再循环企业关键信息管理服务及企业营销管理服务的特点。
2. 常见的再循环企业管理服务场景及其智能化实现手段。

再循环企业管理服务的对象是再循环流程中的企业个体，本小节主要介绍企业内常见的信息管理和营销管理活动所需的服务，并列举了两种企业管理活动中常见的服务场景及智能化实现手段。

1. 企业关键信息管理服务

产品再循环流程会产生大量数据和信息，企业对这些数据和信息进行有效的收集、储存、管理是实现制造资源优化配置和为企业提供分析、评估、决策依据的重要基础。智能技术有利于进一步提高产品再循环企业的数字化管理能力和企业对质量问题的响应速度。常见的企业关键信息管理服务有生产信息追溯、能源碳排放信息监测等。

1）生产信息追溯

参与拆解、再制造等生产性活动的再循环企业，其生产信息追溯是该类企业信息管理的一个重要环节，通常基于信息管理系统为该环节的企业提供服务。图7-12展示了一个基于浏览器/服务器(browser/server，B/S)架构的工程机械退役产品再制造生产信息追溯系统的架构。利用RFID和PdA等技术采集再制造加工过程的生产数据，并根据对工程机械退役产品再制造生产流程的分析，设计信息追溯系统和相应的数据库结构。利用Visual C#和Oracle数据库等工具，开发基于Web的B/S模式的工程机械退役产品信息追溯系统，实现再制造生产信息的在线追溯。

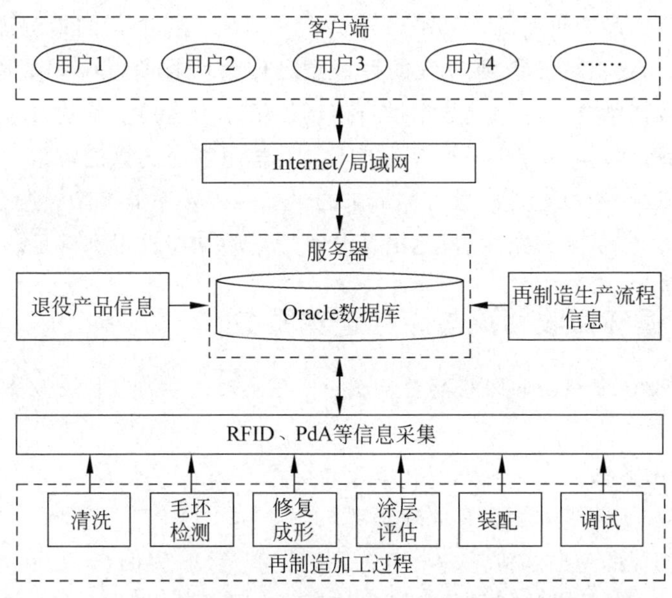

图7-12　工程机械退役产品再制造生产信息追溯系统的架构

2）能源碳排放信息监测

企业能源碳排放涉及企业生产经营活动的多个方面，不仅包括能源燃烧、生产浪费，还包含了员工差旅等其他方面。帮助再循环企业组织管理能源碳排放信息的做法之一是提供能源碳排放信息监测系统工具。能源碳排放信息监测系统利用先进传感、物联网等技术，实现对能源碳排放数据的智能采集、分析，提高数据的准确性和可靠性，并通过5G技术、云计算和工业互联网技术，实现对分散的碳排放源的实时监测与管理。对企业能源碳排放信息的有效监测不仅可以帮助再循环企业管理自身的碳排放，还可以为其进行碳减排、碳交易等提供数据。

2. 产品营销管理服务

再循环产品营销主要是利用先进信息与智能技术开展的针对再循环产品的营销活动，

包括再循环产品市场需求分析与预测、再循环产品定位与定价、再循环产品销售与渠道管理，以及再循环产品售后管理等服务内容。目前，再循环产品营销管理服务的智能化研究热点主要是利用大数据、数据挖掘等技术对市场需求进行分析，利用生命周期评估方法对再循环产品进行最优定价，利用数据库、知识库、专家系统等进行售后方案推荐等。

1）市场需求获取

由于废旧产品市场的再循环管理服务能力弱、客户差异大，行业标准不规范等，使得在再循环市场管理中获取客户需求和产品需求的难度较大。基于智能技术的市场需求分析与预测服务利用语义网络、大数据、深度学习等技术对再循环市场运营数据进行分析与预测，发现客户需求或获取产品需求信息，为再循环市场参与者提供方便快捷的需求获取方式，同时大幅度提高信息处理的实时性和准确性。

2）再循环产品定价

再循环产品定价是一个具有服务特性的营销管理活动，通常依赖第三方平台进行再循环产品交易，最终定价受多种因素影响。下面以提供电子设备回收服务的二手交易平台“爱回收”为例，介绍其产品定价服务。该平台提供了一套相对标准化的检测评估流程，综合评估设备内外状况后，给出从S级到D级的评级意见作为回收商报价的参考。同时，平台采集企业端的报价数据结合外部相关数据推算市场价格作为客户卖价的参考。该平台可以基于大数据技术对海量数据进行处理并搭建若干具有学习能力的算法模型。这种透明公开的价格评定标准化机制，本质上是信息对称带来的供求匹配效率的提高。从企业角度看，是平台服务质量得以提升，从客户角度看，是消费升级后的附加需求得到满足。

7.3.2 再循环回收物流与库存管理服务

【关键词】 回收流程设计；回收数量预测；库存管理；再循环物流服务

【知识点】

1. 再循环物流系统中存在的服务内容及其模式。
2. 智能技术在再循环物流层面中的应用。

面向产品再循环的逆向物流是一个跨企业的生产活动，废旧产品、再制造半成品、成品在供应链不同主体间的流动构成了再循环物流系统。再循环供应链企业在物流能力方面不具备技术优势，通常会通过与能够提供更完整运输服务的第三方专业物流服务公司合作，提高响应速度。本小节将介绍常见的回收流程设计、回收量预测与感知和库存管理服务等。

1. 回收流程设计

回收流程设计是再循环物流服务的开始，通常由第三方物流服务提供商代替产品的售后服务团队来直接对接消费者。一个高效的回收流程能够提高废旧产品的质量，并降低物流成本。以线上渠道的电子产品回收流程为例，其逆向物流管理模块与回收流程如图7-13所示。依托电商平台向用户提供“一键回收”寄件服务，用户在电商平台上上传产品照片并录入产品信息，系统会根据废品的信息进行评估。若达成交易，用户只需在电商平台上使用一键回收呼叫快递员上门取件即可。数据中台通过线上线下联合、连接多家主流快递实现消费闭环。随后,收集到的废旧电子产品会暂时存储在收集点处,废旧产品的回收方可通过线上平台实时查看各收集点的废品数量,当达到一定的数量后,物流企业会派车辆将各收集点的废品运输至回收中心。

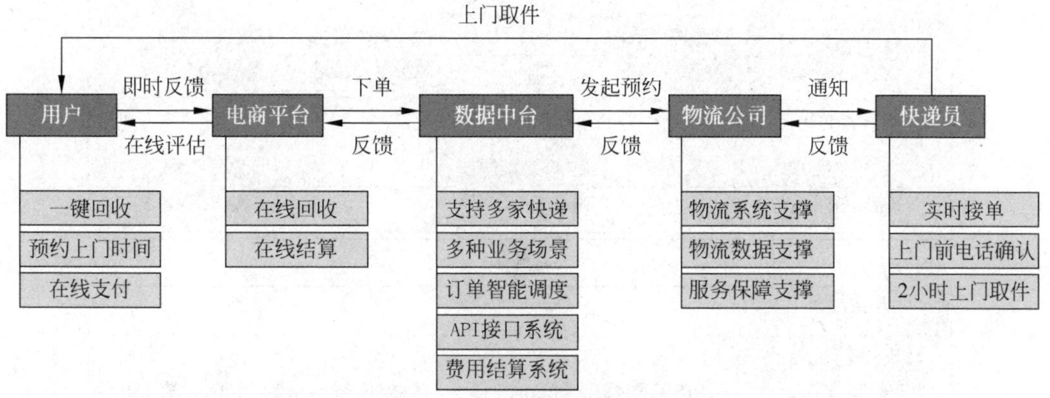

图 7-13　电子产品逆向物流管理模块与回收流程

2. 回收量预测与感知

回收量预测的精度将直接关系到回收方的运营效果。若预估回收量与实际回收量偏离较大,回收方可能因为前期固定成本投入过多或者不足而导致经济效益低下。拥有 ICT、整合能力及其他资源,且能够提供一套完整供应链解决方案的第四方物流企业成为这一服务的提供方,服务对象可能是第三方物流公司或再循环企业。在服务过程中,第四方物流企业利用数据分析和物流优化技术,通过海量的历史数据预测废旧产品的回收量来优化逆向物流的安排。

随着现代前沿科技的发展和普及,越来越多的技术运用到再循环供应链的回收数量预测与感知中。例如,数据挖掘技术能够对海量的、离散的、多模态的历史数据进行加工与分析;云计算技术可以动态调整废旧产品回收量预测的计算节点、存储容量及其他配置信息,从而降低对计算资源的需求。机器学习算法能预测废旧产品回收数量,其技术框架如图 7-14 所示。

3. 库存管理服务

库存直接关系到企业流动资金的多少,科学的库存管理技术是企业重点关注的对象。再循环供应链一般包含再循环成品库存、可维修零件库存和废旧回收品库存。基于协同控制的目标,企业通常要求将逆向供应链系统整合到正向物流中,因此,再循环供应链的库存系统是一个双补充源的库存系统。该库存系统的服务双方存在于废旧产品提供方和回收方之间,以及逆向供应链库存管理者之间。中心化库存策略是由集中控制的退货回收管理中心对逆向供应链系统的库存进行控制,提供该库存控制服务需考虑各个库存点之间的相互关系,协调上游与下游企业库存活动,因而所有库存点的控制参数是同时确定的,如图 7-15 所示。传统的数学解析模型很难反映实际问题的随机性和复杂性,仿真技术可以依据系统运行的实际逻辑结合系统相关要素得到最优库存控制参数。

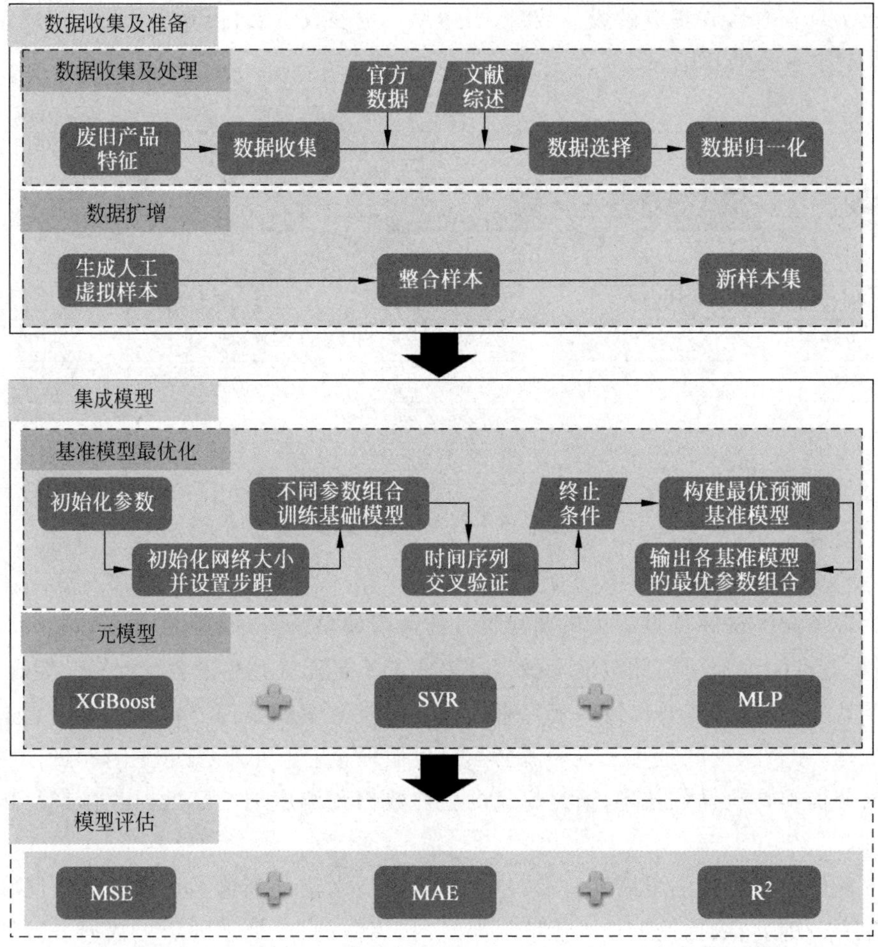

图 7-14　机器学习算法在预测废旧产品回收数量方面的技术框架

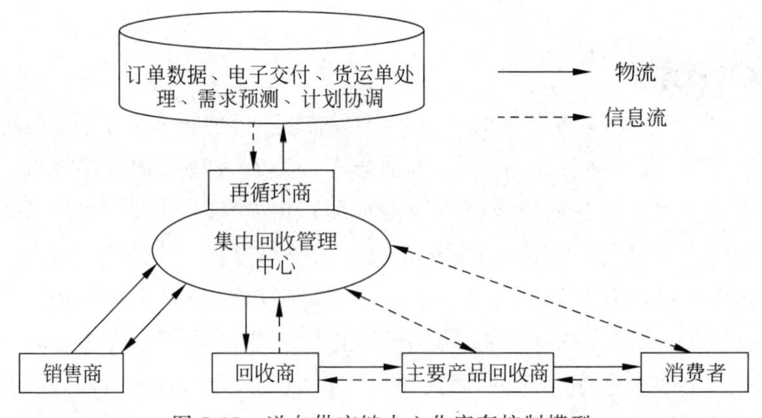

图 7-15　逆向供应链中心化库存控制模型

7.3.3　再循环供应链管理服务

【关键词】网络设计；风险控制；数据安全；合作方评估；再循环供应链管理

【知识点】

1. 再循环供应链服务的发展方向及产生背景。
2. 智能技术在再循环供应链层面的应用。

产品再循环流程复杂，再循环供应链上下游涉及多个利益相关方，形成了一个复杂的再循环供应链网络。不同的利益相关方存在共同的核心目标，即以自身盈利最大化为核心目标。若彼此间无法协调运行，将可能损人不利己。再循环服务集成平台的出现，使得再循环供应链向供应链多方盈利、总成本最低、运营时间最短、环境影响最小和零部件利用率最高的新目标发展。

本小节将对供应链层面关注的网络设计服务和风险控制服务展开介绍。

1. 再循环供应链网络设计服务

再循环网络设计服务旨在优化再循环的运作过程，达到对各类资源的高效利用。再循环供应链网络设计服务通常由专业的供应链管理和物流咨询公司提供，帮助希望在产品全生命周期内实现可持续发展和循环利用的企业建立高效的再循环供应链网络。

以废旧电子的再循环供应链回收网络设计为例，其利用互联网、物联网、大数据、区块链等技术，打通信息整合、上门回收、仓储分拣、拆解处置的全产业链环节，如图 7-16 所示。一般而言，废旧电子再循环回收网络由"回收站点—分拣中心—拆解工厂"三层构成，网络设计服务能够解决多产品回收站点发运周期的选择、回收站点的分配、分拣中心的选址、分拣中心的分配和分拣中心发运周期等问题。由于废旧电子再循环服务网络的设计是一个复杂的、大规模数据系统的优化问题，依靠人的经验一般难以优化整个复杂网络，对上述提及的再循环网络设计的求解就要利用智能算法，提供智能化的网络设计服务，促进再循环网络高效可靠运行。

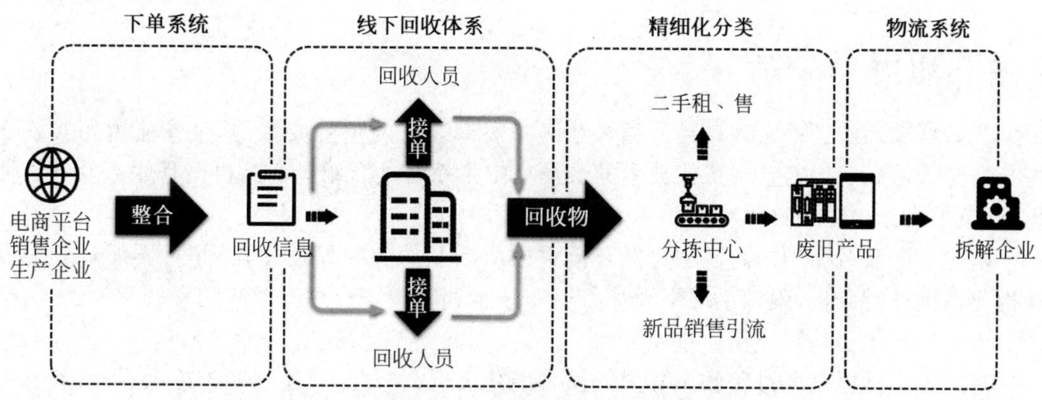

图 7-16　废旧电子产品再循环回收网络架构示意图

2. 再循环供应链风险控制服务

再循环供应链中普遍存在着不可抗拒力、市场波动等不确定因素，如市场方面存在供需风险、库存风险等。以往的供应链风险控制服务通常由咨询公司或风险评估公司提供，但随着智能技术的普及，涌现出许多专业的供应链解决方案提供方，通过开发专业供应链管理软件赋能链上企业对再循环供应链风险进行控制。

信息不对称、数据不完整问题导致了企业之间的信任危机和欺诈行为，以供应链整体合作、集成平台为主的数据安全问题成为再循环供应链管理中面临的一大挑战，也是当今突出的供应链风险之一，下面以此为例介绍智能化技术如何通过保障数据安全为再循环供应链提供风险控制服务。

数据安全的保障服务受到了供应链上企业、政府部门和消费者等多方关注。链上企业出于其社会责任和经济目标，会主动向专业的科技开发公司寻求数据安全保障服务，核心企业拥有足够的话语权督促其他企业使用这项技术服务并规范其流程。基于区块链技术的再循环追溯服务体系为有效解决供应链互信差等难题提供了方法和途径，再循环企业采用区块链技术可以向消费者披露再循环品来源、存储、运输等信息，可以提高消费者的接受程度和购买意愿。基于区块链技术的再循环追溯服务体系如图 7-17 所示。

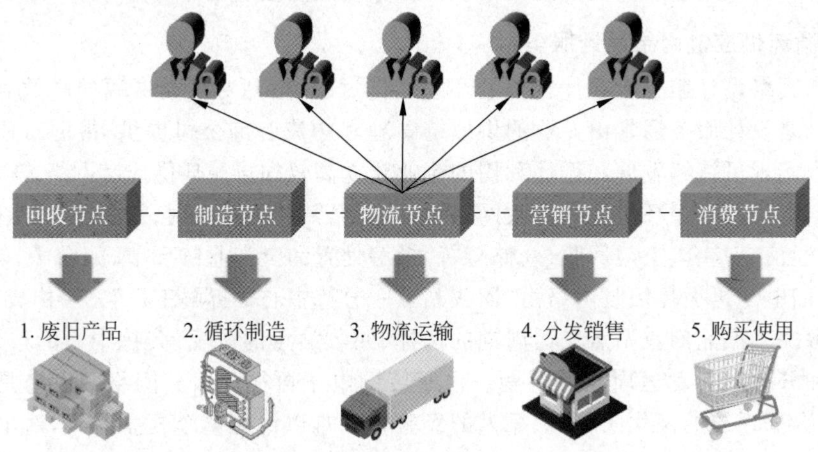

图 7-17　基于区块链技术的再循环追溯服务体系

7.4　知识点小结

产品再循环服务是实现产品再循环系统高效率运行的重要保障，其服务能力的实现和提高主要依赖新一代信息与智能技术的推动。本章系统地介绍了产品再循环服务及其智能化，涵盖了概念内涵到具体实践的各个方面。

阐述了产品再循环的内涵和再循环流程中所涉及的各种处理过程，并对再循环要素及其构成系统进行分析，强调系统中人员、设备、技术和管理等资源组织与配置的重要性，突出产品再循环服务及其智能化的重要性。

阐述了产品再循环过程的服务内涵及智能化需求，并详细描述了回收检测、拆解和再制造三个关键产品再循环过程中的服务特性及其智能化实现手段，展示了智能技术如何在服务中提升回收检测过程的精度、优化拆解过程的效率和确保再制造过程的质量。

探讨了产品再循环中企业管理、物流库存管理及供应链管理中的再循环服务及其智能化实现手段，强调通过智能工业互联网平台为不同范围的管理活动提供信息追溯、资源优化和风险控制等服务。

7.5 思考题

1. 请以具体产品为例，结合当前再循环技术的发展现状，辨析该产品再循环的范围及所包含的处理过程，并给出该产品的再循环流程。

2. 请查阅文献并结合自身对产品再循环服务的理解，列举至少3个教材中未提到的产品再循环过程和管理服务，并描述其服务需求场景及其服务特性。

3. 请探讨当前最新的智能ICT将如何与产品再循环服务融合，提高再循环流程效率，实现废旧产品价值恢复？

参考文献

[1] 罗健夫. 中国再制造产业发展报告[M]. 北京：机械工业出版社，2020.

[2] 罗尔夫. 再制造-再循环的最佳形式[M]. 北京：国防工业出版社，2006.

[3] 刘永涛，赵俊玮，乔洁，等. 我国汽车产品再制造的问题剖析与对策建议[J]. 汽车工程学报，2018，8(3)：168-175.

[4] 李安达. 非ic电子元器件智能分拣的关键技术研究[D]. 杭州：浙江科技大学，2024.

[5] 江志澎. 汽车发电机剩余寿命预测及其可再制造性评价研究[D]. 青岛：青岛理工大学，2018.

[6] 宋华伟，李江会，敖秀奕，等. 退役动力电池包柔性化拆解多机器人协同仿真研究[J]. 现代机械，2023(2)：1-6.

[7] 陈佳. 基于机器学习的废旧动力电池安全拆解工艺路线优化方法研究[D]. 武汉：武汉科技大学，2022.

[8] 向鹏，秦威. 基于改进BP神经网络的再制造工艺方案选择研究[J]. 组合机床与自动化加工技术，2017(11)：130-133.

[9] GUAN C，YU T，ZHAO Y，et al. Repair of gear by laser cladding Ni60 alloy powder：process，microstructure and mechanical performance[J]. Applied Sciences，2022，13(1)：319.

[10] 毕得. 智能再制造产业的工业互联网平台建设探讨[J]. 物联网技术，2018，8(9)：59-61.

[11] 余淑均，宁莹珂，李胜强. 基于区块链的再制造工艺信息共享系统研究[J]. 现代制造工程，2022(4)：50-58.

[12] XIA H B，HAN J，MILISAVLJEVIC-SYED J. Predictive modeling for the quantity of recycled end-of-life products using optimized ensemble learners[J]. Resources，Conservation and Recycling，2023，197：107073.

[13] 夏绪辉，刘飞. 逆向供应链物流的内涵及研究发展趋势[J]. 机械工程学报，2005(4)：103-109.

[14] 夏绪辉. 逆向供应链的体系结构及其物流关键技术研究[D]. 重庆：重庆大学，2003.

[15] 王佳璐. "互联网＋回收"下的废弃电器电子物流网络选址：库存问题研究[D]. 重庆：重庆大学，2022.

[16] 张怀苗. 区块链技术背景下再制造供应链定价决策与渠道选择研究[D]. 芜湖：安徽工程大学，2023.

第8章 工业应用案例分析

本章以案例分析为主，通过介绍与分析五个典型智能制造服务案例的实际运作情况与所得结果，为进一步发展与应用智能制造服务提供指导与参考。五个典型案例分别为智能云科智能制造服务、合锻智能运维服务平台、离散制造业智能工厂运营分析平台、恒远智能制造运营管理平台及山东云想机器人打磨产线监控与智能运维。

8.1 智能云科智能制造服务

智能云科信息科技有限公司（智能云科）是一家专注于机械加工行业的工业互联网平台企业，由沈阳机床、神州数码和光大金控于2015年在上海共同出资成立。智能云科采用"互联网＋先进制造"的思想，以制造装备互联为基础，以"让制造更简单"为目的，创建了"智能边缘终端＋智能物联平台＋工业App"的创新服务模式，建立了iSESOL工业互联网平台。

8.1.1 案例简介

【关键词】 工业互联网平台；工业服务；工业数据

【知识点】

1. 工业互联网平台的基本概念。
2. 工业服务、工业数据、工业互联网的基本概念及相互联系。

1. 基本介绍

iSESOL工业互联网平台包含智能边缘终端、智能物联平台和工业App三大类产品。智能边缘终端是智能物联平台的边缘硬件设备，支持多种设备接入协议，具备广泛且深入的设备数据采集能力，同时具有强大的边缘计算能力，可承载工业App，并对设备进行逆向控制；智能物联平台可以将客户生产现场的设备接入平台，形成平台大数据，并对数据进行分析与处理，同时支撑工业App的运行；工业App面向各类应用场景，解决客户应用中的痛点问题，可分为设备监控类、生产管理类、智能应用类等。

2. 项目背景

随着数字控制技术的发展，数控机床不再单纯作为生产加工设备，而是逐步成为数据的发生体和承载体，成为可数字化分析的制造单元。围绕数控机床的全生命周期，如果能建立基于工业大数据的信息化服务平台，以支持充分利用机床数据，为用户创造更多的价值，则能更加方便地为用户提供工业服务。

工业服务必须以工业数据为基础，围绕数控机床的全生命周期，将产生三类数据：机床设计、配置和装配数据，机床运行工作数据，机床使用、管理和维护数据。通过对这三类数据的采集、统计和分析，可以建立机床从设计、装配到使用的全流程闭环，从而可以不断地反馈优化机床的设计与装配制造。通过对机床高频工作数据的分析，可以开发各种数据深度应用的工业 App(如自适应加工、刀具监测等)，以提高机床的智能化能力。通过对机床使用、管理和维护数据的统计与分析，可以帮助用户更科学、更高效地使用机床，充分发挥机床的价值。

基于此思考，借鉴工业互联网的思想，沈阳机床联合其他投资人于 2015 年 9 月共同创办智能云科并建设 iSESOL 工业互联网平台。

8.1.2 总体架构

【关键词】 智能边缘终端；智能物联平台；工业 App

【知识点】

1. 工业互联网平台的基础架构及运作原理。
2. 边缘终端、物联平台、工业 App 的基本概念。

iSESOL 工业互联网平台基于“云、边、端”的工业互联网平台建设框架，构建面向用户的数字化服务平台，平台架构具备开放性、标准化、规范性和可复制性的特点。

如图 8-1 所示，平台总体架构主要分为四大层，即设备层、边缘层、平台服务层(PaaS)及应用层(SaaS)。

1. 智能物联平台

智能物联平台提供统一的设备接入、数据采集、大数据计算及承载智能 App 应用等系列功能。设备物联平台的逻辑架构如图 8-2 所示。

智能物联平台具备全面的数据采集能力，支持工业设备的安全可靠接入；另外，该平台还可以提供灵活强大的支持多种设备数据处理的架构体系，按照不同的设备类型形成不同的数据处理逻辑。平台具备工业 App 架构体系，通过边云协同、边缘计算、机理模型等服务，支撑各类工业 App 的运行。平台具备开放性，通过开放平台 openAPI 接口，提供平台数据对外服务，与外部应用进行连接和集成。

平台服务模块主要包含设备接入服务、协议转换服务、边缘计算服务、安全服务、服务治理等内容，支撑平台设备接入及基础服务运行。具体如下：设备接入服务实现设备接入、数据采集及数据处理功能，提供设备注册、设备认证、设备参数管理、报文管理、参数订阅等系列功能。

协议转换服务根据设备的协议特性，提供不同的规则分析和处理服务，并对上层应用提供标准服务接口。

安全服务提供数据加密服务，构建数据传输加密通道，保障边、云、端的数据通信安全。

边缘计算服务充分考虑应用场景，提供在边缘设备端安装、下载、使用工业 App 的框架服务；提供了核心流程的算法模型框架，主要应用在边缘设备端的数据处理，以及结合云端下发策略分析处理服务。

图 8-1　平台总体架构

2. 智能边缘终端

智能边缘终端可以适配多种设备接入协议，具备广泛且深入的设备数据采集能力。同时智能边缘终端具有强大的边缘计算能力，可承载工业 App，为面向应用场景的数据深度挖掘类创新智能化应用提供能力支撑。智能边缘终端主要对各类数控系统及工控设备进行

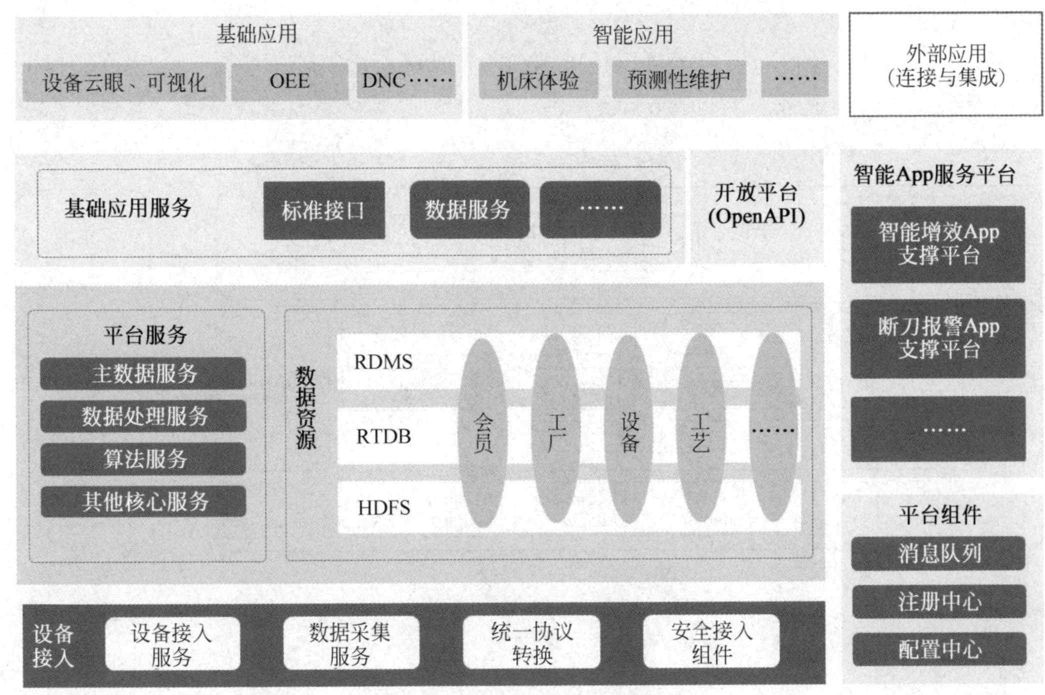

图 8-2　物联平台逻辑架构

数据采集，提供参数管理、数据处理、报文管理、认证管理、订阅管理、配置管理、安全网关和边缘计算等服务支持，并且支持通过 API 接口与第三方系统进行业务集成。智能边缘终端整合设备认证接入、数据边缘处理、加工策略下发及工业 App 部署等服务，结合云端大数据平台，提供对第三方服务的支撑。智能边缘终端采用多通道、集群化的软件架构设计，支持多源异构数据接入，在对数控系统进行数据采集的同时，支持振动、电流等传感器信号同步高频数据采集。此外，还可以为智能边缘终端扩展 RFID、人脸识别等功能，不仅采集数控机床的各种数据，还能采集设备使用人员、物料等信息，将生产过程中的人、机、物进行数字化处理，满足企业生产信息化管理的需要。边缘智能网关总体软件架构如图 8-3 所示。

3. 工业 App

针对制造企业的应用场景需求，基于工业机理、算法模型和大数据开发工业 App，可以有针对性地解决生产现场的各类复杂痛点问题，并通过工业 App 的组合应用，为制造企业打造综合性的解决方案，形成多通道/多数据同步采集框架，如图 8-4 所示。同时，平台提供各类数据接口，供企业进行数据集成及应用，实现企业管理与生产效率的提升。

1）设备数据可视化类工业 App

该类应用实时采集设备数据并对车间设备状态、设备绩效、设备能耗等进行监控和分析，管理者借助车间生产大屏、PC 端及手机端可实时了解车间生产设备的运行效率、加工绩效、耗能数据等信息。

2）工业智能应用类工业 App

该类应用主要对多源异构数据进行高频采集，并运用算法模型对数据进行分析处理，根据分析结果发出报警甚至逆向控制设备，实现设备智能化。

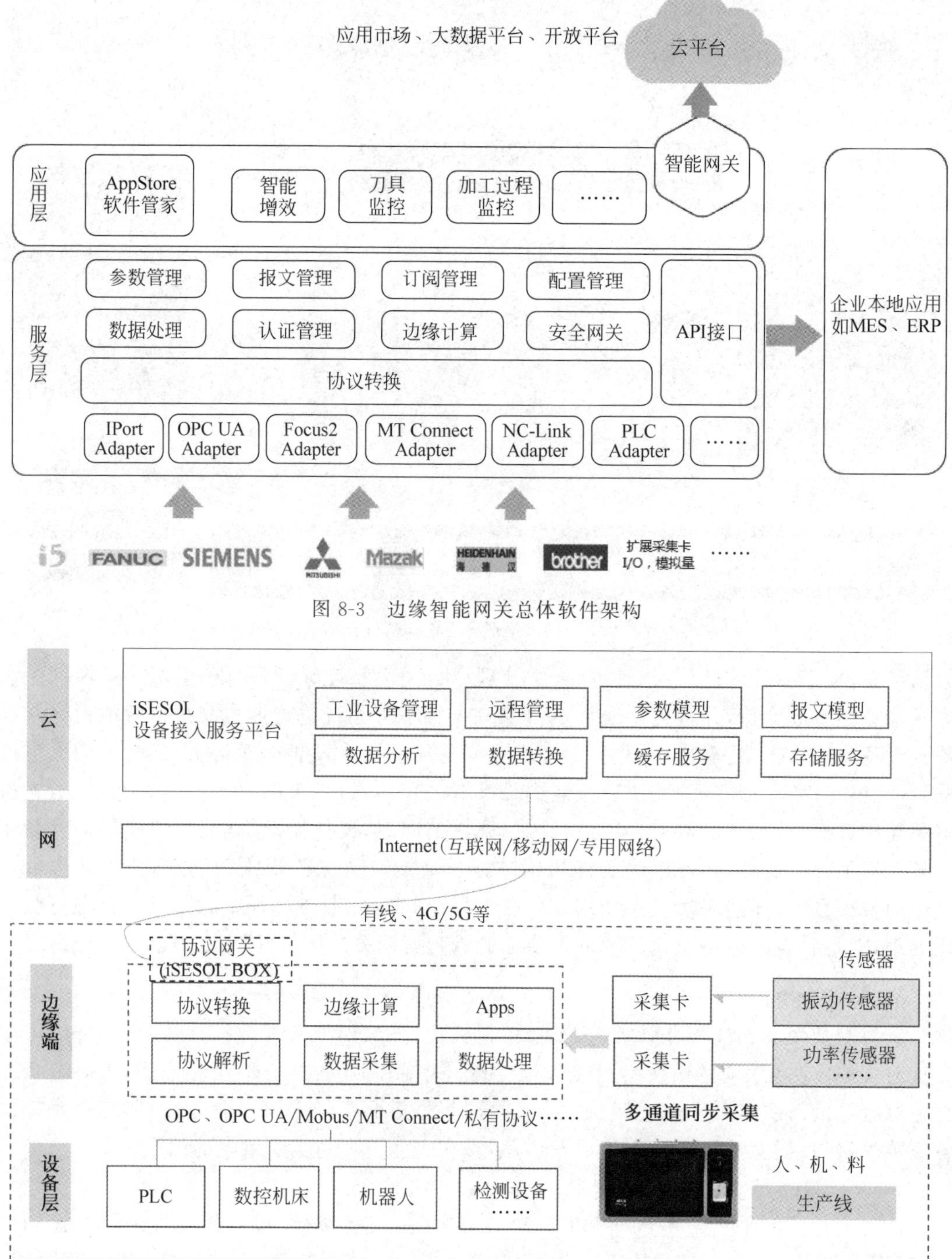

图 8-3　边缘智能网关总体软件架构

图 8-4　多通道/多数据源同步采集框架

3）数字化工厂运营管理类工业 App

数字化工厂运营管理类工业 App 采用轻量化的 SaaS 服务模式，涵盖了制造企业生产计划、作业排程、工艺管理、质量管理、设备管理运维、库存管理等全流程环节，助力企业实现生产运营的高效信息化管理。

8.1.3　关键技术及其配置与运行

【关键词】设备接入；工业 App 管理；边云协同；机理模型库；模型处理技术、数据对齐

【知识点】

1. 工业互联网平台的多项关键技术。
2. 工业互联网平台如何获取、利用和使用数据。

1. 工业 App 管理体系

利用工业 App 应用平台对工业 App 和机理模型进行统一管理，提供工业 App 和机理模型的登记注册、审核、上架、搜索、支付购买、授权认证和分发运行等服务。通过工业 App 应用平台，智能边缘终端可以实现工业 App 的下载、安装及更新，如图 8-5 所示。

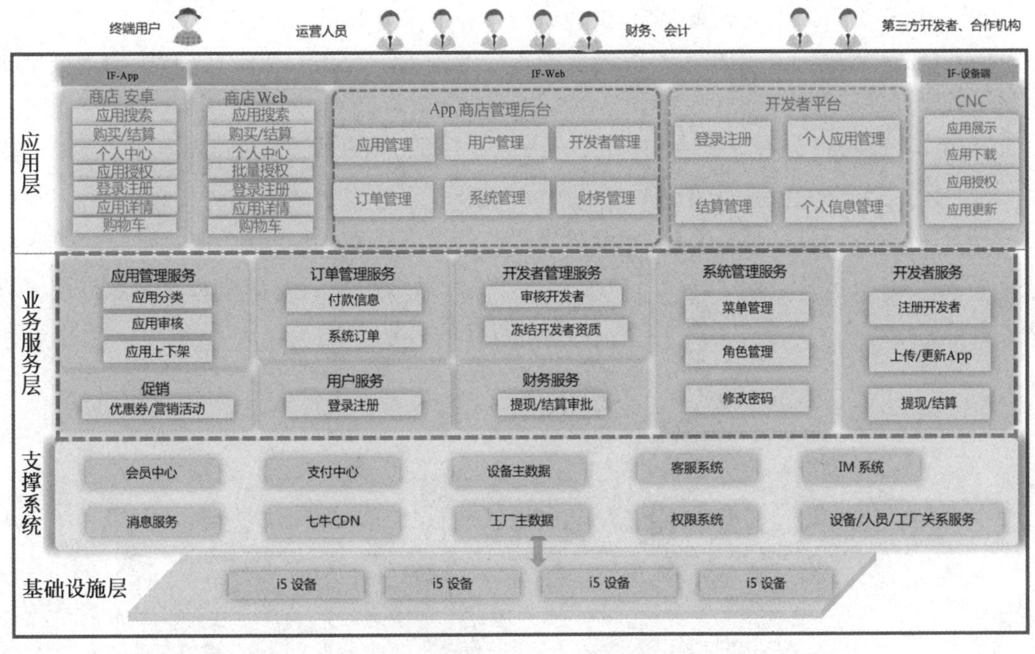

图 8-5　工业 App 应用平台框图

2. 边云协同技术

边云协同技术包含以下方面：云端与边缘端实时数据传输和交互；利用云端强大的数据处理能力进行大数据的计算与分析；利用边缘端的边缘计算能力对数据进行预处理；AI 算法的应用。边云协同技术的处理逻辑如图 8-6 所示。

(1) 边缘数据采集。对多源异构数据的采集、处理与分析，支持对大量数据的预处理与传输。

(2) 云边通信。边缘终端与云平台实时数据交互，将信号数据和设备数据按加工过程分类整理，打包发送到云端。

(3) 数据推送。用户可根据应用场景需要，订阅相应的数据包，平台会将数据包主动推送给用户。

(4) 模型算法库。平台支持各种类型的算法框架，可以基于数据进行相关的分析及训

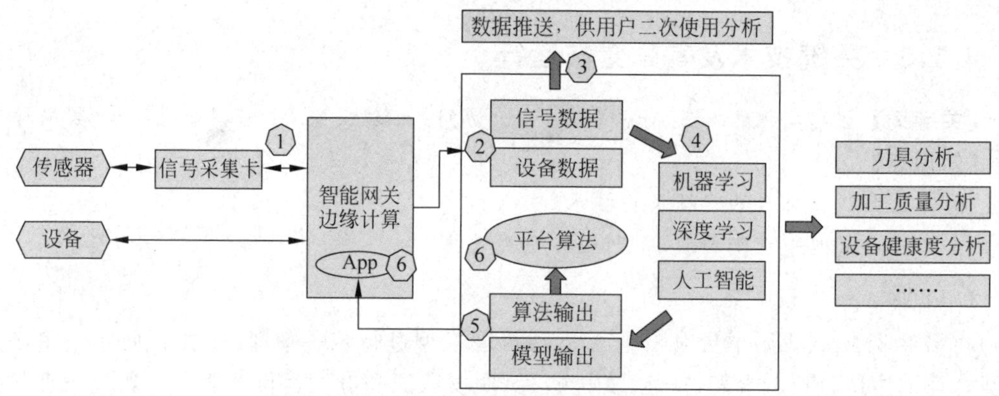

图 8-6 边云协同处理逻辑图

练，训练好的模型可以上架到算法库，供边缘设备和云平台调用。

(5) 算法在线推理。算法库的算法模型可以运用到平台侧和边缘侧，基于场景分别进行后续处理及实时计算。

3. 机理模型库

由于工业场景的复杂性，当场景发生变更、参数发生调整或测量表计发生偏移时，机理模型经常需要进行新增、更新迭代、卸载等操作。搭建平台算法模型库，通过平台对算法模型进行管理，并可以在边缘硬件进行一键安装、升级、卸载模型。平台算法模型库框架流程和平台算法模型库示意图分别如图 8-7 与图 8-8 所示。

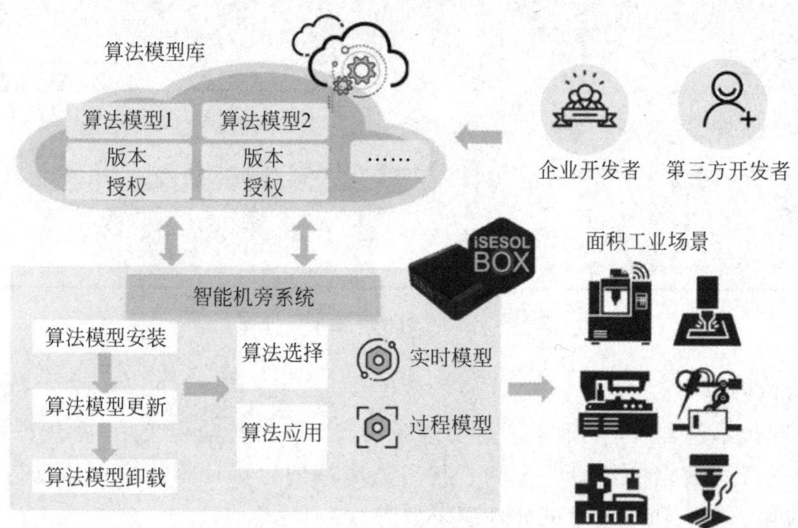

图 8-7 平台算法模型库框架流程

机理模型库将针对工业应用场景，不断积累算法模型。随着应用场景的拓展，机理模型库将会越来越丰富。围绕机床加工过程监控、维修保养、PdM，iSESOL 工业互联网平台算法模型库发布了自适应加工模型、崩刃特征模型、磨损预测模型、防碰撞模型、热误差补偿模型及 PdM 模型等，这些模型可以在不同工业场景、不同边缘设备中使用，助力 AI 技术在工业场景中使用落地。

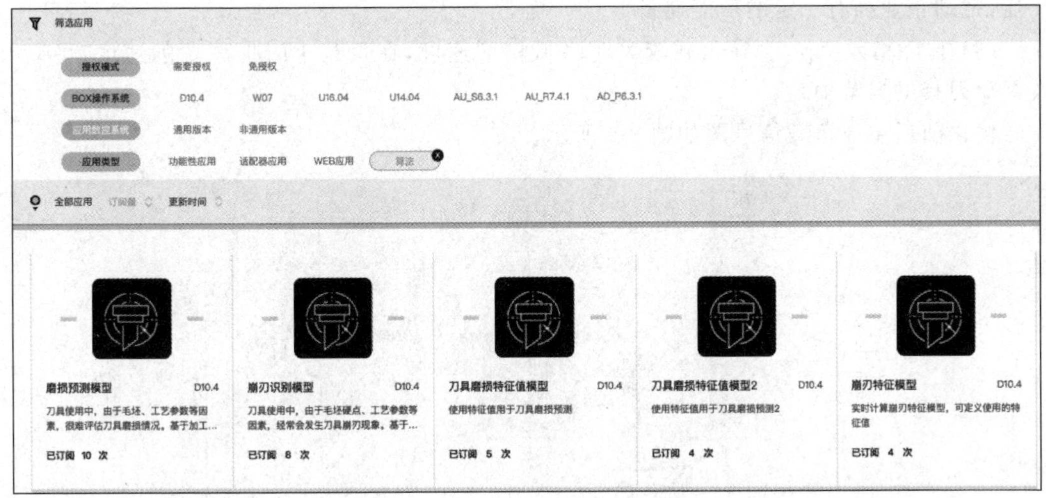

图 8-8　平台算法模型库示意图

8.1.4　应用效果分析

【关键词】 应用场景；自适应加工；自学习

【知识点】

工业互联网平台的应用场景。

截至目前，iSESOL 工业互联网平台的服务范围已覆盖 26 个省涵盖 171 个市，服务企业客户 4000 余家，连接设备 4 万多台。智能云科的核心业务是“用数据创造价值”，通过对设备数据和传感器数据的高频采集，面向某个特定应用场景时，在机理模型库中选择特定的机理模型，以解决设备使用中的实际问题。下面以一个典型工业 App 的应用案例来介绍 iSESOL 工业互联网平台如何为用户创造的机制。

1. 应用场景、行业痛点和需求

智能增效 App 面向离散制造行业中机床批量加工、半精加工或粗加工生产场景，机加工行业以中小企业为主，其中大多数存在以下痛点，制约了企业的效益和发展，表现为：

(1) 设备智能化水平较低。车间设备种类不统一，智能化水平较低，可拓展性较差，无法充分发挥设备的性能。

(2) 产能柔性匹配度不高。在订单不稳定、上下浮动的情况下，无法快速进行低成本的产能扩充。

(3) 刀具性能利用不充分。在给定的工艺参数下进行稳定切削，无法根据切削情况实时调整进给，合理最大化刀具的使用性能。

2. 解决方案

针对以上问题，智能云科基于“平台＋智能边缘＋工业 App”的技术架构，开发了智能增效 App，以有效解决以上问题：

(1) 通过智能边缘终端和工业 App 的应用，可以有效提高普通数控机床的智能化水平。

(2) 通过智能增效 App 的应用，可以提高机床加工效率，在不增加设备的情况下提高产能，帮助企业拥有一定的产能储备。

(3) 智能增效 App 会在负载较大时降低切削速度，在负载小时提高切削速度，可以有效避免刀具的异常损耗。

优化前后主要负载信号图如图 8-9 所示。

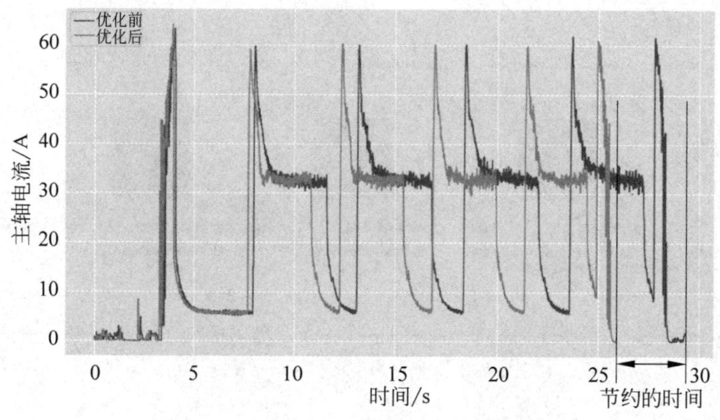

图 8-9 优化前后主要负载信号图

3. 基本原理和关键技术

智能增效 App 通过对机床负载进行量化控制，在切削负载低时适当提高切削速度，在切削负载高时适当降低切削速度，从而提高了综合加工效率。自适应加工 App 在优化前，会对机床的正常加工状态进行监控学习，从而确保优化的结果不会损害刀具和设备。智能增效 App 的工作流程如图 8-10 所示，其中包含以下两个步骤：

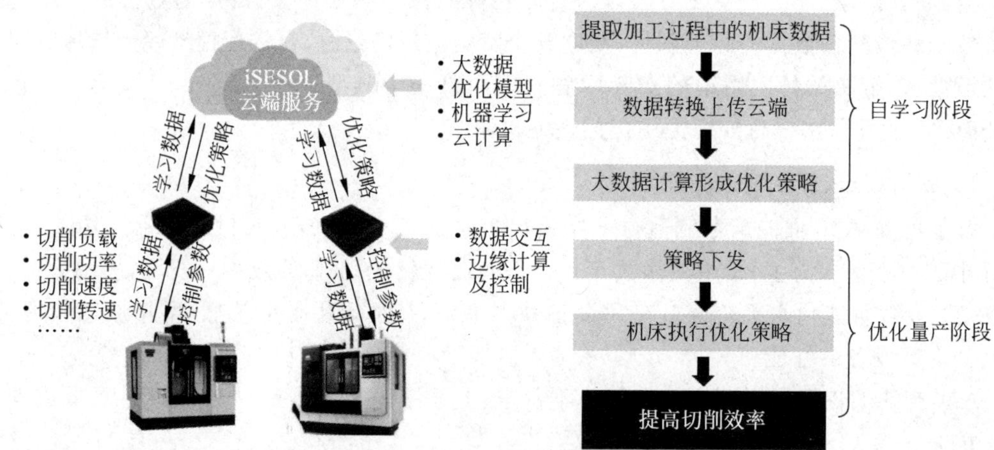

图 8-10 智能增效 App 的工作流程图

1) 自学习阶段

不干涉机床的正常加工，智能边缘终端采集机床运行数据，将数据分析、处理后打包传递到云端，云端计算后生成优化决策，并将优化决策下发到智能边缘终端。

2) 优化量产阶段

智能边缘终端根据收到的优化决策，在加工过程中实时采集机床运行数据，并逆向控制机床运行参数，从而实现机床的自适应加工，提高加工效率。

4. 应用效果

将智能增效 App 应用于汽车零部件、通用机械加工等行业，可实现单台设备提升效率，加工时间缩短 5%～20%，如图 8-11 所示。

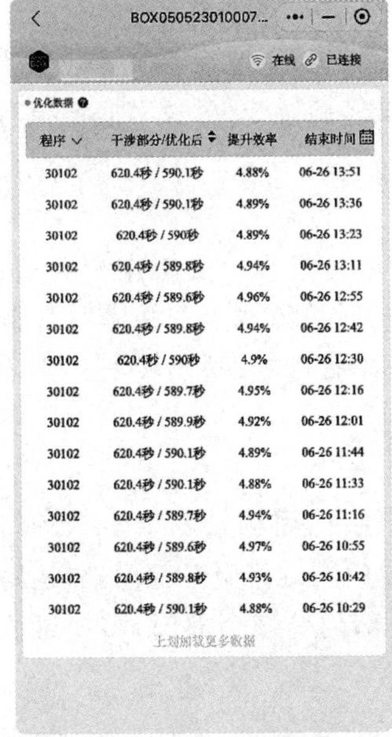

程序	干涉部分/优化后	提升效率	结束时间
30102	620.4秒 / 590.1秒	4.88%	06-26 13:51
30102	620.4秒 / 590.1秒	4.89%	06-26 13:36
30102	620.4秒 / 590秒	4.89%	06-26 13:23
30102	620.4秒 / 589.8秒	4.94%	06-26 13:11
30102	620.4秒 / 589.6秒	4.96%	06-26 12:55
30102	620.4秒 / 589.8秒	4.94%	06-26 12:42
30102	620.4秒 / 590秒	4.9%	06-26 12:30
30102	620.4秒 / 589.7秒	4.95%	06-26 12:16
30102	620.4秒 / 589.9秒	4.92%	06-26 12:01
30102	620.4秒 / 590.1秒	4.89%	06-26 11:44
30102	620.4秒 / 590.1秒	4.88%	06-26 11:33
30102	620.4秒 / 589.7秒	4.94%	06-26 11:16
30102	620.4秒 / 589.6秒	4.97%	06-26 10:55
30102	620.4秒 / 589.8秒	4.93%	06-26 10:42
30102	620.4秒 / 590.1秒	4.88%	06-26 10:29

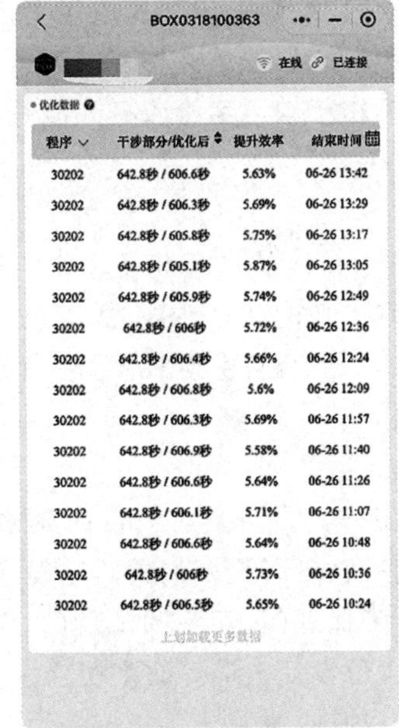

程序	干涉部分/优化后	提升效率	结束时间
30202	642.8秒 / 606.6秒	5.63%	06-26 13:42
30202	642.8秒 / 606.3秒	5.69%	06-26 13:29
30202	642.8秒 / 605.8秒	5.75%	06-26 13:17
30202	642.8秒 / 605.1秒	5.87%	06-26 13:05
30202	642.8秒 / 605.9秒	5.74%	06-26 12:49
30202	642.8秒 / 606秒	5.72%	06-26 12:36
30202	642.8秒 / 606.4秒	5.66%	06-26 12:24
30202	642.8秒 / 606.8秒	5.6%	06-26 12:09
30202	642.8秒 / 606.3秒	5.69%	06-26 11:57
30202	642.8秒 / 606.9秒	5.58%	06-26 11:40
30202	642.8秒 / 606.6秒	5.64%	06-26 11:26
30202	642.8秒 / 606.1秒	5.71%	06-26 11:07
30202	642.8秒 / 606.6秒	5.64%	06-26 10:48
30202	642.8秒 / 606秒	5.73%	06-26 10:36
30202	642.8秒 / 606.5秒	5.65%	06-26 10:24

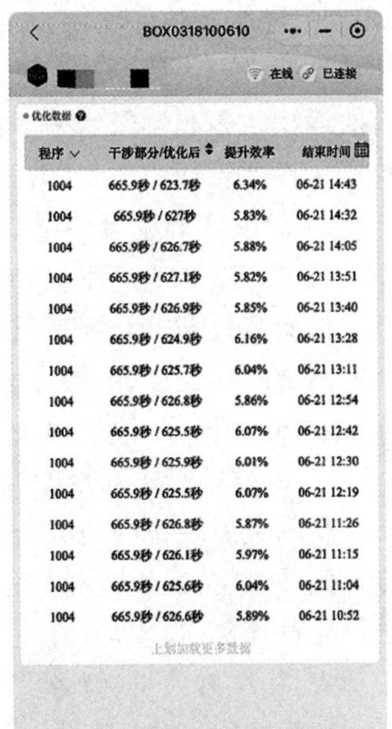

程序	干涉部分/优化后	提升效率	结束时间
1004	665.9秒 / 623.7秒	6.34%	06-21 14:43
1004	665.9秒 / 627秒	5.83%	06-21 14:32
1004	665.9秒 / 626.7秒	5.88%	06-21 14:05
1004	665.9秒 / 627.1秒	5.82%	06-21 13:51
1004	665.9秒 / 626.9秒	5.85%	06-21 13:40
1004	665.9秒 / 624.9秒	6.16%	06-21 13:28
1004	665.9秒 / 625.7秒	6.04%	06-21 13:11
1004	665.9秒 / 626.8秒	5.86%	06-21 12:54
1004	665.9秒 / 625.5秒	6.07%	06-21 12:42
1004	665.9秒 / 625.9秒	6.01%	06-21 12:30
1004	665.9秒 / 625.5秒	6.07%	06-21 12:19
1004	665.9秒 / 626.8秒	5.87%	06-21 11:26
1004	665.9秒 / 626.1秒	5.97%	06-21 11:15
1004	665.9秒 / 625.6秒	6.04%	06-21 11:04
1004	665.9秒 / 626.6秒	5.89%	06-21 10:52

图 8-11　应用案例图

8.2　合锻智能运维服务平台

本节通过合锻智能运维服务平台的整体发展思路、运作流程、具体服务项目等内容，分析和讨论合锻智能的制造服务过程。

8.2.1　案例简介

【关键词】智能互联；故障成因耦合；运维过程协调

【知识点】

1. 合锻智能运维服务平台项目的基本情况。
2. 合锻智能运维服务平台项目的背景。

1. 基本介绍

合锻智能制造股份有限公司（合锻智能）是一家集液压机和机械压力机等高端成形装备研发、生产、销售和服务为一体的大型装备制造企业，是我国大型锻压设备自动化成套技术与装备产业化基地。合锻智能制造股份有限公司与合肥工业大学、安徽禾工智能技术有限公司共同开发了合锻智能运维服务平台。该平台于 2017 年正式运行，采用了“云-边”协同的精准运维思路，构建了“云-网-端”三层技术架构，建立了以高端成形装备为基础的全流程运维服务运营管理平台及协同服务体系，实现了成形装备运维服务的智能化、精准化和个性化。

2. 项目背景

高端成形装备的长时间、高可靠运行需要高效快速且精准的运维服务来保障，然而，由于高端成形装备所具有的下述特点，阻碍了其运维保障的高效可靠：

1）智能互联程度低

高端成形装备的智能互联程度较低，缺乏装备实时运行工况数据，企业无法了解装备当前的运行状态和健康水平。此外，由于缺乏运维服务和故障分析经验沉淀，导致了服务流程数字化程度较低。

2）故障成因耦合性强

高端成形装备是集机、电、液于一体的复杂装备系统，其在运行过程中受工作介质（油液）、机械装备和电气装备三者影响，功能耦合性强，故障机理复杂，故障成因与故障征兆间呈现复杂的非线性、不确定关系。一旦装备发生故障，故障原因排查困难，故障模式识别不准，维修效率低下，停机损失严重。

3）运维过程协调难度大

高端成形装备的地域分布广泛，其自身具有高度时延敏感性、使用场景复杂多变的特点。此外，装备运维过程是一个涉及多部门、多人员的过程，除专门的维修服务部门外，还跨越产品设计部门、质量部门、安全环保部门、安装调试部门、财务部门等多个部门，需要维修管理人员、维修人员、财务人员、工程设计人员等的密切合作。

这些原因导致了运维过程难以有效协调。

8.2.2 运作模式与关键技术

【关键词】 智能边缘数据终端设备；“云-边”协同；故障诊断

【知识点】

1. 合锻智能运维服务平台的系统架构。
2. 合锻智能运维服务平台的核心服务内容。
3. 合锻智能运维服务平台的关键技术。

本小节从运维服务平台整体方案、平台架构、核心服务内容及关键技术四个角度对合锻智能运维服务平台的运作模式进行介绍。

1. 运维服务平台整体方案

针对装备智能互联程度低的问题，研发了高端成形装备智能边缘数据终端设备——3T智能工业黑匣子，支持Modbus、Profitbus等多类主流工业通信协议，实现了装备运行数据采集与压缩、远程互联与通信。针对装备故障预警实时性要求，运用容器化技术设计了基于“云-边”协同的运维服务边缘计算框架，既降低了组件开发难度，又实现了边缘计算算法的快速嵌入，从而支持装备实时故障预警。针对装备故障成因耦合性强的问题，梳理装备故障机理，建立专家知识库，构建了机理与数据模型融合的智能装备故障诊断与预测技术，为用户自动推荐个性化维修服务方案和维修策略优化方法，实现了装备故障原因快速诊断、故障模式准确识别与PdM。针对装备运维过程协调难度大的问题，采用“云-边”协同的技术思路，开发基于“云-网-端”的工业互联网运维服务平台，该平台可支持装备工况实时感知、故障分析与预警、维修流程管控、设备资产管理等多种在线服务功能，为企业和装备用户提供包含维修过程全程跟踪、规范性维修过程优化和 PdM 创新等的全流程一站式运维服务。

2. 平台架构

合锻智能运维服务平台采用基于"云-边"协同的"云-网-端"三层架构。

在"端"层，数据采集终端完成对设备运行数据的采集，为平台提供装备数据基础；在"网"层，平台采用移动无线、工业以太网等多种网络连接方式，实现运行工况数据高可用、低延时的传输。在"云"层，包含了数据分析与集成平台和智能运维服务平台。云数据分析与集成平台提供数据的存储、转换、分析等，为运维服务平台提供业务数据支持，并通过智能故障诊断模型、个性化服务模型和维修策略优化模型的构建，为运维服务平台设备故障预测、故障预警和智能化维修方案推荐等提供技术支撑；智能运维服务平台由精准运维服务系统和精准运维服务 App 组成，分别为企业人员及装备用户提供系统和移动端的服务支持。

3. 核心服务内容

合锻智能运维服务平台的核心智能服务功能如下：

1）装备智能互联化

项目所研发的数据采集终端——3T 智能工业黑匣子，服务于合锻智能运维服务平台级智能硬件，如图 8-12 所示。通过 3T 智能工业黑匣子，能够远程穿透 PLC 程序、数据远程监控、设备报警推送、历史数据查询、数据统计与分析和兼容工业协议，实现跨协议多源异构工况数据采集与传输。本项目研发的边缘智能数据采集终端兼容工业协议 24 种、最小数据采集率 1ms、轻松支持高达 10Pb 数据量、数据传输可靠性达 96%。与国内同类技术对比（见表 8-1），本项目的数据采集技术在工业协议兼容性，支持 PLC、变频设备仪表，最小数据采集率，数据传输可靠性，交互时延，边缘响应时间等技术参数上表现较优。

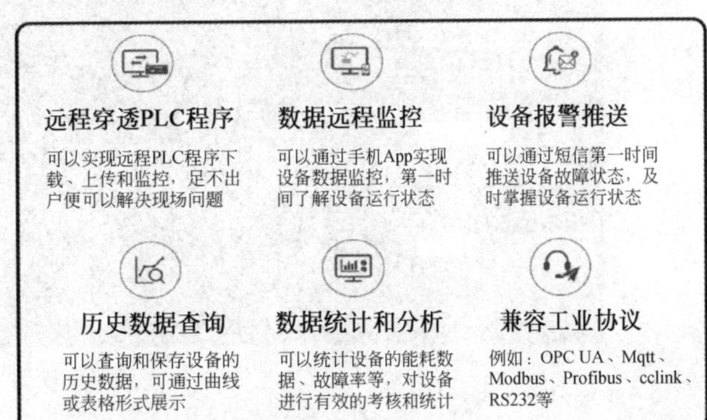

图 8-12　3T 智能工业黑匣子

表 8-1　3T 智能工业黑匣子性能参数对比

技术参数	本项目	根云互联	繁易
工业协议兼容性	24 种	未见报道	20
支持 PLC、变频设备仪表	支持	支持	不支持
最小数据采集率/ms	1	1	2
数据传输可靠性/%	96	94	90
交互时延/ms	<300	<400	<450
边缘响应时间/s	2	未见报道	未见报道

2）企业驾驶舱

企业驾驶舱的主要服务对象是装备制造企业的管理者，使其便于了解平台数据情况与关键业务流程的指标。面向不同层级的管理者，企业驾驶舱分为四个层面，分别为驾驶舱总览、厂区驾驶舱、产线驾驶舱、设备驾驶舱。这四种驾驶舱分别从企业、厂区、产线、设备的层面展现了设备的检测范围、缺陷统计、检修数量统计、点检情况统计、维护统计、设备报警运行状态等信息，能够从不同视角和粒度为不同层级的管理者提供决策信息支持，分别如图 8-13～图 8-14 所示。

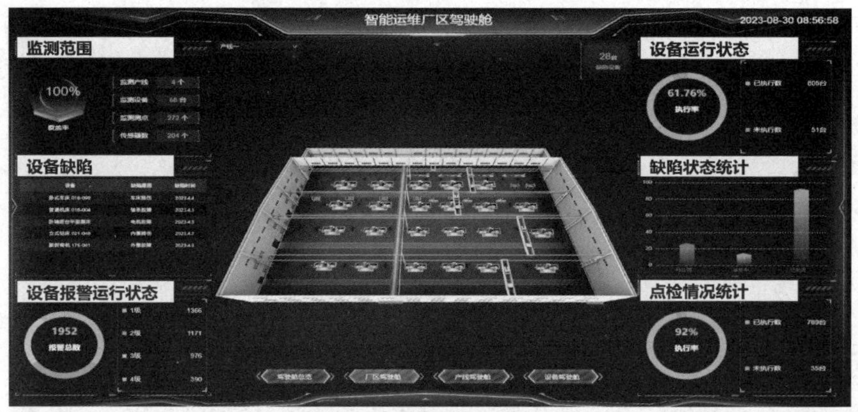

图 8-13　厂区驾驶舱

图 8-14　产线驾驶舱

3）设备工况实时感知

设备工况实时感知通过实时分析设备运行数据和关键指标，比如主缸压力、主缸位置、主缸速度、保压时间等，可实现设备运行状态的实时监控和设备工况的实时感知。在系统端，管理员可以实时掌握所有入网设备的当前运行工况、健康状态、维修情况和历史工况，实现对售出设备的监控与管理，并及时发现异常和故障，为企业带来维修服务机会和效益。

4）故障分析与预警

故障分析与预警通过设备工作情况、磨损程度、维修情况等多个维度评估设备的健康状态，可实时掌握设备的健康状况。在此基础上，通过分析设备的历史维修数据和当前运行状态来预测设备未来可能发生的故障，并且给出发生故障的可能性和类型，包括油缸故障、压力故障、油泵故障、液压系统故障、电气系统故障等，以便维修部门为用户制定维保策略。

5）维修流程管控

维修流程管控对维修服务活动进行记录、查询和操作，可实现维修活动全流程管理。系统端为维修管理员提供维修订单自动分配、维修方案制定、维修过程监控和维修效率分析等服务；移动端为维修人员提供工单管理、维修方案制定等服务，为设备用户提供一键报修、维修过程跟踪和维修服务评价等服务。

6）设备资产管理

设备资产管理为用户提供了完善的设备数字化档案和视频监控方案。在系统端，管理员通过设备档案不仅能够实时监测关键运行参数，掌握设备健康状态，实现预测性风险识别，还可以实时报告设备故障情况，如图 8-15 所示。通过视频监控功能能够实时监控设备的运行环境、运行情况及人员操作规范性等，实现对人员的可控性管理，如图 8-16 所示。

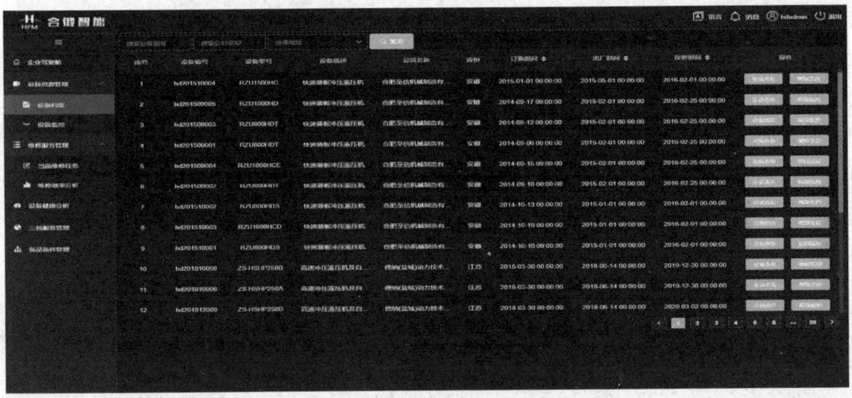

图 8-15　系统端设备电子档案

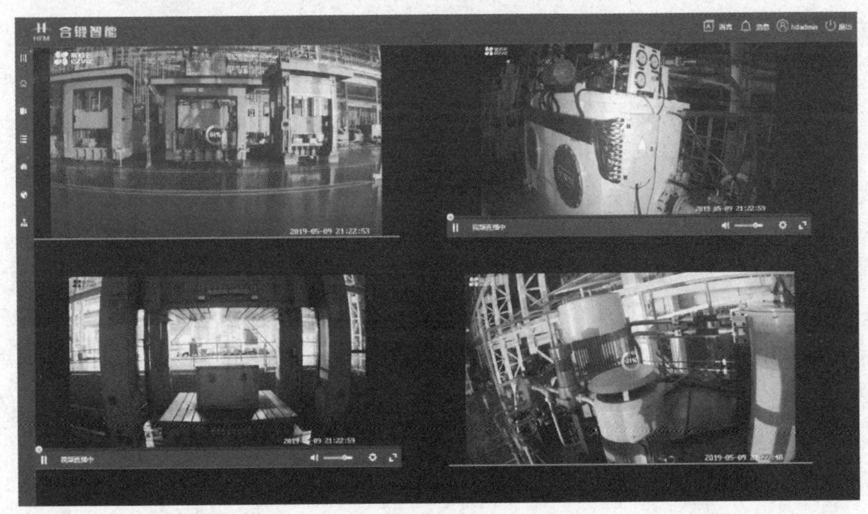

图 8-16　系统端设备视频监控

4. 关键技术

合锻智能运维服务平台所涉及的关键使能技术如下：

1）高端成形装备智能边缘数据终端设备设计

针对高端成形装备对多种异构控制系统和多种工艺场景的要求，创新性提出了高通量多尺度数据协议转换方法，构建了多协议兼容的数据采集解析体系，兼容 Modbus、Profitbus 等多类主流工业通信协议；研制了 OPC UA 网络通信模块、边缘智能计算终端和路由设备，在工厂强电磁干扰环境下，数据采集和传输的可靠性达到 99%以上，实现了数据采集与压缩、远程互联与通信、协议解析与适配、智能预警与分析等边缘智能。高端成形装备智能边缘数据终端设备的软硬件架构如图 8-17 所示。

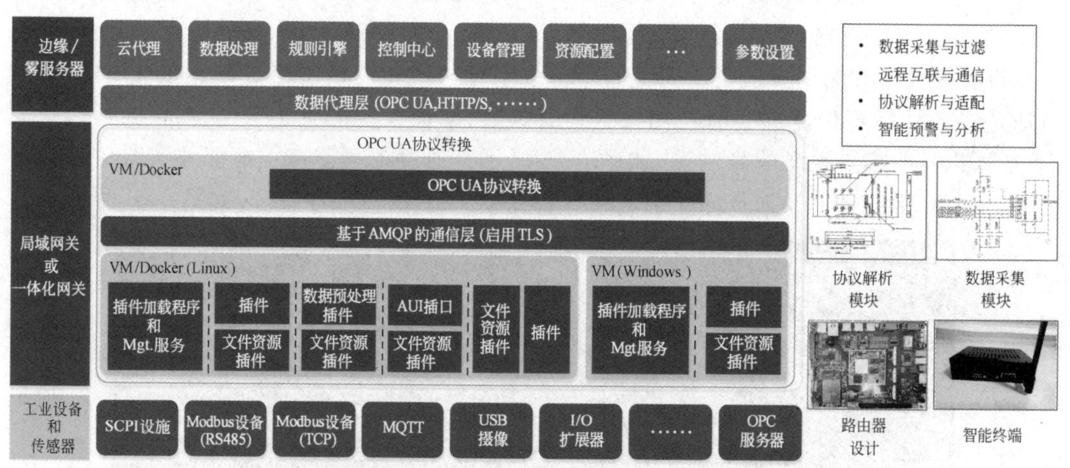

图 8-17 高端成形装备智能边缘数据终端设备的软硬件架构图

2) “云-边”协同的运维服务计算系统设计

高端成形装备的工作现场条件相对较差，强电磁辐射、强震动、大电流/高电压等影响数据采集质量的因素广泛存在，海量运行工况数据的实时传输会对服务器的并发处理能力产生较大的考验。同时，由于 PLC 协议兼容不一致，高端成形装备的状态监控数据和故障诊断分析数据均来自工业生产线设备、环境、产品等方面，给边缘侧数据的实时采集和传输也带来了一定的难度。为了能够有效利用数据终端设备的计算能力及减小服务器的底层业务处理压力，简化边缘侧任务的开发、管理难度，设计了基于“云-边”协同的运维服务计算框架，同时为了满足开发人员与运维人员的测试、调试等需求，开发了边缘测试平台。

3) 基于先验知识和数据融合的故障诊断与预测技术

3T 智能工业黑匣子能够非常方便地收集到设备的实时运行数据、环境数据等。通过对这些数据进行模式分析，能够挖掘数据中隐藏的故障模式，从而进行实时的故障诊断与预测。随着以深度学习为基础的 AI 技术的发展，能够更加有效地从收集到的数据中进行模式提取和学习，从而更加准确地支持设备故障诊断与预测。然而，深度学习的测试是一类黑盒法，具有很低的可解释性，难以像传统的故障诊断方法一样给出诊断与预测结果的物理层面解释，这使得后续运维服务的可靠性难以保证，从而进一步导致难以估量的事故。此外，相对于正常状态的数据，设备所产生的故障数据是少量的，这进一步制约了深度学习方法从数据中提取和学习有用故障特征的能力。另外，作为设备运行机理的一种客观表征，先验知识不仅能够提升故障诊断与预测的可解释性，还能够辅助模型在少数据量下实现精准的特征提取。为此，研发了基于先验知识和数据融合的故障诊断与预测技术，并提出了通过注意力机制将异常值类型先验知识嵌入深度学习模型的故障诊断方法(见图 8-18)和先验知识增强的元学习方法(见图 8-19)。测试结果表明，提出的两种方法能够更加可靠且准确地进行实际工业场景下的设备故障诊断和预测。

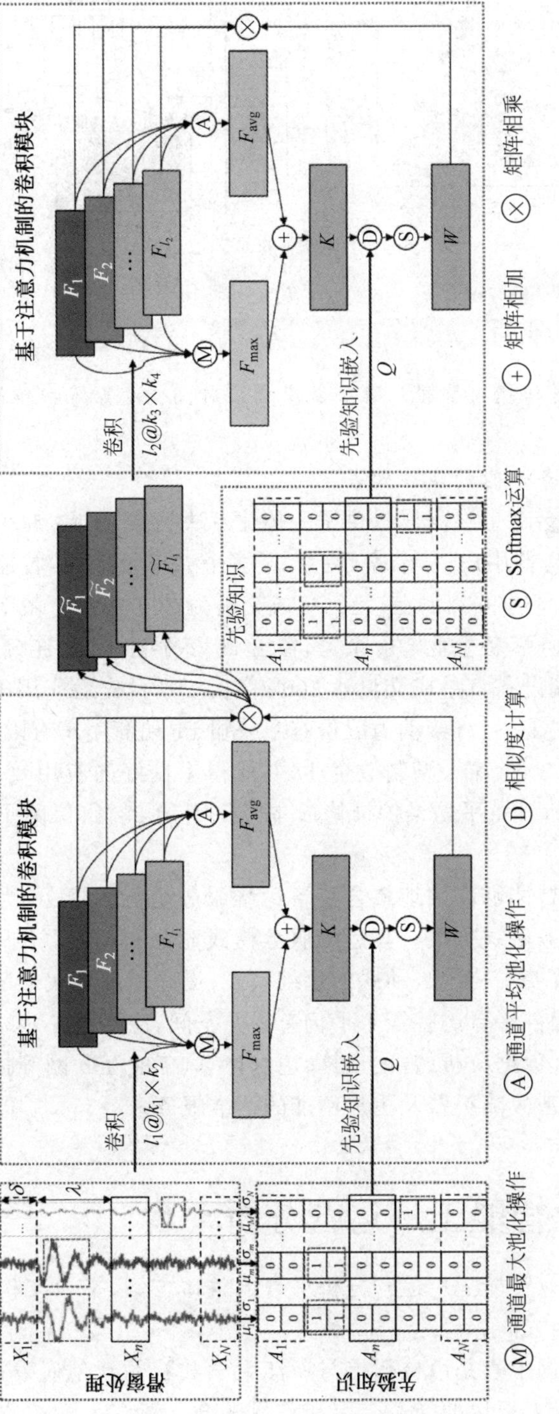

图 8-18　通过注意力机制将异常值类型先验知识嵌入深度学习模型

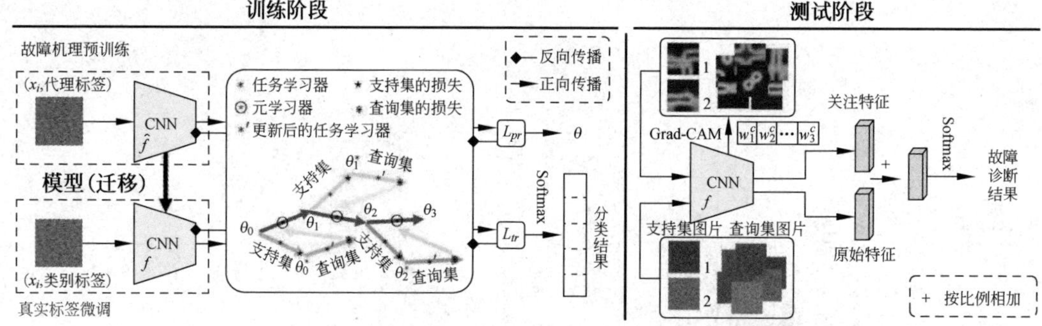

图 8-19　先验知识增强的元学习方法

8.2.3　实施效果分析

【关键词】数据采集及传输可靠性；维修调度响应时间；设备维护维修成本

【知识点】

了解合锻智能运维服务平台的实施效果。

合锻智能运维服务平台对上述问题提供了一体化解决方案，平台自 2017 年建立以来发展迅速，2018 年新增联网装备用户 70 余家，覆盖 50 多个城市及地区，智能边缘数据终端设备数据采集及传输可靠性高达 99%以上，且订单成交量为 200 多台。截至 2024 年 1 月，合锻智能运维服务平台已服务装备企业 500 余家，覆盖 20 多个省份，已连接智能设备 1000 多台，智能边缘数据采集终端设备订单成交量达 2000 多台。平台先后应用于上海航天设备制造总厂、中铁建设集团有限公司、潍柴动力股份有限公司、奇瑞商用车有限公司、法国雷诺汽车公司、美国德纳公司等 100 余家大型制造企业，并取得了良好的应用效果，装备平均维修调度响应时间缩短了 50%，设备平均维护维修成本降低了约 25%，保障了装备智能运维服务水平。

合锻智能运维服务平台能够高效地整合装备运维服务全流程资源，为高端成形装备企业提供一站式精准运维服务解决方案。其运维服务模式充分利用互联网平台与“云-边-端”协同软硬一体化的优势，改变了传统被动式的运维模式，提高了高端成形装备的运维服务效率。然而，合锻智能运维服务平台的智能水平仍有提升空间，应当进一步结合平台实际运营过程中的具体问题，采用大数据分析、智能计算、边缘计算、工业互联网等技术实现设备智能化升级、人员可控管理、设备故障报警及更加精准的运维服务。

8.3　离散制造业智能工厂运营分析平台

本节分析了离散制造业智能工厂运营分析平台的整体方案、平台架构、服务内容、关键技术，并讨论了后续优化的方向。

浙江大学杭州国际科创中心是由杭州市与浙江大学共建的新型研发机构，聚焦物质科学、信息科学和生命科学三大板块的交叉会聚和跨界融合。浙江大学杭州国际科创中心基于离散制造业加工的特点及精益持续改善的思想，围绕“工业互联网＋”构建了“云-边”协同的技术架构，开发了离散制造业智能工厂运营分析平台，用以帮助离散制造企业实现生产过程的精细化管控、智能化管理。

8.3.1　案例简介

【关键词】数据价值挖掘；闭环管理；持续改善

【知识点】

离散制造业在数字化改造过程中遇到的问题。

离散制造业面临巨大的质量、交付和成本压力，对于企业数字化的需求尤为迫切。虽然目前很多企业已经构建了一些数字化系统，采集了很多数据，但是往往因为缺乏全局的业务规划及没有对机理模型进行研究，最终无法挖掘出数据的价值，帮助企业实现数据驱动业务改善，成本高、库存多、生产周期长等问题长期存在。

企业面临的主要问题：数据采集难，生产车间设备类型较多，相关的通信协议较为复杂，数据采集难度较大；缺少对数据价值的挖掘，虽然企业采集了很多数据，但是缺少对于数据价值的挖掘，无法实现数据驱动业务增长；缺乏对机理模型的研究，传统的数字化系统往往仅体现一些指标性的数据，并不深入进行具体工艺过程和机理模型的研究，无法帮助企业实现工艺数据的价值挖掘和工艺参数的优化；缺乏闭环管理与持续改善机制，传统的数字化系统缺乏一整套从发现问题到解决问题的闭环管理机制，也缺乏一套机制将改善的知识积累形成知识库进行传承。

8.3.2　运作模式与关键技术

【关键词】云边协同；模式识别；工艺参数优化；设备 PdM

【知识点】

1. 离散制造业智能工厂运营分析平台的整体方案和架构。
2. 离散制造业智能制造的一些典型场景。
3. 工业大数据在车加工工艺参数优化及设备 PdM 场景下的应用。

本小节从平台整体方案、平台架构、核心服务内容、关键技术等角度对离散制造业智能工厂运营分析平台进行介绍。

1. 平台整体方案

平台主要采用云边协同的模式，传感器、设备等数据通过边缘网关进行采集，同时边缘网关会对部分原始数据进行实时加工分析，分析完成后将结果数据上传到云端，云端再将结果数据进行进一步分析，这种方式可以有效减少云端的负载和存储量，也可以大幅降低采集时上行的数据量，从而避免因为同时上行数据过多而造成的网络堵塞和数据丢失。此外，平台考虑制造业对于降本的需求，在平台内还集成了 Modbus、Profitbus、OPC UA 等多类主流工业通信协议，在一些对数据实时性要求不高、数据采集量不大的场景下，平台支持直接从机床、机械手等终端采集数据，通过平台内嵌的“软网关”进行协议解析和分析，从而帮助企业大幅度降低成本。

平台针对离散制造业常见的场景，如生产、物流、设备、关键绩效指标（key performance indicator，KPI）管理，项目管理等提供通用模块，能够根据客户的需求进行自由组合，以此提高产品的适配度，并能够快速地实施和部署，以此降低实施成本。同时，平台围绕离散制造业的典型共性场景,如车加工、磨加工、设备协同等,建立了数据模型、机理模型,使平台能够根据生产过程中出现的动态波动,自动识别产线瓶颈的变化,同时也能分析工艺参数间的相关性,识别出关键的性能影响因素,并自动定位改进点等,通过对数据价值的挖掘,能够提供给决策者生产系统中可能的工艺以及业务改善点,从而帮助实现生产效率的提升和生产制造的柔性化、智能化。此外,还建立了一套多层级指标管理体系,通过拉通业务流和数据流及提供的改善工具和知识库,帮助实现指标持续改善的闭环,从而实现业绩的持续提升。

2. 平台架构

平台架构如图 8-20 所示,设备、传感器、摄像头等数据被采集后,通过协议解析及网络传输到数据层进行储存。根据数据的不同类型和处理要求,平台配置了关系型数据库 SQL、MySQL,缓存数据库 Redis,时序数据库 Elastic Search 等不同类型的数据库,以满足用户的不同需求。同时,平台搭载了多种数据处理和分析工具,包括提取、转换、清洗、整合等数据预处理算法,方差、概率、回归、相关性分析等数据处理算法,还集成了一些共性的机理模型和数据模型,并提供了模型的评估工具,为最终的企业业务应用和数据分析打下了基础。

图 8-20 平台架构

特别地,平台在应用层提供了生产管理(包括节拍多维度分析、OEE 分析、产能扫描等功能)、设备管理(包括设备点巡检、设备维修、PdM 等功能)、效率提升(包括车加工及磨加工效率提升等功能)、数字孪生、KPI 管理(多层次 KPI 分析、指标改善工具、知识库等功能),同时提供手机 App 版本,方便相关人员操作和做及时的信息反馈,也有利于管理者及时了解当前情况,快速决策。

3. 核心服务内容

离散制造业智能工厂运营分析平台的核心智能服务功能如下。

1) 设备信息监控

通过实时采集的设备信息,对设备实时状态进行监控,并判断设备加工过程的异常状态

（如等待、异常加工等），同时对于当前设备的核心工艺参数进行监控，便于发生问题后的原因追溯，如图 8-21 所示。

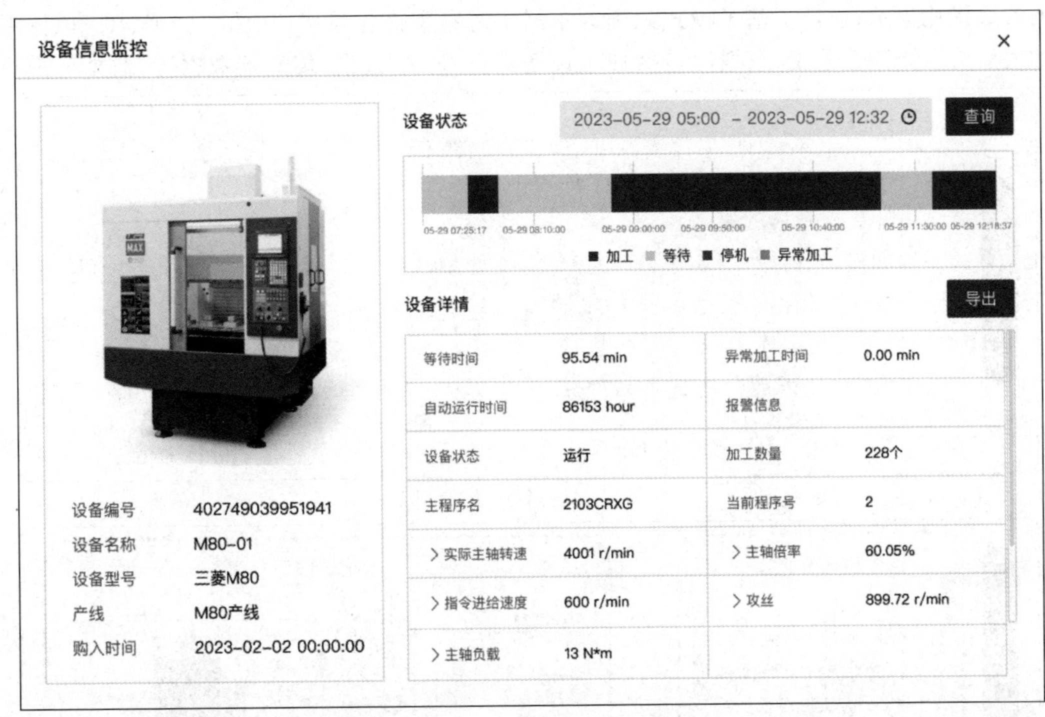

图 8-21　设备信息监控

2）节拍多维度分析

通过实时采集的设备信息，对设备的节拍进行多维度分析，包括每天的平均节拍、节拍中的设备加工时间和非设备加工时间、当天累计的设备加工时间、等待时间及异常加工时间等，从而帮助生产管理者更好地了解生产加工过程中设备节拍的变化，为后续的节拍优化打下基础。

3）动态节拍分析

以产线为单位进行节拍分析，根据产线中每个工位的节拍判断瓶颈工序是否发生变化，如果检测到产线瓶颈工序发生变化且持续时间超过设定值，则系统就会在发生瓶颈变化处标黄并指示发生变化的设备和时间段，提示相关人员产线瓶颈发生改变，以免造成进一步的损失。

4）运营指标管理及优化

平台提供"工厂—车间—产线—设备"四级指标库，通过数据采集进行指标监控，一旦指标波动超过设定值，则自动触发改善任务，平台提供的常见的改善工具有 PDCA、A3、鱼骨图、8D 等。平台会对改善任务进行追踪，直至任务闭环；同时，平台还将完成的改善任务存储到知识库中，便于相关知识的积累。

4. 关键技术

平台所涉及的关键使能技术如下：

1）基于模式识别的车削工艺参数优化技术

车削工艺作为机械加工领域中的一项关键技术，其工艺参数的优化对于实现加工过程的降本增效具有重要影响。然而,车削工艺过程的复杂性使其参数优化成为困扰很多机械加工企业的难题。为了兼顾不同车削工艺的过程特性,并实现系统化的过程评估与自动化的参数优化提示,设计了基于模式识别的车削工艺参数优化技术,如图 8-22 所示。该体系的底层为多源数据采集,数据源包括加工设备数据、PLC 数据、传感器数据等,数据经采集

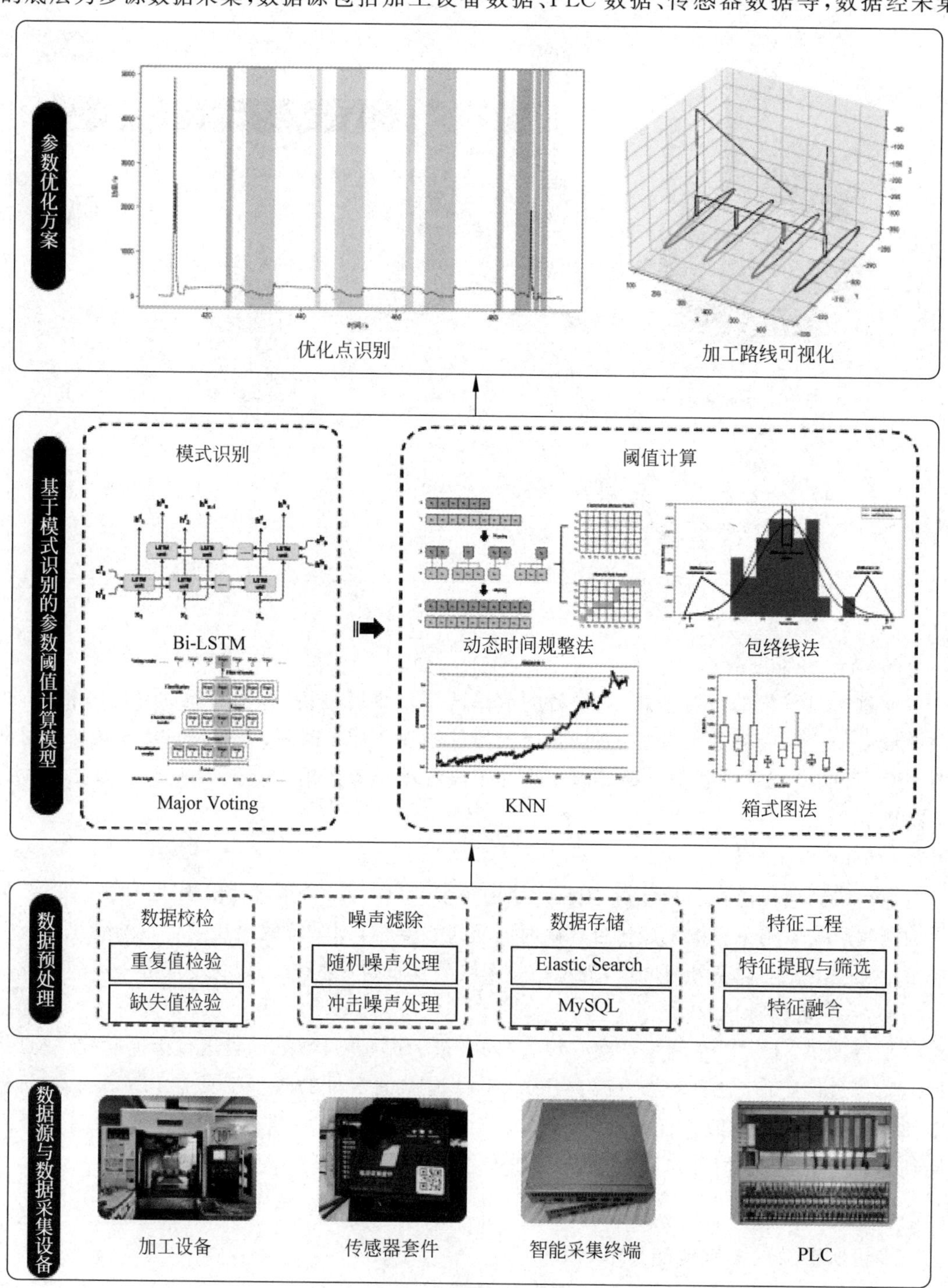

图 8-22 基于模式识别的车削工艺参数优化技术

后将通过网络传输至服务器进行数据预处理。数据预处理将优先对采集的数据进行数据校验、噪声滤除，以确保存储数据的有效性和准确性。随后，对数据进行特征工程处理。数据经过预处理后，将作为参数阈值计算模型的输入参数，该模型首先基于神经网络与深度学习算法对加工过程中不同的加工模式进行精确分类。其次，将进一步结合机器学习等 AI 算法对相同加工模式下的过程数据进行参数阈值计算，并实现加工过程中潜在优化点的自动化识别，生成参数优化方案。最后，依据实际工艺需求和产品质量要求，完成车削工艺参数的优化调整。

2）设备 PdM

设备的健康状态受到多种因素的影响，因此，设备的健康状态评估和预测分析是一个相当复杂的问题。为了避免因设备突发性故障而造成的非计划性停机，提高生产过程的可靠性和安全性，设计了基于健康度预测的设备 PdM 技术，其技术体系如图 8-23 所示。其底层为多源数据采集，数据源包括加工设备的参数数据、传感器数据及智能采集终端数据，数据经采集后将通过有线网络或无线网络传输至服务器进行数据预处理。数据预处理将优先对采集的数据进行数据校检、噪声滤除，以确保采集数据的有效性和准确性。随后，对实时采集的多轴振动信号进行时轴对齐与滑窗处理，将流数据转化为标准数据样本进行数据保存。数据经过预处理后，首先进行特征工程处理，通过机器学习算法将数据样本由时域信号转为频谱信号。其次，基于 CNN-VAE 模型从频谱信号中进一步提取时频特征，并采用该时频特征作为 LSTM 模型的输入参数，进而对设备的健康度进行预测。最后，通过实时监控设备的运行状态，并依据实际的设备维护管理需求对健康度低于阈值的设备进行预警。

8.3.3　实施效果分析

【关键词】 多维度节拍分析；生产过程透明化；持续优化；问题的快速发现和追溯

【知识点】

平台的典型标杆案例及应用成果。

离散制造业智能工厂运营分析平台先后应用于浙江博来工具有限公司、王力安防科技股份有限公司等多家大型制造企业，取得了良好的应用效果。

1. 浙江博来工具有限公司

浙江博来工具有限公司因生产过程不透明，产量波动大，生产过程中存在大量的浪费，因此，公司希望能够通过精细化管理，提升生产效率，但是缺乏数据支撑和提升手段。为了实现企业的管理提升和数字化转型，公司于 2013 年 1 月开始引进离散制造业智能工厂运营分析平台，主要应用于其金加工车间的生产过程管理和效率提升。平台提供的设备状态监控、多维度节拍分析、车加工效率提升工具等应用，帮助其实现了生产过程的透明化、问题的快速发现和追溯及生产过程数据的挖掘，并实现单班产量提高 15%以上。

2. 王力安防科技股份有限公司

王力安防科技股份有限公司部分产线较长，在生产过程中经常因为不同工序间的小问题而造成等待，产线节拍波动较大，但由于缺乏产线和设备的数据，无法及时对问题进行定位和追溯。为了解决这些问题，公司引进了离散制造业智能工厂运营分析平台，通过对设备数据进行采集并利用动态节拍分析、设备协同分析、多维度节拍分析等工具，帮助企业快速

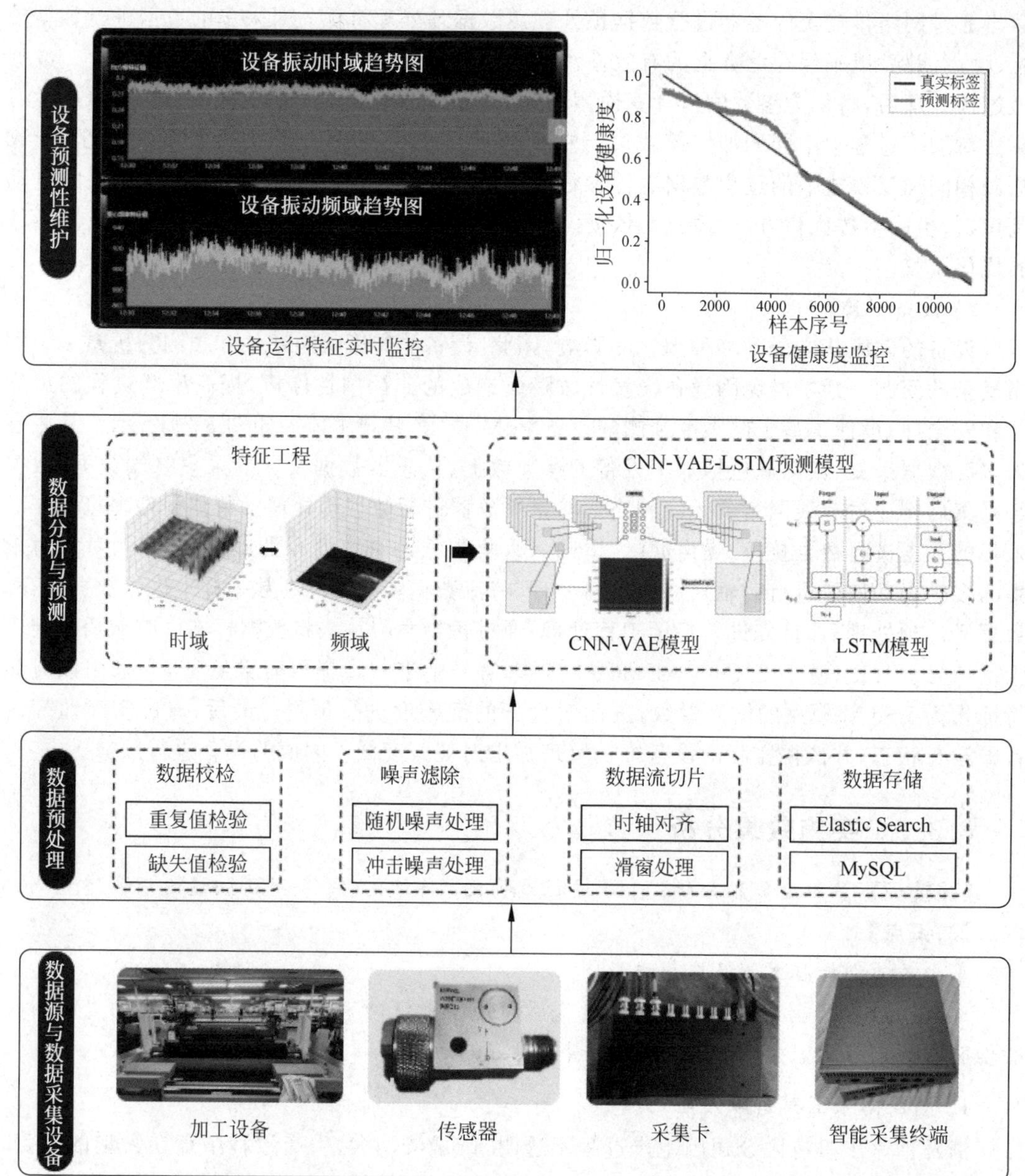

图 8-23 设备 PdM 技术

定位产线问题，同时通过运营指标管理及优化工具，将发现的问题进行闭环管理并形成知识库。通过平台帮助企业实现了生产过程的透明化及基于数据的问题分析和生产效率的持续优化，最终实现了生产效率的大幅提升。

8.4 恒远智能制造运营管理平台

恒远智能是一家为装备制造行业提供工业智能化服务的国家高新技术企业，公司聚焦 AI、大数据等核心技术，依托自主研发的自主可控敏捷开发平台——蜂舟平台为装备制造企业提供智能制造整体解决方案，包括企业数据融通治理与 AI 决策分析的大数据平台（蜂巢大脑）及面向车间级自动化产线的智能单元解决方案（产线大脑），实现数据驱动工业智造；并结合具体业务场景，打造全链条业务协同的制造运营管理平台（manufacturing operation management，MOM）及云边端协同一体化 IIoT 平台，全面赋能装备制造企业数智能化转型与高效增长。本节通过介绍和分析恒远智能的面向高端装备制造的一站式智能化集成平台建设案例，从发展背景、平台架构、关键技术、配置与运行、应用效果分析等方面探讨恒远科技公司智能制造服务目前的优势与可提升环节。

8.4.1　案例简介

【关键词】装备制造行业；一站式智能化解决方案

【知识点】

1. 高端装备制造行业数智化转型的痛点及难点。

2. 恒远智能赋能高端装备制造企业数智能化转型与高效增长的核心产品。

为了满足高质量发展目标要求，高端装备制造企业正由数字化向智能化迈进。解决 ETO 生产模式下的业务协同后，需进一步提升制造效率。通过模块化、标准化、业务数字化、设备自动化等手段，企业变革生产模式和生产线，利用软硬解耦的协同控制和行业模型，构建智能应用场景，实现数据驱动的工位级效率和质量提升。多种先进技术（IIoT、AI、大数据、云计算、边缘计算）在智能制造中相互融合，企业智能化建设由单点突破转向全面推进。具备软硬快速连接能力的智能集成平台成为智能制造不可或缺的桥梁。

恒远智能自 2016 年创办至今，始终聚焦装备制造行业智能化转型升级研究与服务，依托两大技术平台（自主研发的自主可控敏捷开发平台——蜂舟平台＋企业数据融通治理与 AI 决策分析的大数据平台——蜂巢大脑）＋两大业务平台（全链条业务协同的制造运营管理整体解决方案——蜂巢工厂 MOM 平台＋云边端协同一体化的 IIoT 解决方案——蜂巢物联 IIoT 平台），共同搭建形成了如图 8-24 所示的装备制造企业一站式智能化解决方案，为用户提供了数字集成、数据治理、数字原生、智能化构建、数字化运维五大能力，全面赋能高端装备制造企业数智化转型与高效增长。

8.4.2　架构、关键技术及其配置与运行

【关键词】功能架构；关键技术；系统运行

【知识点】

1. 装备制造一站式智能化平台的整体功能架构。

2. 平台所采用的关键技术。

3. 平台功能模块的分类及描述。

1. 功能架构

平台主要涵盖蜂巢工厂、蜂巢物联、蜂舟平台、蜂巢大脑四大产品线，提供了 300 多个功能应用服务，并提供智能硬件及咨询服务，以满足高端装备制造不同业务场景的智能化转型需求。

1）蜂巢工厂：业务协同一体化的 MOM 智造运营管理平台

以企业卓越运营管理理念为基线，融合精益生产管理思想，基于蜂舟低代码平台，自主

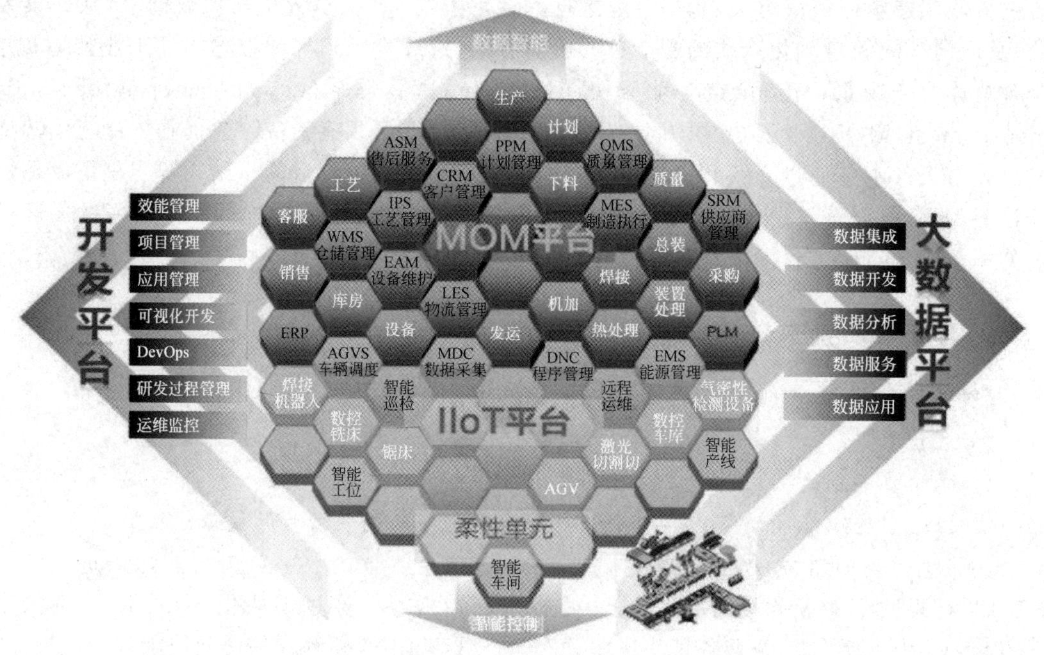

图 8-24　装备制造企业一站式智能化解决方案(恒远智能)

研发了计划和排程系统(inspection planning and scheduling,IPS)、项目管理(project portfolio management,PPM)、MES、质量管理系统(quality management system,QMS)、企业资产管理系统(enterprise asset management,EAM)、仓库管理系统(warehouse management system,WMS)、物流管理系统(logistics execution system,LES)等应用,涵盖从装备制造的项目信息管理、研发设计、计划统筹、生产制造、质量管理、资产管理、仓储物流等全业务的微服务应用套件,搭建企业生产运营一体化赋能服务,满足多场景精细化管理,帮助企业实现智能协同制造。

2)蜂巢物联:云边端协同一体化的设备智能化服务平台

通过边缘层、平台层、应用层一体化的物联能力,实现多源设备的快速接入、数据实时采集与边缘计算、设备数字建模、可视化呈现和物联应用场景快速搭建,构建 DNC 数控传输、MDC 数据采集、EMS 能源管理、ICS 工业控制、AGVS 物流调度、设备智能巡检与远程运维等应用,打通业务系统与设备数据的互联融合,实现智能控制。

3)蜂舟平台:自主可控的敏捷开发及管理平台

面向应用开发者,提供应用功能规划、设计、开发、测试、运维全面支撑的工具化平台和效能管理平台。沉淀开发工具和标准模型组件,减少重复低价值开发工作;结合业务平台的底层框架封装,屏蔽技术复杂度;完整地开发运维一体化系统,确保开发规范落地和高效交付;国产化适配,摆脱国外工业软件的"卡脖子"问题。

4)蜂巢大脑:智能化数据协同管理和分析平台

利用先进的数据科学和 AI 技术,将数据汇聚、数据治理、数据可视化、智能分析和模型开发训练等功能集成于一个统一的平台,实现数据资产化、服务化,提高数据的共享能力、治理能力、决策驱动能力。通过数据的深度挖掘与整合分析,智能识别企业问题,助力企业快速优化业务流程，实现精益运营。

2. 关键技术

平台采用先进的工业数据采集技术，满足设备联网和数据采集需求；使用云原生和微服务技术，客户可按需配置，保证系统安全稳定且高效交互；工业微服务技术实现 PC 端和移动端的同步操作，以及云端与边缘端数据无缝交互；采用分布式架构、前后端分离、微服务拆分，低耦合度且易于扩展，属于行业最先进技术。恒远智能高端装备制造一站式智能化集成解决方案技术架构见图 8-25。

3. 系统运行

1）装备制造项目计划管理

装备制造在 ETO 模式下的计划业务复杂，常面临以下痛点问题：MRP 无限产能未考虑产能约束，导致频繁调整生产计划，实际执行差异大；计划员难以确定计划调整对上下游的影响，人工确认效率低，计划不准确；项目节点执行进度需跨部门人工确认，准确性和协同性差；销售人员依赖人工经验反馈生产交付能力，导致签单后因产能问题无法按期交付。

平台通过 RCCP 粗能力测算，识别产能风险，避开瓶颈，确保生产计划可执行。搭建装备制造四层装配网络计划体系如图 8-26 所示。项目计划协同和订阅功能监控节点进度，粗能力计算模型结合产能负荷信息评估商务阶段合同的生产能力，实现数据驱动的合同履约评审。

2）装配制造协同管理

在装备制造协同过程中，经常会遇到以下困扰的问题：客户询问订单进度，公司很难快速回应，进度追踪烦琐，响应慢；装备制造产品结构复杂，涉及多部门、跨工厂/车间，存在信息渠道不畅，部门协同作业管理难；产品上下游组织进度难以追踪，对计划的影响难以评估；委托外协的产品质量难以保证，延期风险难以预测。

平台搭建了一套基于总装需求拉动的立体网格式效率协同体系，实现了业务的高效协作。纵向基于产品结构实现产品总装—部装—零件的制造协同，横向围绕每个部件实现跨部门、跨车间、跨工序的业务协同，轴向通过数字工位与 IIoT 平台应用集成，实现人机协同。合理调配资源和进度掌控，外协监造掌控质检等情况，提前了解物料交付信息，辅助整个项目管理。

3）装备制造工艺质量一体化

高端装备制造业的工艺和 BOM 复杂，零部件种类多，数据量大且追溯困难。在 ETO 模式下，产品定制性高，生产周期长，设计与生产同步进行，频繁的工艺和设计变更增加了制造和质量管理的难度。目前，许多企业的制造和质量检验要求不规范，技术图纸、关键控制参数、DNC 程序等未能有效管控。

如图 8-27 所示，平台采用标准 API 接口，快速集成 PLM/PDM 数据，配置覆盖各专业的工艺模板，贯通技术、工艺、生产、质量环节，构建产品全生命周期的 BOM 结构树。通过工单产品 BOM 视角，追溯任意节点的质量检验记录，实现全生命周期追溯管理。平台基于结构化工艺数据，自动派发技术图纸、加工参数、DNC 程序等，实现生产和检验的有效指导，并通过 IIoT 平台自动采集生产和检验数据，反馈到 MOM 平台，优化产品设计。

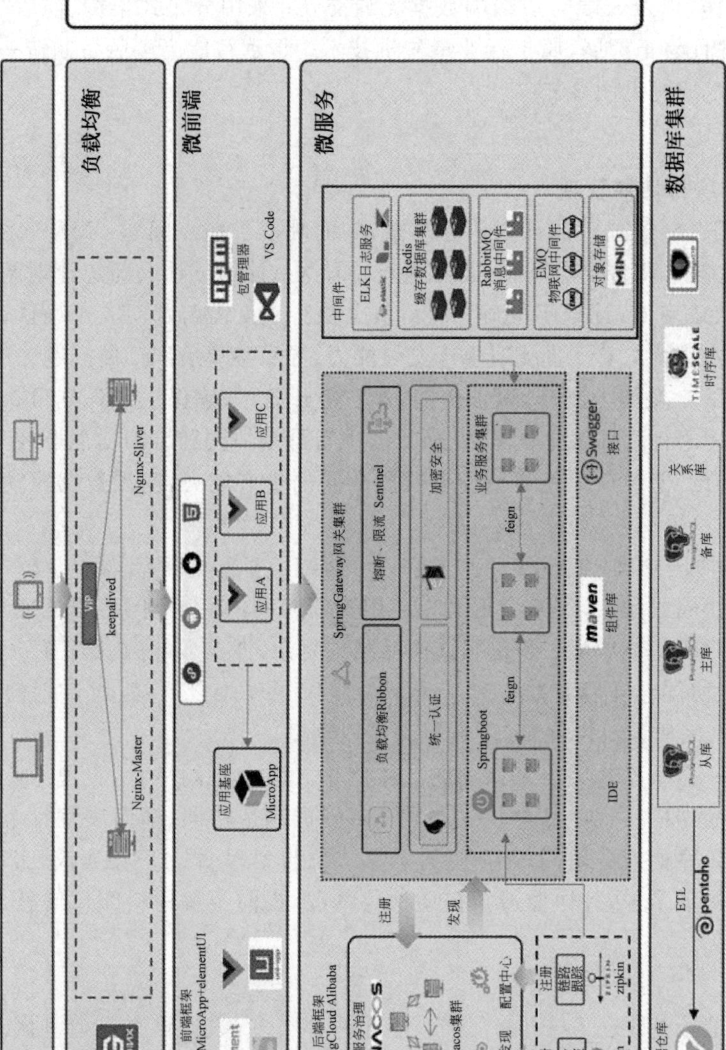

图 8-25 高端装备制造一站式智能化集成解决方案技术架构

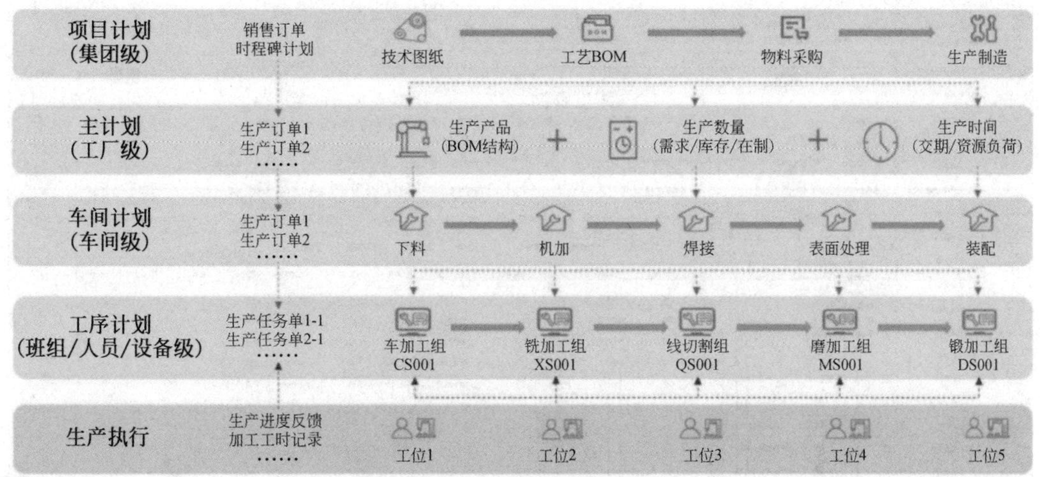

图 8-26 装备制造四层计划体系

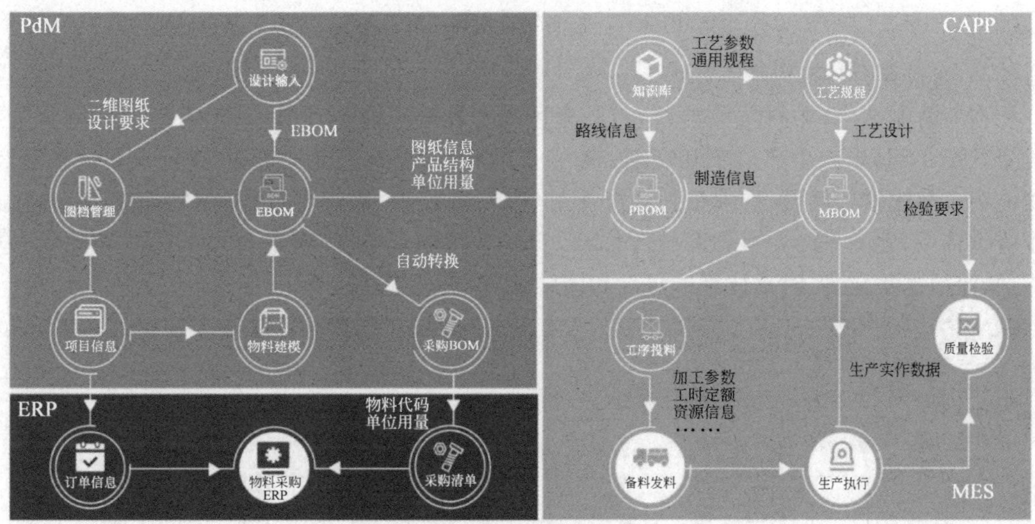

图 8-27 装备制造工艺质量一体化业务流程图

4）装备制造过程控制

装备制造在实际生产中常面临管理工具缺乏、设计变更管理不及时、数据统计烦琐、物料管理困难、在制品状态不清、信息追溯困难等问题。智能云科平台聚焦车间执行层的数字化建设，提供物料管理、任务指令签收、生产报工、异常管理、工时管理和追溯管理等功能，打造全过程控制的制造协同管理平台，辅助企业决策。

平台通过构建流程响应—数据采集—数据流转—数据分析—数据赋能的数智化管理机制，实现以下目标：生产任务线上派发至人和设备，信息精准推送，及时响应变更；产品加工工艺和图档参数线上查看，无纸化作业，变更通知及时；多终端报工、自检，实时汇总生产进度，自动分析，减少人工统计；工序级物料齐套检查、精细化投料管理，防呆防错，提升物料配套效率；在制品管理，物料转序、出入库管理；提供从原材料到成品的多维度数据查询和追溯，实现产品全生命周期数据一键追溯，激发数据价值(见图 8-28)。

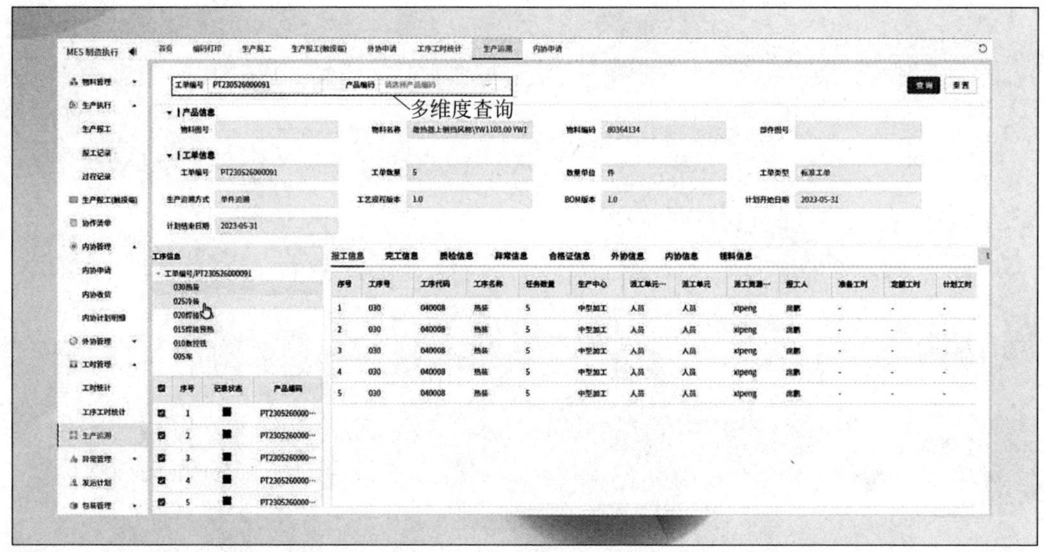

图 8-28　装备制造过程一键追溯

5）物料齐套与物资动态跟踪

在装备制造中，在制品种类繁杂，管理困难；数据反馈不及时，缺乏有效的管理机制；物资状况不明，影响生产效率和交期；库存信息滞后，采购进度不透明，物资流转信息不及时。为了解决这些问题，平台依托生产计划与 BOM 体系，构建在制品动态跟踪网络和多维度查询体系，建立三级物料齐套校验体系，实时掌握物资情况（见图 8-29），通过与采购、仓库、物流数据集成，实时掌控采购进度和流转状况，提升管理效率。

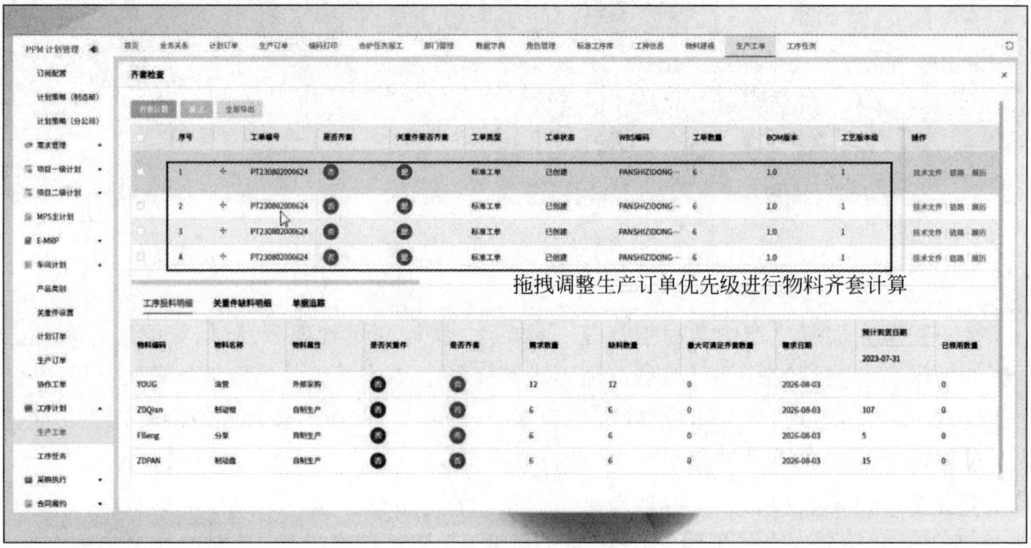

拖拽调整生产订单优先级进行物料齐套计算

图 8-29　装备制造物料齐套检查

6）智能物流配送

搭建智能物流仓储平台，集成应用 RFID、AGV、智能立体库、协作机器人搬运等技术，用智能化、自动化、信息化的手段辅助解决企业物料出入库、物料精准推送的难题，优化配料路线及配料准确性，整体提高物料周转效率。

智能物流仓储管理围绕物资的“进、出、用”环节进行科学管理，实现装备制造各车间与部门对物资赋码、入库、出库、调拨、盘点、报废、信息监控等各项日常业务的信息化管理，同时实现与其他业务系统和智能硬件的信息交互与对接，以及对物资全业务流程的追溯管理。帮助装备制造更有效、更全面地管理生产物资，最终实现资源合理配置，并为决策提供数据支持。

7）智能化生产执行

随着智能制造的推进，车间内智能化设备和产线增多，需要从机电控制向数字控制转变，实现智能单元的互联互通。通过物联网、边缘计算、工业控制等技术，建立IIoT平台，实现设备组网、数据采集与传输、现场与中央控制功能。平台基于联网通信技术，连接生产线各要素的数据，提供工具化应用平台，支持多源异构设备的数据采集和控制。平台实现生产设备的数据采集与智能控制，构建数字化生产单元、智能生产控制和中央监控，并支持AGV、立体仓库等特定场景的智能调度和控制系统应用，如图8-30所示。

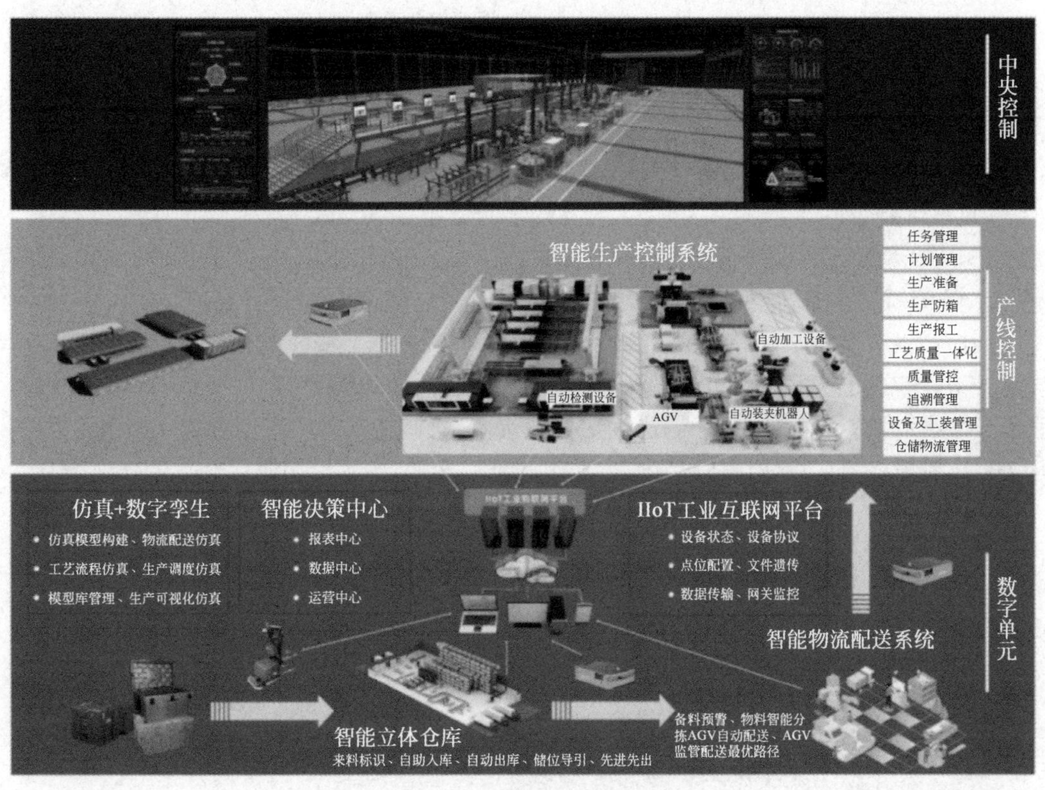

图8-30　智能化生产执行系统

8）数据可视化与智能化统计

装备制造企业管理涉及多系统，数据来源复杂，制作和维护图表、报表难度大，且不同的企业有大量定制化需求。平台提供可视化工具，为各业务场景提供灵活个性化的数据统计与展示解决方案，实现全方位可视化KPI管理，辅助智能决策，企业生产运营综合看板如图8-31所示。

通过数据统计与可视化，建立基于实践论证的数据生产力模型，利用数据产品引导业务决策，实现业务价值闭环，让数据真正驱动生产力，全面释放装备制造全过程的数据价值。

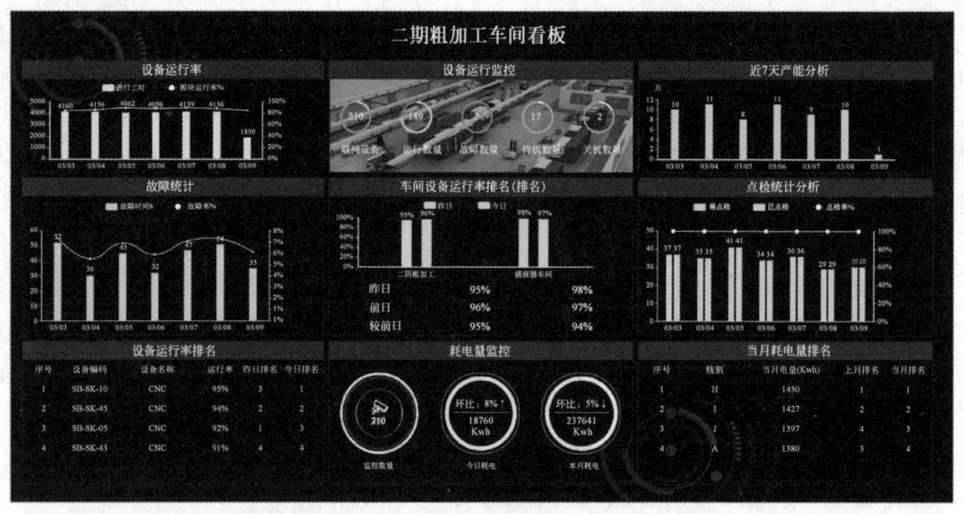

图 8-31　企业生产运营综合看板

8.4.3　应用效果分析

【关键词】 核心痛点；标杆案例；突破瓶颈

【知识点】

1. 恒远智能数智化平台的典型标杆案例。

2. 平台价值及应用成果。

面向高端装备制造的一站式智能化集成平台聚焦装备制造智能化建设，可有效解决其转型升级过程的七大核心痛点问题（见图 8-32）：系统多如烟囱林立，集成/运维/升级难；智能设备未联网，控制协同难；运营数据分散沉睡，管理决策难；行业经验未固化，知识传承难；计划排程拍脑袋，MRP 运算难；项目调度靠人工，业务协同难；生产信息耦合复杂，人工追溯难。

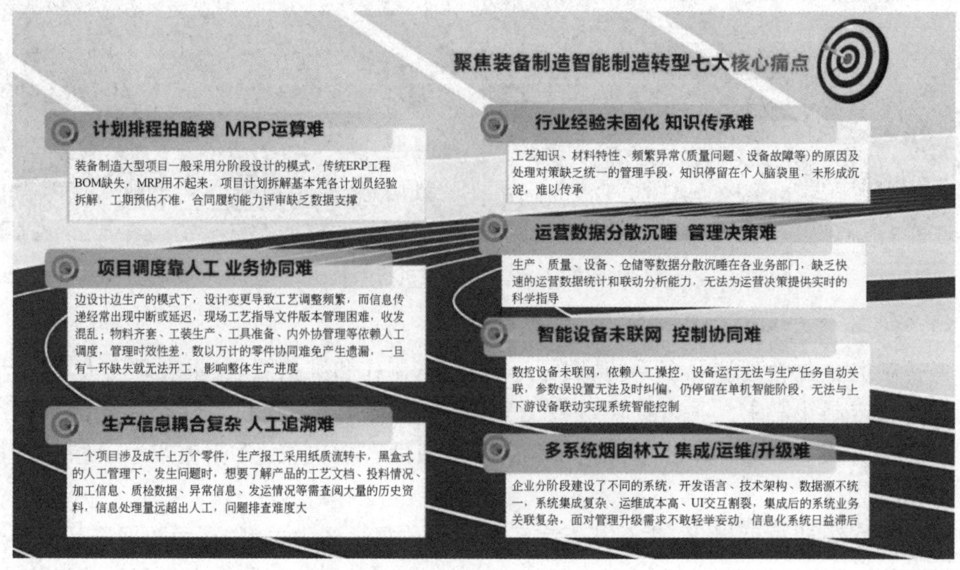

图 8-32　装备制造智能制造转型的七大核心痛点问题

目前，该平台已服务500余家客户，涵盖航天、海工、石油、环保、能源、核电、工程、农机等装备行业，打造了首都航天、西航发、中国兵器等公司的标杆案例，助力装备制造企业实现数智化转型与高效增长，全面提升运营精益化、智能化和协同效率，获得客户的高度认可。平台积累了工业机理模型，深入研究场景化应用及技术架构，通过涉密应用系统分级保护测评，适配国产操作系统和中间件，平台经过大型军工企业验证，连续两年在细分市场占有率居全国第一。

该产品解决了受国外工业软件的"卡脖子"问题，实现了国产软件自主可控，树立了行业标杆案例，为装备制造企业提供数字化转型模型和方法论。项目推动了装备制造企业的数智化转型，助力行业加速发展。通过研发，恒远智能引进和培养了大量高精尖人才，提升了资源配置和创新能力，满足工业互联网行业的人才需求，突破发展瓶颈。

8.5　山东云想机器人打磨产线监控与智能运维

本节通过介绍和分析山东云想机器人打磨产线监控与智能运维案例的发展背景、平台架构、关键技术、配置与运行、应用效果分析等内容，探讨山东云想技术有限公司(山东云想)智能制造服务目前的优势与可提升环节。

8.5.1　案例简介

【关键词】 智能运维；案例简介；实施背景；需求分析

【知识点】

1. 云想案例的背景。
2. 系统开发的具体需求。
3. 项目实施的主要目标。

山东云想技术有限公司是一家集智能化产品开发、生产、服务于一体的高科技企业。山东云想机器人打磨产线监控与智能运维系统是一款面向打磨设备实时监控和智能运维的综合管理平台。软件设计思想基于面向对象编程思想和数据采集与监视控制系统(supervisory control and data acquisition，SCADA)理念，将软硬件紧密结合，以可视化为载体，以智能算法为驱动力，实现设备智能化的远程运维。

系统借助物联网技术实时获取设备的重要参数信息，结合数字孪生等技术实时监控打磨产线设备运转情况；系统支持设备运维项目自主配置、运维任务派发和异常处理的相关记录，利用知识图谱、故障树、鱼骨图等辅助设备运维和异常处理；系统还支持各种生产指标统计和数据分析，为企业提高设备使用效率、管理设备运维等设备管理工作提供了足够的数据支撑，切实以系统化促进工业智能化升级。

8.5.2　体系架构、关键技术及其配置与运行

【关键词】 体系架构；关键技术；技术配置；系统运行

【知识点】

1. 案例中的体系架构，包括硬件结构和软件层次。

2. 核心技术应用，如传感器技术、数据采集技术、无线通信等。

3. 系统的技术配置及其运行方式，如数据采集模块的部署、通信协议的使用等。

1. 体系架构

打磨产线运维管控系统旨在基于传感网络数据、设备自身监测数据（如伺服电机电流/转速/扭矩等）及人工采集数据，通过融合算法模型与设备运维机制分析，最终实现对打磨产线的运行可靠性评估及改善。该系统整体架构如图 8-33 所示。

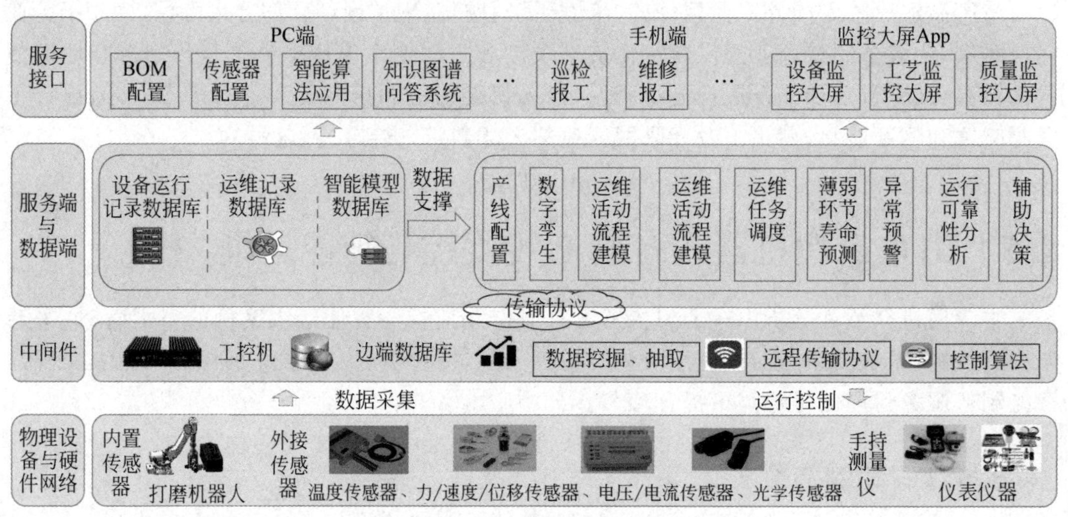

图 8-33　打磨产线智能运维管控系统体系架构

（1）物理设备与硬件网络层。该层主要包括打磨产线、传感网络、PLC 及其他辅助数据采集工具。其中，传感网络主要用于提供打磨产线自身原本不具备的数据采集能力，如除打磨机器人和打磨头伺服电机能够采集的电流/扭矩信号以外的监测数据。而其他辅助数据采集工具主要为手持测量仪器，如用于炭块质量测量的电阻传感器等。

（2）中间件层。该层主要包括工控机、边端数据库及其中部署的各类数据采集/存储/传输协议/控制算法，其作用在于支持物理设备与硬件层采集的原始数据处理及其向服务端的传递。

（3）服务端/数据端。该层主要存储边端采集并经过预处理的各种监测数据、部署支持打磨产线远程监控与智能运维的各类模型与算法、部署基于这些模型与算法的功能软件。

（4）服务接口层。该层通过手机端、台式机端、中控室大屏等，为用户提供交互接口。用户可通过该层使用各类关于打磨产线远程监控与智能运维的功能软件。

2. 打磨产线智能运维管控关键技术

基于打磨产线智能运维管控系统的体系架构，下面总结出支持该系统运行的三项关键使能技术，并讨论其关联关系。

1）元知识图谱与数字孪生数字模型驱动的配置与监控设计

高效准确地进行打磨产线模块化配置并构建其数字孪生数字模型，是实现打磨产线运维全生命周期活动流程管控的基础。为此，我们通过基于粒度计算的打磨产线配置模块划分、嵌入式 Web 驱动的流数据采集/存储/传输设计、元知识图谱驱动的打磨产线配置，实现打磨产线物理系统/状态监控系统及传感网络配置，进而研究基于一种数字孪生数字模型的打磨产线可视化监控设计。

2）事件-状态知识图谱与数字孪生状态模型驱动的运维管控

打磨产线运维活动流程建模与运维任务调度是实现其运维全生命周期活动流程管控的核心。为此，研究了一种数字孪生状态模型驱动的打磨产线运维全生命周期活动流程管控方法，在缺乏充分历史运维数据的条件下构建维护 BOM，建立运维全生命周期活动流程模型，建立表征打磨产线运维流程与机制的数字孪生状态模型、基于遗传算法的运维任务调度等，以期实现数字孪生状态模型驱动的打磨产线运维活动建模与管控。

3）智能算法与数字孪生智能模型驱动的运行可靠性评估改善

在打磨产线全生命周期运维活动流程管控的基础上，借助智能算法提高打磨产线运行的可靠性是智能运维管控系统的最终目标。对此，提出一种融合多智能算法的事件-状态知识图谱驱动的打磨产线数字孪生智能模型，在传感网络监测数据获取与解析的基础上，使用基于深度学习生成模型的物理系统薄弱环节寿命预测，使用深度学习算法对系统运行进行异常检测与预警，通过集成学习模型进行打磨产线运行可靠性预测，采用知识图谱问答系统进行打磨产线智能运维辅助决策，最终实现缺乏充分历史运维数据情况下的打磨产线可靠运行。

4）关键技术之间的关联

如图 8-34 所示，三项关键技术之间相辅相成，共同支撑数字化打磨产线智能运维管控系统的实现。其中，元知识图谱与数字孪生数字模型驱动的产线配置与监控设计为关键技术二、三的实现提供载体与监控方案。事件-状态知识图谱与数字孪生状态模型驱动的运维管控对关键技术一中的打磨产线进行运维活动流程建模与运维任务调度，为关键技术三提供运维全生命周期活动流程载体，串联关键技术三中的一系列子技术。智能算法与数字孪

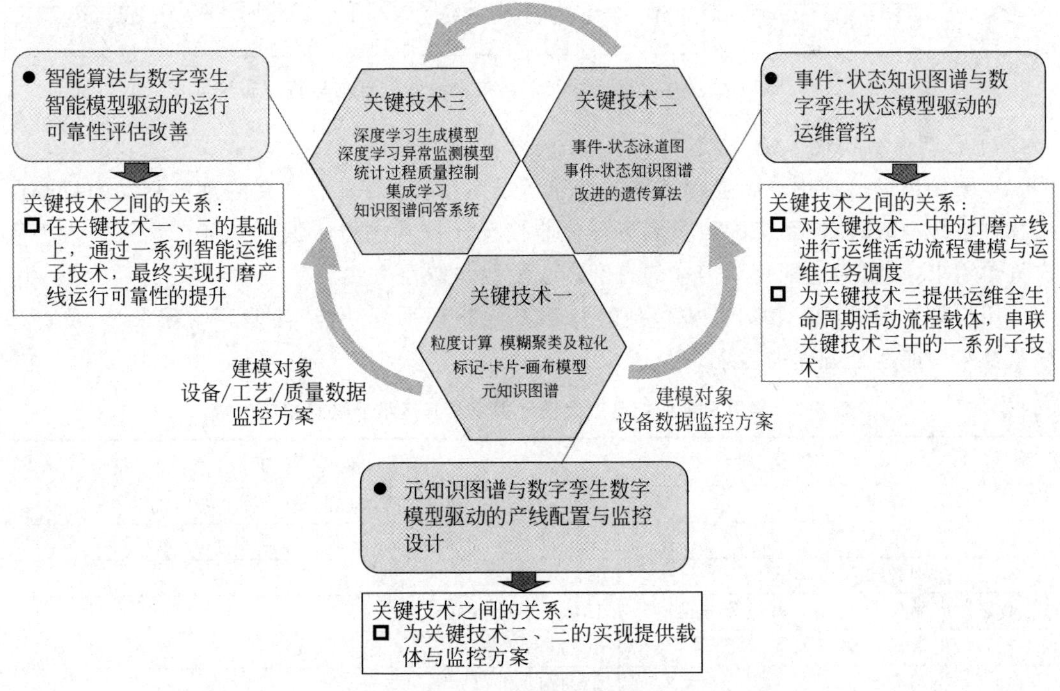

图 8-34 打磨产线智能运维系统关键技术之间的逻辑关系

生智能模型驱动的运行可靠性评估改善在关键技术一、二的基础上，通过一系列智能运维子技术，最终实现打磨产线运行可靠性的提升。

3. 配置与运行

打磨产线智能运维管控系统主要围绕打磨产线的运维活动进行配置与运行，最终支持打磨产线运行可靠性的提升，整套打磨产线智能运维管控系统的配置与运行逻辑如图 8-35 所示。

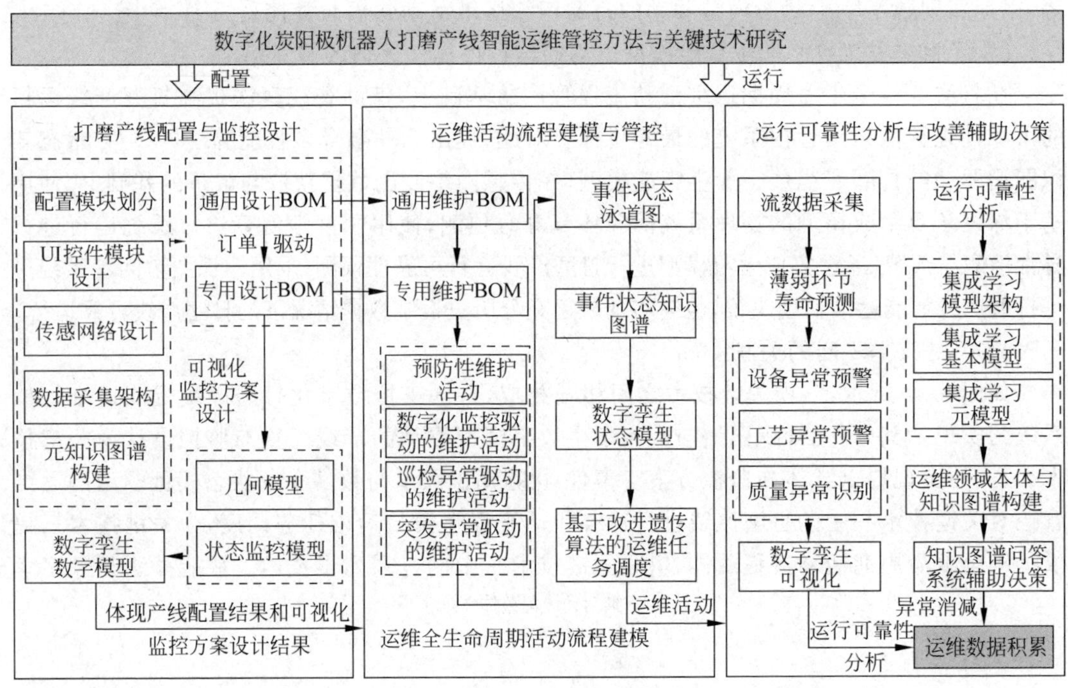

图 8-35 数字化打磨产线智能运维系统的配置与运行逻辑

1）打磨产线物理系统/状态监控系统配置及监控设计

本案例借助已在用户企业部署好的智能运维系统，对第 3 章研究的订单驱动的打磨产线物理系统/状态监控系统配置及其可视化监控设计技术进行了案例验证。案例输入为用户订单需求，输出为适配订单需求的打磨产线配置与监控方案。

用户订单需求见表 8-2，其中包括对打磨产线物理系统功能/性能等的需求，以及对远程监控与智能运维方面的需求。

表 8-2 某用户企业打磨产线设计需求及其运维服务订单（部分）

编号	需 求 类 别	具 体 需 求
1	除尘需求	清理物料统一进入输料螺旋，清理粉尘需增加除尘器
2	清理范围	可清理炭块顶面、炭碗、侧面
3	清理效率/(块·h^{-1})	≥20
4	产品尺寸/(mm×mm×mm)	1570×660×640
5	正常运行率/%	≥99
6	控制方式	手动/自动
7	机器人载重/kg	175～245

续表

编号	需求类别	具体需求
8	最大臂展半径/m	2.6～3.2
9	防护等级	IP67
10	最大噪声/dB	71
11	外加传感器监控参数	打磨头温度监控 防尘罩内的粉尘浓度监控 防尘罩内的气压监控 ……
12	智能运维功能	刀头寿命预测 设备异常报警 OEE 计算 运行可靠性预测 ……

基于表 8-2 中的用户需求，采用基于第 3 章关键技术研发的定制产线 BOM 配置 App、传感器配置 App、智能运维软件配置 App、数字孪生数字模型配置 App 进行打磨产线物理系统/状态监控系统及其可视化监控方案设计，软件实现流程如图 8-36 所示。需要指出的是，上述 App 部署在设备制造商的配置系统中。具体使用时，先为用户企业创建一个空的配置文件，然后通过各 App 对配置文件进行更新，最终所得配置文件包含面向该用户需求的打磨产线物理系统/状态监控系统配置及可视化监控设计方案。具体过程如下：

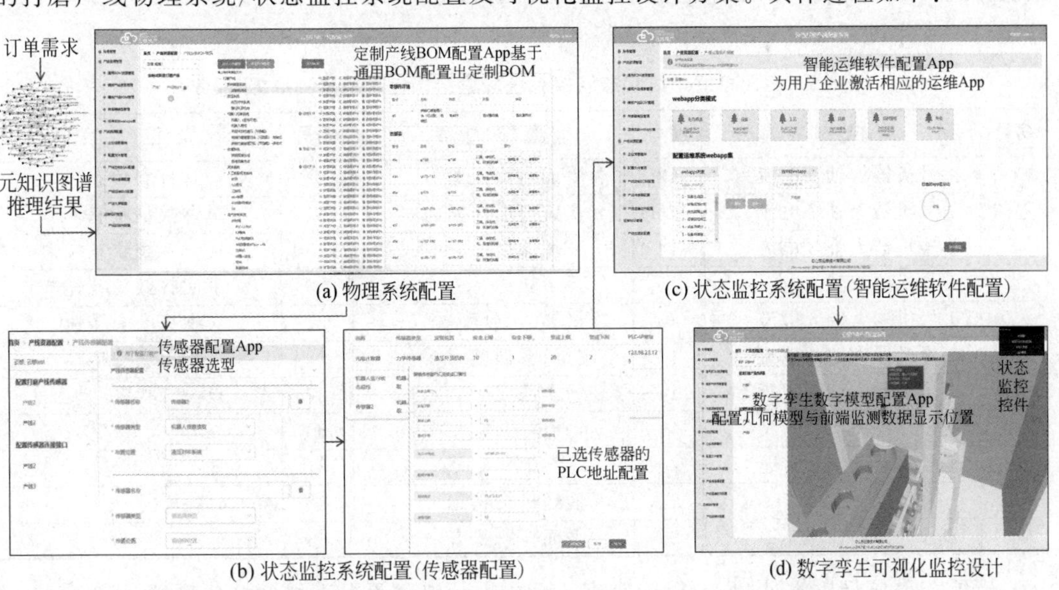

图 8-36　打磨产线物理系统/状态监控系统及可视化监控方案设计

打磨产线物理系统配置如图 8-36(a)所示。首先采用定制产线 BOM 配置 App，用树插件完成打磨产线物理系统配置任务，并将配置结果存入配置文件。需要指出的是，此处所得定制产线 BOM 不仅包含打磨产线具有的各个物理系统模块，还包括各模块对应的维护方案。例如，气动打磨头模块的维护方案为定周期维护，维护内容为每周检查打磨头磨损程度，每天检查打磨头是否崩刃或松动。根据表 8-2 中的用户需求得到图 8-37 所示案例产线配置结果。

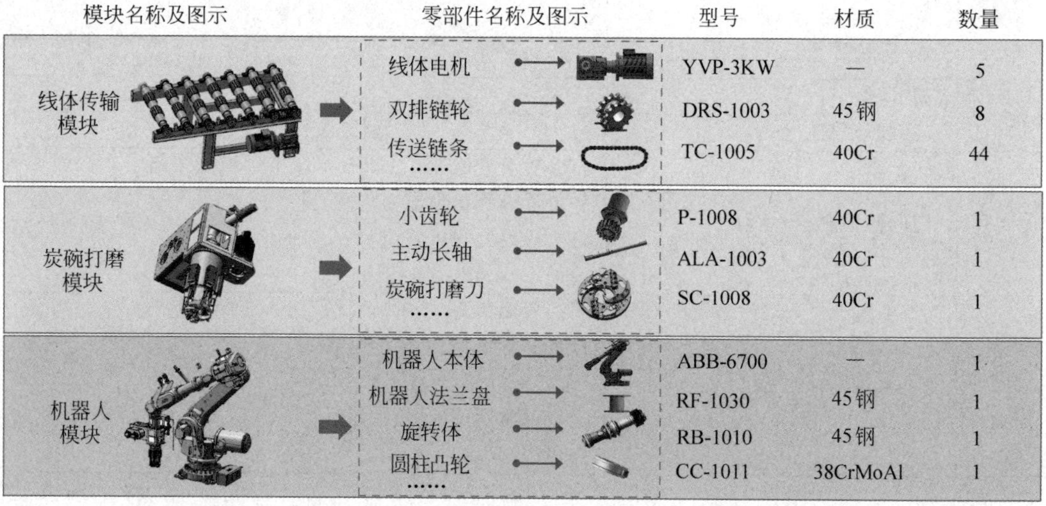

模块名称及图示	零部件名称及图示	型号	材质	数量
线体传输模块	线体电机	YVP-3KW	—	5
	双排链轮	DRS-1003	45钢	8
	传送链条	TC-1005	40Cr	44
	……			
炭碗打磨模块	小齿轮	P-1008	40Cr	1
	主动长轴	ALA-1003	40Cr	1
	炭碗打磨刀	SC-1008	40Cr	1
	……			
机器人模块	机器人本体	ABB-6700	—	1
	机器人法兰盘	RF-1030	45钢	1
	旋转体	RB-1010	45钢	1
	圆柱凸轮	CC-1011	38CrMoAl	1
	……			

图 8-37　案例产线配置结果

打磨产线状态监控系统配置如图 8-36(b)所示。基于前述元知识图谱中的状态监控系统配置结果，通过传感器配置 App，首先进行传感器选型，从打磨产线所有可安装的传感器选项池中选出针对订单中智能运维任务的传感器(最终所得配置结果见表 8-3)。然后继续通过传感器配置 App，为已完成选型的传感器进行 PLC 地址设置。传感器选型及其 PLC 地址也均存于配置文件中。

表 8-3　案例打磨产线状态监控系统配置结果包含的监测数据(部分)

编号	监 控 内 容	编号	监 控 内 容	编号	监 控 内 容
1	1 号机器人轴 1 电流	12	平面打磨压紧力	23	炭碗打磨状态
2	1 号机器人轴 2 电流	13	炭碗打磨压紧力	24	风淋吹扫状态
3	1 号机器人轴 3 电流	14	环境温度	25	视觉系统状态
4	1 号机器人轴 4 电流	15	环境压力	26	平面打磨头转速
5	1 号机器人轴 5 电流	16	机器人温度	27	炭碗打磨头转速
6	1 号机器人轴 6 电流	17	打磨头温度	28	点位 1 状态
7	1 号机器人轴 1 扭矩	18	粉尘浓度	29	点位 2 状态
8	…	19	1 号机器人状态	30	…
9	1 号机器人轴 1 转速	20	2 号机器人状态	31	日产量
10	…	21	输送机构状态	32	日耗电量
11	2 号机器人…	22	平面打磨状态	33	…

智能运维软件配置如图 8-36(c)所示。基于前述已配置好的打磨产线物理系统/状态监控系统及订单中的智能运维需求，通过智能运维软件配置 App，从所有智能运维关键技术 App 集合中选出用户订单需求涉及的关键技术 App，并将激活信息存入配置文件中。用户企业可借助该配置文件激活智能运维运行系统中相应的运维关键技术 App。

数字孪生可视化监控设计如图 8-36(d)所示。采用数字孪生数字模型支持打磨产线监控设计，其中，前端可视化部分主要包括打磨产线的几何模型与标记/卡片/画布模型。基于前面几个步骤配置好的打磨产线物理系统/状态监控系统，通过图 8-36(d)中的数字孪生数字模型配置 App,首先上传经压缩/渲染后的打磨产线 3D 几何模型,然后将已配置好的标记/卡片/画布模型拖动到几何模型上的合适位置,完成前端监控界面设计,如图 8-38 所示。本部分的监控设计方案同样保存在配置文件中。

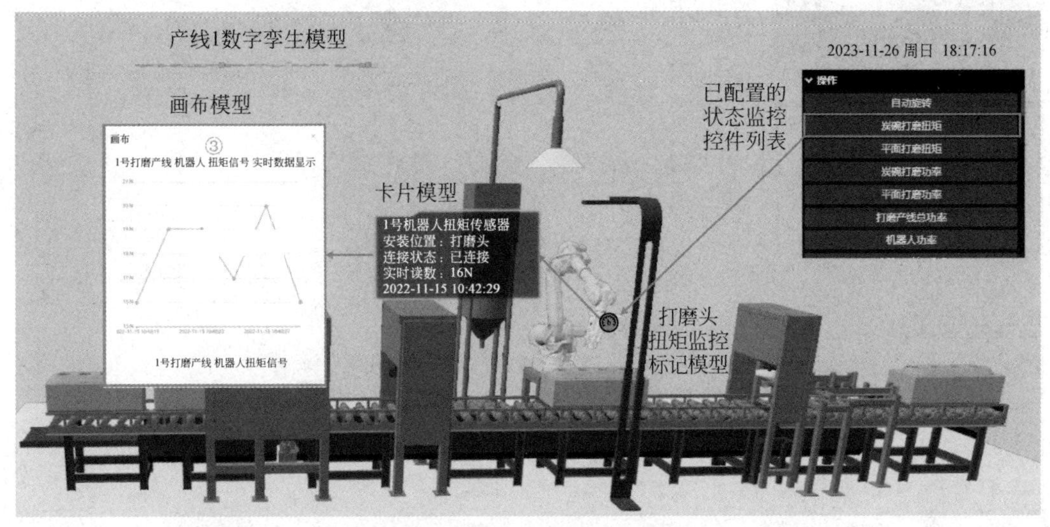

图 8-38　基于数字孪生数字模型的打磨产线可视化监控设计

2）打磨产线运维活动流程建模与管控

将 1)中所得配置文件导入部署于用户企业的智能运维运行系统后,可生成符合订单需求的打磨产线初始运维计划,并激活打磨产线运维全生命周期计划 App、打磨产线运维任务派/报工 App、打磨产线运维记录 App 等,以此支持打磨产线运维全生命周期活动流程建模与管控。案例首先输入订单需求,输出运维全生命周期活动流程模型(含运维计划),进而输入运维计划、设备监测数据和用户企业具有的运维资源信息,输出运维任务调度方案,其相应的案例执行流程与软件运行界面串联如图 8-39 所示。具体如下：

首先,通过登录界面访问打磨产线智能运维软件运行系统[图 8-39(a)],然后导入包含打磨产线物理系统/状态监控系统及其可视化监控方案的配置文件[图 8-39(b)],且只需要第一次登录时用配置文件进行激活。导入配置文件后,会激活相应的智能运维关键技术 Web App,这些智能运维关键技术 Web App 分为设备、工艺、质量、其他服务四大类[见图 8-39(c)]。

基于打磨产线运维全生命周期活动流程事件-状态知识图谱模型,可在打磨产线未开始工作前,构建预定义的运维全生命周期活动流程计划,然后在打磨产线开始工作后,不断根据监测数据/运维记录等进行动态更新。因此,该事件-状态知识图谱包含了尚未开展的打磨产线运维计划与已完成的运维记录,从而作为后台数据库为相应的智能运维关键技术 Web App 提供数据支撑。

首先,基于订单需求得到面向订单所需打磨产线和运维任务的打磨产线维护 BOM,据此自动映射生成图 8-39(d)中的打磨产线运维全生命周期活动流程模型,包括各关键维护项及由各关键维护项的维护周期确定的预计维护时间。在得到打磨产线实时设备运行数据后,采用遗传算法驱动的运维任务调度技术,根据运维计划与用户企业的运维资源进行运维任务调度,所得结果用以指导图 8-39(e)中的打磨产线运维任务派工。相关运维人员完成指定运维任务后,通过报工 App 上传运维任务执行结果至图 8-39(f)所示的打磨产线运维记

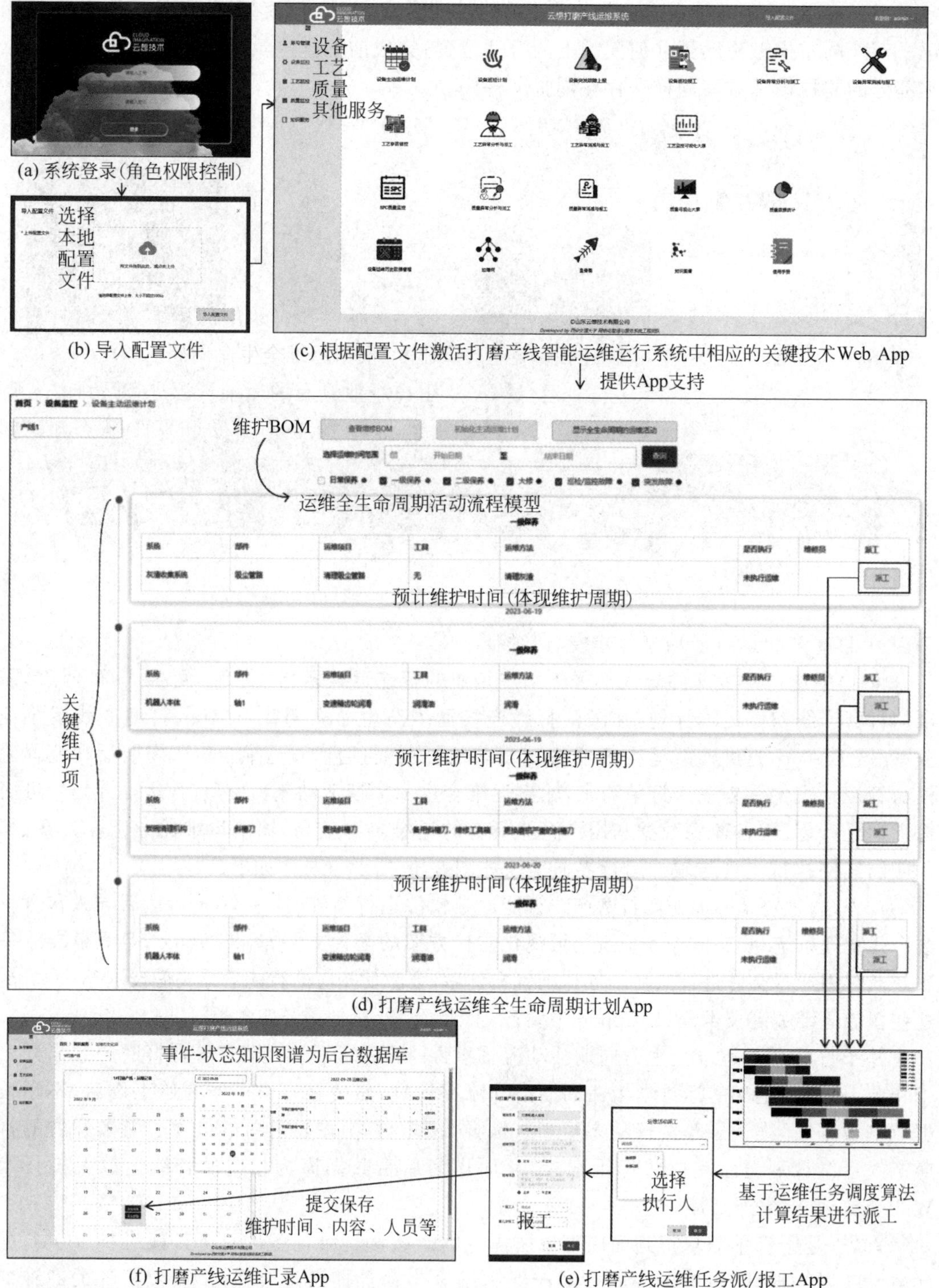

(a) 系统登录(角色权限控制)

(b) 导入配置文件

(c) 根据配置文件激活打磨产线智能运维运行系统中相应的关键技术Web App

(d) 打磨产线运维全生命周期计划App

(f) 打磨产线运维记录App

(e) 打磨产线运维任务派/报工App

图 8-39 打磨产线运维全生命周期活动流程建模与管控

录 App。上述整个过程及结果数据均记录在事件-状态知识图谱中，以作为打磨产线运维全生命周期计划 App 与打磨产线运维记录 App 的后台数据库。

8.5.3 应用效果分析

【关键词】应用效果；效果分析；成果展示；性能评价

【知识点】

1. 系统应用后的主要效果，如提升的运维效率、缩短的响应时间等。
2. 系统的性能，如准确性、稳定性、经济性等。
3. 系统应用过程中积累的经验，如优化建议、未来改进方向等。

从上述案例可以看出，使用打磨产线智能运维 Web App 可以实现基于订单的打磨产线物理系统/状态监控系统配置及其可视化监控设计；进而基于订单中的运维需求对打磨产线运维全生命周期活动流程进行建模，并在此基础上，根据运维全生命周期活动流程模型中的运维任务、监控方案获取到的设备运行数据及用户企业具有的运维资源进行运维任务调度；最后基于监控方案获取的设备/工艺/质量数据，借助融合 AI 算法和事件-状态知识图谱的数字孪生智能模型，实现关于打磨产线运行可靠性分析的各项功能，并给出相应的运行可靠性改善方案。

本套系统实际部署后，解决了设备制造企业因缺乏历史运维数据无法给用户提供相应的运维手册，而只能用基于监控数据产生式规则的安全区/警戒区/危险区识别进行异常预警、无法准确预判易损件更换周期，以及无法预判接下来一定时段内是否会发生异常导致的备件管理与运维人员工作协调困难等问题，切实提高了这套新研制的打磨产线的运行可靠性。

8.6 知识点小结

本章通过案例展示了不同智能制造服务的应用场景、实现技术和应用效果。

智能云科信息科技有限公司通过“智能边缘终端＋智能物联平台＋工业 App”构建了以机加工为主要制造资源的 iSESOL 工业互联网平台支撑的智能制造服务系统。

合锻智能制造股份有限公司采用“云-边”协同的运维思路，构建了“云-网-端”三层技术架构支撑以高端成形装备为基础的全流程运维服务运营管理平台及协同服务体系。

浙江大学杭州国际科创中心基于离散制造业加工的特点及精益持续改善的思想，围绕“工业互联网＋”构建了“云-边”协同的技术架构，开发了离散制造业智能工厂运营分析平台用以帮助离散制造企业实现智能制造服务。

恒远智能借助 AI、大数据等技术，结合具体业务场景，打造全链条业务协同的制造运营管理平台及云边端协同一体化的 IIoT 平台，赋能装备制造企业数智化转型。

山东云想技术有限公司研发了机器人打磨产线监控与智能运维系统，借助 SCADA、AI、数字孪生及各种制造领域关键技术，实现机器人打磨产线远程监控与智能运维服务。

8.7 思考题

1. 在智能云科案例中，如何通过数据驱动的智能运维系统提高设备管理的效率？试分析其主要实现机制。

2. 合锻智能运维服务平台如何利用远程监控和故障诊断技术来实现设备的全生命周期管理？

3. 离散制造业智能工厂运营分析平台如何通过数据整合与分析来优化生产调度，提高运营效率？

4. 恒远智能 MOM 系统如何通过集成 MES 与 ERP 实现生产过程的动态管理与优化？

5. 山东云想智能运维系统如何利用机器视觉技术实现机器人打磨产线的实时监控与优化？

参考文献

[1] 张富强，江平宇，郭威．服务型制造学术研究与工业应用综述[J]．中国机械工程，2018，29(18)：2144-2163.

[2] MONT O K. Clarifying the concept of product-service system[J]. Journal of Cleaner Production，2002，10(3)：237-245.

[3] 李浩，纪杨建，祁国宁，等．制造与服务融合的内涵、理论与关键技术体系[J]．计算机集成制造系统，2010，16(11)：2521-2529.

[4] 张铁伦，牛艺萌，叶天竺，等．新信息技术下制造服务融合及产品服务系统研究综述[J]．中国机械工程，2018，29(18)：2164-2176.

[5] 乔立红，张毅柱．产品数据管理与企业资源计划系统间更改信息的集成与控制[J]．计算机集成制造系统，2008(5)：904-911.

[6] 孙林岩，李刚，江志斌，等．21 世纪的先进制造模式——服务型制造[J]．中国机械工程，2007(19)：2307-2312.

[7] BAINES T S，LIGHTFOOT H W，BENEDETTINI O，et al. The servitization of manufacturing[J]. Journal of Manufacturing Technology Management，2009，20(5)：547-567.

[8] 张旭梅，郭佳荣，张乐乐，等．现代制造服务的内涵及其运营模式研究[J]．科技管理研究，2009，29(9)：227-229.

[9] 汪应洛．创新服务型制造业，优化产业结构[J]．管理工程学报，2010，24(S1)：2-5.

[10] 齐二石，石学刚，李晓梅．现代制造服务业研究综述[J]．工业工程，2010，13(5)：1-7.

[11] 张映锋，江平宇．面向中小型企业的制造服务平台研究[J]．西安交通大学学报，2004(7)：670-673.

[12] 顾新建，张栋，纪杨建，等．制造业服务化和信息化融合技术[J]．计算机集成制造系统，2010，16(11)：2530-2536.

[13] 陶飞，戚庆林．面向服务的智能制造[J]．机械工程学报，2018，54(16)：11-23.

附录A

思考题参考答案或提示

第1章 制造服务及其智能化概述

讨论在智能制造服务中,大数据和 AI 技术如何共同作用于提高制造流程的效率和产品质量。考虑实际应用场景,分析这些技术的具体作用和可能面临的挑战。

参考答案:在智能制造服务中,大数据和 AI 技术相辅相成,共同提高制造流程的效率和产品质量。具体作用可从以下几个方面阐述:

(1) 实时监控与预测维护。大数据通过收集和分析来自传感器、机器和生产线的数据,实时监控设备的运行状态。人工智能利用机器学习算法分析这些数据,预测设备故障和维护需求,避免意外停机,以提高设备利用率。例如,PdM 系统可以避免设备故障而减少停机时间,提高整体生产效率。

(2) 质量控制与缺陷检测。大数据汇集产品生产过程中的各类数据(如温度、压力、速度等),建立产品质量的基准数据集。人工智能通过图像识别和深度学习技术,自动检测生产过程中的产品缺陷,识别出次品。在电子制造中,自动化视觉检测系统能够快速识别电路板上的微小缺陷,确保产品符合高质量标准要求。

(3) 优化生产流程。大数据通过分析历史生产数据和实时数据,找出生产瓶颈和资源浪费点。人工智能利用优化算法和仿真技术,提出改善生产流程的方案,提高生产线效率。比如,柔性制造系统可以根据实时订单和库存情况,动态调整生产计划,优化资源配置和生产节奏。

(4) 个性化定制与快速响应。大数据收集和分析来自客户的需求数据,了解市场趋势和个性化需求。人工智能通过数据分析和预测模型,快速设计和生产定制化产品,满足客户的个性化需求。在汽车制造中,利用客户数据和 AI 技术,可以实现定制化生产,快速响应市场需求的变化。

可能面临的挑战包括:

(1) 数据质量与整合。数据来源多样且分散,数据质量参差不齐,整合和清洗数据需要大量时间和资源。制造企业需要投入资源和技术来确保数据的准确性和一致性,以便有效利用大数据和 AI 技术。

(2) 技术复杂性与适应性。部署和维护 AI 和大数据技术需要高水平的专业知识,企业需要投入大量资源进行技术培训和系统集成。这种复杂性可能导致较高的初期投资和持续的技术支持需求，影响企业的实施进度和效果。

(3) 隐私与安全。大量数据的收集和分析可能涉及商业机密和个人隐私，如何保护数据安全和隐私是一个重要挑战。制造企业必须制定严格的数据保护策略，防止数据泄露和不当使用，以维护客户和企业自身的利益。

(4) 成本与投资回报。初期的技术投入和系统改造需要大量资金，企业需要衡量投资回报率，以确保智能制造项目的经济可行性。高成本可能会成为中小制造企业采用这些先进技术的障碍，需要仔细评估和管理投资风险。

综上所述，大数据和AI技术在智能制造服务中的应用显著提高了制造流程的效率和产品质量。然而，企业在应用这些技术时，需要克服数据管理、技术复杂性、安全与隐私、成本等方面的挑战，才能充分发挥其潜力。

第2章　制造模式与制造服务

1. 什么是工业互联网？描述工业互联网在智能制造中扮演的角色。

参考答案：工业互联网的概念最早由美国通用电气公司于2012年提出，是新一代信息通信技术与工业经济高度融合形成的开放式新型基础设施、应用模式和工业生态。它通过对人、机、物、系统等的全面连接，构建起覆盖全产业链、全价值链的全新制造和服务体系，为工业乃至产业数字化、网络化、智能化发展提供了实现途径。工业互联网打通了工厂设备系统，实现了数据采集、清洗、分析，并通过云技术将数据进行交互共享，打破了原有系统间、部门间的封闭性和局域性，使生产经营过程更加高效透明；融合了大数据、AI、物联网等新兴技术，帮助企业更好地理解市场需求，优化工厂工艺生产流程，提高产品质量，助力企业实现定制化生产、柔性制造等创新的生产方式，满足市场发展的个性化需求。

2. 分析制造即服务这种模式的优势与劣势。

参考答案：制造即服务(MaaS)提供了灵活的按需生产能力，使得企业能够根据市场需求快速调整生产线。通过MaaS平台，企业可以租用各种生产设备和技术服务，实现从小批量定制生产到大规模制造的无缝转换。MaaS还允许企业在需求高峰期快速扩展产能，避免了因产能不足导致的交付延迟问题。例如，一家初创公司可以通过MaaS平台获取先进的3D打印技术，快速制造出小批量的产品原型，以测试市场反应和进行迭代优化。

3. 工业产品服务系统有哪些分类？各有何异同？

参考答案：工业产品服务系统(IPSS)可以分为以下三类：

(1) 以产品为导向的IPSS。在传统的推广/销售工业产品行为的基础上，通过增加附加服务，如产品的售后服务、维护、修理、重用和回收，并通过培训和咨询帮助客户优化产品的应用效果。该类型主要是保证工业产品的正常使用，从而保障客户高效持久地获取工业产品的生产能力，最大限度地降低长期使用成本，并在设计工业产品时考虑到产品的寿命(可重复使用/容易更换/可回收的部件)。

(2) 以应用为导向的IPSS。通过租赁、共享等形式为客户提供产品的使用权或可用性，同时提供工业产品应用过程中相关的产品服务，如机床制造商将数控机床租赁给顾客，并为其提供数控机床的编程、工艺和维护等服务。此时，工业产品的所有权不发生变化，只是将生产能力通过服务形式提供给顾客。该类型主要是最大限度地满足使用需求，并延长工业产品的使用寿命和可靠性。

(3) 以结果为导向的IPSS。通过销售结果或能力而不是产品来满足顾客需求，如销售刀具加工后的产品而不是销售刀具，销售发动机的运转时间而不是发动机本身。该类型为顾客提供产品全生命周期内各阶段的生产服务，其中产品服务提供商保留产品的所有权，而顾客仅为提供商定的结果付费。

4. 制造服务的核心要素有哪些？举例说明实现智能化的过程。

参考答案：制造服务的核心要素包括需求与供需匹配、资源组织与配置、服务过程跟踪与质量管控及服务评估与反馈。依据产品的加工类型、制造特征及质量信息，通过相似度计算和约束推理的方法与制造服务能力进行匹配，最终选择最优的制造社区承接订单；在制造过程中，根据实际情况对资源配置进行动态调整，以适应制造需求的变化；采用RFID和IIoT技术对供应链级的物流运输和仓储过程进行跟踪与监控；通过网络化平台收集和智能算法对客户服务进行评价，不断改进和提高服务质量。

第3章 智能制造服务中的特征工程

1. 符号智能计算和计算智能计算有什么不同？试举例说明。

参考答案：符号智能计算指采用计算技术获取用类自然语言或结构化符号等描述的陈述性知识，并以此类陈述性知识为处理对象，进行推理计算的方法，主要有基于规则、基于框架、基于实例推理方法等的推理或聚合计算等。计算智能计算是指利用自然(生物界)规律的启迪，根据其所蕴含的原理，模仿而求解问题的算法，如神经网络算法、遗传算法、蚁群算法、免疫算法、深度神经网络方法等。

符号智能计算基于规则和逻辑，具有高可解释性，适用于明确规则和逻辑推理的任务。而计算智能计算则是基于数据驱动的方法，具有高自适应性，适用于需要从大量数据中学习的任务。

2. 智能制造的特征工程技术有哪些？请任选一种进行分析。

现有的智能制造特征工程技术分为五类，即子集选择、通过转换生成、通过学习生成、知识驱动特征工程和综合特征工程。

知识驱动特征工程是指利用领域知识和专家经验来指导特征工程的过程。与数据驱动的特征工程不同，知识驱动特征工程强调利用已有的专业知识来设计和选择特征，从而提高模型的性能和解释性。知识驱动特征工程的步骤如下：

理解业务和数据——深入了解业务背景和数据的含义。

识别关键特征——基于领域知识识别对目标变量有重要影响的特征。

设计新特征——利用领域知识设计新的特征，可能包括特征组合、转换等。

验证特征有效性——通过统计分析和模型评估验证新特征的有效性。

3. 什么是支持智能计算的广义数据集？请结合实际应用场景，讨论如何构造该类型数据集。

支持智能计算的广义数据集指那些可以用于训练和评估各种智能计算模型的数据集。这些数据集通常具有以下特点：

(1) 多样性，即数据集包含多种类型的数据，如文本、图像、音频、视频等，以便支持不同类型的智能计算任务。

(2) 规模大，即数据集通常非常大，以便模型能够从大量数据中学习到有用的模式和特征。

(3) 标注数据，即数据集中的数据通常是经过标注的，这意味着每个数据点都有一个或多个标签，帮助模型进行监督学习。

构造该类型数据集前要明确需要解决的问题，如果为解决项目中存在的问题，可以分析项目产生日志，分析其中的问题案例，发现系统处理不好的问题，依据这些问题就可以考虑能否使用数据驱动的方法来解决，再制作数据集。若为了科学研究，则需要对现有数据集进行一定的研究，当发现现有数据集不足以模拟领域痛点问题或无法满足数学工具潜力，或已经可以很好地解决之前的问题时，就可以考虑构造新的数据集来解决下一个痛点问题。

在明确要解决的问题后，数据集的质量也就保障了一半，剩下的一半取决于这个数据集的具体构造。构建数据集的流程：数据采集、数据标注、数据集迭代闭环、数据集划分。

第 4 章　产品设计服务及其智能化

1. 请解释产品设计流程的主要阶段及其重要性。

参考答案：产品设计流程的主要阶段包括需求分析、概念设计、详细设计、原型制作、测试评估。

(1)需求分析：通过了解市场需求和用户需求，确定产品的基本功能和性能要求，这是整个设计过程的基础；

(2)概念设计：提出多个设计方案，并评估其可行性和创新性，是创意和创新的关键阶段；

(3)详细设计：对选定的概念进行细化设计，确定具体的尺寸、材料和工艺，确保设计的可实施性；

(4)原型制作：制作产品原型，验证设计的可行性和功能性，通过实际测试发现并解决问题；

(5)测试评估：对原型进行全面测试，评估产品性能和用户体验，确保产品满足预期要求。

每个阶段都有其独特的重要性，缺一不可，只有经过科学合理的设计流程，才能设计出符合市场需求和用户期望的优质产品。

2. 如何通过设计方法学的应用提高产品设计的系统性和效率？请举例说明。

参考答案：通过设计方法学的应用，可以提高产品设计的系统性和工作效率。例如，应用设计思维方法，可以在需求分析阶段通过用户访谈和观察，深入了解用户的真实需求，并通过头脑风暴生成多种创意方案。在详细设计阶段，可以通过计算设计方法，利用计算机模拟和优化工具，对设计方案进行反复优化，提高设计的精确度和可靠性。通过这些系统化的方法，可以有效提高设计效率，缩短开发周期，并保证设计质量。

3. 解释产品 BOM 的作用及其在产品设计和制造过程中的重要性。

参考答案：产品 BOM(物料清单)是产品设计和制造过程中至关重要的文件，详细列出了产品所需的零部件、原材料及其数量。BOM 的作用有：

(1)确保准确性。通过详细记录所有零部件，确保产品设计的完整性和准确性，避免遗漏。

(2)成本控制。通过 BOM，可以准确估算产品的制造成本，控制预算。

(3)生产计划。BOM 为生产计划提供依据，确保按计划采购和生产，避免材料短缺或过剩。

(4)产品维护。BOM 为产品的后续维护和修理提供参考，方便快速找到所需零部件。

在产品设计和制造过程中，BOM 管理是确保产品设计准确性和生产顺利进行的关键手段。

4. 如何通过 BOM 的管理确保产品设计的准确性和生产的顺利进行？

参考答案。通过 BOM 的管理可以确保产品设计的准确性和生产的顺利进行。具体方法包括：

(1)版本控制。对 BOM 进行严格的版本控制，确保每次修改和更新都有记录，避免混淆。

(2)系统集成。将 BOM 与 CAD 系统、ERP 系统集成，实现数据的自动更新和共享，减少人为错误。

(3)及时更新。在设计变更时，及时更新 BOM，确保生产部门获取最新的物料信息。

(4)审核机制。建立严格的审核机制，确保每个 BOM 条目都经过验证和批准。通过这些管理措施，可以有效提高 BOM 的准确性和可靠性，保障生产的顺利进行。

5. 如何通过产品设计服务识别市场机会和用户需求？请结合实际案例说明。

参考答案：产品设计服务可以通过市场调研、用户访谈、竞争分析等方法识别市场机会和用户需求。例如，某消费电子公司通过用户调研发现，消费者对智能家居产品的需求日益增长。于是，公司推出了一款智能音箱，通过设计师与用户的密切沟通，深入挖掘用户对音质、智能控制、语音助手等的需求，最终设计出一款功能齐全且用户体验极佳的产品，成功抢占了市场先机。

6. 在智能制造服务中，如何实现产品内容与服务内容的有机结合，以满足用户需求和市场变化？

参考答案：在智能制造服务中，实现产品内容与服务内容的有机结合，可以通过建立智能化的服务平台，整合产品设计、制造和售后服务。例如，某智能制造企业通过其智能制造服务平台，将产品设计与客户定制需求紧密结合，提供从设计到生产再到售后的全流程服务。通过实时反馈用户使用数据，持续优化产品性能和服务内容，以满足不断变化的市场需求和用户期望。

7. 什么是设计资源？设计资源对产品设计过程有何重要影响？

参考答案：设计资源是指在产品设计过程中所需要的各种资源，包括设计工具、设计知识、设计人员、设计材料等。例如，设计工具能够提供高效的设计和仿真工具，提高设计效率和精度；设计知识通过知识库和案例库，能够提供设计灵感和参考，提高设计创新性；设计人员为具备丰富的经验和专业技能的设计团队，是高质量设计的保障；设计材料能够提供多样化的材料选择，满足不同的设计需求。因此，有效利用设计资源，可以显著提高产品设计的效率和质量。

8. 如何利用知识服务支持设计师在设计过程中的决策和创新？请举例说明。

参考答案：通过知识服务，可以为设计师提供决策支持和创新灵感。例如，一个在线设计知识平台，汇集了大量的设计案例、设计方法和专家意见。设计师在遇到设计难题时，可以通过平台查找相关案例，获取解决方案。某公司设计团队在开发新产品时，利用该平台查找到类似产品的设计案例，从中借鉴了关键技术和创新思路，成功设计出更符合市场需求的新产品。

9. 设计外包服务的主要流程是什么？各个步骤如何确保设计外包成功？

参考答案：设计外包的主要流程包括：

(1) 需求分析。明确项目需求，确保外包方了解项目目标和要求。

(2) 供应商选择。通过招标和评估，选择具备专业能力和信誉的供应商。

(3) 合同签订。签订详细合同，明确双方的责任和权利，确保项目顺利进行。

(4) 设计实施。外包方按照合同要求进行设计工作，并与委托方保持密切沟通。

(5) 质量控制。在设计过程中，定期检查和评估设计质量，确保达到预期标准。

(6) 项目交付。完成设计后，进行最终验收和交付，确保项目满足需求。

10. 智能化技术在设计外包中的应用有哪些优势？请结合具体案例予以说明。

参考答案：智能化技术在设计外包中的应用具有多项优势，如提高效率、降低成本、提升设计质量。某企业在进行设计外包时，采用了 AI 驱动的设计工具和平台，自动生成设计草图并进行优化。通过智能化技术，该企业不仅缩短了设计周期，还大大提高了设计精度，最终成功推出一款高质量的新产品。

11. 设计众包的概念是什么？其主要特点和优势有哪些？

参考答案：设计众包是指通过网络平台，将设计任务发布至全球设计师社区，通过集体智慧和创意完成设计任务。其主要特点和优势有：

(1) 多样性。汇集全球设计师的创意和智慧，获得多样化的设计方案。

(2) 成本效益。通过竞争机制降低设计成本，提高性价比。

(3) 速度。众包平台可以快速发布任务并获得大量设计方案，加快设计进程。

(4) 创新性。通过集体创意，激发更多创新性和独特性的设计方案。

12. 智能化技术如何提高设计众包的效率和效果？请举例说明。

参考答案：智能化技术可以通过自动化筛选、优化设计方案和智能评估等手段，提高设计众包的效率和效果。例如，某众包平台采用 AI 技术，对提交的设计方案进行初步筛选和分类，自动排除不符合要求的方案，并根据设计标准进行评分和排名。通过这种方式，平台可以快速筛选出高质量的设计方案，并提供给客户，显著提高了设计众包的效率和效果。

第 5 章　产品生产服务及其智能化

1. 在当前服务型制造模式下，产品全生命周期管理系统中的产品 BOM 有哪些新需求？

参考答案：产品 BOM 应具有的新需求包括：

(1) 企业内、跨企业不同角色权限控制访问。

(2) 产品应能进行模块化配置与管理。

(3) 产品全生命周期各阶段的不同角色根据自身需求应能得到定制化的数据视图。

(4) BOM数据应具有较高的实时性和一致性。

(5) BOM数据应能进行版本管理,且数据可追溯。

(6) 产品生命周期管理系统及其BOM数据部署在云平台,既是企业的产品研发管理平台,更是研发、工艺与生产的数据共享桥梁。

2. 在新一代智能制造、工业5.0背景下,人在生产系统中的角色应如何定位?

参考答案:相比于工业4.0聚焦在技术层面,强调高度自动化、无人化的特点,工业5.0强调以人为本的智能制造,即充分考虑人在产品生产系统中的感受、作用和福祉。因此,随着AI技术、机器人技术等的进一步发展,未来生产系统要充分考虑人、机、物融合生产。例如,产品生产过程中由人类承担对柔性、触觉、灵活性等要求比较高的工作环节,机器人则利用其快速精准的优势来负责重复性和程序化的工作环节。因此,生产系统的未来并不是追求纯粹的无人工厂,而是要以人为核心,使人在先进技术的支持下从事更有价值、更有乐趣的工作,同步为企业带来更大的经济效益。

3. 一件复杂产品的生产需要众多供应商协作完成,从候选供应商中挑出合适的供应商需要考量哪些因素?

参考答案:供应商的科学评价和选择包括评价指标和评价方法两个方面。在评价指标方面,需要构建一套评价指标体系,一般会从多个维度构建。例如,在产品质量维度,包含有产品检验合格率、质量稳定性、使用故障率、质量体系、质量检测水平等。除了质量维度,还可以将供应商的物理距离(与物流成本有关)、产品报价、产品性能参数、产品环保性等维度指标纳入供应商评价指标体系中。在评价方面,可由定性方法、定量方法、定性与定量方法相结合的方法进行评价。定性方法主要根据经验或者专家的主观判断来评价供应商的能力大小;定量方法主要根据供应商的业绩数据来评价,具体评价方法包括主观判断法、线性权重法、层次分析法、数学规划法等。

4. 产品生产过程的服务涉及生产装备、生产工艺、在制品、生产系统等多个方面的内容,那么如何有效地对这些服务内容进行智能化整合,从而实现面向生产全过程的较为完备的智能化管控?

参考答案:在工厂车间搭建数据采集系统,实现对产品生产过程所涉及的生产装备、在制品、车间环境等的实时数据采集,并将所采集的数据进行规范化整理,上传到工业云平台;以工业云平台为依托,开发贯穿生产全过程的各项智能化服务功能,并根据各项服务间的关联关系,构建服务功能间的兼容交互接口,将各项功能封装形成服务模块;在产品生产过程中,用户即可利用这些服务模块实现生产的智能化管控。

5. 绿色生产管控服务正变得越发重要,请结合某一具体制造行业,阐述具体实施绿色生产管控工作的方法。

参考答案:以机加工行业为例,首先根据相关政策、制造商自身需求等确定绿色生产管控范围,目前常考虑的要素包括物料、产品、能源和环境;接着需对机加工过程所涉及的碳排放因素进行分析，主要有电、气、刀具、切削液、润滑液等的消耗及产生的切屑等；然后构建车间数据采集系统，对碳排放的相关因素进行监测，并利用合适的碳排放计量方法实现碳排放的比较分析，找出具备优化空间的碳排放因素；针对这些因素开发优化功能程序，如优化控制软件的机床设备负载平衡控制、优化生产工艺过程规划方案等。可进一步结合具体产品制造案例展开说明。

6. 生产任务的外包类型有哪些？在工业活动中，如何对外包任务进行过程监控？

参考答案：生产任务外包分为生产任务外包和生产工序外包。生产任务外包的面向对象为生产能力不足、产能落后但又面临较多订单任务的企业；生产工序外包的面向对象为某道生产工序所需的装备落后或缺失的企业。为了实现订单执行过程中的现场数据自动采集、数据融合和信息处理，进一步实现对订单的可视化实时监控和跟踪，可以结合 RFID 与物联网技术，建立基于 RFID 的物流节点监控模型，该方法能对物流过程进行跟踪和监控，实现外包过程的透明化、可视化、自动化。

7. 从服务型生产智能化到生产供应链，再到服务智能化，请以你所了解到的一个生产服务为例，阐述智能化改造升级的方法。

参考答案：从服务型生产智能化到生产供应链，再到服务智能化的改造升级，是一个涉及技术、管理和流程全面优化的复杂过程。下面以欧冶云商为例，详细阐述这一改造升级的过程。举例说明应从数字化建模、智能服务设计、智能服务运维等方面阐述。

第 6 章　产品运行与维护服务及其智能化

1. 智能化运行与维护服务在传统运行与维护服务中有哪些显著优势？请结合实际应用案例进行分析。

提示：思考智能化运行与维护在反应速度、维护效率、成本管理和数据利用等方面的优势，并举例说明这些优势在制造业或能源行业中的具体应用。

2. 在智能化运行与维护中，物联网和大数据分析技术如何协同工作以实现设备的 PdM？

提示：描述物联网在设备状态监控中的作用，以及大数据分析，如何通过分析这些数据来预测设备故障，延长设备的使用寿命。

3. 智能化运行与维护系统的关键技术有哪些？请详细阐述这些技术的功能和重要性。

提示：列举并解释 IIoT、AI、大数据和云计算在智能化运行与维护中的具体应用和作用。

4. 产品全生命周期活动建模的重要性是什么？在实际应用中，企业如何利用该建模方法优化产品运行过程？

提示：讨论全生命周期活动建模在理解产品全生命周期、优化关键环节、提高服务质量和支持决策方面的重要性，并结合制造业的实例进行说明。

第7章 产品再循环服务及其智能化

1. 请以具体产品为例，结合当前再循环技术的发展现状，辨析该产品再循环的范围及所包含的处理过程，并给出该产品的再循环流程。

参考答案：以新能源汽车的锂电池为例，当前基于机器视觉的识别检测技术可支持锂电池类型和状态的精准分类；基于寿命评估技术可促进符合特定标准和条件的废旧电池的二次利用，如叉车、电动自行车等对电池性能要求较低的领域；基于智能机器人的拆解技术可安全高效地将不符合二次利用标准的废旧电池分离出电芯、隔膜、电解液等组件；基于破碎和筛分技术可分离出不同粒径的废旧电池材料，促进材料的再利用；基于湿法冶金技术可从电池拆解组件中获得锂、钴、镍等有价值的金属；基于电解提纯、溶胶-凝胶、涂布压实等电池再加工技术可以将得到的金属化合物加工成高纯度的电池材料，用于新电池的制造。

因此，当前再循环技术支持新能源汽车废旧电池的精准回收检测、安全高效拆解、高性能再制造，同时促进废旧电池的二次利用、废旧电池材料的再利用，其再循环范围涉及回收检测、产品拆解、再使用、再制造、再利用等处理过程，如图A-1所示。

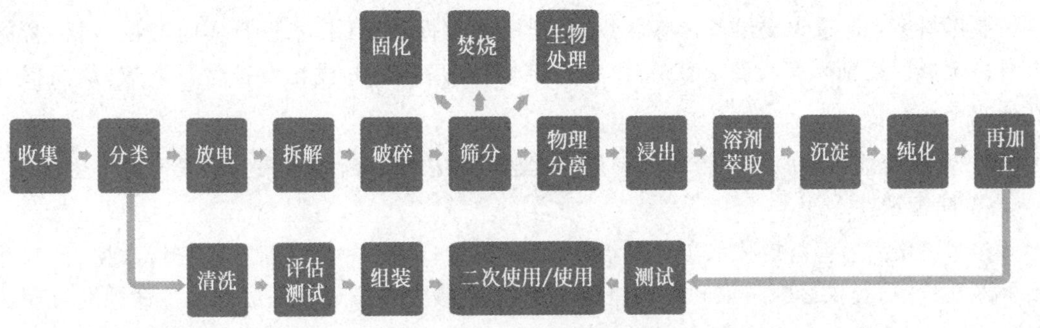

图A-1 新能源汽车废旧电池再循环流程示意图

2. 请查阅文献并结合自身对产品再循环服务的理解，列举至少3个教材中未提到的产品再循环过程和管理服务，并描述其服务需求场景及其服务特性。

参考答案：

(1) 拆解工艺路线规划服务。因为拆解工艺步骤多、相关因素众多、规划算法复杂等，目前很多废旧产品拆解公司和产品再制造商并不擅长拆解工艺路线规划，对相关服务有较大的需求。拆解工艺路线规划服务的特性主要在于对拆解工艺可利用性、经济效益、安全性等多种因素的综合考虑，智能技术如知识图谱可在多因素条件限制下推理出最合适的工艺路线。

(2) 再制造产品验证考核服务。再制造产品投入市场前，需要由第三方对其进行验证考核，提高再循环产品的质量和可信度，同时也帮助提前发现再循环产品中的质量问题，降低产品缺陷和召回的风险，这是典型的再循环服务，其服务特性在于需要利用专业的技术和丰富的经验，依据标准规范化的流程进行测试和评估，出具公正、客观、专业的证明。智能技术如无损检测评估技术可在复杂的测试场景下提供准确、可靠的测试结果。

(3) 再循环产品全生命周期评价服务。为了获取再循环产品的环境认证，以提升产品的市场认可度、增强消费者对再循环产品的信任，识别评估环境风险以制定相应的风险管理策略，企业需要对其再循环产品进行全生命周期评价（life cycle assessment，LCA），为了保证评估结果的客观性与可信赖性，LCA 评估通常由专业的机构进行，其服务特性在于 LCA 实施过程需要收集并分析大量清单数据，如何保证数据的安全性、准确性是一大挑战，智能技术如物联网、区块链等可在清单数据收集、分析、传输过程发挥作用。

3. 请探讨当前最新的智能 ICT 将如何与产品再循环服务融合，提高再循环流程效率，实现废旧产品价值恢复？

参考答案：大语言模型技术赋能产品再循环服务，例如，通过构建产品再循环大语言模型，为回收商推荐最优的回收策略，如优先回收那些高价值产品、选择最佳的回收路线等；通过大语言模型提供智能客服服务，解答用户关于产品回收、再循环流程等方面的问题，提升用户体验效果。

第 8 章　工业应用案例分析

1. 在智能云科案例中，如何通过数据驱动的智能运维系统提高设备管理的效率？试分析其主要实现机制。

参考答案：通过集成设备传感器数据，利用大数据和 AI 技术进行实时数据分析，智能云科系统可以提前预警设备潜在故障，提高维修反应速度，并优化设备运行参数，从而提升管理效率。

2. 合锻智能运维服务平台如何利用远程监控和故障诊断技术来实现设备的全生命周期管理？

参考答案：远程监控技术实时采集设备运行数据，结合故障诊断算法分析数据，预测并预警潜在故障，提供诊断结果和维护建议，从而实现设备从安装到报废的全生命周期管理。

3. 离散制造业智能工厂运营分析平台如何通过数据整合与分析来优化生产调度，提高运营效率？

参考答案：通过实时采集生产数据，利用数据分析技术对生产过程进行监控，平台能够发现瓶颈环节和优化机会，提供调度优化建议，提高整体生产效率。

4. 恒远智能 MOM 系统如何通过集成 MES 与 ERP 实现生产过程的动态管理与优化？

参考答案：MOM 系统通过集成 MES 与 ERP，实时获取生产计划、资源配置等数据，动态调整生产计划，优化资源利用率，从而实现生产过程的高效管理与优化。

5. 山东云想智能运维系统如何利用机器视觉技术实现机器人打磨产线的实时监控与优化？

参考答案：机器视觉技术通过对打磨过程的实时监控，检测产品表面质量，调整打磨参数，识别和预警设备异常，从而优化打磨过程，提高生产效率和质量。

附录 B

中英文术语对照

AAS——assets administration shell 资产管理壳
AE——autoencoder 自编码器
AGV——automated guided vehicle 自动导引车
AI——artificial intelligence 人工智能
API——application programming interface 应用程序接口
AR——augmented reality 增强现实
B/S——browser/server 浏览器/服务器
BGRU——bidirectional gated recurrent unit 双向门控循环单元
BLSTM——bidirectional long short-term memory 双向长短期记忆网络
BOM——bill of material 物料清单
BP——back propagation 反向传播
CAD——computer aided design 计算机辅助设计
CAM——computer-aided manufacturing 计算机辅助制造
CAPP——computer-aided process planning 计算机辅助工艺规划
CBM——condition-based maintenance 基于状态的维护
CBR——case-based reasoning 实例推理
CNN——convolutional neural network 卷积神经网络
CPPS——cyber-physical production system 信息物理融合生产系统
CPS——cyber-physical system 信息物理系统
CR——customer requirement 客户需求
CVAE——conditional variational autoencoder 自编码器
DaaS——design as a service 设计即服务
D-H 参数——Denavit-Hartenberg 德纳维特-哈滕伯格参数
DS——digital shadow 数字影子
DT——digital twin 数字孪生
EaaS——equipment as a service 设备即服务
EBOM——engineering BOM 工程 BOM
ERP——enterprise resource planning 企业资源计划
Fast R-CNN——fast region-based convolutional neural network 快速区域卷积神经网络

FBS——function-behavior-structure 功能-行为-结构映射分析法
GA——genetic algorithm 遗传算法
GAN——generative adversarial network 生成对抗网络
H2H——human to human 人与人
H2M——human to machine 人与机器
HMI——human machine interface 人机接口
IaaS——infrastructure as a service 基础设施即服务
ICA——independent component analysis 独立成分分析
ICT——information and communication technology 信息与通信技术
IIoT——industrial internet of things 工业物联网
iMaaS——intelligent manufacturing as a service 智能制造即服务
IoT——internet of things 物联网
IPC——industrial personal computer 工业个人电脑
IPSS——industrial product service system 工业产品服务系统
K-means——K-means clustering algorithm K 均值聚类算法
LDA——linear discriminant analysis 线性判别分析
LPWAN——low-power wide-area network 低功耗广域网
M2H——machine to human 机器与人
M2M——machine to machine 机器与机器
MaaS——manufacturing as a service 制造即服务
MBOM——manufacturing BOM 制造 BOM
MES——manufacturing execution system 制造执行系统
MIC——maximal information coefficient 最大信息系数法
MR——mixed reality 混合现实
MRO——maintenance,repair and operation 维护、维修、运行
NC-Link——工业互联通信协议
ODM——original design manufacture 原始设计制造商
OEM——original equipment manufacture 原始设备制造商
OPC UA——OPC unified architecture 开放平台通信统一体系结构
OSA-CBM——open system architecture for condition-based maintenance 开放式基于状态维护系统
OWL——ontology web language 网络本体语言模型
PaaS——platform as a service 平台即服务
PBOM——process BOM 工艺 BOM
PCA——principal component analysis 主成分分析
PdM——predictive maintenance 预测性维护
PDM——product data management 产品数据管理
PHM——prognostics and health management 预测与健康管理
PLC——programmable logic controller 可编程逻辑控制器

PLM——product lifecycle management 产品全生命周期管理
PSS——product service system 产品服务系统
QoS——quality of service 服务质量
RAMI4.0——reference architecture model industrie 4.0 工业 4.0 参考体系架构模型
RFID——radio frequency identification 射频识别
RNN——recurrent neural network 循环神经网络
RPU——remote processing unit 远程处理单元
RUL——remaining useful life 剩余使用寿命
SCADA——supervisory control and data acquisition 数据采集与监视控制系统
SMCs——social manufacturing communities 社群化制造社区
SMfg——social manufacturing 社群化制造
SMGs——social manufacturing groups 社群化制造社群
SMRs——socialized manufacturing resources 社会化制造资源
SM——smart maintenance 智能维护
S-N——stress-number of cycles 应力-循环次数
SQL——structured query language 结构化查询语言
SWRL——semantic web rule language 相关语义网络规则
TSN——time-sensitive networking 时间敏感网络
UMATI——universal machine technology interface 通用机床技术接口标准
VAE——variational autoencoder 变分自编码器
VR——virtual reality 虚拟现实
XaaS——X as a service 一切皆服务
XML——extensible markup language 可扩展标记语言